明解C++

[日] 柴田望洋 / 著 孙巍 / 译

人民邮电出版社
北京

图书在版编目(CIP)数据

明解C++ /(日)柴田望洋著；孙巍译. -- 北京：
人民邮电出版社, 2021.12（2024.4重印）
（图灵程序设计丛书）
ISBN 978-7-115-57648-4

Ⅰ. ①明… Ⅱ. ①柴… ②孙… Ⅲ. ①C++语言－程序设计 Ⅳ. ①TP312.8

中国版本图书馆CIP数据核字(2021)第206235号

内 容 提 要

本书图文并茂，示例丰富，结合307段代码和245幅图表，由浅入深地讲解了"C++的基础知识"和"C++编程的基础知识"，内容涉及程序流的分支、循环、基本数据类型、数组、函数、指针和类等。为了帮助读者理解，对于C++语法和一些难懂的概念，均以精心绘制的示意图，清晰直观地进行讲解。读者可跟随着本书的讲解，层层深入，从而扎实掌握C++的基础知识，并具备实际用C++编程的能力。

本书适合C++初学者阅读，也可作为高等院校相关专业师生的参考读物。

◆ 著　　　[日]柴田望洋
　 译　　　孙　巍
　 责任编辑　杜晓静
　 责任印制　周昇亮

◆ 人民邮电出版社出版发行　北京市丰台区成寿寺路11号
　 邮编　100164　电子邮件　315@ptpress.com.cn
　 网址　https://www.ptpress.com.cn
　 固安县铭成印刷有限公司印刷

◆ 开本：800×1000　1/16
　 印张：30.5　　　　　　　　　2021年12月第1版
　 字数：798千字　　　　　　　2024年4月河北第3次印刷
　 著作权合同登记号　图字：01-2020-7651号

定价：129.80元
读者服务热线：(010)84084456-6009　印装质量热线：(010)81055316
反盗版热线：(010)81055315
广告经营许可证：京东市监广登字20170147号

版 权 声 明

Shin Meikai C++ Nyumon
Copyright © 2017 BohYoh Shibata
Originally published in Japan by SB Creative Corp.
Chinese (in simplified character only) translation rights arranged with
SB Creative Corp., Tokyo through CREEK & RIVER Co., Ltd.
All rights reserved.

本书中文简体字版由 SB Creative Corp. 授权人民邮电出版社有限公司独家出版。未经出版者事先书面许可，不得以任何方式或途径复制或传播本书内容。
版权所有，侵权必究。

前　言

大家好。

本书是全世界众多程序员使用的编程语言 C++ 的入门书。

由 C 语言大幅扩展而成的 C++ 用途非常广泛，例如用于 Windows 等操作系统、文字处理和电子表格等应用软件，甚至很多商业游戏也是用 C++ 开发的。

数以百万计的程序员在使用 C++，数百亿行的 C++ 代码在开发现场运行。

许多程序员之所以使用 C++，是因为它除了易于编写程序，还具有易改进、易扩展，以及制作的软件可以高速运行等特点。

但是，C++ 规模较大，被认为是很难学习的语言。因此，为便于大家学习，我在编写本书时特别注意了以下两点的平衡。

- C++ 基础知识
- 编程基础知识

类比自然语言的学习，前者就相当于"基本的语法和单词"，后者则相当于"简单的语句书写和会话"。

仅仅知晓语法和单词，是不可能编写出程序的。另外，即使精通其他编程语言，如果不知晓 C++ 的语法和单词，当然也不可能编写出 C++ 程序。

为了帮助大家直观地理解，对于一些难懂的概念和语法，本书给出了 245 幅图表，因此大家可以安心地学习。

本书中作为例题展示的代码清单多达 307 个。程序数量多，就好比学语言的教材中有大量的例句和会话。大家可以通过接触大量的程序来熟悉 C++ 编程。

本书基于我多年的教学经验，以通俗易懂的表达方式，详细讲解了初学者难以理解和容易误解的知识点。如果大家能够像听我讲课一样，跟着本书逐一学习这 14 章的内容，我将倍感荣幸。

柴田望洋
2017 年 11 月

本书结构

本书作为一本入门书，详细介绍了 C++ 和 C++ 编程的相关知识，各章的结构如下。

第 1 章	在画面上输出和从键盘输入	第 8 章	字符串和指针
第 2 章	程序流的分支	第 9 章	函数的应用
第 3 章	程序流的循环	第 10 章	类
第 4 章	基本数据类型	第 11 章	简单类的创建
第 5 章	数组	第 12 章	转换函数和运算符函数
第 6 章	函数	第 13 章	静态成员
第 7 章	指针	第 14 章	通过数组类学习类的设计

本书从基础知识开始讲解，难度逐步增加。因此，请大家扎实地学好每一章，并在此基础上开始学习下一章。

另外，"后记"部分讲述了本书为何采用这样的章节结构，并对书中内容进行了补充说明。大家可以提前阅读一下。

"专栏"部分是对正文的补充或应用性的知识，其中包含一些难度稍高的内容，因此如果大家感到理解起来比较困难，可以先跳过，以后再来阅读。

如果本书能够承蒙各位读者的厚爱，成为大家经常翻阅的案头书，于我而言便是荣幸之至。

在阅读本书时，请大家注意以下几点。

▪ 计算机相关的基本术语

对于计算机领域的常见术语，例如内存或内存空间等，本书将不作解释。这是因为，解释这些术语既徒增页数，又会让具有相关知识的读者感到无用。

关于这些术语，请大家通过互联网或其他图书学习。

▪ 关于反斜杠（\）与日元符号（¥）

C++ 程序中使用的反斜杠（\）在某些环境下会变成日元符号（¥），大家在学习时要注意这一点（详见第 1 章）。

▪ 源程序

本书将参照 307 个程序来讲解。不过，其中个别程序只是对其他程序稍微进行了修改，所以没有在书中呈现。具体来说，书中仅展示了 270 个程序。

307 个程序均可从以下网址下载：

ituring.cn/book/2884[1]

另外，关于未展示的程序，正文中以"（chap99/****.cpp）"的形式给出了其文件名。

---

[1] 请至"随书下载"处下载本书源码文件等。——编者注

- **C 语言的标准库函数**

　　本书中的一些程序使用了 C 语言的标准库函数，例如生成随机数的 rand 函数、获取当前时刻的 time 函数等。关于这些函数，大家可以参考我的个人主页[①]了解更多信息。该主页还提供了与编程和信息处理技术相关的大量信息。

---

① 为便于读者查阅，我们对本书涉及的网址链接进行了汇总。读者可访问图灵社区的本书主页（ituring.cn/book/2884），点击页面中的"相关文章"查询。——编者注

目 录

第 1 章　在画面上输出和从键盘输入　　1

1-1　C++的历史 …… 2
1-2　首先在画面上输出 …… 4
在控制台画面上输出 …… 4
向流的连续输出 …… 9
缩进 …… 9
符号字符的读法 …… 10
自由书写格式 …… 11
1-3　变量 …… 14
输出计算结果 …… 14
变量 …… 15
变量和初始化 …… 17
1-4　从键盘输入 …… 20
从键盘输入 …… 20
运算符和操作数 …… 21
连续读入值 …… 22
一元算术运算符 …… 22
读入实数值 …… 24
常量对象 …… 26
生成随机数 …… 27
读入字符 …… 29
读入字符串 …… 30
小结 …… 32

第 2 章　程序流的分支　　35

2-1　if 语句 …… 36
if 语句（其一） …… 36
关系运算符 …… 37
if 语句（其二） …… 37
相等运算符 …… 40
逻辑非运算符 …… 40
嵌套 if 语句 …… 41
表达式和求值 …… 43

    表达式语句和空语句 45
    逻辑运算符 47
    条件运算符 51
    求三个值中的最大值 53
    块（复合语句） 55
    逗号运算符 57
    两个值的排序 57
    在条件部分声明变量 59

  2-2 **switch 语句** 62
    switch 语句 62
    选择语句 65

  2-3 **组成程序的字句要素** 66
    关键字 66
    分隔符 67
    字面量 67
    标识符 68
    运算符 68

  小结 72

第 3 章　程序流的循环　　　　　　　　　　　　　　　75

  3-1 **do-while 语句** 76
    do-while 语句 76
    流程图 80

  3-2 **while 语句** 82
    while 语句 82
    递增运算符和递减运算符 83
    do-while 语句和 while 语句 87
    左值和右值 89
    复合赋值运算符 89

  3-3 **for 语句** 93
    for 语句 93
    循环语句 96

  3-4 **多重循环** 97
    九九乘法表 97
    显示直角三角形 98

  3-5 **break 语句、continue 语句和 goto 语句** 101
    break 语句 101
    continue 语句 102
    goto 语句 104

	3-6	转义字符和控制符	107
		转义字符	107
		三字符组和双字符组	110
		控制符	110
	小结		113

第 4 章　基本数据类型　　115

	4-1	算术型	116
		整型	116
		<climits> 头文件	118
		字符型	119
		有符号整型和无符号整型	124
		整数字面量	127
		整数后缀和整数字面量的类型	128
		内置类型	129
		对象和 sizeof 运算符	129
		size_t 型和 typedef 声明	130
		typeid 运算符	131
		整数的内部	133
		bool 型	136
		浮点型	138
		算术型	140
	4-2	运算和类型	143
		运算和类型	143
		显式类型转换	144
		循环的控制	148
		类型转换的规则	150
	4-3	枚举体	152
		枚举体	152
	小结		156

第 5 章　数组　　159

	5-1	数组	160
		数组	160
		用 for 语句遍历数组	161
		数组的初始化	164
		数组元素个数	165
		使用数组处理成绩	165

		获取数组类型的信息 167
		数组元素的逆序排列 167
		复制数组 169
	5-2	多维数组 172
		多维数组 172
		多维数组的元素个数 176
		获取多维数组的类型信息 177
		初始化器 178
	小结	 180

第 6 章　函数　183

	6-1	函数 184
		函数 184
		main 函数 191
		函数声明 191
		值传递 194
		void 函数 195
		函数的通用性 196
		调用其他函数 197
		实参和形参的类型 198
		不接收参数的函数 199
		默认实参 201
		执行位运算的函数 203
		移位运算符 205
		整型的位数 209
	6-2	引用和引用传递 212
		值传递的局限性 212
		引用 212
		引用传递 213
		三个值的排序 215
	6-3	作用域和存储期 218
		作用域 218
		存储期 219
		返回引用的函数 223
	6-4	重载和内联函数 226
		函数的重载 226
		内联函数 228
	小结	 232

第 7 章　指针　　235

- 7-1　指针 ……………………………………………………………… 236
  - 对象和地址 …………………………………………………… 236
  - 指针 …………………………………………………………… 237
  - 使用了取址运算符和解引用运算符的表达式的求值 ………… 241
- 7-2　函数调用和指针 ………………………………………………… 244
  - 指针传递 ……………………………………………………… 244
- 7-3　指针和数组 ……………………………………………………… 246
  - 指针和数组 …………………………………………………… 246
  - 解引用运算符和下标运算符 ………………………………… 248
  - 下标运算符的操作数 ………………………………………… 249
  - 数组和指针的不同点 ………………………………………… 251
  - 函数之间的数组的传递 ……………………………………… 251
  - const 指针型的形参 ………………………………………… 253
  - 函数之间的多维数组的传递 ………………………………… 254
- 7-4　通过指针遍历数组元素 ………………………………………… 257
  - 通过指针遍历数组元素 ……………………………………… 257
  - 线性查找 ……………………………………………………… 258
- 7-5　动态创建对象 …………………………………………………… 263
  - 自动存储期和静态存储期 …………………………………… 263
  - 动态存储期 …………………………………………………… 263
  - 动态创建数组对象 …………………………………………… 266
  - 对象创建失败和异常处理 …………………………………… 268
  - 空指针 ………………………………………………………… 270
  - 指向 void 的指针 …………………………………………… 271
- 小结 ……………………………………………………………………… 273

第 8 章　字符串和指针　　275

- 8-1　字符串和指针 …………………………………………………… 276
  - 字符串字面量 ………………………………………………… 276
  - 字符数组 ……………………………………………………… 277
  - 字符串指针 …………………………………………………… 283
  - 两种字符串的不同点 ………………………………………… 284
  - 字符串的数组 ………………………………………………… 286
- 8-2　cstring 库 ……………………………………………………… 291
  - *strlen*：计算字符串的长度 ………………………………… 291
  - *strcpy*、*strncpy*：复制字符串 …………………………… 293

　　　　strcat、*strncat*：拼接字符串 …… 294
　　　　strcmp、*strncmp*：比较字符串 …… 297
　小结 …… 299

第 9 章　函数的应用　　301

9-1　函数模板 …… 302
　　函数模板和模板函数 …… 302
　　显式实例化 …… 305
　　显式特例化 …… 307

9-2　大规模程序的开发 …… 309
　　分离式编译和链接 …… 309

9-3　命名空间 …… 315
　　命名空间的定义 …… 315
　　无名命名空间 …… 317
　　using 声明和 using 指令 …… 318

　小结 …… 320

第 10 章　类　　323

10-1　类的思想 …… 324
　　数据的操作 …… 324
　　类 …… 325
　　构造函数 …… 331
　　成员函数和消息 …… 333

10-2　类的实现 …… 339
　　在类定义之外的成员函数的定义 …… 339
　　头文件和源文件的分离 …… 341
　　汽车类 …… 348

　小结 …… 353

第 11 章　简单类的创建　　355

11-1　日期类的创建 …… 356
　　日期类 …… 356
　　构造函数的定义 …… 356
　　构造函数的调用 …… 358
　　复制构造函数 …… 359

临时对象 360
类对象的赋值 361
默认构造函数 362
const 成员函数 364
this 指针和 *this 368
类类型的返回 369
通过 this 指针访问成员 370
字符串流 372
插入符和提取符的重载 373

11-2 作为成员的类 378

类类型的成员 378
has-A 关系 378
构造函数初始化器 379
头文件的设计和引入保护 383

小结 391

第 12 章 转换函数和运算符函数 393

12-1 计数器类 394

计数器类 394
转换函数 397
运算符函数的定义 398
运算符函数的调用 401

12-2 布尔值类 404

布尔值类 404
类作用域 404
转换构造函数 406
用户自定义转换 407
插入符的重载 407

12-3 复数类 410

复数 410
运算符函数和操作数的类型 411
友元函数 413
const 引用参数 415
加法运算符的重载 418
复合赋值运算符的重载 419
相等运算符的重载 419
运算符函数的相关规则 422

小结 424

第13章　静态成员　427

13-1　静态数据成员　428
静态数据成员　428
静态数据成员的访问　431

13-2　静态成员函数　434
静态成员函数　434
私有的静态成员函数　435
静态数据成员和静态成员函数　441

小结　443

第14章　通过数组类学习类的设计　445

14-1　构造函数和析构函数　446
整数数组类　446
类对象的生命周期　447
显式构造函数　449
析构函数　450

14-2　赋值运算符和复制构造函数　453
赋值运算符的重载　453
复制构造函数的重载　457

14-3　异常处理　461
对错误的处理　461
异常处理　462
异常的捕获　462
异常的抛出　464

小结　469

后记　471

参考文献　473

第 1 章

在画面上输出和从键盘输入

本章我们将通过执行在画面上输出,以及从键盘读入数值或字符的程序来熟悉 C++。

- C++ 的历史
- 源程序和编译、链接、运行
- 由 **#include** 指令引入头文件
- **using** 指令和 **std** 命名空间
- **main** 函数和语句
- 注释
- 自由书写格式和缩进
- `<iostream>` 头文件和输入/输出流(I/O 流)
- 使用 **<<** 向 **cout** 插入,使用 **>>** 从 **cin** 取出
- 换行(**\n**)和警报(**\a**)
- 类型(**int** 型、**double** 型、**char** 型)
- `<string>` 头文件、字符串、**string** 型
- 字符串字面量、整数字面量、浮点数字面量
- 变量的声明
- 初始化和赋值
- 常量对象
- 运算符和操作数
- 算术运算符
- 随机数的生成

1-1 C++ 的历史

首先我们来简单地学习一下 C++ 的历史。

■ C++ 的历史

1979 年，美国贝尔实验室的本贾尼·斯特劳斯特鲁普（Bjarne Stroustrup）博士为了描述事件驱动型的模拟器，创造了由 C 语言扩展而成的编程语言。该语言被称为**带类的 C**（C with classes），具有从 Simula 67 引入的面向对象的基础——类的概念，以及**对函数参数强制执行类型检查**等功能。因此，可以说 C 语言和 Simula 67 是它的双亲（图 1-1）。

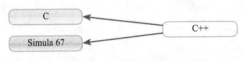

图 1-1 C++ 和它的双亲

1983 年，该语言又引入了**虚函数**和**运算符重载**等功能。1983 年，里克·马克西帝（Rick Mascitti）将其改名为 **C++**（C plus plus），这一名称是在它的基础语言 C 的后面添加 ++ 符号形成的。另外，++ 也是 C 语言的一个运算符，它有以下功能（详见第 3 章）。

> 给值仅增加 1 个单位。

与 D 这样的名称相比，C++ 这个名称比较低调。这表示它是由 C 语言扩展而来的，不是与 C 语言完全不同的语言。同时也可以认为这表现出了斯特劳斯特鲁普博士对 C 语言心存敬意。

1983 年，面向大学的 C++ 颁布。1985 年，商业化的 Release 1.0 开始售卖。C++ 至今已经有了很多版本。

斯特劳斯特鲁普博士编写的 *The C++ Programming Language* 一书于 1986 年出版，该书就相当于 Release 1.0 版本的 C++ 的说明书。后来相继公布的 Release 1.1 和 1.2 等版本在该版本的基础上引入了**限定作用域**等功能，并且实施了若干改良。

后来，C++ 又新增了**多重继承**等功能，并进行了大幅度的改良，发布了 Release 2.0 版本。

1990 年，斯特劳斯特鲁普与玛格丽特·A. 埃利斯（Margaret A. Ellis）共同编写的 *The Annotated C++ Reference Manual* 出版，该书相当于 Release 2.1 版本的 C++ 的完整的语法书。书中介绍了**模板**和**异常处理**等未来可能新增的功能。在 Release 3.0 版本中，模板被正式引入了 C++。

斯特劳斯特鲁普博士在 1997 年出版的 *The C++ Programming Language, Third Edition* 中介绍了最新的 C++。

通过包括斯特劳斯特鲁普博士在内的许多人的努力，C++ 的标准规范被制定，并不断被修订。虽然标准规范的正式名称为第 1 版、第 2 版……但是在一般情况下，人们习惯在 "C++" 后添加规范制定年份中的后两位数，简单地称为 C++98、C++03、C++11、C++14、C++17……

▶ 作为标准规范，C 语言和 C++ 等编程语言的国际规范和各国的国内规范是由以下组织制定的。

- **国际规范**：**国际标准化组织**（International Organization for Standardization，ISO）
- **美国规范**：**美国国家标准学会**（American National Standards Institute，ANSI）
- **日本规范**：**日本工业标准**（Japanese Industrial Standards，JIS）

除了体裁等细节，这些规范（基本上）是一样的。

第 2 版（C++03）是第 1 版（C++98）的小改动版本。

另外，作为母语言的 C 语言被称为 C89、C99、C11……

2013 年，斯特劳斯特鲁普博士编写的 *The C++ Programming Language, Fourth Edition* 一书出版，该书详细介绍了 C++11 的所有内容。

▶ C++ 在还被称为**带类的 C** 时，就已经具有了类、类的派生、访问控制、构造函数、析构函数和函数参数检查等核心功能。

然后又添加了虚函数、重载、运算符重载、引用、I/O 流库和复数库等功能，并更名为 C++。

C++98 中增加了使用模板的泛型编程、异常处理、命名空间、动态类型转换、泛型容器和算法库等功能。

C++11 中增加了统一形式的初始化语法、移动语义、可变参数模板、Lambda 表达式、类型别名、适用于并行处理的内存模型、线程库和锁库等功能。

本书将以 C++03 为基础，并补充说明 C++11 的新功能。

1-2 首先在画面上输出

我们将在本节学习在控制台画面上进行输出，即由计算机向人类传达信息的方法。

■ 在控制台画面上输出

首先，创建一个在控制台画面上输出的程序。

请大家使用文本编辑器等键入代码清单 1-1 的程序。**大写字母和小写字母、半角字符和全角字符是有区别的**，因此请按这里显示的内容键入。

代码清单 1-1　　　　　　　　　　　　　　　　　　　　　　　　　　　　　chap01/list0101.cpp

```cpp
// 在画面上输出

#include <iostream>

using namespace std;

int main()
{
    cout << "第一个C++程序。\n";
    cout << "在画面上输出。\n";
}
```

运行结果
第一个 C++ 程序。
在画面上输出。

▶ 本书中的程序可以从图灵社区的本书主页（iturning.cn/book/2884）下载。每个代码清单的右上角显示的是包含目录名的文件名。

▶ 为了方便大家阅读和理解，本书在程序中分别使用了有色字体、*斜体*、**粗体**、***粗斜体***等。
空白部分使用空格键、Tab 键或 Enter 键键入。请注意不要以全角字符来键入空白、" 等符号字符。

C++ 程序由字母、数字和符号等构成。即使是代码清单 1-1 这样短小的程序，也使用了 /、\、#、{、}、<、>、(、)、"、; 等许多符号。

▶ 本节后面的表 1-1 汇总了 C++ 程序中使用的符号字符的读法。另外，在采用了日本独有的字符编码体系的环境中，使用**日元符号（￥）代替反斜杠（\）**。请大家根据自己的环境替换。

■ 源程序和源文件

我们通过字符的排列来创建程序。按照这种方式创建的程序称为**源程序**（source program），存放源程序的文件称为**源文件**（source file）。

▶ source 即 "事物的根源"，因此源程序也称为**原始程序**。

我们将键入的源文件保存为 list0101.cpp，但是有些处理系统要求源文件的扩展名必须是 ".c" ".cc" ".C"，而不是 ".cpp"。请大家根据自己的环境变更扩展名。

▶ **处理系统**是 C++ 程序开发所需的软件。有 Microsoft Visual C++、GNU C++ 等许多处理系统。

■ 运行程序

计算机不能直接理解和运行 C++ 的源程序，因此需要把我们人类读写的**字符的排列**变为计算机可理解的 0 和 1 的**比特的排列**。

如图 1-2 所示，对源程序进行**编译**、**链接**，形成**可执行程序**。

▶ **比特**（bit）是 binary digit（二进制数字）的缩写，是具有 0 或 1 的值的数据单位。1 比特就是二进制数的 1 位，可以表示 0 和 1（十进制数的 1 位可以表示 0, 1, 2, ⋯, 9；二进制数的 1 位只表示 0 和 1）。

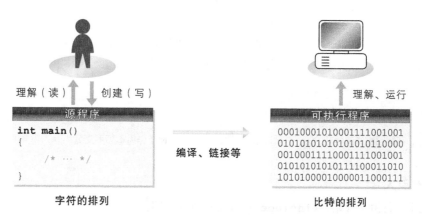

图 1-2　从程序创建到运行

编译的步骤和程序的运行方法因处理系统而异，因此请大家参考用户手册等进行操作。

▶ 源程序中如果有拼写错误，就会产生**编译错误**，并显示相关的**诊断信息**（diagnostic message）。此时，请仔细阅读并修改键入的程序，更正错误后再次尝试编译和链接。

在编译完成后，运行程序，输出内容就会在控制台画面上显示，如代码清单 1-1 中的"运行结果"所示。

■ 注释

首先，我们来关注一下程序的起始行。连续的两个斜杠（//）表明**该行是写给程序阅读者的内容**。也就是说，相对于程序本身来说，它们是对程序的**注释**。

`// 在画面上输出`

注释的有无及其内容均对程序的运行无任何影响。我们通常在注释中简洁地写下想要传达给包括程序作者在内的程序阅读者的内容。

如果他人创建的程序中写了恰当的注释，我们在阅读时就会很容易理解程序。另外，即使是自己创建的程序，也不可能永远记得全部内容，因此写注释对程序作者来说也很重要。

> **重要**　在源程序中，请简洁地书写应该向包括程序作者在内的阅读者传达的注释。

注释还有另外一种写法：使用 /* 和 */ 包围注释。表示开始的 /* 和表示结束的 */ **不必在同一行**，因此，在注释跨多行时，使用 /* 和 */ 的写法比较有效。

`/* 在画面上输出 */`

▶ 在使用这种写法时，必须注意不要把结束注释的 */ 错写成 /* 或漏写了。另外，本书中的注释使用**有色字体**表示。

- Ⓐ /* 可跨多行注释 */
- Ⓑ // 注释截止到该行末尾

Ⓐ是从 C 语言继承而来的注释形式。Ⓑ是 C 语言的祖先 BCPL 中使用的注释形式。C 语言在很长一段时间内都没有采用Ⓑ形式，直到其诞生近 30 年后的 C99 中才开始采用。

Ⓐ形式不可以嵌套（在注释中加入注释）。因此，下面的程序会产生编译错误。

/* /* 这样的注释不可以！！ */ */

这是因为第一个 */ 将被视为注释的结束。

Ⓐ形式的注释中可以自由地使用 //，而Ⓑ形式的注释中可以自由地使用 /* 和 */（不会被特殊处理，而被视为注释文字）。以下所示的注释均没有问题，不会产生编译错误。

- Ⓐ /* // 该注释 OK！ */
- Ⓑ // /* 该注释也 OK！ */

另外，在程序编译的最初阶段，注释将被替换为一个空白字符（详见本节下文）。

头文件和引入

注释的下一行由 # 开始。**#include** <iostream> 表明：

> 嵌入 <iostream> 的内容，<iostream> 中包含了"用来执行在画面输出或从键盘等输入"的**库**（实现处理的构件组）的相关信息。

除了 <iostream>，C++ 还提供了 <string> 等，这些被称为**头文件**（header）。<> 中的 iostream 和 string 是头文件名。

另外，嵌入头文件内容的操作称为**引入**（include）。

重要 头文件中包含与库相关的重要信息。请引入包含与程序中使用的库相关的信息的头文件。

如图 1-3 所示，**#include** 指令这一行将被完全替换成 <iostream> 的内容，从而嵌入使用 I/O 库所需的信息。

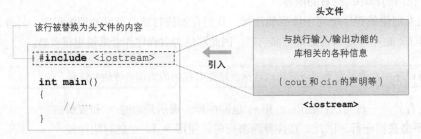

图 1-3　通过 #include 指令引入头文件

如果去掉 #include <iostream>，程序将无法编译，大家可以试着确认一下（chap01/list0101a.cpp）。

▶ 另外，有的处理系统会以编译完成的特殊形式来提供头文件，而不采用字符排列的文本文件形式。

■ 使用 std 命名空间

#include 的下一行是 using 指令。using namespace std; 表示：

> 使用 std **命名空间**（name space）。

我们将在第 9 章学习命名空间，这里只需记住它是在使用 C++ 提供的标准库时所需的"固定语句"即可（std 是 standard 的缩写）。

using namespace std; 指令可以删除，这时需要把程序中所有的 cout 变更为 std::cout（chap01/list0101b.cpp）。

■ 在控制台画面上输出和流

我们来理解一下执行"在控制台画面上输出"的代码。

```
cout << "第一个 C++ 程序。\n";
cout << "在画面上输出。\n";
```

如图 1-4 所示，使用**流**（stream）向控制台画面等外部进行输入 / 输出。流就像流淌着字符的河。

重要 向外部的输入 / 输出是经由流执行的，它就像流淌着字符的河。

cout 是连接控制台画面的流，称为**标准输出流**（standard output stream）。

▶ 在下文中，我们将控制台画面简称为画面。

iostream 是**输入 / 输出流**（input-output stream）的缩写，cout 是 character out 的缩写。cout 是由 c 和 out 构成的，请不要误写成 cont 或 count。

向流的输出是通过字符的插入实现的。插入使用 << 表示，这个符号称为**插入符**（inserter）。

▶ < 和 < 之间不可以插入空格或制表符。

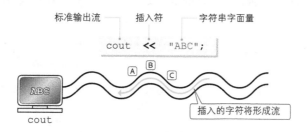

图 1-4 在控制台画面上输出和流

■ 字符串字面量

像 " 第一个 C++ 程序。\n" 和 "ABC" 这样由双引号包围的字符的排列称为**字符串字面量**（string literal）。

▶ 字面量就是"字面上的""用文字表述的"的意思。双引号是表示字符串字面量开始和结束的符号。在插入到 cout 中时，画面上并不会显示"。

■ 换行

字符串字面量中的 \n 表示**换行符**。如果输出换行符，则接下来的内容将显示在下一行的开头。因此，程序首先显示了"第一个 C++ 程序。"，然后另起一行显示了"在画面上输出。"

▶ \ 和 n 这两个字符合起来表示的是换行符。像这样，不可显示的或显示困难的字符使用以 \ 开头的**转义字符**表示（详见第 3 章）。

■ main 函数和语句

图 1-5 所示为程序主体部分。这部分称为 **main 函数**。在程序启动并运行后，将按顺序执行 main 函数中的**语句**（statement）。

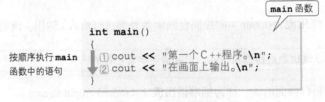

图 1-5　main 函数

> **重要** C++ 程序的主体是 main 函数，在程序启动后，会按顺序执行 main 函数中的语句。

▶ 我们将在后面的章节学习 int main() 和 {}，请先记住二者均为"固定语句"。另外，我们将从第 6 章开始详细学习函数的有关内容。

语句是程序的运行单位。如同一句话的末尾要放置句号一样，在一般情况下，C++ 的语句末尾需要放置分号（;）。

> **重要** 一条语句原则上以分号结束。

▶ 如果语句缺少分号，则程序将无法编译，大家可以试着确认一下（chap01/list0101c.cpp）。另外，注释不是语句。C++ 中不存在所谓的"注释语句"。

代码清单 1-2 所示为使用一条语句实现在画面上输出的程序。

1-2 首先在画面上输出

代码清单 1-2　　　　　　　　　　　　　　　　　　　　　　　chap01/list0102.cpp

```cpp
// 确认字符串字面量内的换行符 \n 的作用

#include <iostream>

using namespace std;

int main()
{
    cout << "第一个C++程序。\n在画面上输出。\n";
}
```

> **运行结果**
> 第一个C++程序。
> 在画面上输出。

在"第一个 C++ 程序。"之后有换行符，因此"在画面上输出。"会显示在下一行。

■ 向流的连续输出

代码清单 1-3 所示为连续显示两个问候语句的程序。

代码清单 1-3　　　　　　　　　　　　　　　　　　　　　　　chap01/list0103.cpp

```cpp
// 连续使用插入符（<<）并向画面输出

#include <iostream>

using namespace std;

int main()
{
    cout << "\a初次见面。" << "你好。\n";
}
```

（警报）　　（换行）

> **运行结果**
> ♪初次见面。你好。

该程序对输出流 cout 连续使用了多个插入符（<<）。在这种情况下，程序**将从开头（左侧）按顺序输出**。

■ 警报

字符串字面量中的 **\a** 是表示**警报**的转义字符。在向 cout 插入警报符后，程序会在视觉上或听觉上进行提示，大部分运行环境会发出"哔哔"的声音（有些运行环境会让画面闪烁）。

▶ 在本书的运行示例中，♪表示警报。

■ 缩进

main 函数中的语句全部是从"左起第 5 位"开始书写的。

{ } 总括一个语义块，形成"段落"（详见第 2 章）。向右错开几位来写程序段落，可以使程序结构更清晰。因此而多出的空白称为**缩进字符**，使用缩进字符来写程序称为**缩进**。

本书中的程序使用 4 位的缩进字符来书写（图 1-6）。

```
                 根据层次深度进行缩进
            int main()
            {
                for (int i = 1; i <= 9; i++) {
                    for (int j = 1; j <= 9; j++)
                        cout << setw(3) << i * j;
                    cout << '\n';
                }
            }
```

▶ 缩进可用 Tab 键或空格键来键入。但是，由于编辑器或其设置的不同，用 Tab 键键入的字符与已保存的源文件中的字符也可能不一致。

这个程序是第 3 章的代码清单 3-14 的一部分。它输出了九九乘法表

图 1-6　源程序中的缩进

符号字符的读法

表 1-1 汇总了 C++ 中使用的符号字符的读法。

表 1-1　符号字符的读法

符号	读法
+	加号、正号
-	减号、负号、连字符
*	星号、乘号
/	斜杠、除号
\	反斜杠　※ 在 JIS 编码中为 ¥
¥	日元符号
%	百分号
.	句号、小数点、点号
,	逗号
:	冒号
;	分号
'	单引号
"	双引号
(	左括号
)	右括号
{	左花括号
}	右花括号
[	左方括号
]	右方括号
<	小于、左尖括号

注意!!

（续）

符号	读法
>	大于、右尖括号
?	问号
!	感叹号、逻辑非
&	位与
~	位求反 ※ 在 JIS 编码中为 -
-	上划线
^	抑扬符
#	井号
_	下划线
=	等号
|	竖线

▶ 请注意，在日语版的 MS-Windows 等系统中，要使用日元符号（¥）代替反斜杠（\）。例如，代码清单 1-3 中的语句将变为：

```
cout << "¥a 初次见面。" << " 你好。¥n";
```

如果大家的环境是使用 ¥ 的环境，请将本书中所有的 \ 换作 ¥。

■ 自由书写格式

我们来看一下代码清单 1-4，它与代码清单 1-1 本质上是相同的，而且运行结果也相同。

代码清单 1-4   chap01/list0104.cpp

```
/*
    在画面上输出    */

#include <iostream>

using
namespace std;

int main(
) {
cout << "第一个C++程序。\n"; cout
<< "在画面上输出。\n"
    ;
        }
```

运行结果
第一个C++程序。
在画面上输出。

不易阅读，但是正确

有些编程语言施加了"必须从指定位置开始书写各行程序"等制约条件。但是，C++ 的程序并不接受这样的制约。C++ 采用了可以在自由的位置书写程序的**自由格式**（free format）。

该程序就是一个自由格式的例子。当然，无论多么自由，也会有一些制约条件。

① 不可在单词中间插入空白字符

int、**main**、cout、<<、//、/*、*/ 等均是单词。在它们中间不可以插入**空白字符**（空格、换行符、水平制表符、垂直制表符和格式化字符）。

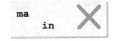

② 不可在字符串字面量中间换行

双引号内的字符的排列，也就是字符串字面量，也是一种单词，因此不可以像下方的左图那样在字符串字面量的中间换行。

当需要在程序中书写长字符串字面量时，可以将字符串字面量分开，分别用 " " 包围。也就是说，可以像下方的右图那样书写。

由此可知，**中间夹有空白字符的相邻字符串字面量会被视为连在一起的一个字符串字面量**。

让我们通过代码清单 1-5 确认一下。

代码清单 1-5   chap01/list0105.cpp

```cpp
// 中间夹有空白字符的字符串字面量被连在一起
#include <iostream>

using namespace std;

int main()
{
    cout << "ABCDEFGHIJKLMNOPQRSTUVWXYZ"        // 中间夹有空白字符的
            "abcdefghijklmnopqrstuvwxyz\n";      // 字符串字面量被连在一起
}
```

运行结果
ABCDEFGHIJKLMNOPQRSTUVWXYZabcdefghijklmnopqrstuvwxyz

从运行结果可知，字符串字面量 "ABCDEFGHIJKLMNOPQRSTUVWXYZ" 和 "abcdefghijklmnopqrstuvwxyz\n" 会连接成一个字符串字面量。

另外，如该程序所示，在两个字符串字面量之间插入注释也没关系。这是因为在程序编译的最初阶段，注释将被替换为一个空白字符。

另外，空白字符和注释统称为**空白类**。

重要 对于长字符串字面量，可以在其中间插入空白类（空白字符和注释）来分开书写。

▶ 被连接的字符串字面量并不只限于两个。例如，中间夹有空白类的三个字符串字面量 "ABCD" "EFGH" "IJKL" 也会被连接成一个字符串字面量 "ABCDEFGHIJKL"。

③ 不可在预处理指令中间换行

#include 等以 # 字符开头的指令称为**预处理指令**（preprocessing directive）。原则上要使用单独的一行来书写预处理指令。当需要在中间换行时，要在行末写上反斜杠（\）。

```
#include          ✗      #include \         ✓
  <iostream>              <iostream>
```

另外，除了 `#include` 指令，预处理指令还包括我们将在后面的章节学习的 `#define` 指令和 `#if` 指令等。

▶ 如果反斜杠和换行符连在一起，那么在编译的最初阶段，这两个字符将被删除（这会导致当前行与下一行相连）。因此，反斜杠必须放在换行符之前。

1-3 变量

在学习了在画面上输出的方法后,我们来创建一个执行简单的计算并显示计算结果的程序。

■ 输出计算结果

我们来创建一个执行加法运算并显示计算结果的程序。代码清单 1-6 所示为对两个整数值 18 与 63 求和并显示计算结果的程序。

代码清单 1-6　　　　　　　　　　　　　　　　　　　　　　　　　chap01/list0106.cpp

```cpp
// 对两个整数值 18 与 63 求和并显示计算结果
#include <iostream>

using namespace std;

int main()
{
    cout << "18与63的和是" << 18 + 63 << "。\n";
}
```

运行结果
18 与 63 的和是 81。

■ 整数字面量

像 18 和 63 这样表示整数常量的数称为**整数字面量**(integer literal)。

▶ 整数字面量 18 是单独的数值 18,而字符串字面量 "18" 是由 1 和 8 两个字符排列而成的。我们将在第 4 章详细学习整数字面量的相关内容。

■ 输出计算结果

图 1-7 所示为代码清单 1-6 的程序的输出过程。

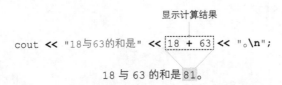

图 1-7　向流输出字符串字面量和整数值

一方面,插入 cout 中的两个字符串字面量 "18 与 63 的和是 " 及 "。\n" 将原样显示在画面上(其中的 \n 作为换行符输出)。

另一方面,并不是字符串字面量的 18 + 63 不会按原样显示,而是显示整数加法运算后的结果 81。

变量

代码清单 1-6 的程序无法计算 18 和 63 以外的数值的和。当数值变更时，不仅要修改程序，还要重新编译、链接。如果使用可以自由地取出值和写入值的**变量**，就可以从这类烦琐的工作中解放出来。

变量的声明

变量就像存放数值的箱子一样。一旦在箱子里放入数值，只要这个箱子存在，就会一直保存数值。而且，我们可以自由地重写值和取出值。

但是，如果程序中有很多箱子，我们就会分不清哪个箱子是干什么的。箱子要是没有**名称**，就会很麻烦。因此，在使用变量时，必须进行**声明**（declaration），即在创建箱子的同时赋予箱子名称。

声明名为 x 的变量的**声明语句**（declaration statement）如下。

```
int x;    // int 型变量 x 的声明
```

int 是 integer（整数）的缩写。该声明创建了一个名为 x 的变量（箱子），如图 1-8 所示。

图 1-8　变量和声明

> **重要** 在使用变量时，要先进行声明，并赋予变量名称。

变量 x 只可以存放整数值，不可以存放像 3.5 这样带小数的实数值。这就是 **int** 型的性质。**int** 是一种**类型**，由该类型创建的变量 x 是 **int** 型的**实体**。

▶ 除了 **int**，还有很多类型。我们将从第 4 章开始详细学习类型的相关内容。另外，下一章会学习命名的相关规则。

另外，可以使用一条语句声明两个或两个以上的变量。在声明时要用逗号（,）分隔变量，如下所示。

```
int x, y;    // 同时声明 int 型变量 x 和 y
```

我们来创建一个程序，将 63 和 18 赋给两个变量 x 和 y，并显示它们的和及平均值（代码清单 1-7）。

代码清单 1-7   chap01/list0107.cpp

```cpp
// 显示两个变量 x 与 y 的和及平均值

#include <iostream>

using namespace std;

int main()
{
    int x;         // x 是 int 型变量
    int y;         // y 是 int 型变量

1   x = 63;        // 将 63 赋值给 x
    y = 18;        // 将 18 赋值给 y

2   cout << "x的值是" << x << "。\n";              // 显示 x 的值
    cout << "y的值是" << y << "。\n";              // 显示 y 的值
3   cout << "和是" << x + y << "。\n";              // 显示 x 与 y 的和
    cout << "平均值是" << (x + y) / 2 << "。\n";    // 显示 x 与 y 的平均值
}
```

运行结果
x 的值是 63。
y 的值是 18。
和是 81。
平均值是 40。

▶ 两个变量没有像 int x, y; 这样合并在一行声明，而是单独声明的。这样做不仅方便针对每个声明写注释，而且也方便增加或删除声明（但是会增加程序行数）。

■ 赋值运算符

我们来关注一下程序中给两个变量赋值的 1。这里使用的 = 称为**赋值运算符**（assignment operator），它表示将右边的值赋给左边。

如图 1-9 所示，63 被赋给变量 x，18 被赋给变量 y。

图 1-9　使用赋值运算符给变量赋值

赋值运算符不能以数学方式解释为"x 与 63 相等"或"y 与 18 相等"。

▶ 我们将在 1-4 节学习运算符的相关内容，包括计算和赋值同时进行的复合形式的赋值运算符。

■ 显示变量值

变量中存放的值可以随时取出。程序中的 2 用来取出变量的值并显示。图 1-10 所示为显示变量 x 的值的过程。

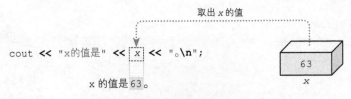

图 1-10　取出变量的值并向流输出

▶ 插入 cout 中的 x 不是字符串字面量，因此在画面上显示的不是变量名 x，而是它的值 63。

■ 算术运算符和计算的组合

程序中的 ❸ 所显示的是 x 与 y 的和 x + y 及平均值 (x + y) / 2。

在计算平均值时，我们使用 () 将表达式 x + y 包围了起来。这个 () 是表示优先执行计算的符号。如图 1-11ⓐ 所示，首先执行 x + y 的加法运算，然后执行除以 2 的除法运算。斜杠（/）是表示除法运算的符号。

如图 1-11ⓑ 所示，如果只是 x + y / 2，没有 ()，就变成了计算 x 与 y / 2 的和。这是因为，如同我们平常执行的计算一样，**乘除法运算的优先级高于加减法运算的优先级**。

▶ 我们将通过表 2-10 学习所有的运算符及其优先顺序。

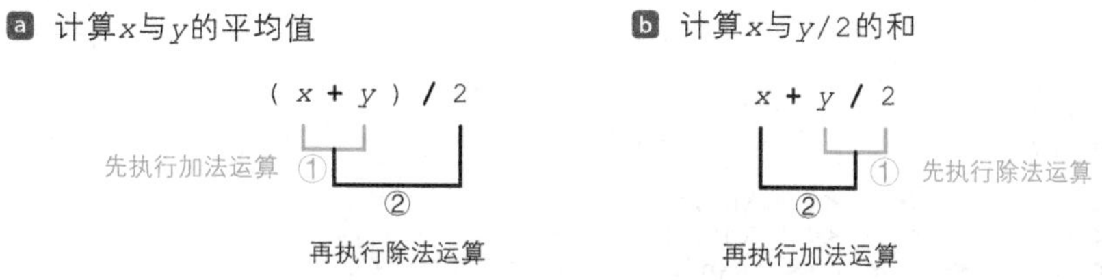

ⓐ 计算 x 与 y 的平均值　　　　　　ⓑ 计算 x 与 y/2 的和

```
( x + y ) / 2                     x + y / 2
```
先执行加法运算 ①　　　　　　　　　　　　　① 先执行除法运算
再执行除法运算 ②　　　　　　　　　　　　　② 再执行加法运算

图 1-11　使用 () 改变计算顺序

另外，"整数 / 整数"的计算**将舍弃小数部分**。因此，63 与 18 的平均值是 40，而不是 40.5。

■ 变量和初始化

对于代码清单 1-7 的程序，如果去掉给变量赋值的 ❶ 会怎样呢？我们来尝试一下。请运行代码清单 1-8 的程序。

代码清单 1-8   chap01/list0108.cpp

```cpp
// 显示两个变量 x 与 y 的和及平均值（变量值不确定）
#include <iostream>

using namespace std;

int main()
{
    int x;        // x 是 int 型变量（值不确定）
    int y;        // y 是 int 型变量（值不确定）

    cout << "x的值是" << x << "。\n";              // 显示 x 的值
    cout << "y的值是" << y << "。\n";              // 显示 y 的值
    cout << "和是" << x + y << "。\n";             // 显示 x 与 y 的和
    cout << "平均值是" << (x + y) / 2 << "。\n";   // 显示 x 与 y 的平均值
}
```

运行结果示例
x 的值是 6936。
y 的值是 2358。
和是 9294。
平均值是 4647。

从运行结果可知，变量 x 和 y 变成了奇怪的值。

▶ 这些值因运行环境及处理系统而异（在有些情况下会产生运行时错误，导致程序运行中断）。另外，即使在同一环境下，也有可能每次运行程序得到的值都不同。

在创建变量时,变量会被赋予不确定的值,或者说垃圾值。因此,如果从没有设置值的变量中取出值并进行计算,将得到意想不到的结果。

▶ 只有具有静态存储期的变量一定会在创建时自动被赋予 0。我们将在 6-3 节详细学习相关内容。

■ 初始化声明

如果事先知晓要赋给变量的值,就应该从一开始就把值赋给变量。代码清单 1-9 所示为修改后的程序。

代码清单 1-9   chap01/list0109.cpp

```cpp
// 显示两个变量 x 与 y 的和及平均值(显式地初始化变量)
#include <iostream>
using namespace std;

int main()
{
    int x = 63;             // x 是 int 型变量(初始化为 63)
    int y = 18;             // y 是 int 型变量(初始化为 18)

    cout << "x的值是" << x << "。\n";              // 显示 x 的值
    cout << "y的值是" << y << "。\n";              // 显示 y 的值
    cout << "和是" << x + y << "。\n";             // 显示 x 与 y 的和
    cout << "平均值是" << (x + y) / 2 << "。\n";   // 显示 x 与 y 的平均值
}
```

运行结果
```
x 的值是 63。
y 的值是 18。
和是 81。
平均值是 40。
```

程序阴影部分的声明使用 63 和 18 **初始化**(initialize)了变量 x 和 y。如图 1-12 所示,变量声明中符号 = 及其后面的部分指定了创建变量时赋给变量的值,这部分称为**初始化器**(initializer)。

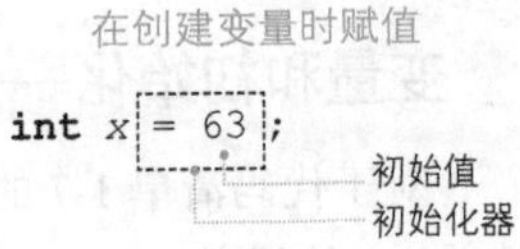

在创建变量时赋值

int x = 63;
　　　　　初始值
　　　　初始化器

图 1-12　初始化声明

重要 在声明变量时,请赋予初始值,完成初始化。

■ 初始化和赋值

代码清单 1-9 的程序中执行的初始化与代码清单 1-7 中执行的赋值在赋予值的时间点上有差异,我们可以像下面这样理解(图 1-13)。

- **初始化**:在创建变量时赋值。
- **赋值**:在创建变量后赋值。

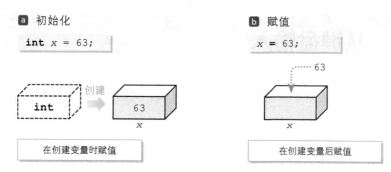

图 1-13　初始化和赋值

▶ 如上所示，在较短的简单程序中，赋值和初始化并没有很大的差别。但是，在第 10 章以后的使用了类的程序中，差别就很明显了。

另外，为了便于区分，本书中使用代码体表示初始化符号（=），使用粗体的代码体表示赋值运算符（**=**）。

▶ 使用下面的形式也可以进行初始化。

```
int x(63);
int x{63};                // 从 C++11 开始支持该形式的声明
int x = {63};             // 从 C++11 开始支持该形式的声明
```

1-4 从键盘输入

使用变量的最大好处就是可以自由地取出值和写入值。我们将在本节学习从键盘读入值并将其赋给变量的方法等。

■ **从键盘输入**

我们来创建一个程序，从键盘读入两个整数值，并执行加减乘除运算，然后显示计算结果（代码清单 1-10）。

代码清单 1-10   chap01/list0110.cpp

```cpp
// 读入两个整数值，执行加减乘除运算，并显示计算结果

#include <iostream>

using namespace std;

int main()
{
    int x;          // 加减乘除运算的操作数
    int y;          // 加减乘除运算的操作数

    cout << "对x和y执行加减乘除运算。\n";

    cout << "x的值:";    // 提示输入 x 的值
    cin >> x;            // 向 x 读入整数值

    cout << "y的值:";    // 提示输入 y 的值
    cin >> y;            // 向 y 读入整数值

    cout << "x + y是" << x + y << "。\n";  // 显示 x + y 的值
    cout << "x - y是" << x - y << "。\n";  // 显示 x - y 的值
    cout << "x * y是" << x * y << "。\n";  // 显示 x * y 的值
    cout << "x / y是" << x / y << "。\n";  // 显示 x / y 的值（商）
    cout << "x % y是" << x % y << "。\n";  // 显示 x % y 的值（余数）
}
```

运行示例
```
对 x 和 y 执行加减乘除运算。
x 的值:7⏎
y 的值:5⏎
x + y 是 12。
x - y 是 2。
x * y 是 35。
x / y 是 1。
x % y 是 2。
```

程序阴影部分将从键盘输入的数值存放到变量中。

这里初次登场的 cin 是与键盘结合的**标准输入流**（standard input stream）。对 cin 使用的 >> 是从输入流取出字符的**提取符**（extractor）。

从输入流 cin 提取流过来的字符，并将其作为数值存放到变量中，这一过程如图 1-14 所示。

▶ int 型不能表示无限大或无限小的值，从键盘输入的值必须在运行代码清单 4-1 的程序而得到的范围内。另外，请不要输入字母、符号等数字以外的字符。

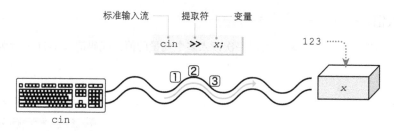

图 1-14 从键盘输入和流

运算符和操作数

代码清单 1-10 中初次使用了执行减法运算的 `-`、执行乘法运算的 `*` 和求除法运算的余数的 `%`。执行运算的 `+`、`-` 等符号称为**运算符**（operator），运算对象称为**操作数**（operand）。

例如，在计算 x 与 y 的和的表达式 $x + y$ 中，有一个运算符 `+` 及两个操作数 x 和 y（图 1-15）。

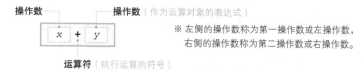

图 1-15 运算符和操作数

表 1-2 和表 1-3 汇总了代码清单 1-10 中使用的运算符 `+`、`-`、`*`、`/`、`%` 的简要说明。另外，这些运算符一般称为**算术运算符**（arithmetic operator）。

表 1-2 加减运算符

$x + y$	生成 x 加 y 的结果
$x - y$	生成 x 减 y 的结果

表 1-3 乘除运算符

$x * y$	生成 x 乘以 y 的积
x / y	生成 x 除以 y 的商（如果 x 和 y 均为整数，则舍弃小数点后的部分）
$x \% y$	生成 x 除以 y 的余数（x 和 y 必须均为整数）

上面都是有两个操作数的运算符，这样的运算符称为**二元运算符**。除了二元运算符，还有只有一个操作数的**一元运算符**和有三个操作数的**三元运算符**。

■ 连续读入值

对 cin 连续使用提取符（>>），可以一次读入多个变量的值。代码清单 1-11 所示为连续使用 >> 的程序。

代码清单 1-11   chap01/list0111.cpp

```cpp
// 读入两个整数值，执行加减乘除运算，并显示计算结果

#include <iostream>

using namespace std;

int main()
{
    int x;         // 加减乘除运算的操作数
    int y;         // 加减乘除运算的操作数

    cout << "对x和y执行加减乘除运算。\n";

    cout << "x和y的值:";         // 提示输入 x 和 y 的值
    cin >> x >> y;               // 向 x 和 y 读入整数值

    cout << "x + y是" << x + y << "。\n";   // 显示 x + y 的值
    cout << "x - y是" << x - y << "。\n";   // 显示 x - y 的值
    cout << "x * y是" << x * y << "。\n";   // 显示 x * y 的值
    cout << "x / y是" << x / y << "。\n";   // 显示 x / y 的值（商）
    cout << "x %% y是" << x %% y << "。\n"; // 显示 x %% y 的值（余数）
}
```

运行示例
对 x 和 y 执行加减乘除运算。
x 和 y 的值:7 5 ⏎
x + y 是 12。
x - y 是 2。
x * y 是 35。
x / y 是 1。
x % y 是 2。

程序中的阴影部分执行了两个变量 x 和 y 的读入操作。在像这样连续使用提取符（>>）时，可以从左侧的变量开始按顺序读入值。

在使用提取符（>>）输入时，**可以跳过空格、制表符、换行符等空白字符**。在这里的运行示例中，在两个整数值 7 和 5 之间输入了一个空格。因此，7 会输入到 x 中，5 会输入到 y 中。

如右图所示，在 7 的前面、7 和 5 的中间、5 的后面均可输入（一个以上的）空格。

7 5 ⏎

另外，利用"可以跳过换行符"这一点，可以每输入一个数值后就键入一个回车键，如右图所示。

7 ⏎
5 ⏎

▶ 对负值使用 / 运算符或 % 运算符的计算结果依赖于处理系统。

■ 一元算术运算符

我们来创建一个程序，读入整数值，然后把它的符号反转（代码清单 1-12）。

代码清单 1-12   chap01/list0112.cpp

```cpp
// 读入整数值，反转符号，并显示反转结果

#include <iostream>

using namespace std;

int main()
{
    int a;                      // 读入的值

    cout << "整数值:";          // 提示输入值
    cin >> a;                   // 向 a 读入整数值

    int b = -a;                 // 用反转 a 的符号后的值来初始化 b        —1
    cout << +a << "的符号反转后的值是" << b << "。\n";                   —2
}
```

运行示例 1
整数值：7 ⏎
7 的符号反转后的值是 -7。

运行示例 2
整数值：-15 ⏎
-15 的符号反转后的值是 15。

请注意声明变量 b 的 1。变量 b 被初始化为 - a。这里的 - 运算符是一元运算符，用来生成**反转操作数的符号后的值**（表 1-4）。+ 运算符也有一元运算符的版本。2 的 +a 就表示生成 a 的值本身。

表 1-4　一元算术运算符（正号运算符和负号运算符）

+x	生成 x 的值本身
-x	生成反转 x 的符号后的值

让我们回到 1 的声明语句。该声明处于 `main` 函数的中间。像这样在需要的地方声明变量是一个原则（即使处于 `main` 函数的中间也没问题）。

重要 请在需要变量的时候声明它。

▶ 执行除法运算的 / 运算符和 % 运算符的计算结果因处理系统而异。

■ **两个操作数都为正**
在所有的处理系统中，商和余数均为正值，如下例所示。

		x / y	x % y
正 ÷ 正	例 x = 22 且 y = 5	4	2

■ **至少有一个操作数为负**
/ 运算符的结果是"代数的商向下取整"或"代数的商向上取整"，具体依赖于处理系统，如下例所示。

		x / y	x % y	
负 ÷ 负	例 x = -22 且 y = -5	4	-2	} 结果依赖于处理系统
		5	3	
负 ÷ 正	例 x = -22 且 y = 5	-4	-2	} 结果依赖于处理系统
		-5	3	
正 ÷ 负	例 x = 22 且 y = -5	-4	2	} 结果依赖于处理系统
		-5	-3	

※ 无论 x 和 y 的符号是什么（除非 y 为 0），(x / y) * y + x % y 的值都与 x 相同。

读入实数值

如 1-3 节所述，表示整数的 **int** 型无法处理有小数部分的实数。对于实数，可以使用 **double** 型来处理。

代码清单 1-13 所示为读入两个实数值并执行加减乘除运算的程序。

代码清单 1-13   chap01/list0113.cpp

```cpp
// 读入两个实数值，执行加减乘除运算，并显示计算结果

#include <iostream>

using namespace std;

int main()
{
    double x;           // 加减乘除运算的操作数
    double y;           // 加减乘除运算的操作数

    cout << "对x和y执行加减乘除运算。\n";

    cout << "x的值:";       // 提示输入 x 的值
    cin >> x;               // 向 x 读入实数值

    cout << "y的值:";       // 提示输入 y 的值
    cin >> y;               // 向 y 读入实数值

    cout << "x + y是" << x + y << "。\n";   // 显示 x + y 的值
    cout << "x - y是" << x - y << "。\n";   // 显示 x - y 的值
    cout << "x * y是" << x * y << "。\n";   // 显示 x * y 的值
    cout << "x / y是" << x / y << "。\n";   // 显示 x / y 的值
}
```

运行示例
对 x 和 y 执行加减乘除运算。
x 的值：7.5⏎
y 的值：5.25⏎
x + y 是 12.75。
x - y 是 2.25。
x * y 是 39.375。
x / y 是 1.42857。

▶ 在输入没有小数部分的值时，可以省略小数点及其后的部分。例如 5.0 可以输入成 5、5.0 或 5.。

该程序中没有取余。如表 1-3 所示，**取余的 % 运算符的操作数只能是整数**。

重要 如果操作数是实数，则不可以使用 % 运算符。

如果在该程序中添加如下语句，将产生编译错误。

```cpp
cout << "x % y是" << x % y << "。\n";   // 编译错误
```

在下文中，原则上使用 **int** 型变量表示整数，使用 **double** 型变量表示实数。

▶ 我们将通过代码清单 2-17 学习实数的取余方法。另外，第 4 章将学习关于表示实数的**浮点型**的详细内容。

专栏 1-1　调试和添加注释

程序的缺陷和错误叫作 **bug**。另外，发现 bug 并查明其原因的操作叫作**调试**（debug）。

在调试时，我们有时会一边尝试运行一边修改程序，对于也许有误的部分，会想看看在没有这一部分的情况下程序会如何运行。这时，如果直接删除这一部分，将很难使程序变回原样。

因此，常用的方法是**注释掉**（comment out），也就是把原本不是注释的程序变成注释。

让我们尝试重写代码清单 1-1 的程序并运行。有色字体部分会被视为注释，因此"第一个 C++ 程序。"不会显示。

代码清单 1C-1　　　　　　　　　　　　　　　　　　　　　　　chap01/list01c01.cpp

```cpp
// 在画面上输出

#include <iostream>

using namespace std;

int main()
{
//    cout << "第一个 C++ 程序。\n";
    cout << "在画面上输出。\n";
}
```

运行结果
在画面上输出。

只要在一行的开头写两个斜杠（//），就可以将整行注释掉。将程序变回原样也很简单，只要去掉 // 即可。

在跨多行添加注释时，只要使用 /* … */ 形式即可，如代码清单 1C-2 所示。

代码清单 1C-2　　　　　　　　　　　　　　　　　　　　　　　chap01/list01c02.cpp

```cpp
// 在画面上输出

#include <iostream>

using namespace std;

int main()
{
/*
    cout << "第一个 C++ 程序。\n";
    cout << "在画面上输出。\n";
*/
}
```

运行结果
什么也不会显示。

另外，注释掉的程序会对程序阅读者产生困扰。这是因为，程序阅读者无法辨别注释掉的原因是这一部分不需要了，还是出于某些测试目的等。

注释掉这种方法终归是权宜之计，在使用时要牢记这一点。

另外，使用 **#if** 指令可以更好地实现注释掉。我们将在专栏 11-7 学习相关内容。

常量对象

我们来创建一个程序，从键盘读入圆的半径，并计算该圆的周长和面积（代码清单 1-14）。

代码清单 1-14   chap01/list0114.cpp

```cpp
// 计算圆的周长和面积（其一：用浮点数字面量表示圆周率）

#include <iostream>
using namespace std;

int main()
{
    double r;                    // 半径

    cout << "半径:";             // 提示输入半径
    cin >> r;                    // 读入半径

    cout << "周长是" << 2 * 3.14 * r << "。\n";      // 周长
    cout << "面积是" << 3.14 * r * r << "。\n";      // 面积
}
```

运行示例
半径：7.2⏎
周长是45.216。
面积是162.778。

该程序按照公式计算了圆的周长和面积（半径为 r 的圆的周长为 $2\pi r$，面积为 πr^2）。

表示带小数部分的实数的常量称为**浮点数字面量**（floating-point literal），如程序中表示圆周率 π 的阴影部分的 3.14 所示。

圆周率并不是 3.14，而是无限不循环小数 3.1415926535…。

如果为了更精确地计算圆的周长和面积而选择 3.1416 作为圆周率，要把两处程序阴影部分变更为 3.1416。

在该程序中仅需变更两处，但如果是大型数值计算程序，程序中也许会有几百处 3.14。

使用编辑器的替换功能，也可以很容易地把所有的 3.14 变更为 3.1416。但是，程序中偶尔也会有不表示圆周率的 3.14，像这样的地方就不能成为被替换的对象。也就是说，**需要选择性地替换**。

在这样的情况下，**常量对象**（constant object）就可以发挥作用。代码清单 1-15 所示为使用常量对象改写后的程序。

代码清单 1-15   chap01/list0115.cpp

```cpp
// 计算圆的周长和面积（其二：用常量对象表示圆周率）

#include <iostream>
using namespace std;

int main()
{
    const double PI = 3.1416;    // 圆周率
    double r;                    // 半径

    cout << "半径:";             // 提示输入半径
    cin >> r;                    // 读入半径

    cout << "周长是" << 2 * PI * r << "。\n";      // 周长
    cout << "面积是" << PI * r * r << "。\n";      // 面积
}
```

运行示例
半径：7.2⏎
周长是45.239。
面积是162.861。

在声明变量 PI 时添加 **const**，并初始化为 3.1416，变量 PI 即可成为常量对象。**常量对象的值不可以修改。**

▶ 我们将在第 4 章学习对象的相关内容，目前暂且将对象理解为表示变量的专业术语即可。

在该程序中，需要圆周率参与计算的地方都使用了变量 PI 的值。使用常量对象的好处如下。

① 在一个地方集中管理值

变量 PI 被初始化为圆周率的值 3.1416。如果要变为其他的值（例如 3.14159），只要变更程序中的一个地方就可以了。

这样可以防止键入失误或编辑器替换操作失败等导致 3.1416 和 3.14159 混在一起的错误发生。

② 使程序易读

不用看数值，根据变量名 PI 就可以看出它代表圆周率，因此程序变得更容易阅读。

> **重要** 程序中引用的数值让人很难理解它表示什么。请将其声明为常量对象，并赋予名称。

正如该程序所示，常量对象的变量名使用大写字母，这样我们可以更好地将其与不是 **const** 的普通变量区分开来。

▶ 程序中引用的用途不易理解的数值称为**魔数**（magic number）。使用常量对象可以去除魔数。

常量对象必须在声明时被初始化。下面的右图中的代码会产生编译错误。

```
const double PI = 3.1416;       ✓        const double PI;            ✗
                                         PI = 3.1416;
```

▶ **const** 是一个用来指定对象类型属性的 cv 限定符。除了 **const**，cv 限定符还有 **volatile**。

■ 生成随机数

也可以不从键盘读入值，而是让计算机创建值。下面我们通过代码清单 1-16 的程序来学习这种方法。

代码清单 1-16   chap01/list0116.cpp

```
// 随机生成一个 0 ~ 9 的幸运数字并显示

#include <ctime>
#include <cstdlib>          ←──1
#include <iostream>

using namespace std;

int main()
{
    srand(time(NULL));           // 设置随机数种子        ←──2

    int lucky = rand() % 10;     // 0 ~ 9 的随机数
                                                         ←──3
    cout << "今天的幸运数字是" << lucky << "。\n";
}
```

运行示例
今天的幸运数字是 7。

该程序生成一个 0 ~ 9 的数作为幸运数字并显示了出来。

由计算机生成的随机的数称为**随机数**。程序中的 ❶、❷、❸ 是生成随机数所需的"固定语句"。

▶ ❷必须放在❸的前面。

关键的是❸。`rand()` 会返回大于等于 **0** 的随机整数值（不会为负）。

由于生成的随机数有可能很大，所以该程序将"使用随机数除以 10 取余得到的数"作为幸运数字。由于是非负整数值除以 10 取余，所以 `lucky` 的值必定为大于等于 0 且小于等于 9 的整数值。

▶ 运行示例显示，随机数除以 10 得到的余数为 7。对于运行结果因随机数而改变的数值，或者运行结果依赖于处理系统的数值等，本书中使用*蓝色的斜体字*表示。

下面我们来尝试改变要生成的随机数的范围。这里展示几个例子。

```
1 + rand() % 9           // 生成 1 ~ 9 的随机数
1 + rand() % 10          // 生成 1 ~ 10 的随机数
rand() % 100             // 生成 0 ~ 99 的随机数
10 + rand() % 90         // 生成 10 ~ 99 的随机数
```

▶ 从 C++11 开始，`<random>` 头文件提供了性能更高且功能更多的随机数库。

专栏 1-2　关于随机数的生成

目前我们无须理解程序中生成随机数所需的❶、❷、❸。在学习了本书后半部分之后再来阅读本专栏也许会更好。

生成随机数的 `rand` 函数返回大于等于 0 且小于等于 `RAND_MAX` 的值。在 `<cstdlib>` 头文件中定义的 `RAND_MAX` 的值依赖于处理系统，但会保证至少为 32767。

如下所示为生成两个随机数的程序的一部分（chap01/column0102a.cpp）。

```cpp
#include <cstdlib>
using namespace std;
// … 省略
int x = rand();          // 生成大于等于 0 且小于等于 RAND_MAX 的随机数
int y = rand();          // 生成大于等于 0 且小于等于 RAND_MAX 的随机数
cout << "x的值是" << x << ",y的值是" << y << "。\n";
```

在运行该程序后，x 和 y 会显示不同的值，但是无论该程序运行多少次，都总是显示相同的值。

这表明生成的随机数序列，即程序第 1 次生成的随机数、第 2 次生成的随机数、第 3 次生成的随机数……是确定的。例如，在有些处理系统中，程序总是按如下顺序生成随机数。

16838 ⇨ 5758 ⇨ 10113 ⇨ 17515 ⇨ 31051 ⇨ 5627 ⇨ …

这是因为，`rand` 函数使用种子计算并生成随机数。由于种子的值传入到了 `rand` 函数中，所以每次会生成相同序列的随机数。

变更种子的值的是 `srand` 函数。例如，调用 `srand(50)` 或 `srand(23)`，可以变更种子的值。

另外,即使像这样传递常量来调用 *srand* 函数,之后 *rand* 函数生成的随机数序列也是确定的。在前面列举的处理系统中,如果设置种子值为 50,就会生成如下随机数。

　　22715 ⇨ 22430 ⇨ 16275 ⇨ 21417 ⇨ 4906 ⇨ 9000 ⇨ …

因此,传给 *srand* 函数的参数必须是随机数。但是,"为了生成随机数而需要随机数"这一点非常奇怪。

对此,向 *srand* 函数传递当前时刻是一个常用的方法,程序如下所示(chap01/column0102b.cpp)。

```
#include <ctime>
#include <cstdlib>
using namespace std;
// … 省略 …
srand(time(NULL));      // 由当前时刻确定种子
int x = rand();         // 生成大于等于 0 且小于等于 RAND_MAX 的随机数
int y = rand();         // 生成大于等于 0 且小于等于 RAND_MAX 的随机数
cout << "x的值是" << x << ",y的值是" << y << "。\n";
```

time 函数返回的是用 *time_t* 型表示的当前时刻。由于程序每次运行时时刻都会变,所以如果用它的值作为种子,生成的随机数序列也会变得随机(我们将在专栏 11-4 学习 *time* 函数的相关内容)。

另外,*rand* 函数生成的随机数称为**模拟随机数**。模拟随机数虽然看起来像随机数,但其实是基于一定的规则生成的。之所以称为模拟随机数,是因为下一个要生成的数值是可以预测的。真正的随机是无法预测下一个要生成的数值的。

读入字符

我们来创建一个读入字符的程序。代码清单 1-17 所示为仅读入一个字符并重复显示的程序。

代码清单 1-17　　　　　　　　　　　　　　　　　　　　　　　　　　　chap01/list0117.cpp

```
// 读入字符并显示
#include <iostream>
using namespace std;

int main()
{
    char c;                                   // 字符

    cout << "请输入字符:";                    // 提示输入字符
    cin >> c;                                 // 读入字符
    cout << "键入的字符是" << c << "。\n";    // 显示
}
```

运行示例
请输入字符:X⏎
键入的字符是 X。

表示字符的是 **char** 型。如前所述,提取符(**>>**)会跳过空格、换行符等空白字符,因此从键盘输入的空白字符不会存放在变量中。变量 *c* 中读入的是空白字符以外的最开始的字符。

▶ 我们将在第 4 章学习 **char** 型的详细内容。

读入字符串

接下来，我们创建一个读入字符串（字符的排列）的程序。代码清单 1-18 所示为将姓名作为字符串读入并向其打招呼的程序。

代码清单 1-18   chap01/list0118.cpp

```cpp
// 读入姓名并打招呼

#include <string>
#include <iostream>

using namespace std;

int main()
{
    string name;        // 姓名

    cout << "姓名:";                    // 提示输入姓名
    cin >> name;                        // 读入姓名（忽视空格）

    cout << "你好," << name << "。\n";  // 打招呼
}
```

运行示例 1
姓名：福冈五郎⏎
你好，福冈五郎。

运行示例 2
姓名：福冈 五郎⏎
你好，福冈。

用来处理字符串的是 **string** 型。在使用该类型时，必须引入 <string> 头文件。

▶ 如果程序开头没有 `using namespace` std; 指令，那么程序中所有 **string** 必须变更为 **std::string**（与 cout 一样，详见 1-2 节）。

在使用提取符读入时，会跳过空白字符。因此，在运行示例 ②中，由于在输入字符串时加入了空格，所以只有 " 福冈 " 被读入 *name*。

代码清单 1-19 所示为连带空格一起读入的程序。

代码清单 1-19   chap01/list0119.cpp

```cpp
// 读入姓名并打招呼（包括空格）

#include <string>
#include <iostream>

using namespace std;

int main()
{
    string name;        // 姓名

    cout << "姓名:";                    // 提示输入姓名
    getline(cin, name);                 // 读入姓名（包括空格）

    cout << "你好," << name << "。\n";  // 打招呼
}
```

运行示例 1
姓名：福冈五郎⏎
你好，福冈五郎。

运行示例 2
姓名：福冈 五郎⏎
你好，福冈 五郎。

getline(cin, 变量名**)** 读入的是包括空格的字符串。在回车键之前键入的所有字符都将放入字符串型的变量中。

代码清单 1-20 所示为进行 **string** 型变量的初始化和赋值的示例程序。

代码清单 1-20　　　　　　　　　　　　　　　　　　　　　　　chap01/list0120.cpp

```cpp
// 字符串的初始化和赋值

#include <string>
#include <iostream>

using namespace std;

int main()
{
    string s1 = "ABC";      // 初始化
    string s2 = "XYZ";      // 初始化

    s1 = "FBI";             // 赋值（修改值）

    cout << "字符串s1是" << s1 << "。\n";       // 显示
    cout << "字符串s2是" << s2 << "。\n";       // 显示
}
```

运行结果
字符串 s1 是 FBI。
字符串 s2 是 XYZ。

变量 s1 一开始被初始化为 "ABC"，之后又被赋值为 "FBI"，程序显示的是赋值后的字符串。

小结

- C++ 是以 C 语言和 Simula 67 为基础创建的,是支持**面向对象编程**的语言。

- **源程序**是由字符的排列创建的。源程序无法直接运行,因此需要通过**编译**和**链接**将其变换成可执行的形式。

- C++ 的程序以**自由格式**书写。添加空格或制表符进行**缩进**,可以使程序易读。另外,最好添加恰当的**注释**,向包括程序作者在内的阅读者传达必要的信息。

- 在使用标准库时,必须通过 `#include` 指令引入恰当的**头文件**。使用 `using namespace std;` 指令可以简化步骤。

- 在启动 C++ 程序后,会按顺序执行 `main` 函数内的**语句**。原则上一条语句的末尾以分号(;)结尾。

- `<iostream>` 是关于字符流的输入/输出的头文件。使用**插入符**(`<<`)向与画面连接的标准输出流 `cout` 输出,使用**提取符**(`>>`)从与键盘连接的标准输入流 `cin` 输入。

- **类型**用来表现值的性质。整数、实数和字符分别用 `int` 型、`double` 型和 `char` 型表示。

- *string* 型用来表示字符串。在使用 *string* 型时,必须引入 `<string>` 头文件。

- 整数常量用**整数字面量**表示,实数常量用**浮点数字面量**表示。另外,字符的排列用由双引号包围的**字符串字面量**表示。中间夹有**空白字符**的相邻的字符串字面量会连在一起。

- **换行符**用 `\n` 表示,**警报符**(一般是"哔哔"声)用 `\a` 表示。

- 可自由地取出和写入数值等数据的**变量**是由类型创建的实体。在需要使用变量时,由赋予类型和名称的**声明语句**进行声明。

- 在创建变量时赋予值是**初始化**,在创建变量后赋予值是**赋值**。不显式初始化的变量原则上具有不确定的值。

- 带 `const` 声明的变量会成为不可修改值的**常量对象**。给常量赋予名称会使程序更高效。

- 执行计算的 +、* 等符号是**运算符**,运算对象是**操作数**。运算符可以按操作数的个数分为**一元运算符**、**二元运算符**和**三元运算符**。

- **优先级**因运算符而异。`()` 内的计算会被优先执行。

- 如果求商运算符(`/`)和取余运算符(`%`)的任一操作数为负,则计算结果依赖于处理系统。由"整数/整数"计算得到的商是舍弃小数部分的值。`%` 运算符的操作数必须是整数。

- **rand** 函数可以生成非负的随机数。

加减运算符	x + y	x - y	
乘除运算符	x * y	x / y	x % y
一元算术运算符	+x	-x	

注释
```
/* 可跨多行 */
// 到该行末
```

整数字面量	5
浮点数字面量	3.14
字符串字面量	"半径："

#include 指令：替换为引入的头文件的内容

```cpp
/*
    示例程序
*/
#include <ctime>      ── 生成随机数时需要
#include <cstdlib>
#include <string>     ── 使用字符串时需要
#include <iostream>   ── 输入/输出流时需要

using namespace std;  ── using 指令

int main()
{                         ── 类型
                          ── 变量名
                          ── 初始值
    int a;              // a 是 int 型变量
    a = 1;              // 赋值（在创建变量后赋值）
    int b = 5;          // 初始化（在创建变量时赋值）
    // 生成随机数的准备    大于等于 0 且小于等于 RAND_MAX 的随机数
    srand(time(NULL));
    int lucky = rand() % 10;  // 0 ~ 9 的随机数
    cout << "今天的幸运数字是" << lucky << "。\n";
    cout << "除以2的商是" << lucky / 2 << "。\n";
    cout << "除以2的余数是" << lucky % 2 << "。\n";
                        // 操作数    运算符    操作数

    // 常量对象（不可以修改值的变量）
    const double PI = 3.14;
    double r;
    cout << "半径：";
    cin >> r;
    cout << "半径为" << r << "的圆的面积是"
         << (PI * r * r) << "。\n";

    string name;        // 姓名
    cout << "姓名：";    // 提示输入姓名
    cin >> name;        // 读入（跳过空格）
    cout << "\a你" "好，" << name << "。\n";
}
    // 中间夹有空白字符的字符串字面量会连在一起
```

chap01/summary.cpp

按顺序执行各语句

运行示例
```
今天的幸运数字是5。
除以2的商是2。
除以2的余数是1。
半径：4.5⏎
半径为4.5的圆的面积是63.585。
姓名：Fukuoka Gorou⏎
♪你好，Fukuoka。
```

警报
换行

第 2 章

程序流的分支

我们将在本章学习很多运算符，以及用于程序流分支的选择语句——`if` 语句和 `switch` 语句。

- 真（`true`）和假（`false`）
- 关系运算符
- 相等运算符
- 逻辑运算符
- 逻辑非运算符
- 条件运算符
- 逗号运算符
- 表达式和求值
- 短路求值
- 表达式语句和空语句
- 块（复合语句）
- 选择语句（`if` 语句和 `switch` 语句）
- `break` 语句
- 标签
- 语法和语法图
- 算法
- 两个值的交换、两个值的排序
- 运算符的优先级和结合性
- 关键字、标识符、分隔符

2-1 if 语句

if 语句根据特定条件的成立与否来选择应该执行的处理。我们将在本节学习 if 语句以及基本的运算符。

■ if 语句（其一）

我们来创建一个程序，从键盘读入数值，如果读入的数值大于 0，就显示"这个值为正。"，如代码清单 2-1 所示。

代码清单 2-1　　　　　　　　　　　　　　　　　　　　　　　　　　　chap02/list0201.cpp

```cpp
// 读入的整数值是正值吗?
#include <iostream>

using namespace std;

int main()
{
    int n;

    cout << "整数值:";
    cin >> n;

    if (n > 0)                    // if 语句：if ( 条件 ) 语句
        cout << "这个值为正。\n";   // 当条件 n > 0 为真时执行
}
```

运行示例 ❶
整数值：15 ⏎
这个值为正。

运行示例 ❷
整数值：-5 ⏎

该程序从键盘读入整数值并存放在变量 n 中。

程序阴影部分用来判断 n 的值并显示判断结果，该部分的**语法**如下所示。

　　if (条件) 语句

具有该语法的语句称为 **if 语句**，仅当 ( ) 内的条件成立、表达式为真时才执行语句（当然，开头的 if 就是"如果"的意思）。

该程序的条件是 n > 0。如果左操作数的值大于右操作数，则 > 运算符返回**真**（**true**），否则返回**假**（**false**）。

另外，**true** 和 **false** 是 **bool** 型的常量值，称为**布尔字面量**（boolean literal）。

▶ 我们将在第 4 章学习有关 bool 型及布尔字面量的详细内容。

图 2-1 所示为该程序中的 **if** 语句的流程图。

▶ 我们将在 3-1 节一并学习流程图的符号。

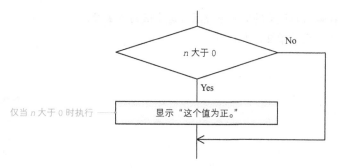

图 2-1　代码清单 2-1 中的 if 语句的流程图

如代码清单 2-1 中的运行示例①所示，如果 n 大于 0，则条件 n > 0 的值为真。因此，程序将执行下面的语句，显示"这个值为正。"。

```
cout << "这个值为正。\n";
```

另外，如运行示例②所示，如果输入的 n 的值小于等于 0，则不执行这条语句，在画面上不显示任何内容。

重要　如果有在特定条件成立时应该执行的任务，则使用 **if** 语句实现。

■ 关系运算符

像 > 运算符这样判断左右操作数的值的大小关系的运算符称为**关系运算符**（relational operator）。表 2-1 所示为 4 种关系运算符。

表 2-1　关系运算符

x < y	当 x 小于 y 时为 **true**，否则为 **false**
x > y	当 x 大于 y 时为 **true**，否则为 **false**
x <= y	当 x 小于等于 y 时为 **true**，否则为 **false**
x >= y	当 x 大于等于 y 时为 **true**，否则为 **false**

不可以把运算符 <= 或者 >= 中的 = 放在左边，使之变为 =< 或者 =>。另外，也不可以在不等号和等号之间加入空格，使之变为 < = 或者 > =。请注意不要写错了。

▶ 关系运算符是二元运算符，因此在判断变量 a 的值是否大于等于 1 且小于等于 3 时，不可以写成：

```
1 <= a <= 3        // 不行！
```

而应使用我们将在下文学习的逻辑运算符，如下所示。

```
a >= 1 && a <= 3   // OK!（通过"a 大于等于 1"且"a 小于等于 3"判断）
```

■ if 语句（其二）

在代码清单 2-1 的程序中，当输入非正值时，不显示任何内容，这会令人略感冷淡。我们来变更一下程序，使其在输入非正值的情况下显示"这个值为 0 或负。"。

改写后的程序如代码清单 2-2 所示。

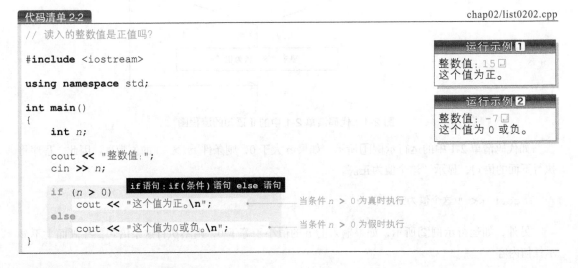

这次的 `if` 语句的语法如下所示。

`if`（条件） 语句 `else` 语句

当然，`else` 是"否则"的意思。当条件为真时，执行前面的语句；当条件为假时，执行后面的语句。

因此，如图 2-2 所示，该程序将根据 n 是否为正来执行不同的处理。

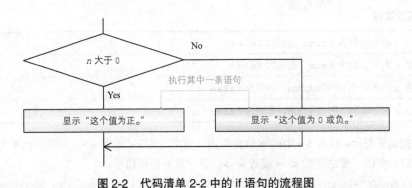

图 2-2 代码清单 2-2 中的 if 语句的流程图

重要 在根据条件的真假执行不同处理的情况下，使用带有 `else` 部分的 `if` 语句实现。

▶ 这种形式的 `if` 语句会执行两条语句中的一个，而不会两者都执行或两者都不执行。

我们已经学习了两种形式的 `if` 语句，这里将其语法总结在一幅图中，如图 2-3 所示（详见专栏 2-1）。

if语句 ─▶(if)▶(( )▶[条件]▶( ))▶[语句]─┬────────────────▶
                                              └▶(else)▶[语句]┘

图 2-3　if 语句的语法图

不符合该语法的 **if** 语句是绝不允许的。如下所示的程序会产生编译错误。

```
if a < b cout << "a 小于 b。";      // 条件缺少括号
if (c > d) else b = 3;              // else 前缺少语句
```

专栏 2-1　关于语法图

在本书的语法图中，各要素是用箭头连接的。

- **关于要素**

  语法图中的要素有的在圆圈内，有的在方块内。

  - **圆圈内要素**　必须按照规定写入"**if**"等关键字或"("等分隔符，不可随意变更为"如果"或"["。这些要素用圆圈表示。
  - **方块内要素**　要写入的不是"条件"或"语句"这些词语，而是像 $n > 0$ 或 $a = 0;$ 这样具体的表达式和语句。这些不能按原样写入的内容用方块表示。

- **语法图的阅读方法**

  在阅读语法图时，沿着箭头方向阅读。从左端开始，到右端结束。在分支点向何处前进都可以。

  if语句 ─▶(if)▶(( )▶[条件]▶( ))▶[语句]★─┬──────────▶
                                                  └▶(else)▶[语句]┘

  ★是分支点，因此 **if** 语句的语法图从左到右有以下两种路径。

  ```
  if (条件) 语句
  if (条件) 语句 else 语句
  ```

  这就是 **if** 语句的形式，也就是它的语法。例如，代码清单 2-1 中的 **if** 语句是：

  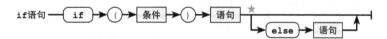

  ```
  if (n > 0)  cout << "这个值为正。\n";
  if ( 条件 )       语句
  ```

  而代码清单 2-2 中的 **if** 语句是：

  ```
  if (n > 0)  cout << "这个值为正。\n"; else cout << "这个值为0或负。\n";
  if ( 条件 )       语句                else         语句
  ```

  两者均遵循语法图的形式。

相等运算符

我们来创建一个程序，判断从键盘读入的两个整数值是否相等，并显示判断结果（代码清单 2-3）。

代码清单 2-3   chap02/list0203.cpp

```cpp
// 读入的两个整数值相等吗？

#include <iostream>

using namespace std;

int main()
{
    int a, b;

    cout << "整数a:";    cin >> a;
    cout << "整数b:";    cin >> b;

    if (a == b)
        cout << "两个值相等。\n";
    else
        cout << "两个值不相等。\n";
}
```

运行示例 1
整数a：15
整数b：15
两个值相等。

运行示例 2
整数a：15
整数b：47
两个值不相等。

该程序为变量 a 和 b 读入整数值，并判断它们的值是否相等。

`if` 语句的条件中的 `==` 是判断左右操作数**是否相等**的运算符。该运算符和判断**是否不相等**的 `!=` 运算符统称为**相等运算符**。

如表 2-2 所示，两个运算符均是当条件成立时为 `true`，否则为 `false`。

表 2-2　相等运算符

`x == y`	当 x 和 y 相等时为 `true`，否则为 `false`
`x != y`	当 x 和 y 不相等时为 `true`，否则为 `false`

另外，在使用 `!=` 运算符时，`if` 语句可如下实现（chap02/list0203a.cpp）。

```cpp
if (a != b)
    cout << "两个值不相等。\n";
else
    cout << "两个值相等。\n";
```

请注意，这里调换了上述程序中两条语句的顺序。

▶ 相等运算符是二元运算符，因此不可以用 a == b == c 这样的形式判断变量 a、变量 b 和变量 c 的值是否相等，而应使用我们将在下文学习的逻辑运算符，用 a == b && b == c 的形式判断。

逻辑非运算符

代码清单 2-4 所示为判断从键盘读入的值是否为 0 并显示判断结果的程序。

代码清单 2-4　　　　　　　　　　　　　　　　　　　　　　　　chap02/list0204.cpp

```cpp
// 读入的整数值是 0 吗?
#include <iostream>

using namespace std;

int main()
{
    int n;

    cout << "整数值:";
    cin >> n;

    if (!n)
        cout << "这个值是0。\n";        // 1
    else
        cout << "这个值不是0。\n";      // 2
}
```

运行示例 1
整数值：0 ⏎
这个值是0。

运行示例 2
整数值：27 ⏎
这个值不是0。

该程序中使用的一元运算符 ! 是**逻辑非运算符**，它可以得到将操作数的真假反转后的值。如表 2-3 所示，当操作数的值为 `false` 时，表达式为 `true`；当操作数的值为 `true` 时，表达式为 `false`。

表 2-3　逻辑非运算符

!x	当 x 为 `false` 时，表达式为 `true`；当 x 为 `true` 时，表达式为 `false`

该程序基于"将 0 视为 `false`，将 0 以外的数值视为 `true`"的规则（详见 4-1 节），在 n 为 0 时执行 1，在 n 不为 0 时执行 2。

该程序的 `if` 语句也可如下实现（chap02/list0204a.cpp）。

```cpp
if (n)
    cout << "这个值不是0。\n";
else
    cout << "这个值是0。\n";
```

请注意，这里调换了上述程序中两条语句的顺序。

▶ 另外，如果使用相等运算符（==），则该程序的 `if` 语句可如下实现（chap02/list0204b.cpp）。

```cpp
if (n == 0)
    cout << "这个值是0。\n";
else
    cout << "这个值不是0。\n";
```

嵌套 if 语句

代码清单 2-5 所示为判断从键盘读入的整数值的符号（正、负、0）并显示判断结果的程序。

代码清单 2-5　　　　　　　　　　　　　　　　　　　　chap02/list0205.cpp

```cpp
// 判断读入的整数值的符号（正、负、0），并显示判断结果
#include <iostream>
using namespace std;

int main()
{
    int n;

    cout << "整数值:";
    cin >> n;
    if (n > 0)
        cout << "这个值为正。\n";         // 1
    else if (n < 0)
        cout << "这个值为负。\n";         // 2
    else
        cout << "这个值为0。\n";          // 3
}
```

运行示例 1
整数值：37 ⏎
这个值为正。

运行示例 2
整数值：-5 ⏎
这个值为负。

运行示例 3
整数值：0 ⏎
这个值为0。

正如我们已经学习的那样，**if** 语句具有如右图所示的两种形式。

　　if （条件） 语句
　　if （条件） 语句 else 语句

该程序中的 **else if...** 并不是什么特殊的语法。**if** 语句是一种语句，因此由 **else** 控制的语句当然也可以是 **if** 语句。

程序阴影部分的结构如图 2-4 所示。这是一种在 **if** 语句中加入 **if** 语句的嵌套结构。

▶ 即使将最后的 **else** 变更为 **else if** (n == 0)，程序的动作也不会改变（只是执行了无用的判断而已）。

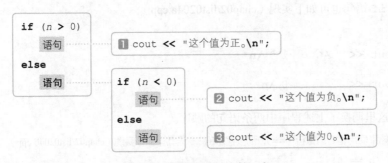

图 2-4　嵌套 if 语句（其一）

接下来，我们来看一下代码清单 2-6 的程序。它与代码清单 2-5 一样，也使用了嵌套的 **if** 语句，但结构不同。

代码清单 2-6

chap02/list0206.cpp

```cpp
// 在读入的整数值为正时,判断奇偶,并显示判断结果
#include <iostream>
using namespace std;

int main()
{
    int n;

    cout << "整数值:";
    cin >> n;

    if (n > 0)
        if (n % 2 == 0)
            cout << "这个值为偶数。\n";       // 1
        else
            cout << "这个值为奇数。\n";       // 2
    else
        cout << "\a输入了非正值。\n";         // 3
}
```

运行示例 1
整数值:38⏎
这个值为偶数。

运行示例 2
整数值:15⏎
这个值为奇数。

运行示例 3
整数值:0⏎
♪输入了非正值。

如果读入的整数值为正,则显示它是偶数还是奇数;如果为负,则报警并显示相应的信息。程序阴影部分的结构如图 2-5 所示。

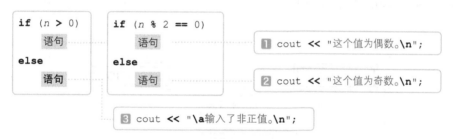

图 2-5 嵌套 if 语句(其二)

专栏 2-2 如果混淆了相等运算符和赋值运算符……

初学者可能会把判断 n 和 0 是否相等的 **if**(n == 0) 误写为:

    if (n = 0) 语句   // 不管 n 的值如何,都不会执行语句

这样一来,无论 n 为何值,程序都不会执行任何操作(不会执行语句)。不仅如此,n 的值也会变成 0。

※ 表达式 n = 0 的值(赋值表达式 n = 0 的求值结果)为 0,它将被视为 **false**。关于这一点,我们会在之后学习。

表达式和求值

下面我们来看一下表达式和求值。

■ 表达式

前面我们多次使用了**表达式**（expression）这个术语。虽然并不严谨，但表达式可以看作以下三项的总称。

- 变量
- 字面量
- 使用运算符把变量和字面量连在一起而得到的内容

例如 *no* + 135，变量 *no*、整数字面量 135，以及把它们用 + 运算符连在一起而得到的 *no* + 135 均为表达式。

另外，"×× 运算符"和操作数连在一起而得到的表达式称为"×× 表达式"。

例如，通过赋值运算符把 *x* 和 *no* + 135 连在一起而得到的表达式 *x* = *no* + 135 就是**赋值表达式**（assignment expression）。

■ 求值

表达式一般也有**类型**和**值**。它的值是在程序运行时确定的。确定表达式的值称为**求值**（evaluation）。

图 2-6 所示为求值过程的具体示例。

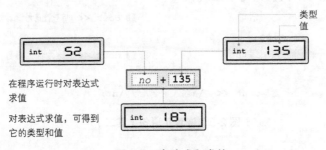

图 2-6　表达式和求值

这里的变量 *no* 为 `int` 型，其值为 52。

变量 *no* 的值为 52，因此表达式 *no*、135、*no* + 135 的求值结果分别为 52、135、187。当然，三个值的类型均为 `int` 型。

本书中用电子温度计样式的图形表示求值结果。左边小的字符为类型，右边大的字符为值。

> **重要**　表达式有类型和值。在程序运行时对表达式求值。

表达式的类型并不一定与各操作数的类型相同。例如，当 `int` 型变量 *n* 的值为 52 时，表达式 *no* > 13 的求值结果为 `bool` 型的 `true`。

■ 赋值表达式的求值

原则上，对表达式都可以求值，因此即使是赋值表达式，也可以对它求值。请务必记住下面这一点。

| 重要 | 对赋值表达式求值，可得到赋值后的左操作数的类型和值。|

首先，我们来看一下针对 `int` 型变量 x 的赋值表达式。

```
x = 2.95          // 对该表达式求值，可得到 int 型的 2
```

整数 x 不可以存放小数部分，因此赋值后的值不是 2.95，而是 2。

由此可见，对赋值表达式 x = 2.95 求值，得到的是赋值后的左操作数 x 的类型和值，即 `int` 型的 2。

接下来，请思考下面的表达式，其中的变量 a 和 b 均为 `int` 型。

```
a = b = 5         // 将 5 赋值给变量 a 和 b
```

赋值运算符是右结合（详见 2-3 节）的，因此上述表达式会被解释为如下形式（图 2-7）。

```
a = b = 5    ➡    a = (b = 5)      ※ 赋值运算符 = 是右结合的
```

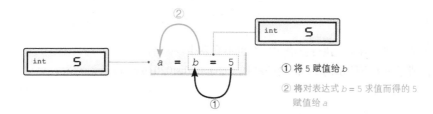

图 2-7　赋值表达式的求值

首先，使用赋值表达式 b = 5 将 5 赋值给 b（上图中的①）。然后，将对赋值表达式 b = 5 求值而得到的 "`int` 型的 5" 再赋值给 a（上图中的②）。

结果变量 a 和 b 都被赋值为 5。

▶ 以上内容仅针对赋值语句，不适用于初始化声明语句。也就是说，我们无法像下面这样进行声明，以将 a 和 b 两个变量都初始化为 5。

```
int a = b = 5;          // 编译错误
```

可以使用以下任意一种方式来声明。

ⓐ `int a = 5, b = 5;`   // 用逗号分隔声明

ⓑ `int a = 5;`   // 分别声明
   `int b = 5;`

表达式语句和空语句

如 1-2 节所述，原则上需要在语句末尾添加分号（;）。例如，对赋值表达式 a = c + 32 添加分号后，它将成为语句。

```
    a = c + 32;            // 表达式语句（对赋值表达式 a = c + 32 添加分号）
```

像这样在表达式的后面添加分号的语句称为**表达式语句**（expression statement），其语法图如图 2-8 所示。

图 2-8　表达式语句的语法图

如图 2-8 所示，其中可以省略表达式。也就是说，即使没有表达式，仅有分号，它也是一个像样的表达式语句，这样的语句称为**空语句**（null statement）。

重要　在表达式末尾添加分号，则表达式将成为表达式语句；如果只有分号，则表达式将成为空语句。

如果将本章一开始的代码清单 2-1 中的 `if` 语句替换为空语句，则相应部分如下所示（chap02/list0201a.cpp）。

```
if (n > 0)
    cout << "这个值为正。\n";
else
    ;                         // 空语句：当 n 不为正时什么也不做
```

程序阴影部分即空语句，执行空语句什么也不会发生。

接下来，请思考如下所示的 `if` 语句的动作（chap02/list0201b.cpp）。

```
if (n > 0);
    cout << "这个值为正。\n";
```

执行这条 `if` 语句，则不论 n 为何值（正、负、0），都会显示"这个值为正。"。这是因为，(n > 0) 的后面放置了空语句，程序被如下解释。

```
                                    可能是错误输入的分号
if (n > 0) ;                  // if 语句：当 n > 0 时执行空语句（什么也不做）
cout << "这个值为正。\n";     // 与 if 语句无关：必定执行的表达式语句
```

重要　请注意不要在 `if` 语句的 "(条件)" 后面误写空语句。

专栏 2-3　对 if 语句的语法的补充

请思考在何种条件下语句₁ 和语句₂ 会被执行。

```
if (x == 1)
    if (y == 1)
        语句₁
else
    语句₂
```

也许大家会认为两条语句的执行条件如表 2C-1 所示。

表 2C-1　条件 A

语句	执行条件
语句₁	当 x 为 1 且 y 也为 1 时
语句₂	当 x 不为 1 时

然而，事实并非如此。在这样的 **if** 语句中，**else** 在规则上是**与距离其最近的 if 对应的**。也就是说，上面的 **if** 语句中的 **else** 对应的不是 **if** (x == 1)，而是 **if** (y == 1)。

该 **if** 语句中的缩进有一定的迷惑性。如果像下面这样写，就不会有困扰了。

```
if (x == 1)
    if (y == 1)           ← 当 x 为 1 时执行的语句（if 语句）
        语句₁
    else
        语句₂
```

两条语句的执行条件实际上如表 2C-2 所示。请注意，当 x 的值不为 1 时，什么也不执行。

表 2C-2　条件 B

语句	执行条件
语句₁	当 x 为 1 且 y 也为 1 时
语句₂	当 x 为 1 且 y 不为 1 时

另外，如果要按照如表 2C-1 所示的条件 A 执行两条语句，则必须使用下文即将介绍的**块**来实现，如下所示。

```
if (x == 1) {
    if (y == 1)           ← 当 x 为 1 时执行的语句（块）
        语句₁
} else
    语句₂                 ← 当 x 不为 1 时执行的语句
```

■ 逻辑运算符

我们来创建一个程序，读入整数值，判断该值的位数（0、1 位数、2 位及以上的数），并显示判断结果，程序如代码清单 2-7 所示。

代码清单 2-7   chap02/list0207.cpp

```cpp
// 判断读入的整数值的位数（0、1 位数、2 位及以上的数）

#include <iostream>

using namespace std;

int main()
{
    int n;

    cout << "整数值:";
    cin >> n;

    if (n == 0)                          // 0
        cout << "这个值是0。\n";
    else if (n >= -9 && n <= 9)          // 1 位数
        cout << "这个值是1位数。\n";
    else                                 // 2 位及以上的数
        cout << "这个值是2位及以上的数。\n";
}
```

运行示例 ❶
整数值：0⏎
这个值是0。

运行示例 ❷
整数值：5⏎
这个值是1位数。

运行示例 ❸
整数值：-25⏎
这个值是2位及以上的数。

■ 逻辑与运算符

程序阴影部分的控制表达式用来判断读入的值是否是 1 位数。

该表达式中使用的 **&&** 运算符是**逻辑与运算符**，它执行如图 2-9 ⓐ 所示的逻辑与运算。对使用了该运算符的表达式 x **&&** y 求值，当 x 和 y 同时为 **true** 时，表达式为 **true**，否则表达式为 **false**。如表 2-4 所示，它相当于"x 且 y"。

当 n 大于等于 -9 且小于等于 9 时，对该程序阴影部分的条件进行求值的结果为 **true**。

▶ 当 n 为 0 时，会显示"这个值是 0。"，并结束 **if** 语句。因此，当 n 的值为 -9、-8、…、-2、-1、1、2、…、8、9 中的任意一个时，会显示"这个值是 1 位数。"。

ⓐ 逻辑与　　　　当 x 和 y 均为真时结果为真　　　　ⓑ 逻辑或　　　　当 x 和 y 中的任意一个为真时结果为真

x	y	x **&&** y	x	y	x **||** y
true	true	true	true	true	true
true	false	false	true	false	true
false	true	false	false	true	true
false	false	false	false	false	false

图 2-9　逻辑与和逻辑或的真值表

表 2-4　逻辑运算符

x **&&** y	当 x 和 y 均为 **true** 时，结果为 **true**，否则为 **false**
x **||** y	当 x 和 y 任意一个为 **true** 时，结果为 **true**，否则为 **false**

▶ 在使用 **&&** 运算符时，如果 x 值为 **false**，就省略对 y 的求值；在使用 **||** 运算符时，如果 x 值为 **true**，就省略对 y 的求值。
这称为**短路求值**，我们将在本节下文学习。

■ 逻辑或运算符

|| 运算符称为**逻辑或运算符**，用来执行图 2-9**b** 的逻辑或运算。逻辑与运算符（&&）和逻辑或运算符（||）统称为**逻辑运算符**（logical operator）。

代码清单 2-8 所示为使用了逻辑或运算符的程序，用来判断读入的整数值是否是 2 位及以上的数，并显示判断结果。

代码清单 2-8   chap02/list0208.cpp

```cpp
// 判断读入的整数值是否是 2 位及以上的数

#include <iostream>

using namespace std;

int main()
{
    int n;

    cout << "整数值:";
    cin >> n;

    if (n <= -10 || n >= 10)             // 2 位及以上
        cout << "这个值是2位及以上的数。\n";
    else                                  // 不到 2 位
        cout << "这个值是不到2位的数。\n";
}
```

运行示例 **1**
整数值：-15⏎
这个值是2位及以上的数。

运行示例 **2**
整数值：7⏎
这个值是不到2位的数。

如图 2-9**b** 所示，对表达式 *x* || *y* 求值，当 *x* 和 *y* 中的任意一个为 **true** 时，表达式为 **true**，否则表达式为 **false**。*x* || *y* 与 "*x* 或 *y*" 意思相近。

▶ 比如，"我或他会去"的意思是只有"我"或者"他"中的一个人去。|| 运算符表示二者哪一个都可以。

因此，仅当变量 *n* 的值小于等于 -10 或大于等于 10 时，程序阴影部分的条件表达式的求值结果为 **true**，并显示"这个值是 2 位及以上的数。"。

逻辑或运算符由连续的两个竖线符号构成。请不要将其与小写字母 l 混淆。

■ 判断季节

我们来创建一个程序，使用逻辑与运算符（&&）和逻辑或运算符（||）判断 1 月 ~ 12 月所属的季节（代码清单 2-9）。

代码清单 2-9

chap02/list0209.cpp

```cpp
// 显示读入的月份所属的季节

#include <iostream>

using namespace std;

int main()
{
    int month;

    cout << "判断季节。\n月份：";
    cin >> month;

    if (month >= 3 && month <= 5)                           // 3月·4月·5月
        cout << "这是春季。\n";
    else if (month >= 6 && month <= 8)                      // 6月·7月·8月
        cout << "这是夏季。\n";
    else if (month >= 9 && month <= 11)                     // 9月·10月·11月
        cout << "这是秋季。\n";
    else if (month == 12 || month == 1 || month == 2)       // 12月·1月·2月
        cout << "这是冬季。\n";
    else
        cout << "\a没有这个月份。\n";
}
```

运行示例 1
判断季节。
月份：3⏎
这是春季。

运行示例 2
判断季节。
月份：7⏎
这是夏季。

运行示例 3
判断季节。
月份：1⏎
这是冬季。

▪ **春季、夏季和秋季的判断**

春季、夏季和秋季的判断使用逻辑与运算符，并按如下规则执行。

- 当 month 大于等于 3 且小于等于 5 时为春季。
- 当 month 大于等于 6 且小于等于 8 时为夏季。
- 当 month 大于等于 9 且小于等于 11 时为秋季。

▶ 关系运算符是二元运算符，因此在判断是否为春季时，不可以写成如下形式。

```
3 <= month <= 5          // 不行！
```

▪ **冬季的判断**

判断是否为冬季的程序阴影部分重复使用了逻辑或运算符。

一般而言，加法运算表达式 a + b + c 被视为 (a + b) + c，同样，逻辑表达式 a || b || c 被视为 (a || b) || c。因此，当 a、b、c 中的任意一个为 **true** 时，表达式 a || b || c 的求值结果也为 **true**。

▶ 例如，当 month 为 1 时，表达式 month == 12 || month == 1 的求值结果为 **true**。因此，阴影部分就变成了判断 **true** 和 month == 2 的逻辑或运算 **true** || month == 2，其结果也为 **true**。

◼ **短路求值**

if 语句中首先执行的是判断季节是否是春季。下面让我们给变量 month 赋值 2，然后思考以下表达式的求值。

```
month >= 3 && month <= 5          // month 大于等于 3 且小于等于 5
```

左操作数 `month >= 3` 为 `false`。这样一来,不判断右操作数 `month <= 5`,也可得知表达式整体为 `false`(不是春季)。

因此,如果 `&&` 运算符的左操作数的求值结果为 `false`,将省略对右操作数的求值。

`||` 运算符如何呢?这里我们来思考一下以下判断季节是否为冬季的表达式。

```
month == 12 || month == 1 || month == 2
```

如果 `month` 为 12,则即使不判断 1 月或 2 月的可能性,也可得知表达式整体为 `true`(是冬季)。

因此,如果 `||` 运算符的左操作数的求值结果为 `true`,将省略对右操作数的求值。

▶ 例如,当 `month` 为 12 时,由于表达式 `month == 12 || month == 1` 的左操作数为 `true`,所以即使不判断右操作数,也可求值得到 `true`。因此,程序阴影部分整体就变成了判断 `true` 和 `month == 2` 的逻辑或运算 `true || month == 2`。由于该表达式的左操作数为 `true`,所以即使不判断右操作数,也可求值得到 `true`。

当仅通过左操作数的求值结果就可以明确逻辑运算表达式的求值结果时,将省略对右操作数的求值,这称为**短路求值**(short circuit evaluation)。

重要 在使用逻辑与运算符(`&&`)和逻辑或运算符(`||`)求值时,可以进行短路求值。

该程序的 `if` 语句可以如下实现(chap02/list0209a.cpp)。

```
if (month < 1 || month > 12)
    cout << "\a没有这个月份。\n";
else if (month <= 5)                    // 3 月・4 月・5 月
    cout << "这是春季。\n";
else if (month <= 8)                    // 6 月・7 月・8 月
    cout << "这是夏季。\n";
else if (month <= 11)                   // 9 月・10 月・11 月
    cout << "这是秋季。\n";
else                                    // 12 月・1 月・2 月
    cout << "这是冬季。\n";
```

这里仅使用了一次逻辑或运算符(`||`),因此各季节的判断变得简单。

条件运算符

代码清单 2-10 所示为读入两个整数值并显示较小值的程序。

第 2 章 程序流的分支

代码清单 2-10 chap02/list0210.cpp

```cpp
// 显示读入的两个整数值中较小的值（其一：if 语句）

#include <iostream>

using namespace std;

int main()
{
    int a, b;

    cout << "整数a:";    cin >> a;
    cout << "整数b:";    cin >> b;

    int min;            // 较小值
    if (a < b)
        min = a;
    else
        min = b;

    cout << "较小值为" << min << "。\n";
}
```

```
运行示例❶
整数a：29□
整数b：52□
较小值为29。
```

```
运行示例❷
整数a：31□
整数b：15□
较小值为15。
```

该程序会比较变量 a 和 b 中读入的值，如果 a 小于 b，则将 a 赋值给 min，否则将 b 赋值给 min。因此，当 if 语句运行结束时，min 被赋予了较小值。

▶ 当 a 和 b 的值相同时，min 被赋予 b 的值。

■ 条件运算符

上述程序不使用 if 语句也可以实现，改写后的程序如代码清单 2-11 所示。

代码清单 2-11 chap02/list0211.cpp

```cpp
// 显示读入的两个整数值中较小的值（其二：条件运算符）

#include <iostream>

using namespace std;

int main()
{
    int a, b;

    cout << "整数a:";    cin >> a;
    cout << "整数b:";    cin >> b;

    int min = a < b ? a : b;        // 较小值
    cout << "较小值为" << min << "。\n";
}
```

```
运行示例❶
整数a：29□
整数b：52□
较小值为29。
```

```
运行示例❷
整数a：31□
整数b：15□
较小值为15。
```

程序蓝色阴影部分使用的三元运算符 **? :** 是如表 2-5 所示的**条件运算符**（conditional operator）。图 2-10 所示为使用该运算符的**条件表达式**的求值过程。

表 2-5 条件运算符

x ? y : z	若 x 的求值结果为 **true**，则表达式的求值结果为 y 的求值结果，否则为 z 的求值结果

▶ 条件运算符是唯一的三元运算符（其他都是一元或二元运算符）。另外，当 x 的求值结果为 **true** 时，将省略

对 z 的求值；当 x 的求值结果为 **false** 时，将省略对 y 的求值。也就是说，在使用条件运算符时，可以进行短路求值。

图 2-10 条件表达式的求值

如果 a 小于 b，则赋给变量 min 的初始值为 a 的值，否则为 b 的值。

另外，如果把灰色阴影部分替换为如下形式，就无须使用变量 min 了（chap02/list0211a.cpp）。

```
cout << "较小值为" << (a < b ? a : b) << "。\n";
```

此时不可以省略条件表达式中的括号（2-3 节将介绍其原因）。

条件表达式如同 if 语句的浓缩版，在 C++ 编程中很常用。

▶ 与代码清单 2-10 相比，代码清单 2-11 不仅简洁，而且在声明时就对变量 min 进行了初始化，这一点很优秀。

■ 计算差

对代码清单 2-11 稍加修改，即可将其变为计算两个整数值的差的程序（chap02/list0211b.cpp）。

```
cout << "差为" << (a < b ? b - a : a - b) << "。\n";
```

用大值减去小值，即可计算差。

■ 求三个值中的最大值

我们来创建一个程序，对三个变量 a、b、c 读入整数值，求其中的最大值并显示结果，如代码清单 2-12 所示。

代码清单 2-12　　　　　　　　　　　　　　　　　　　　　　　chap02/list0212.cpp

```cpp
// 求三个整数值中的最大值
#include <iostream>
using namespace std;

int main()
{
    int a, b, c;

    cout << "整数a:";   cin >> a;
    cout << "整数b:";   cin >> b;
    cout << "整数c:";   cin >> c;

 ❶  int max = a;
 ❷  if (b > max) max = b;
 ❸  if (c > max) max = c;

    cout << "最大值为" << max << "。\n";
}
```

```
运行示例 ❶
整数a：1⏎
整数b：3⏎
整数c：2⏎
最大值为 3。
```

```
运行示例 ❷
整数a：3⏎
整数b：1⏎
整数c：1⏎
最大值为 3。
```

求三个值中的最大值的步骤如下：

❶ 用 a 的值初始化 max；
❷ 如果 b 的值比 max 大，则把 b 的值赋给 max；
❸ 如果 c 的值比 max 大，则把 c 的值赋给 max。

像这样表示处理流程的规则称为**算法**（algorithm）。求三个值中的最大值的算法的流程图如图 2-11 所示。

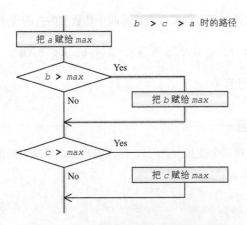

图 2-11　求三个值中的最大值的流程图

在代码清单 2-12 中的运行示例①的情况下，程序经过流程图上的蓝线路径，变量 max 的值的变化如图 2-12ⓐ 所示。

大家可以考虑一下在使用其他值的情况下相应的流程图。

例如，即使变量 a、b、c 的值是 1、2、3 或 3、2、1，也可以正确求得最大值。当然，在像

5、5、5 这样三个值全相等，或者像 1、3、1 这样有两个值相等的情况下，也可以正确求得最大值。

```
max = a;
if (b > max) max = b;
if (c > max) max = c;
```

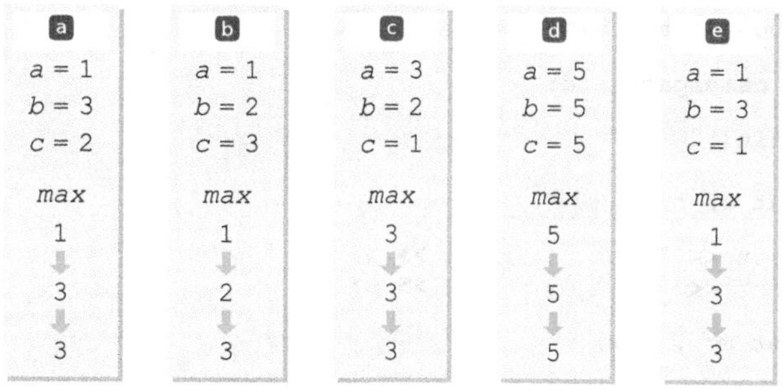

	ⓐ	ⓑ	ⓒ	ⓓ	ⓔ
	a = 1	a = 1	a = 3	a = 5	a = 1
	b = 3	b = 2	b = 2	b = 5	b = 3
	c = 2	c = 3	c = 1	c = 5	c = 1
max	1	1	3	5	1
	↓	↓	↓	↓	↓
	3	2	3	5	3
	↓	↓	↓	↓	↓
	3	3	3	5	3

图 2-12　在求三个值中的最大值的过程中变量发生的变化

"算法"一词在 JIS X001 中的定义如下。

> 为了解决问题，明确定义的、有顺序的、有限的规则的集合。

当然，如果问题会根据变量值的不同而有时有解有时无解，那么无论表述得多么清晰，我们也不能说它是正确的算法。

专栏 2-4　**语法图的阅读方法**

为了熟悉语法图，这里来看一下图 2C-1 的具体示例。

Ⓐ 有两条路径，一条从开头到末尾结束，一条从分支点向下通过语句。
表示 0 条语句或者 1 条语句。

Ⓑ 从开头到末尾结束的路径与Ⓐ相同。另一条路径在分支点向下通过语句返回开头。返回之后，既可以到末尾结束，也可以再从分支点通过语句返回开头。
表示 0 条以上的任意条语句。

Ⓒ 该语法图与Ⓐ相同。
表示 0 条语句或者 1 条语句。

Ⓓ 从开头到末尾的路径中有一条语句。另一条路径在分支点向下返回开头。返回之后，既可以再次通过语句并结束，也可以再次从分支点返回开头。
表示 1 条以上的任意条语句。

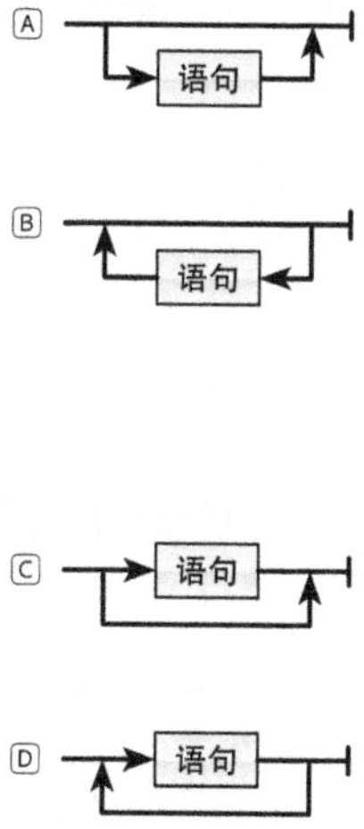

图 2C-1　语法图的示例

■ 块（复合语句）

下面我们来创建一个程序，读入两个整数值，并求其中的较小值和较大值（代码清单 2-13）。

代码清单 2-13　　　　　　　　　　　　　　　　　　　　　　　　chap02/list0213.cpp

```cpp
// 求两个整数值中的较小值和较大值并显示
#include <iostream>
using namespace std;

int main()
{
    int a, b;

    cout << "整数a:";   cin >> a;
    cout << "整数b:";   cin >> b;

    int min, max;       // 较小值、较大值

    if (a < b) {        // 如果a小于b
❶       min = a;
        max = b;
    } else {            // 否则
❷       min = b;
        max = a;
    }

    cout << "较小值为" << min << "。\n";
    cout << "较大值为" << max << "。\n";
}
```

```
运行示例❶
整数a:32⏎
整数b:15⏎
较小值为15。
较大值为32。
```

```
运行示例❷
整数a:5⏎
整数b:10⏎
较小值为5。
较大值为10。
```

在 **if** 语句中，在 a 小于 b 时，程序执行❶，否则执行❷。

❶和❷中的语句均用 {} 包围。

像这样用 {} 包围的语句的排列称为**块**（block）或者**复合语句**（compound statement），如图 2-13 所示。

▶ 仔细阅读专栏 2-4，就可以理解该语法图。

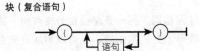

图 2-13　块（复合语句）的语法图

{} 中可以有任意条语句，也可以什么都没有。也就是说，下面这些均为块。

```
{ }                                        { }
{ cout << "ABC"; }                         { 语句 }
{ x = 15;   cout << "ABC"; }               { 语句 语句 }
{ x = 15;   y = 30;   cout << "ABC"; }     { 语句 语句 语句 }
```

块在语法上**被视为一条语句**。因此，该程序的 **if** 语句被如下解释。

```
if (a < b) { min = a; max = b; } else { min = b; max = a; }
if ( 条件 )      语句              else        语句
```

这里我们回忆一下 **if** 语句的语法。**if** 语句具有如下页图所示的任意一种形式。

也就是说，**if** 语句控制的语句**只有一条**（**else** 之后也只控制一条语句）。本程序的 **if** 语句正好符合该语法。

让我们确认一下如果从该 **if** 语句中去除两个 { } 会发生什么。

```
         if 语句          表达式语句     ↓无法理解！！
if (a < b) min = a;   max = b;   else  min = b;   max = a;
if ( 条件 )   语句      表达式；           表达式；  表达式；
```

蓝色阴影部分被视为 **if** 语句，后面的 `max = b;` 为表达式语句。此后的 **else** 没有对应的 **if**，因此程序会产生编译错误。

> **重要** 在需要一条语句的地方，如果不得不执行多条语句，可以把它们汇总在一个块（复合语句）中实现。

把一条语句用 { } 包围，则它会被视为一条语句的块，因此代码清单 2-10 中的 **if** 语句也可如右所示实现（chap02/list0210a.cpp）。

```
if (a < b) {
    min = a;
} else {
    min = b;
}
```

■ 逗号运算符

右侧的代码在不使用块的情况下实现了上面的程序，它使用的是如表 2-6 所示的**逗号运算符**（chap02/list0213a.cpp）。

```
if (a < b)
    min = a, max = b;
else
    min = b, max = a;
```

表 2-6 逗号运算符

x , y	对 x 和 y 按顺序求值，最终生成 y 的求值结果

使用了逗号运算符的逗号表达式 x，y 会按顺序对表达式 x 和 y 求值。**左侧表达式** x 的求值结果会被丢弃，对**右侧表达式** y 求值得到的类型和值将成为逗号表达式 x，y 整体的类型和值。

▶ 例如，当 i 的值为 3 且 j 的值为 5 时，执行如右所示的语句，对右侧表达式求值，将结果 5 赋给 x。　　`x = (i, j);`

在把表达式用运算符连接起来后，得到的也是表达式。因此，把表达式 min = a 和表达式 max = b 用逗号连接起来后，得到的 min = a, max = b 是一个逗号表达式。此外，在该表达式后面添加分号，得到的 min = a, max = b; 会被视为一个表达式语句。

▶ 在上面的 **if** 语句中，使用逗号连接的两个表达式会被视为一个表达式，利用这一点，程序把逗号运算符的求值结果丢弃并"无视"。

■ 两个值的排序

代码清单 2-14 所示为对两个变量 a 和 b 读入整数值，并按 a ≤ b 的升序**排序**的程序。

代码清单 2-14   chap02/list0214.cpp

```cpp
// 对两个变量进行升序排序

#include <iostream>

using namespace std;

int main()
{
    int a, b;

    cout << "变量a:";   cin >> a;
    cout << "变量b:";   cin >> b;

    if (a > b) {         // 当a大于b时
        int t = a;       // 交换它们的值
        a = b;
        b = t;
    }
    cout << "按a ≤ b排序。\n";
    cout << "变量a为" << a << "。\n";
    cout << "变量b为" << b << "。\n";
}
```

运行示例❶
变量a：57↵
变量b：13↵
按a ≤ b排序。
变量a为13。
变量b为57。

运行示例❷
变量a：0↵
变量b：1↵
按a ≤ b排序。
变量a为0。
变量b为1。

通过交换变量 a 和 b 的值来执行排序。另外，仅当 a 的值大于 b 的值时才执行交换。

我们来看一下交换变量 a 和 b 的值的程序阴影部分。

第一条语句是变量 t 的声明语句。该变量是在交换两个变量的值时所需的操作变量。**在块中声明的变量仅限于在该块中使用**。因此，一般采取以下方针。

重要 仅在块中使用的变量，请在该块中声明。

▶ 我们将在第 6 章学习有关变量的使用范围的详细内容。

在块中进行两个值的交换的步骤如下所示（图 2-14）：

① 把 a 的值保存在 t 中；
② 把 b 的值赋给 a；
③ 把 t 中保存的最初的 a 的值赋给 b。

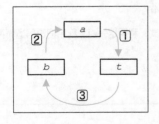
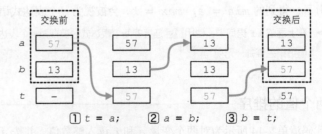

① t = a;   ② a = b;   ③ b = t;

图 2-14　两个值的交换步骤

▶ 我们不能如下执行两个值的交换，否则两个变量 a 和 b 都变成了赋值前的 b 的值。

      a = b; b = a;   // 不行！

下面来更改一下代码清单 2-14 的程序，如下所示：

- 把升序改为降序；
- 当 a 和 b 相等时，不执行排序，并显示相应的信息。

改写后的程序如代码清单 2-15 所示。

代码清单 2-15　　　　　　　　　　　　　　　　　　　　　　　　　　　chap02/list0215.cpp

```cpp
// 对两个变量进行降序排序

#include <iostream>

using namespace std;

int main()
{
    int a, b;

    cout << "变量a:";    cin >> a;
    cout << "变量b:";    cin >> b;

    if (a == b) {
        cout << "两个值相等。\n";
    } else {
        if (a < b) {        // 当 a 小于 b 时
            int t = a;      // 交换它们的值
            a = b;
            b = t;
        }
        cout << "按a > b排序。\n";
        cout << "变量a为" << a << "。\n";
        cout << "变量b为" << b << "。\n";
    }
}
```

运行示例 ❶
变量a：57↵
变量b：57↵
两个值相等。

运行示例 ❷
变量a：0↵
变量b：1↵
按a > b排序。
变量a为1。
变量b为0。

程序的结构变得复杂了。**else** 控制的语句变成了块，而且是**嵌套块**的结构。

▌在条件部分声明变量

if 语句的 ( ) 中的条件可以不是简单的表达式，而是**变量的声明**，示例程序如代码清单 2-16 所示。

代码清单 2-16　　　　　　　　　　　　　　　　　　　　　　　　　　chap02/list0216.cpp

```cpp
// 读入的整数值可以被 10 整除吗?
#include <iostream>

using namespace std;

int main()
{
    int n;

    cout << "整数值:";
    cin >> n;

    if (int mod = n % 10) {
        cout << "这个值不可以被10整除。\n";
        cout << "余数为" << mod << "。\n";         // 1
    } else {
        cout << "这个值可以被10整除。\n";          // 2
    }
}
```

运行示例 1
整数值: 57
这个值不可以被 10 整除。
余数为 7。

运行示例 2
整数值: 50
这个值可以被 10 整除。

　　该程序用来判断变量 n 读入的整数值是否可以被 10 整除，如果无法整除，则显示变量 n 的最后一位数，即 n 除以 10 的余数。

　　程序阴影部分在声明变量 mod 的同时，用 n 除以 10 的余数对变量 mod 进行了初始化。因此，当 mod 的值不为 0 时，执行 1，否则执行 2。

▶ 这是因为 0 以外的数值被视为 **true**，0 被视为 **false**（详见 2-1 节）。

　　另外，在 **if** 语句的条件部分声明的变量只能在该 **if** 语句中使用。

重要　仅在 **if** 语句中使用的用来执行条件判断的变量，请在该 **if** 语句的条件部分声明。

　　后面即将介绍的 **switch** 语句、**while** 语句和 **for** 语句也是同样的情况。我们可以在条件部分声明变量，且声明的变量只能在该语句中使用。

▶ 早期的 C++ 不允许在条件部分声明变量。

■ 实数值的余数

　　我们来创建该程序的实数版本，如代码清单 2-17 所示。取余运算符（**%**）只能用在两个操作数均为整数的情况下（表 1-3），因此这里需要使用一个小技巧。

　　这个小技巧就是，在对浮点数（实数）取余时，使用标准库函数——***fmod*** 函数。

代码清单 2-17　　　　　　　　　　　　　　　　　　　　　　　　chap02/list0217.cpp
```cpp
// 读入的实数值可以被 10 整除吗？

#include <cmath>
#include <iostream>

using namespace std;

int main()
{
    double x;

    cout << "实数值:";
    cin >> x;

    if (double m = fmod(x, 10)) {
        cout << "这个值不可以被10整除。\n";
        cout << "余数为" << m << "。\n";
    } else {
        cout << "这个值可以被10整除。\n";
    }
}
```

```
运行示例 1
实数值:57.3 ⏎
这个值不可以被 10 整除。
余数为 7.3。
```

```
运行示例 2
实数值:50 ⏎
这个值可以被 10 整除。
```

一般而言，对表达式 **fmod**(a, b) 求值，可以得到由 a 的值除以 b 的值而得到的实数值的余数（专栏 2-5）。

专栏 2-5　浮点数的余数

fmod 函数用来对浮点数取余。我们将从第 6 章开始学习函数的有关内容，因此在学习了后半部分的内容后再来阅读本专栏会更好。

fmod 函数声明在 <cmath> 头文件中，因此在使用 **fmod** 函数的程序中需要引入该头文件。

```
#include <cmath>
```

fmod 函数返回用第一个参数 x 除以第二个参数 y 而得到的余数，如下所示。

- 当 y 不为 0 时：返回与 x 符号相同且绝对值比 y 的绝对值小的值。
- 当 y 为 0 时：结果依赖于处理系统。

该函数有以下三种重载（参数和返回值的类型不同）。

```
float       fmod(float x, float y);                         // float 型版本
double      fmod(double x, double y);                       // double 型版本
long double fmod(long double x, long double y);             // long double 型版本
```

另外，C89 中只提供了 **double** 型版本的 **fmod** 函数。C99 中 **double** 型版本为 **fmod** 函数、**float** 型版本为 **fmodf** 函数、**long double** 型版本为 **fmodl** 函数（C 语言中不可以重载，因此需要区分使用不同名称的函数）。

2-2 switch 语句

if 语句根据特定条件的判断结果将程序流分为两个分支。而使用 **switch** 语句，则可以将程序流一次分为多个分支。

■ switch 语句

代码清单 2-18 所示为根据从键盘输入的数值显示猜拳手势的程序。0、1、2 分别表示石头、剪刀、布。

代码清单 2-18   chap02/list0218.cpp

```cpp
// 根据读入的数值显示猜拳手势
#include <iostream>
using namespace std;

int main()
{
    int hand;

    cout << "请选择手势（0…石头 1…剪刀 2…布）：";
    cin >> hand;

    switch (hand) {
     case 0 : cout << "石头\n";   break;
     case 1 : cout << "剪刀\n";   break;
     case 2 : cout << "布\n";     break;
    }
}
```

运行示例
```
请选择手势（0…石头 1…剪刀 2…布）：0□
石头
```

switch 语句

该空格可以省略
该空格不可省略（如果省略，则标识符 case2 会被视为变量名）

该程序中使用的 **switch** 语句是根据一个表达式的求值结果将程序流分为多个分支的语句。顾名思义，**switch** 语句就像是一个开关。

图 2-15 所示为 **switch** 语句的语法图。另外，()中的条件类型必须为整数（不允许为实数或字符串等）。

图 2-15 switch 语句的语法图

■ 标签

如果条件 hand 的值为 1，则程序流会直接跳转至 "case 1 :" 处（图 2-16）。

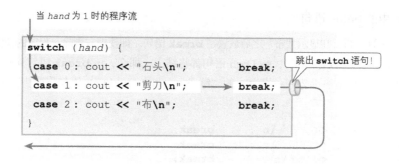

图 2-16　switch 语句的程序流

像 `case 1:` 这样表示程序要跳转到的地方的标记称为**标签**（label）。

▶ 1 和 : 之间可以不键入空格，但是 `case` 和 1 之间必须有空格，不可以写成 `case1`。

标签的值必须为**常量**，不可以为变量。另外，多个标签不可以有相同的值。

在程序流跳转至标签后，后面的语句将按顺序执行。因此，当 hand 为 1 时，首先执行下面的语句。

```
cout << "剪刀\n";                    // 当 hand 为 1 时执行的语句
```

画面上将显示"剪刀"。

■ **break 语句**

当程序流遇到如图 2-17 所示的语法图中的 `break` 语句，即

```
break;                              // break 语句 : 跳出 switch 语句
```

时，将结束 `switch` 语句的执行。break 是"打破""跳出"的意思。在执行 `break` 语句后，程序流将打破包围它的 `switch` 语句并跳出。

重要 在执行 `break` 语句后，程序流将跳出 `switch` 语句。

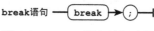

图 2-17　break 语句的语法图

因此，当 hand 的值为 1 时，画面上只显示"剪刀"，下面的"布"不会显示。

▶ 当 hand 为 0 时，只显示"石头"；当 hand 为 2 时，只显示"布"。

在通过 `break` 语句跳出后，程序将执行 `switch` 语句之后的语句。
在该程序中，`switch` 语句之后没有语句，因此程序将结束运行。
另外，当变量 hand 的值为 0、1、2 以外的值时，没有匹配的标签。因此，`switch` 语句实际上会被略过，画面上将不显示任何内容。

▪ 最后的 case 中的 break 语句

在 `case 2:` 这一行，在显示"布"之后放置了 `break` 语句。即使把它删除，程序的动作也不会变化。这是因为不管有没有该 `break` 语句，`switch` 语句都将结束。那么，该 `break` 语句到底有何作用呢？

这里我们增加一种猜拳手势——值为 3 的"锤子"，此时，`switch` 语句将变为如下形式。

```
switch (hand) {
 case 0 : cout << "石头\n";      break;
 case 1 : cout << "剪刀\n";      break;
 case 2 : cout << "布\n";        break;
 case 3 : cout << "锤子\n";      break;
}
```

灰色阴影部分是新增的语句。这样一来，`switch` 语句中 `case 2:` 这一行的蓝色阴影部分的 `break` 语句当然就不可以省略了。

如果变更前的程序中的 `case 2:` 这一行没有蓝色阴影部分的 `break` 语句，那么就可能犯下面这样的错误：

忘记在增加标签的同时增加必要的 `break` 语句。

因此，最后的 `break` 语句能够使增加标签时的处理更加容易。

> **重要** 为了轻松应对 `case` 的增加或删除，请在 `switch` 语句中最后一个标签的末尾放置 `break` 语句。

■ default 标签

下面我们以代码清单 2-19 为例，来详细了解一下 `switch` 语句中的标签和 `break` 语句的作用。

代码清单 2-19   chap02/list0219.cpp

```cpp
// 进一步理解 switch 语句和 break 语句

#include <iostream>

using namespace std;

int main()
{
    int n;

    cout << "请输入整数:";
    cin >> n;

    switch (n) {
     case 0 : cout << "A";
              cout << "B";      break;
     case 2 : cout << "C";
     case 5 : cout << "D";      break;
     case 6 :
     case 7 : cout << "E";      break;
     default: cout << "F";      break;
    }
    cout << "\n";
}
```

运行示例 1
请输入整数：0
AB

运行示例 2
请输入整数：2
CD

运行示例 3
请输入整数：5
D

运行示例 4
请输入整数：6
E

运行示例 5
请输入整数：7
E

运行示例 6
请输入整数：9
F

这次的 `switch` 语句中出现了之前的程序中没有的如下标签：

`default:`　　// 表示没有相匹配的标签时的跳转地址

当用于程序流分支的条件的求值结果与哪一个 `case` 都不匹配时，程序流将跳转至该 `default` 标签处。

`switch` 语句内的程序流如图 2-18 所示。可以看出，在没有 `break` 语句的地方，程序流将"滑落"至下一条语句。

如果改变 `switch` 语句内标签的出现顺序，则程序的运行结果也会改变。在使用 `switch` 语句时，需要考虑标签的顺序。

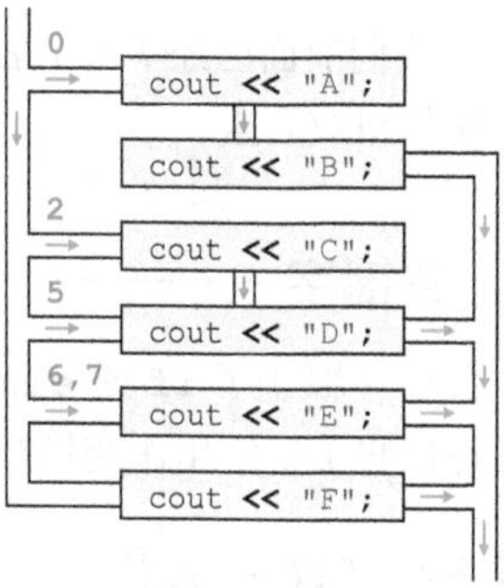

图 2-18　switch 语句的流程图

■ 选择语句

`if` 语句和 `switch` 语句都可以实现程序流的分支结构，两者统称为**选择语句**（selection statement）。

对于使用 `if` 语句或 `switch` 语句均可实现的分支结构，使用 `switch` 语句实现更容易阅读，让我们结合图 2-19 来理解这一点。

```
if (p == 1)
    c = 11;
else if (p == 2)
    c = 22;
else if (p == 3)
    c = 55;
else if (q == 4)
    c = 88;
```

```
// 把左边的 if 语句修改为 switch 语句

switch (p) {
 case 1 : c = 11;  break;
 case 2 : c = 22;  break;
 case 3 : c = 55;  break;
 default : if (q == 4) c = 88;  break;
}
```

图 2-19　等价的 if 语句和 switch 语句

首先，请仔细阅读 `if` 语句。前三个 `if` 语句对 p 求值，最后的一个 `if` 语句对 q 求值。当 p 不为 1、2、3 且 q 为 4 时，变量 c 被赋值为 88。

在连续的 `if` 语句中，用于程序流分支的比较对象**并非必须是一个表达式**。对于最后的判断语句，人们可能会将其误读为 `if(p == 4)`，或者怀疑其是 `if(p == 4)` 的误写。

从这一点来说，`switch` 语句便于通览全局，也可以减少程序阅读者的类似疑惑。

> **重要** 在很多情况下，相比使用 `if` 语句，使用 `switch` 语句来实现基于一个表达式的程序流分支会更好。

2-3 组成程序的字句要素

我们前面已经学习了表达式语句、`if` 语句、`switch` 语句，以及很多运算符。本节我们来学习程序的组成要素。

■ 关键字

C++ 赋予了 `if` 或 `else` 这样的单词特别的意思，这样的单词称为**关键字**（keyword）。程序作者不可以将关键字用作变量等的名称。C++ 的关键字如表 2-7 所示。

表 2-7 关键字一览表

alignas	alignof	asm	auto	bool	break
case	catch	char	char16_t	char32_t	class
const	constexpr	const_cast	continue	decltype	default
delete	do	double	dynamic_cast	else	enum
explicit	export	extern	false	float	for
friend	goto	if	inline	int	long
mutable	namespace	new	noexcept	nullptr	operator
private	protected	public	register	reinterpret_cast	return
short	signed	sizeof	static	static_assert	static_cast
struct	switch	template	this	thread_local	throw
true	try	typedef	typeid	typename	union
unsigned	using	virtual	void	volatile	wchar_t
while					

▶ 蓝色字体表示 C++11 新引入的关键字。

另外还有一些基于关键字的**替代表示**（alternative representation），如表 2-8 所示。

例如，可以使用 **and** 替代逻辑与运算符（`&&`），使用 **or** 替代逻辑或运算符（`||`）。

代码清单 2-20 所示为使用了替代表示的程序。该程序从键盘读入年份，判断读入的年份是否为闰年，并显示判断结果。

▶ 我们将在专栏 11-1 详细学习闰年的相关内容。另外，如果使用的处理系统不支持替代表示形式，请尝试引入 `<ciso646>` 头文件。该头文件提供了采用宏命令的替代表示形式。

表 2-8 替代表示

替代表示	原本字句
and	&&
and_eq	&=
bitand	&
bitor	|
compl	~
not	!
not_eq	!=
or	||
or_eq	|=
xor	^
xor_eq	^=

代码清单 2-20   chap02/list0220.cpp

```cpp
// 判断是否为闰年
#include <iostream>
using namespace std;

int main()
{
    int y;
    cout << "请输入年份：";
    cin >> y;

    cout << "这个年份";
    if (y % 4 == 0 and y % 100 != 0 or y % 400 == 0)
        cout << "是闰年。\n";
    else
        cout << "不是闰年。\n";
}
```

运行示例
请输入年份：2024
这个年份是闰年。

分隔符

关键字是一种单词，而用来分隔单词的符号就是**分隔符**（punctuator），如表 2-9 所示。

▶ 在不可以使用这些分隔符的环境中，需要使用双字符组或三字符组的替代表示形式（详见 3-6 节）。

表 2-9　分隔符一览表

[	]	(	)	{	}	*	,	:	=	;	...	#

字面量

整数字面量、浮点数字面量和字符串字面量等**字面量**（literal）也是组成程序的要素之一。

▶ 我们将在第 4 章学习整数字面量和浮点数字面量，在第 8 章学习字符串字面量。

专栏 2-6　预处理指令

到目前为止，所有的程序都含有下面的指令。

　　`#include <iostream>`

表 2-7 中并没有 `#include`，因为 `#include` 是执行预处理指令的特别语句，并不是关键字。另外，`#` 和 `include` 是各自独立的。因此，`#` 和 `include` 不必紧靠在一起。也就是说，在它们之间键入空格或制表符也是可以的。

另外，我们将在专栏 11-6 学习预处理指令的相关内容。

标识符

标识符（identifier）是可以赋予变量、函数（第 6 章）和类（第 10 章）等的名称。

▶ 顾名思义，标识符是为了与其他要素进行区分而使用的标识。比如，在描述未来世界的科幻电影中，所有人都被分配了 ID 号码。这个号码是每个人特有的，不会与他人相同。

虽然人的姓名有可能出现同名同姓的情况，但是如果程序中出现相同变量名的话就会很麻烦。因此，作为专业术语，与其使用"姓名"，不如使用标识符。

图 2-20 所示为标识符的语法图。

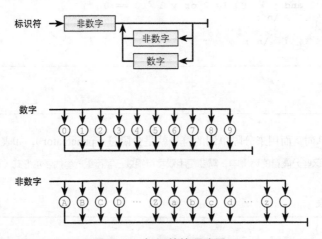

图 2-20　标识符的语法图

开头的字符是非数字字符，从第 2 个字符开始可以是非数字字符，也可以是数字字符。字符个数没有限制。另外，字母要区分大小写，因此，ABC、abc、aBc 将被视为不同的标识符。

下面列举一些标识符的正确示例和错误示例。

- 正确示例　　*a　x1　__y　abc_def　max_of_group　xyz　Ax3　If　iF　IF　if3*
- 错误示例　　*if　123　98pc*

▶ 除了字母和下划线，也可以使用**通用字符名**（universal character name）作为非数字字符。但是，我们知道通用字符名（例如日语的片假名等）在有些语言环境中并不一定可以使用，所以利用得比较少。

运算符

我们在本章学习了很多运算符。表 2-10 中汇总了 C++ 的全部运算符。

表 2-10 运算符一览表

优先级	运算符	形式	名称	结合性
1	::	::x	作用域解析运算符	左
		x::y		
2	[ ]	x[y]	下标运算符	左
	( )	x(arg_{opt})	函数调用运算符	左
	( )	$type$(x)	类型转换运算符（函数风格）	左
	.	$x.y$	类成员访问运算符	左
	->	x->y		
	++	x++	后置递增运算符	左
	--	x--	后置递减运算符	左
	dynamic_cast	dynamic_cast<$type$>(x)	动态类型转换运算符	左
	static_cast	static_cast<$type$>(x)	静态类型转换运算符	左
	reinterpret_cast	reinterpret_cast<$type$>(x)	强制类型转换运算符	左
	const_cast	const_cast<$type$>(x)	常量性类型转换运算符	左
	typeid	typeid()	**typeid** 运算符	左
3	++	++x	前置递增运算符	右
	--	--x	前置递减运算符	右
	*	*x	解引用运算符	右
	&	&x	取址运算符	右
	+	+x	一元 + 运算符（正号运算符）	右
	-	-x	一元 - 运算符（负号运算符）	右
	!	!x	逻辑非运算符	右
	~	~x	按位取反运算符	右
	sizeof	sizeof x	**sizeof** 运算符	右
		sizeof($type$)		
	new	new $type$(expr-list)	**new** 运算符	右
		new (expr-list) $type$		
		new (expr-list) $type$(expr-list)		
	delete	delete x	**delete** 运算符	右
	delete[]	delete[] x	**delete[]** 运算符	右
	( )	($type$)x	类型转换运算符（cast 风格）	左
4	.*	$x.*y$	成员指针运算符	左
	->*	x->*y		
5	*	$x * y$	乘除运算符	左
	/	x / y		
	%	$x \% y$		
6	+	$x + y$	加减运算符	左
	-	$x - y$		
7	<<	x << y	移位运算符	左
	>>	x >> y		

（续）

优先级	运算符	形式	名称		结合性
8	<	x < y	关系运算符		左
	>	x > y			
	<=	x <= y			
	>=	x >= y			
9	==	x == y	相等运算符		左
	!=	x != y			
10	&	x & y	按位与运算符		左
11	^	x ^ y	按位异或运算符		左
12	|	x | y	按位或运算符		左
13	&&	x && y	逻辑与运算符		左
14	||	x || y	逻辑或运算符		左
15	? :	x ? y : z	条件运算符		右
16	=	x = y	简单赋值运算符	赋值运算符	右
	*=	x *= y	复合赋值运算符		
	/=	x /= y			
	%=	x %= y			
	+=	x += y			
	-=	x -= y			
	<<=	x <<= y			
	>>=	x >>= y			
	&=	x &= y			
	^=	x ^= y			
	|=	x |= y			
17	,	x , y	逗号运算符		左

▶ 我们将在下一章学习 *= 和 += 等复合赋值运算符（详见 3-2 节），为了与之区分，这里把赋值运算符（=）称为**简单赋值运算符**（simple assignment operator）。

■ 优先级

在表 2-10 中，运算符按**优先级**（precedence）由高到低排列。

▶ 最左侧一列中的 1 ~ 17 表示优先级。优先级 1 是最高的。

如 1-3 节所述，表示乘除运算的 * 和 / 比表示加减运算的 + 和 - 的优先级高。

▶ 因此，例如 a + b * c 会被解释为 a + (b * c)，而不是 (a + b) * c。虽然 + 靠前（左），但仍然优先执行靠后（右）的 * 运算。

在输入 / 输出中使用比插入符（<<）或提取符（>>）优先级低的运算符时，需要加上 **()**，如下所示。

```
cout << a + b << "\n";           // + 比 << 优先级高，不需要 ()
cout << (a > b ? a : b) << "\n"; // ?: 比 << 优先级低，需要 ()
```

■ 结合性

结合性（associativity）表示当相同优先级的运算符连续时先执行左边的运算还是右边的运算。也就是说，如果使用○表示二元运算符，那么当○为左结合的运算符时，表达式 a ○ b ○ c 被视为：

　　(a ○ b) ○ c　　　※ 左结合

当○为右结合的运算符时，表达式 a ○ b ○ c 被视为：

　　a ○ (b ○ c)　　　※ 右结合

例如，执行减法运算的二元运算符 - 是左结合的，因此如下解释：

　　5 - 3 - 1　➡　(5 - 3) - 1　　　※ 二元运算符 - 是左结合的

如果它是右结合的，则上述表达式将被解释为 5 - (3 - 1)，计算结果就错了。

> ▶ 我们在 2-1 节学习过表达式 a = b = 5 会将 5 赋值给 a 和 b。之所以可以像这样连续赋值，就是因为赋值运算符是右结合的。

另外，如果变量 a 为 **double** 型且变量 b 为 **int** 型，则表达式 a = b = 1.5 会将 1 赋值给 a 和 b。

小结

- **表达式**包括变量、字面量，以及使用运算符把变量和字面量连在一起而形成的内容。表达式也有**类型**和**值**，可以通过**求值**得到。

- 对使用**关系运算符**、**相等运算符**、**逻辑非运算符**和**逻辑运算符**的表达式求值，可得到 `bool` 型的值，其值为真（`true`）或假（`false`）。另外，0 以外的值被视为 `true`，0 被视为 `false`。

- 可以对使用逻辑运算符的逻辑表达式进行**短路求值**，根据左操作数的求值结果，有时可以略去对右操作数的求值。

- 在表达式后面放置分号的语句是**表达式语句**。只有分号的表达式语句是空语句。使用逗号运算符（,）连接两个表达式而得到的**逗号表达式**在语法上被视为一个表达式。

- `if` 语句可以根据特定条件成立与否来执行不同的处理。

- 在基于一个表达式的求值结果将程序流分为多个分支时，使用 `switch` 语句。程序流跳转至**标签**后，会一直执行，直到遇到 `break` 语句。在所有 `case` 都不匹配时，跳转至 `default` 标签处。应该在 `switch` 语句最后一个标签的末尾放置 `break` 语句。

- `if` 语句和 `switch` 语句统称为**选择语句**。可以在 `if` 语句和 `switch` 语句的条件部分声明变量。声明的变量只能在包含该声明的选择语句中使用。

- 用 `{}` 包围的 0 个及以上的语句的排列是**块**（**复合语句**），块在语法上被视为一条语句。仅在块中使用的变量原则上要在该块中声明。

- 使用三元**条件运算符 ?:** 可以把 `if` 语句的处理浓缩为一条语句。根据第一操作数的求值结果，只对第二操作数或第三操作数中的一个进行求值。

- 当多个运算符并列时，优先执行**优先级**高的运算符的运算；当相同优先级的运算符连续时，基于**结合性**从左或从右执行运算。

- 赋值运算符是**右结合**的运算符。赋值表达式的求值结果是赋值后的左操作数的类型和值。

- 像 `if` 和 `int` 等被赋予特别意思的单词是**关键字**。

- `&&` 和 `!` 等运算符可以使用 `and` 和 `not` 等**替代表示**形式。

- 变量、函数和类等的名称是**标识符**。字母和下划线可以作为起始字符。从第二个字符开始，可以使用数字字符。字母要区分大小写。

小结

● if 语句

```
if（条件）
    语句
```

当条件的求值结果为 true 时执行语句

● if 语句（有 else 部分）

```
if（条件）
    语句1
else
    语句2
```

当条件的求值结果为 true 时执行语句1，为 false 时执行语句2

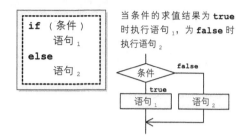

● switch 语句

```
switch（条件）{
case 0 : 语句1 语句2 break;
case 2 : 语句3
case 5 : 语句4 break;
case 6 :
case 7 : 语句5 break;
default: 语句6 break;
}
```

break 语句执行后结束 switch 语句

根据条件的求值结果，选择匹配的标签

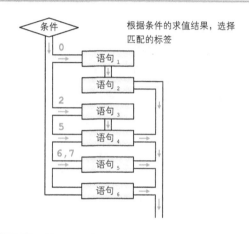

● 块（复合语句）

```
{ 语句 语句 … }
```

用 {} 包围任意条语句（也可以没有语句）

```
// 对 int 型变量 a 和 b 进行升序（a ≤ b）排序
if (a > b)
    { int t = a;  a = b;  b = t; }
```

仅在块中使用的变量要在该块中声明 ———— 交换 a 和 b 的值的块

表达式有类型和值，可以通过求值得到

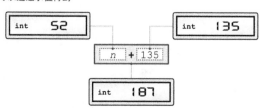

关系运算符	$x < y$	$x > y$
	$x <= y$	$x >= y$
相等运算符	$x == y$	$x != y$
逻辑非运算符	$!x$	
逻辑运算符	$x \;\&\&\; y$	$x \;||\; y$
条件运算符	$x \;?\; y \;:\; z$	

第 3 章

程序流的循环

我们将在本章学习循环执行程序流的循环语句（**do-while** 语句、**while** 语句和 **for** 语句）以及改变程序流的 **break** 语句、**continue** 语句和 **goto** 语句。

- 循环
- 多重循环
- 前判断循环和后判断循环
- 循环语句
- **do-while** 语句
- **while** 语句
- **for** 语句
- **break** 语句、**continue** 语句和 **goto** 语句
- 标签语句
- 德·摩根定律
- 前置和后置的递增运算符（++）和递减运算符（--）
- 左值表达式和右值表达式
- 复合赋值运算符
- 字符字面量
- 转义字符
- 控制符和 <iomanip> 头文件
- 双字符组和三字符组
- 流程图

3-1 do-while 语句

我们将在本节学习 do-while 语句。使用该语句可以在特定条件成立期间循环执行任意次处理。

do-while 语句

上一章中用来显示月份所属的季节的程序（代码清单 2-9）只可以读入并显示一次。下面我们来修改程序，使得可以循环读入并显示任意次，改写后的程序如代码清单 3-1 所示。

代码清单 3-1   chap03/list0301.cpp
```cpp
// 显示读入的月份所属的季节（循环任意次）
#include <string>
#include <iostream>
using namespace std;
int main()
{
    string retry;              // 再来一次?

    do {
        int month;
        cout << "判断季节。\n月份:";
        cin >> month;

        if (month >= 3 && month <= 5)               // 3月·4月·5月
            cout << "这是春季。\n";
        else if (month >= 6 && month <= 8)          // 6月·7月·8月
            cout << "这是夏季。\n";
        else if (month >= 9 && month <= 11)         // 9月·10月·11月
            cout << "这是秋季。\n";
        else if (month == 12 || month == 1 || month == 2)  // 12月·1月·2月
            cout << "这是冬季。\n";
        else
            cout << "\a没有这个月份。\n";

        cout << "再来一次？ Y…Yes/N…No:";
        cin >> retry;
    } while (retry == "Y" || retry == "y");
}
```

运行示例
```
判断季节。
月份: 11
这是秋季。
再来一次？ Y…Yes/N…No: Y
判断季节。
月份: 6
这是夏季。
再来一次？ Y…Yes/N…No: N
```

main 函数的大部分语句由 do 和 while 包围，这样的语句称为 do-while 语句，其语法图如图 3-1 所示。

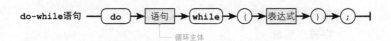

图 3-1　do-while 语句的语法图

do 的意思是"执行"，while 的意思是"在……期间"。如图 3-2 所示，do-while 语句仅在表达式的求值结果为 true 期间循环执行语句。

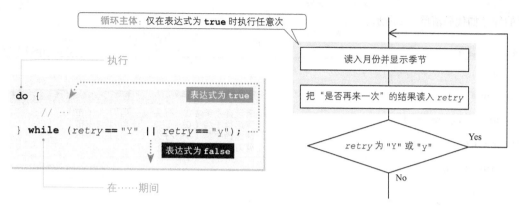

图 3-2　代码清单 3-1 的 do-while 语句的流程图

循环称为 loop，因此 **do-while** 语句中作为循环对象的语句称为**循环主体**（loop body）。

▶ 在后文的 **while** 语句和 **for** 语句中也称为循环主体。

在该程序中，**do-while** 语句的循环主体是程序蓝色阴影部分的块。该块的内容与代码清单 2-9 大致相同，也用于读入月份并显示季节。

我们来看一下判断 **do-while** 语句是否继续循环的表达式。

```
retry == "Y" || retry == "y"     // retry 是 "Y" 或 "y" 吗？
```

如果变量 *retry* 读入的字符串是 `"Y"` 或 `"y"`，则该表达式的求值结果为 **true**，循环主体块将再次被执行。

▶ 也就是说，当求值结果为 **true** 时，程序流就返回至块的开头，从那里开始再次执行块。

当变量 *retry* 读入 `"Y"` 或 `"y"` 之外的字符串时，表达式的求值结果为 **false**，**do-while** 语句将结束执行。

▶ 在确认是否继续执行时，该程序也可以接收 `"Y"`、`"y"`、`"N"`、`"n"` 之外的字符串（因此，当输入 `"yes"` 时，由于它不等于 `"Y"` 或 `"y"`，所以程序不会执行 **do-while** 语句的循环）。为了使输入的字符串仅限于 `"Y"`、`"y"`、`"N"`、`"n"` 这 4 个，我们可以如下修改程序的读入部分（即块内的最后两行）（chap03/list0301a.cpp）。

```
do {
    cout << "再来一次？ Y…Yes/N…No：";
    cin >> retry;
} while (retry != "Y" && retry != "y" && retry != "N" && retry != "n");
```

当输入其他字符串时，程序会再次提示用户输入。另外，这样实现之后，程序就变成在 **do-while** 语句中嵌套 **do-while** 语句的结构了（我们将在本章后半部分学习这种结构的循环，它称为**多重循环**）。

■ 读入一定范围的值

上一章的代码清单 2-18 是一个根据所输入的 0、1、2 的数值显示相应的猜拳手势的程序。运行该程序，如果输入 0、1、2 之外的值，画面上将不显示任何内容。

如果使用 **do-while** 语句，就可以在程序中添加限制条件，使得程序只能接收 0、1、2，改写后的程序如代码清单 3-2 所示。

代码清单 3-2   chap03/list0302.cpp

```cpp
// 根据读入的数值显示猜拳手势（只接收 0、1、2）

#include <iostream>

using namespace std;

int main()
{
    int hand;

    do {
        cout << "请选择手势（0…石头 1…剪刀 2…布）：";
        cin >> hand;
    } while (hand < 0 || hand > 2);

    switch (hand) {
     case 0: cout << "石头\n";      break;
     case 1: cout << "剪刀\n";      break;
     case 2: cout << "布\n";        break;
    }
}
```

运行示例
请选择手势（0…石头 1…剪刀 2…布）：3⏎
请选择手势（0…石头 1…剪刀 2…布）：-2⏎
请选择手势（0…石头 1…剪刀 2…布）：1⏎
剪刀

不接收 0,1,2 之外的值

当 do-while 语句结束时，hand 必定为 0、1、2 中的一个

我们先来尝试运行该程序。如果输入 3 或 -2 等"不正确的值"，则程序会提示用户再次输入。判断 **do-while** 语句的循环是否继续的表达式如下。

> hand < 0 || hand > 2   // hand 是否在 0 ~ 2 的范围之外

当变量 hand 的值为不正确的值（小于 **0** 或大于 **2**）时，该表达式的求值结果为 **true**。
如果 hand 是 0、1、2 之外的 3 或 -2 等不正确的值，就执行循环主体所在的块。也就是说，再次显示：

> 请选择手势（0…石头 1…剪刀 2…布）：

以提示用户输入。因此，当 **do-while** 语句结束时，hand 的值必定为 0、1、2 中的一个。

▶ **do-while** 语句后的 **switch** 语句根据变量 hand 的值显示相应的猜拳手势，该部分与代码清单 2-18 相同。

■ 德・摩根定律和循环

我们再来看一下判断 **do-while** 语句的循环是否继续的表达式。

> ❶ hand < 0 || hand > 2   // 继续条件

让我们使用逻辑非运算符（!）修改该表达式，如下所示（chap03/list0302a.cpp）。

> ❷ !(hand >= 0 && hand <= 2)   // 结束条件的非

相同

德・摩根定律（De Morgan's theorem）是指，对表达式中的各条件取非，并把逻辑与运算符和逻辑或运算符调换，然后对整个表达式取非，得到的表达式和原有的条件相同。

一般来说，该定律可如下表示。

- `x && y` 和 `!(!x || !y)` 相同。
- `x || y` 和 `!(!x && !y)` 相同。

如图 3-3 a 所示，表达式 1 是循环的**继续条件**。
另外，如图 3-3 b 所示，使用逻辑非运算符修改后的表达式 2 是用来结束循环的**结束条件的非**。

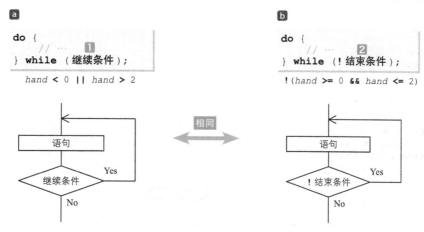

图 3-3　do-while 语句的继续条件和结束条件

▶ 我们来看几个对变量 *hand* 读入的值添加限制的例子（如下所示为 **do-while** 语句的继续条件的表达式）。

```
hand < 0              // 限制 hand 读入的值为 0 和正数
hand <= 0             // 限制 hand 读入的值为正数
hand > 0              // 限制 hand 读入的值为 0 和负数
hand >= 0             // 限制 hand 读入的值为负数
hand < 1 || hand > 9  // 限制 hand 读入的值为 1 ~ 9
```

■ 猜数游戏

下面让我们使用学习过的随机数、**if** 语句和 **do-while** 语句，来创建一个猜数游戏的程序（代码清单 3-3）。

代码清单 3-3　　　　　　　　　　　　　　　　　　　　　　　　　　chap03/list0303.cpp

```cpp
// 猜数游戏（猜一个 0 ~ 99 的数）
#include <ctime>
#include <cstdlib>
#include <iostream>

using namespace std;

int main()
{
    srand(time(NULL));            // 设置随机数种子

    int no = rand() % 100;        // 要猜的数：生成一个 0 ~ 99 的随机数
    int x;                        // 从键盘读入的值

    cout << "猜数游戏开始!!\n";
    cout << "请猜一个 0 ~ 99 的数。\n";

    do {
        cout << "你猜的数:";
        cin >> x;

        if (x > no)
            cout << "\a猜一个更小的数吧。\n";
        else if (x < no)
            cout << "\a猜一个更大的数吧。\n";
    } while (x != no);

    cout << "正确。\n";
}
```

运行示例
猜数游戏开始!!
请猜一个 0 ~ 99 的数。
你猜的数: 50↵
♪猜一个更大的数吧。
你猜的数: 75↵
♪猜一个更小的数吧。
你猜的数: 62↵
正确。

■1 ←
■2 ←
不正确时循环

变量 no 是要猜的数，程序生成一个 0 ~ 99 的随机数作为它的值。

■1 处通过 "你猜的数:" 提示用户输入数值，并将值读入变量 x。

在 ■2 处，如果读入的 x 的值大于 no，则显示 "猜一个更小的数吧。"；如果 x 的值小于 no，则显示 "猜一个更大的数吧。"。

▶ 此时，如果 x 和 no 的值相等，则不显示任何内容。

然后，判断 do-while 语句的循环是否继续。继续条件的表达式如下。

```
x != no        // 读入的 x 的值和要该猜的数 no 是否相等?
```

因此，在读入的 x 的值和要猜的数 no 不相等期间，将循环执行 do-while 语句。

当读入的 x 的值和要猜的数 no 相等时，do-while 语句结束，画面上显示 "正确。"，程序随之结束。

流程图

这里我们来学习一下流程图及其符号。

▪ 流程图的符号

流程图（flowchart）是问题的定义、分析和解决方法的图形表示。以下标准中定义了流程图及其符号。

GB/T 1526–1989《信息处理——数据流程图、程序流程图、系统流程图、程序网络图和系统资源图的文件编制符号及约定》

这里我们来学习一下基础的术语和符号。

▪ 程序流程图（program flowchart）

程序流程图由以下内容构成。
· 表示实际运算的符号。
· 表示控制流的流线符号。
· 便于读写程序流程图的特殊符号。

▪ 数据（data）

平行四边形表示不指定媒体的数据。

▪ 处理（process）

矩形表示任意种类的处理功能。例如，执行一个或一组运算，从而使信息的值、信息形式或所在位置发生变化，或者确定对接下来的某一个流向的选择。

▪ 既定处理（predefined process）

带双纵边线的矩形表示已在其他地方定义的处理，该处理由一个以上的运算或命令组构成，例如子程序或模块。

▪ 判断（decision）

菱形表示判断或开关，它有一个入口及若干个可供选择的出口，在对符号中定义的条件进行求值后，有且仅有一个出口被激活。

求值结果可在表示路径的流线附近写出。

▪ 循环界限（loop limit）

循环界限由两部分构成，它们分别表示循环的开始和结束。这两部分要使用相同的标识符。

在循环的开始端符号（如果是前判断循环）或循环的结束端符号（如果是后判断循环）中写入初始化、增量和结束条件。

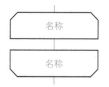

▪ 流线（line）

直线表示控制流。
在需要明确表示流向时，必须添加箭头。
另外，在不需要明确表示流向时，为了便于阅读，也可以添加箭头。

▪ 端点符（terminator）

扁圆形表示转向外部环境或从外部环境转入的端点符。例如，表示程序流的开始或结束。

除此之外，流程图中还有并行方式、虚线等符号。

3-2 while 语句

不只 do-while 语句，while 语句也可以实现在特定条件成立期间循环执行处理。我们将在本节学习 while 语句。

■ while 语句

我们来创建一个程序，读入一个正整数值，并显示从该值倒数到 0 的所有数值（代码清单 3-4）。

代码清单 3-4   chap03/list0304.cpp
```cpp
// 从正整数值倒数到 0（其一）
#include <iostream>
using namespace std;

int main()
{
    int x;

    cout << "倒数。\n";
    do {                       // do-while 语句
        cout << "正整数值:";
        cin >> x;
    } while (x <= 0);
                               // 在 do-while 语句结束时，x 必定为正值
    while (x >= 0) {           // while 语句
        cout << x << "\n";     // 显示 x 的值
        x--;                   // x 的值递减（值减 1）
    }
}
```

运行示例
```
倒数。
正整数值:-10
正整数值:5
5
4
3
2
1
0
```

首先我们来看一下 ❶ 的 do-while 语句。该语句仅在读入的 x 的值小于等于 0 时执行循环，因此在该 do-while 语句结束时，x 必定为正值。

❷ 用来显示从读入的变量 x 的值倒数到 0 的过程。这里使用的不是 do-while 语句，而是 while 语句，其语法图如图 3-4 所示。

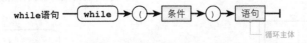

图 3-4　while 语句的语法图

while 语句在条件的求值结果为 true 期间循环执行语句。因此，该程序中的 while 语句的流程图如图 3-5 所示。

▶ do-while 语句的 () 中是**表达式**，与此不同，while 语句的 () 中是条件。因此，我们可以像 if 语句和 switch 语句那样，在 while 语句的 () 中放置变量的声明语句。

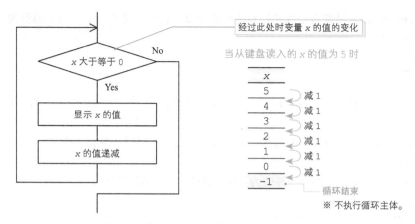

图 3-5　代码清单 3-4 的 while 语句的流程图

while 语句与 **do-while** 语句在判断是否执行循环的时间点上不同。**do-while** 语句在执行循环主体之后判断，称为**后判断循环**，而 **while** 语句在执行循环主体之前判断，称为**前判断循环**（详见本节下文）。

■ 递增运算符和递减运算符

在倒数时使用的是将变量的值减 1 的 -- 运算符。

■ 后置递增运算符和后置递减运算符

递减运算符（--）是一元运算符，它将操作数的值**减 1**。例如，x 的值为 5，对表达式 x-- 进行求值，可得到 x 的值为 4。

因此，在 x 大于等于 0 期间，该程序的 **while** 语句循环执行如下两个处理。

- 显示 x 的值。
- 将 x 的值减 1。

如图 3-5 所示，当 x 的值显示为 0，然后递减为 -1 时，**while** 语句结束。也就是说，在画面上显示的最后的数值是 0，但是在 **while** 语句结束时，x 的值是 -1，而不是 0。我们尝试在 ❷ 的 **while** 语句后面添加如下语句（chap03/list0304a.cpp）：

```
cout << x << "\n";  // 显示 x 的值
```

这样，画面上就会显示 -1。

与递减运算符（--）相反的是递增运算符（++），它将操作数的值**加 1**。这两个运算符的概要如表 3-1 所示。

表 3-1　后置递增运算符和后置递减运算符

x++	将 x 的值加 1，最终生成的是增加前的值
x--	将 x 的值减 1，最终生成的是减小前的值

表达式 x++ 和 x-- 最终会生成递增和递减**前**的值。我们来思考一下，当 x 的值为 5 时，以下语句的赋值结果是什么。

```
y = x++;    // 赋给 y 的是 x 递增前的值 5
```
←完全不同

对表达式 x++ 进行求值，得到的是递增前的值。因此，赋给 y 的值是 5（当然，赋值结束后 x 的值为 6）。

递减运算符在更新操作数的值的时间点上也与递增运算符相同。对表达式 x-- 进行求值，得到的是递减前的值。

利用这一点，可以将之前的程序修改为如代码清单 3-5 所示的简洁形式。

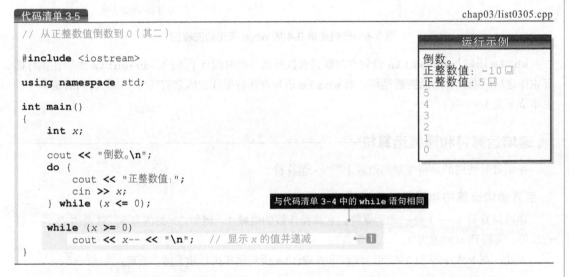

代码清单 3-5　　　　　　　　　　　　　　　　　　　　　　　　chap03/list0305.cpp

```cpp
// 从正整数值倒数到 0（其二）

#include <iostream>
using namespace std;

int main()
{
    int x;

    cout << "倒数。\n";
    do {
        cout << "正整数值:";
        cin >> x;
    } while (x <= 0);

    while (x >= 0)
        cout << x-- << "\n";    // 显示 x 的值并递减    ←1
}
```

运行示例
```
倒数。
正整数值:-10↵
正整数值:5↵
5
4
3
2
1
0
```

与代码清单 3-4 中的 while 语句相同

例如，x 的值为 5，则 1 显示的是递减前的值 5（当然，显示之后 x 的值将递减为 4）。

这里学习的**后置递增运算符**（postfix increment operator）和**后置递减运算符**（postfix decrement operator）的"后置"源于运算符在操作数的后面（右侧）放置。

■ 前置递增运算符和前置递减运算符

递增运算符（++）和递减运算符（--）也有前置版：**前置递增运算符**（prefix increment operator）和**前置递减运算符**（prefix decrement operator）。所谓"前置"，就是指运算符在操作数的前面（左侧）放置。这两个运算符的概要如表 3-2 所示。

表 3-2　前置递增运算符和前置递减运算符

++x	将 x 的值加 1，最终生成的是增加后的值
--x	将 x 的值减 1，最终生成的是减小后的值

表达式 ++x 和 --x 最终会生成递增和递减后的值。我们来思考一下，当 x 的值为 5 时，以下语句的赋值结果是什么。

```
y = ++x;    // 赋给 y 的是 x 递增后的值 6
```

对表达式 ++x 进行求值，得到的是递增后的值。因此，赋给 y 的值是 6（当然，赋值结束后 x 的值也为 6）。

> **重要** 对使用后置（前置）的递增运算符或递减运算符的表达式进行求值，得到的结果是递增或递减前（后）的值。

▶ 当然，C++ 的名称也是对 C 使用后置递增运算符（++）而得到的。如果 c 的值为 5，那么对表达式 c++ 进行求值，得到的值为 5。而对使用前置递增运算符的表达式 ++c 进行求值，得到的值为 6。这就是 1-1 节说 C++ 这样的命名"更加低调"的原因。

■ 丢弃表达式的值

我们回到代码清单 3-4 的 **while** 语句。该程序没有使用表达式 x-- 的求值结果。

实际上，执行运算后的结果可以无视。

```
while (x >= 0) {
    cout << x << "\n";
    x--;
}
```

> **重要** 也可以不使用表达式（运算结果）的值，将其丢弃。

在丢弃表达式的求值结果的语句中，使用前置形式或后置形式的递增或递减运算符都可以得到相同的结果。

```
while (x >= 0) {
    cout << x << "\n";
    --x;
}
```
相同

▶ 代码清单 3-5 中使用了表达式 x-- 的值，并没有将其丢弃，因此不可以将表达式替换为 --x（如下变更会改变程序动作）。

```
✗ while (x >= 0)
      cout << --x << "\n";     // 递减 x 的值并显示
```

代码清单 3-6 所示为连续显示任意个星号（*）的程序。该程序组合使用 **while** 语句和递增运算符（++）来控制循环。

▶ 仅当变量 n 读入的值为正时才显示 *。

代码清单 3-6 chap03/list0306.cpp

```cpp
// 读入数值并显示相应个数的 *

#include <iostream>
using namespace std;
int main()
{
    int n;
    cout << "显示多少个:";
    cin >> n;
    if (n > 0) {
        int i = 0;
        while (i < n) {
            cout << '*';
            i++;
        }
        cout << '\n';
    }
}
```

运行示例❶
显示多少个：12 ⏎
****

运行示例❷
显示多少个：-5 ⏎

其他解法 chap03/list0306a.cpp

```cpp
int i = 1;
while (i <= n) {
    cout << '*';
    i++;
}
```

字符字面量

在该程序中，插入 cout 中的是 '*' 和 '\n'。像这样用单引号（'）包围的字符称为**字符字面量**（character literal），字符字面量通常用来表示一个字符。

字符字面量 '*' 和字符串字面量 "*" 的区别如下。

- 字符字面量 '*'：表示一个字符 *。
- 字符串字面量 "*"：表示仅由字符 * 构成的字符串（字符的排列）。

另外，把插入 cout 中的字符字面量 '*' 和 '\n' 替换为字符串字面量 "*" 和 "\n"，也可以得到相同的结果。

▶ 相较于输出字符串字面量 "*"，输出字符字面量 '*'（微小差别）有望使程序紧凑且运行速度提升。

while 语句会将变量 i 初始化为 0，然后递增。在第一个 '*' 显示后，i 的值递增为 1；在第二个 '*' 显示后，i 的值变为 2。

在第 n 个 '*' 显示后，i 的值递增为 n，因此 **while** 语句的循环结束。

另外，程序中没有使用递增表达式 i++ 的求值结果，因此即使将其变更为表达式 ++i，也可以得到相同的结果。

程序阴影部分也可以像"其他解法"那样实现。i 的值从 1 开始递增，在小于等于 n 期间循环，因此程序的循环次数为 n 次。

图 3-6 汇总了使用 **while** 语句实现 n 次循环的几种模式。

▶ 即使将图 3-6ⓐ 和图 3-6ⓑ 的表达式 i++ 修改为前置形式的 ++i，程序的动作也不会改变。

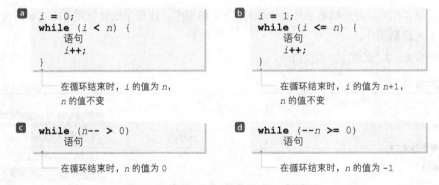

图 3-6　使用 while 语句实现 n 次循环

这些模式可以看作"公式"。不过，图 3-6ⓒ 和图 3-6ⓓ 的 **while** 语句仅在 n 的值可以被修改的情况下使用。

接下来，我们来创建一个程序，读入一个数值，然后交替显示相应个数的符号字符 + 和 -（代码清单 3-7）。

代码清单 3-7　　　　　　　　　　　　　　　　　　　　　　　　　chap03/list0307.cpp

```cpp
// 读入数值并交替显示相应个数的 + 和 -
#include <iostream>
using namespace std;

int main()
{
    int n;
    cout << "显示多少个:";
    cin >> n;

    if (n > 0) {
        int i = 0;
        while (i < n / 2) {        // 1
            cout << "+-";
            i++;
        }
        if (n % 2) cout << '+';    // 2
        cout << '\n';
    }
}
```

运行示例 1
显示多少个：12
+-+-+-+-+-+-

运行示例 2
显示多少个：13
+-+-+-+-+-+-+

1 输出 n / 2 次 "+-"
2 输出 '+'

其他解法　　　　chap03/list0307a.cpp

```cpp
int i = 1;
while (i <= n) {
    if (i % 2)          // 奇数
        cout << '+';
    else                // 偶数
        cout << '-';
    i++;
}
```

1 的 while 语句循环输出 n / 2 次 "+-"。当 n 为 12 时，循环次数为 6 次；当 n 为 11 时，循环次数为 5 次。这样就完成了 n 为偶数时的显示。

在 2 处，当 n 为奇数时，输出 '+'。这样就完成了 n 为奇数时的显示。

▶ 该程序仅执行 1 次奇偶判断。在 "其他解法" 的程序中，每次执行 while 语句的循环时，都会执行 if 语句，因此共执行 n 次 i 的奇偶判断。

do-while 语句和 while 语句

我们来思考如右所示的代码。如果 n 的值为 0 或负，则 while 语句的继续条件 i < n 的求值结果为 false，因此循环主体一次也不执行。这是 while 语句与 do-while 语句最大的不同点。

```cpp
int i = 0;
while (i < n) {
    cout << '*';
    i++;
}
```

重要　do-while 语句的循环主体至少执行一次，而 while 语句的循环主体可能一次也不执行。

如图 3-7 所示，在判断循环是否继续的时间点上，do-while 语句和 while 语句完全不同。

- a do-while 语句（后判断循环）：在执行循环主体**后**进行判断。
- b while 语句（前判断循环）：在执行循环主体**前**进行判断。

▶ 下一节的 for 语句也是前判断循环。

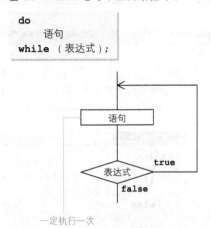
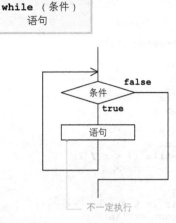

图 3-7　do-while 语句和 while 语句

do-while 语句和 while 语句都使用了关键字 while，因此，可能不易区分程序中的 while 是 "do-while 语句的一部分" 还是 "while 语句的一部分"。

我们通过图 3-8a来思考这一点（第一个 while 是 "do-while 语句的一部分"，而第二个 while 是 "while 语句的一部分"）。

▶ 首先将变量 x 初始化为 0，然后 do-while 语句会将 x 的值递增至 5。接下来的 while 语句递减 x 的值并显示。

我们来尝试使用 {} 把 do-while 语句的循环主体包围成块，如图 3-8b所示，这样在行的开头就可以区分两者了。

| } while：行的开头有 } | ⇨ | 是 do-while 语句的一部分。 |
| while：行的开头没有 } | ⇨ | 是 while 语句的一部分。 |

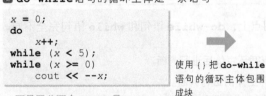
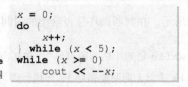

图 3-8　do-while 语句和 while 语句

由此可以得出下面的结论。

重要　即便 do-while 语句的循环主体是一条语句，也使用 {} 将其包围成块，这样可以使程序更易读。

左值和右值

在赋值表达式中,既可以放在左边也可以放在右边的表达式称为**左值表达式**,不可以放在左边的表达式称为**右值表达式**。例如,变量 n 是左值表达式,而使用二元 + 运算符进行加法运算的 $n + 2$ 是右值表达式,不可以放在左边。

使用递增运算符的表达式又如何呢?我们通过代码清单 3-8 来看一下。

代码清单 3-8　　　　　　　　　　　　　　　　　　　　　　　　　　　chap03/list0308.cpp

```cpp
// 确认前置形式的 ++x 是左值表达式,后置形式的 x++ 是右值表达式
#include <iostream>
using namespace std;
int main()
{
    int x = 0;

    ++x = 5;                    // OK:前置形式可以放在左边
    cout << "x的值是" << x << "。\n";

    x++ = 10;                   // 错误:后置形式不可以放在左边
    cout << "x的值是" << x << "。\n";
}
```

运行结果
编译错误,无法运行。

使用前置的 ++ 或 -- 运算符的表达式是**左值表达式**,使用后置的 ++ 或 -- 运算符的表达式是**右值表达式**。因此,程序阴影部分会产生编译错误。

复合赋值运算符

代码清单 3-9 所示为读入正整数值并将其各位上的数字逆向显示的程序。例如,输入 1254,显示 4521。

代码清单 3-9　　　　　　　　　　　　　　　　　　　　　　　　　　　chap03/list0309.cpp

```cpp
// 读入正整数值并逆向显示
#include <iostream>
using namespace std;
int main()
{
    int x;

    cout << "逆向显示正整数值。\n";
    do {
        cout << "正整数值:";
        cin >> x;
    } while (x <= 0);

    cout << "逆向显示结果为";
    while (x > 0) {
        cout << x % 10;          // 显示 x 的最后一位数    ←1
        x /= 10;                 // 用 x 除以 10           ←2
    }
    cout << "。\n";
```

运行示例
逆向显示正整数值。
正整数值:0 ↵
正整数值:-5 ↵
正整数值:1254 ↵
逆向显示结果为 4521。

■ 正整数值的反转

while 语句的循环主体执行了以下两项处理，让我们结合图 3-9 来理解。

1 显示 x 的最后一位数

显示 x % 10，即 x 的最后一位数的值。例如，当 x 为 1254 时，显示用它除以 10 后得到的余数 4。

2 用 x 除以 10

在进行显示之后，用 x 除以 10。

图 3-9　正整数值的反转

这里首次出现的 /= 运算符会用左操作数的值除以右操作数的值。当 x 为 1254 时，x /= 10 的值为 125（这是整数之间的运算，因此余数被丢弃）。

▶ 这样就可以把最后一位数弹出。

循环执行上面的处理，直到 x 的值变为 0，while 语句结束。

▶ 另外，while 语句的循环次数与 x 的位数一致。

C++ 也提供了在 *、/、%、+、-、<<、>>、&、^、| 运算符后面添加 = 的运算符。如果将原本的运算符记作 @，那么表达式 a @= b 和 a = a @ b 是一样的。

这些运算符具有运算和赋值两个功能，因此称为**复合赋值运算符**（compound assignment operator）。表 3-3 所示为复合赋值运算符一览表。

▶ 为了与复合赋值运算符进行区分，我们把通常的 = 运算符称为**简单赋值运算符**（simple assignment operator）。

表 3-3　复合赋值运算符一览表

*=	/=	%=	+=	-=	<<=	>>=	&=	^=	|=

▶ 不可以在运算符的中间添加空格，例如写成 + = 或 >> = 等。另外，与简单赋值运算符一样，复合赋值运算符的表达式的求值结果也是赋值后的左操作数的类型和值（详见 2-1 节）。

2 的用 x 除以 10 也可以如下使用两个运算符（/ 和 =）实现。

```
x = x / 10;         // 用 x 除以 10（将 x 除以 10 得到的商赋给 x）
```

使用复合赋值运算符有以下优势。

- **简洁地表示应该执行的运算**

与"将 x 除以 10 得到的商赋给 x"相比，"用 x 除以 10"更加简洁，并且是人类容易接受的自然的表述形式。

- **只写一次左边的变量名**

当变量名很长，或者变量名是使用了后面章节要学习的数组或类的复杂表达式时，使用复合赋值运算符可以减小键入失误的可能性，提高程序的易读性。

▪ 只对左边求值一次

使用复合赋值运算符的最大优势是只对左边求值一次。

特别是在比较复杂的程序中,该优势更为重要。例如,在如下表达式中,

```
computer.memory[vec[++i]] += 10;    // 首先增加 i,然后加 10
```

i 的值仅递增一次。如果不使用复合赋值运算符,就必须如下分为两条语句。

```
++i;                                                          // 首先增加 i
computer.memory[vec[i]] = computer.memory[vec[i]] + 10;       // 然后加 10
```

▶ 我们将在第 5 章学习 [] 运算符,在第 10 章学习 . 运算符。

计算整数的和

代码清单 3-10 所示为使用复合赋值运算符计算从 1 加到 n 的结果的程序。例如,当读入的正整数 n 的值为 5 时,1 + 2 + 3 + 4 + 5 的值为 15。

代码清单 3-10   chap03/list0310.cpp

```cpp
// 计算从 1 加到 n 的结果
#include <iostream>
using namespace std;

int main()
{
    int n;

    cout << "计算从1加到n的结果。\n";
    do {
        cout << "n的值:";
        cin >> n;
    } while (n <= 0);

    int sum = 0;        // 求和
    int i = 1;

    while (i <= n) {
        sum += i;       // 对 sum 加 i
        i++;            // 递增 i
    }
    cout << "从1加到" << n << "的结果是" << sum << "。\n";
}
```

运行示例
```
计算从 1 加到 n 的结果。
n 的值:5 ⏎
从 1 加到 5 的结果是 15。
```

图 3-10 所示为程序中的 ❶ 和 ❷ 的流程图。让我们来看一下这部分程序的动作。

❶ 是求和前的准备。将存放求和结果的变量 sum 的值初始化为 0,将控制循环的变量 i 的值初始化为 1。

❷ 仅在变量 i 的值小于等于 n 时,递增 i 的值,并循环执行循环主体,共循环 n 次。

当程序流经过用于判断 i 是否小于等于 n 的 **while** 语句的条件(流程图中的 ◇)时,变量 i 和 sum 的值的变化如图 3-10 中的表格所示。让我们对比着程序和该表格来看一下。

当程序流第一次经过控制表达式时,变量 i 和 sum 的值为 ❶ 处设定的值。然后,每次执行循环时,变量 i 的值逐一递增。

赋给变量 sum 的值是"目前为止的求和结果",而赋给变量 i 的值是"下一个要加的值"。例

如，当 i 为 5 时，变量 sum 的值 10 为"从 1 加到 4 的和"。

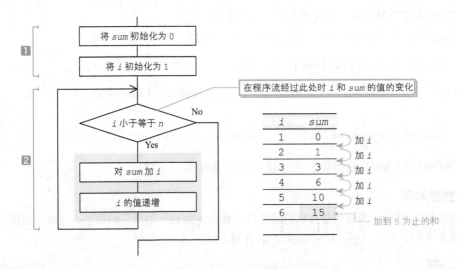

图 3-10　计算从 1 加到 n 的结果的流程图

另外，当 i 的值大于 n 时，**while** 语句的循环结束，因此最终 i 的值是 n + 1，而不是 n。

▶ 如图 3-10 中的表格所示，如果 n 为 5，则在 **while** 语句结束时，i 为 6，sum 为 15。

专栏 3-1　**在条件中灵活应用逗号运算符**

如何显示程序流经过 **while** 语句的条件时 i 和 sum 的值呢？下面我们来看一个示例程序（chap03/list0310a.cpp）。

```
while (i <= n) {
    cout << "i = " << i << "  sum = " << sum << '\n';   ①
    sum += i;
    i++;
}
cout << "i = " << i << "  sum = " << sum << '\n';       ②
```

运行示例
```
i = 1  sum = 0
i = 2  sum = 1
i = 3  sum = 3
i = 4  sum = 6
i = 5  sum = 10
i = 6  sum = 15
```

在 **while** 语句的循环主体的开头显示了变量的值（①）。如果只是这样，那么当程序流最后一次经过条件时，就无法显示变量的值（因为不会执行循环主体）。因此，在 **while** 语句结束后，程序再次显示了变量的值（②）。

如果要变更显示格式等，则需要对程序 ① 和 ② 两处进行相同的修改。

使用在 2-1 节学习的**逗号运算符**，可以将画面上的显示集中在一个地方，如下所示（chap03/list0310b.cpp）。

```
while (cout << "i = " << i << "  sum = " << sum << '\n', i <= n) {
    sum += i;
    i++;
}
```

在程序流每次经过条件部分时，先对逗号运算符的左操作数进行求值并执行，然后对右操作数进行求值，并将得到的值作为判断循环是否继续的依据。

3-3 for 语句

我们将在本节学习 **for** 语句,相比使用 **while** 语句,使用 **for** 语句可以更简洁地实现循环。

for 语句

代码清单 3-6 是读入一个数值并显示相应个数的星号(*)的程序。下面,我们把该程序中的 **while** 语句修改为 **for** 语句,如代码清单 3-11 所示。

▶ **for** 有 "在……期间" 的意思。

代码清单 3-11   chap03/list0311.cpp

```cpp
// 读入数值并显示相应个数的 *
#include <iostream>
using namespace std;

int main()
{
    int n;
    cout << "显示多少个*:";
    cin >> n;

    if (n > 0) {
        for (int i = 0; i < n; i++)
            cout << '*';
        cout << '\n';
    }
}
```

运行示例
显示多少个 * : 12 ⏎
* * * * * * * * * * * *

其他解法   chap03/list0311a.cpp
```cpp
for (int i = 1; i <= n; i++)
    cout << '*';
```

for 语句的语法图如图 3-11 所示,() 中由 Ⓐ、Ⓑ、Ⓒ 三部分构成。

▶ Ⓐ 部分的语句的末尾包含分号,因此从语法上来说,Ⓐ 和 Ⓑ 之间没有分号。

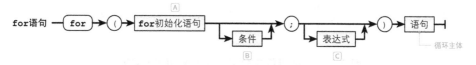

图 3-11 **for** 语句的语法图

这个语法图看着有些复杂。不过,如果习惯了 **for** 语句,就会发现它比 **while** 语句更直观易懂。更重要的是,**for** 语句比 **while** 语句更简洁。

该程序中的 **for** 语句是由 **while** 语句修改而来的,由此可知,**for** 语句和 **while** 语句可以互换。图 3-12 中的 **for** 语句和 **while** 语句大致相同。

图 3-12　等价的 for 语句和 while 语句

也就是说，`for` 语句的程序流如下所示。

- 首先，对作为预处理的Ⓐ部分进行求值并执行。
- 仅当Ⓑ部分的继续条件为 `true` 时，执行语句。
- 在执行语句之后，对作为善后处理或者下一次循环的准备的Ⓒ部分进行求值并执行。

对继续条件Ⓑ的求值在执行循环主体语句之前进行。也就是说，`for` 语句的循环是前判断循环。该程序中的 `for` 语句可以如下解读。

变量 i 从 0 开始逐一递增，同时执行 n 次循环主体。

图 3-13 所示为 `for` 语句的流程图。已经被初始化为 0 的变量 i 将递增 n 次。
另外，`for` 语句也可以像"其他解法"那样实现。

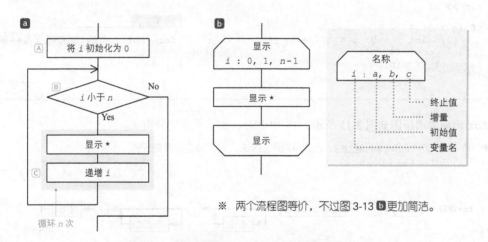

※　两个流程图等价，不过图 3-13 ⓑ更加简洁。

图 3-13　代码清单 3-11 中的 for 语句的流程图

我们来了解一下与Ⓐ～Ⓒ的各部分相关的细则。

Ⓐ for 初始化语句

可以在Ⓐ部分放置声明语句（本程序就是这样）。

另外，这里声明的变量仅限在该 `for` 语句中使用。在各 `for` 语句中使用相同名称的变量时，需要分别在各 `for` 语句中声明，如下所示。

```
for (int i = 0; i < 5; i++)
    cout << '*';
for (int i = 0; i < 3; i++)
    cout << '+';
```

需要在各 for 语句中分别声明变量 i

▶ "每次写 for 语句都必须声明变量,太麻烦了"的想法实际上是不合逻辑的。假设Ⓐ部分声明的变量可以在 for 语句之外使用,会如何呢?下面我们来探讨一下。将上述程序修改如下。

```
for (int i = 0; i < 5; i++)      // 声明 i 并将其初始化为 0
    cout << '*';
for (i = 0; i < 3; i++)          // 将 0 赋值给 i
    cout << '+';
```

这里尝试删除第 1 个 for 语句。由于没有了变量 i 的声明,所以第 2 个 for 语句的赋值 "i = 0;" 就必须修改为声明 "int i = 0;"。

正是由于语法规定要在各 for 语句中分别声明变量,所以并列的 for 语句看上去很对称,而且这样可以明确地声明变量,便于轻松应对程序的变更。

在需要声明多个变量时,可以使用逗号分隔(和普通的声明语句一样)。

另外,如果Ⓐ部分没有要执行的内容,可以使用**空语句**(详见 2-1 节),即只有分号的语句。

Ⓑ 条件

Ⓑ部分也可以省略。在省略的情况下,是否继续循环的判断总是被视为 **true**,因此(只要不在循环主体中执行后面将学习的 **break** 语句、**goto** 语句或 **return** 语句)该语句会变成永远执行循环的**无限循环**。

Ⓒ 表达式

Ⓒ部分也可以省略。

专栏 3-2 | **为何控制循环语句的变量是 i 或 j**

大多数程序员使用 i 或 j 作为控制 **for** 语句等循环语句的变量。

这个历史要追溯到用于技术计算的编程语言 FORTRAN 的早期时代。该语言的变量原则上是实数。但是,只有名称的开头字符是 I, J, …, N 的变量自动被视为整数。因此,使用 I, J, … 作为控制循环的变量是最方便的方法。

我们来思考下面的代码。这段代码看上去好像会根据变量 n 的值而显示相应个数的 '-' 字符,但其实无论 n 为何值,都只显示一个 '-' 字符。

```
for (int i = 0; i < n; i++);
    cout << '-';
```

其原因在于 i++) 后面的分号。这是一条空语句,因此该段代码会被解释如下。

```
for (int i = 0; i < n; i++);    // for 语句：执行 n 次空语句的循环主体
    cout << '-';                // 在 for 语句结束后仅执行一次的表达式语句
```
（可能是错误输入的分号）

当然，不只是 for 语句，在 while 语句中也必须注意不要犯这样的错误。

重要 请注意不要在 for 语句或 while 语句的 () 后面误放空语句。

▶ 实际上，我们在 if 语句的示例程序中也学习了同样的内容（详见 2-1 节）。

下面我们来创建一个应用了 for 语句的程序。

▪ 列举奇数

代码清单 3-12 的程序将读入整数值，并显示小于等于该值的正奇数 1, 3, ⋯。

相当于 for 语句的 C 部分的 i += 2 中使用的 += 是复合赋值运算符，它会把右操作数的值加到左操作数上。因为是对变量 i 加 2，所以每循环一次，i 的值增加 2。

代码清单 3-12　　chap03/list0312.cpp

```
// 读入整数值，并显示小于等于该值的奇数
#include <iostream>
using namespace std;
int main()
{
    int n;
    cout << "整数值:";
    cin >> n;
    for (int i = 1; i <= n; i += 2)
        cout << i << '\n';
}
```

运行示例
```
整数值:8⏎
1
3
5
7
```

▪ 列举约数

代码清单 3-13 的程序将读入整数值，并显示该整数值的所有约数。

for 语句中的变量 i 的值从 1 开始递增到 n。如果用 n 除以 i 得到的余数为 0（n 可以被 i 除尽），就判断为 i 是 n 的约数，并显示该值。

代码清单 3-13　　chap03/list0313.cpp

```
// 读入整数值，并显示该值的所有约数
#include <iostream>
using namespace std;
int main()
{
    int n;
    cout << "整数值:";
    cin >> n;
    for (int i = 1; i <= n; i++)
        if (n % i == 0)
            cout << i << '\n';
}
```

运行示例
```
整数值:8⏎
1
2
4
8
```

■ 循环语句

do 语句、while 语句和 for 语句统称为**循环语句**（iteration statement）。

3-4 多重循环

把循环语句的循环主体作为循环语句，就可以执行二重、三重循环。这样的循环是多重循环。我们将在本节学习有关多重循环的内容。

■ 九九乘法表

到目前为止的程序执行的都是简单的循环，我们也可以在循环中执行循环，这样的循环根据嵌套的层数称为**二重循环**、**三重循环**，当然它们统称为**多重循环**。

代码清单 3-14 所示为使用二重循环显示九九乘法表的程序。

代码清单3-14   chap03/list0314.cpp
```cpp
// 显示九九乘法表

#include <iomanip>
#include <iostream>

using namespace std;

int main()
{
    for (int i = 1; i <= 9; i++) {        // 行循环
        for (int j = 1; j <= 9; j++)      // 列循环
            cout << setw(3) << i * j;
        cout << '\n';
    }
}
```

运行结果
```
 1  2  3  4  5  6  7  8  9
 2  4  6  8 10 12 14 16 18
 3  6  9 12 15 18 21 24 27
 4  8 12 16 20 24 28 32 36
 5 10 15 20 25 30 35 40 45
 6 12 18 24 30 36 42 48 54
 7 14 21 28 35 42 49 56 63
 8 16 24 32 40 48 56 64 72
 9 18 27 36 45 54 63 72 81
```

图 3-14 所示为执行显示的程序阴影部分的流程图，其中，右侧的图展示的是变量 i 和 j 的值的变化情况。

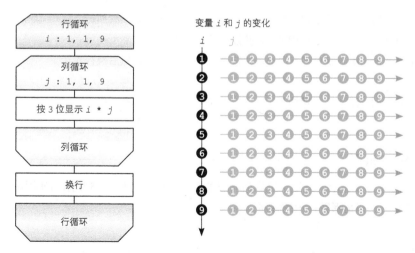

图 3-14　显示九九乘法表的二重循环的程序流程图

setw 控制符

插入 cout 中的 setw(3) 表示：

> 以至少 3 位的宽度执行接下来的输出。

因此，在不足 3 位的数值前会添加空格。

如下所示，使用 setw 可以自由地控制显示位数。

```
cout << setw(3) << 1 << '\n';
cout << setw(3) << 12 << '\n';
cout << setw(3) << 123 << '\n';
cout << setw(3) << 1234 << '\n';
cout << setw(3) << 12345 << '\n';
```

```
  1
 12
123
1234
12345
```

▶ 当要输出的数值的位数超过指定位数时，会显示该数值的**所有位**。

如果没有使用 setw(3)，数值将如右侧所示紧挨着显示。

用来指定输入 / 输出格式的 setw 称为**控制符**（manipulator）。在使用 setw 控制符时，需要引入 <iomanip> 头文件。

```
123456789
24681012141618
369121518212427
4812162024283236
510152025303540 45
61218243036424854
71421283542495663
81624324048566472
91827364554637281
```

▶ 我们将在 3-6 节学习包括 setw 在内的主要控制符的相关内容。

在**外侧的 for 语句（行循环）**中，i 的值从 1 开始递增到 9。该循环对应表的第 1 行、第 2 行……第 9 行，也就是**纵向循环**。

在各行中执行的**内侧的 for 语句（列循环）**中，j 的值从 1 开始递增到 9。这是各行中的**横向循环**。

在**行循环**中，变量 i 的值从 1 递增到 9，共循环了 9 次。在各循环中又循环了 9 次列循环，使变量 j 的值从 1 递增到 9。当列循环结束时，输出换行，为下一行做准备。

因此，该二重循环如下执行处理。

- 当 i 为 1 时：使 j 从 1 递增到 9，并按 3 位显示 1 * j，然后换行。
- 当 i 为 2 时：使 j 从 1 递增到 9，并按 3 位显示 2 * j，然后换行。
- 当 i 为 3 时：使 j 从 1 递增到 9，并按 3 位显示 3 * j，然后换行。
    … 省略 …
- 当 i 为 9 时：使 j 从 1 递增到 9，并按 3 位显示 9 * j，然后换行。

显示直角三角形

使用二重循环可以显示由符号字符排列而成的图形。代码清单 3-15 所示为使用星号排列成左下侧为直角的等腰直角三角形并显示的程序。

代码清单 3-15

```cpp
// 显示左下侧为直角的等腰直角三角形

#include <iostream>

using namespace std;

int main()
{
    int n;
    cout << "显示左下侧为直角的等腰直角三角形。\n";
    cout << "行数:";
    cin >> n;

    for (int i = 1; i <= n; i++) {
        for (int j = 1; j <= i; j++)   // 显示i个'*'
            cout << '*';
        cout << '\n';
    }
}
```

```
chap03/list0315.cpp
运行示例
显示左下侧为直角的等
腰直角三角形。
行数:5⏎
*
**
***
****
*****
```

图 3-15 所示为用来显示等腰直角三角形的程序阴影部分的流程图,其中,右侧的图展示的是变量 i 和 j 的值的变化情况。

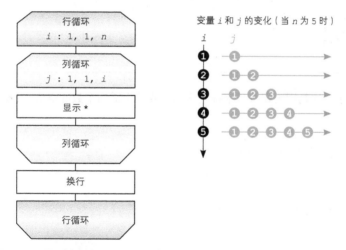

图 3-15　显示左下侧为直角的等腰直角三角形的二重循环的程序流程图

如运行示例所示,我们来思考一下当 n 的值为 5 时会执行什么处理。

在**外侧的 for 语句 (行循环)** 中,变量 i 的值从 1 开始递增到 n (即 5)。这是与三角形的各行对应的**纵向循环**。

在各行中执行的**内侧的 for 语句 (列循环)** 中,变量 j 的值从 1 开始递增到 i,并进行显示。这是各行中的**横向循环**。

- 当 i 为 1 时: 使 j 从 1 递增到 1,并显示 '*',然后换行。　　*
- 当 i 为 2 时: 使 j 从 1 递增到 2,并显示 '*',然后换行。　　**
- 当 i 为 3 时: 使 j 从 1 递增到 3,并显示 '*',然后换行。　　***

- 当 *i* 为 4 时：使 *j* 从 1 递增到 4，并显示 '*'，然后换行。　　****
- 当 *i* 为 5 时：使 *j* 从 1 递增到 5，并显示 '*'，然后换行。　　*****

把三角形从上至下看作第 1 行 ~ 第 *n* 行，第 *i* 行显示 *i* 个 '*'，最后一行（第 *n* 行）显示 *n* 个 '*'。

接下来，我们创建一个显示右下侧为直角的等腰直角三角形的程序（代码清单 3-16）。

代码清单 3-16　　　　　　　　　　　　　　　　　　　　　　　　　　chap03/list0316.cpp

```cpp
// 显示右下侧为直角的等腰直角三角形
#include <iostream>

using namespace std;

int main()
{
    int n;
    cout << "显示右下侧为直角的等腰直角三角形。\n";
    cout << "行数:";
    cin >> n;
    for (int i = 1; i <= n; i++) {
        for (int j = 1; j <= n - i; j++)    // 显示 n - i 个 ' '
            cout << ' ';
        for (int j = 1; j <= i; j++)        // 显示 i 个 '*'
            cout << '*';
        cout << '\n';
    }
}
```

运行示例
显示右下侧为直角的等腰直角三角形。
行数: 5 ⏎
　　　　*
　　　**
　　***
　****
*****

程序变得复杂了，这是因为在符号字符 * 之前需要输出适当个数的空格。for 语句中嵌入了两个 for 语句。

- 第 1 个 for 语句：显示 *n - i* 个 ' '。
- 第 2 个 for 语句：显示 *i* 个 '*'。

每行的 ' ' 和 '*' 的个数总和为 *n* 个。

3-5 break 语句、continue 语句和 goto 语句

我们将在本节学习 **break** 语句、**continue** 语句和 **goto** 语句的相关内容。使用这些语句可以改变循环语句中的程序流。

■ break 语句

代码清单 3-17 所示为对读入的整数执行加法运算并显示运算结果的程序。

代码清单 3-17　　　　　　　　　　　　　　　　　　　　　　　　chap03/list0317.cpp

```cpp
// 读入整数并执行加法运算（输入 0 则结束）
#include <iostream>

using namespace std;

int main()
{
    int n;              // 要相加的整数的个数
    cout << "对整数执行加法运算。\n";
    cout << "要相加的整数的个数:";
    cin >> n;

    int sum = 0;        // 运算结果
    for (int i = 0; i < n; i++) {
        int t;
        cout << "整数( 为0则结束 ):";
        cin >> t;
        if (t == 0) break;    // 从 for 语句退出      ——1
        sum += t;
    }
    cout << "运算结果是" << sum << "。\n";            ——2
}
```

```
运行示例 1
对整数执行加法运算。
要相加的整数的个数:2↵
整数（为 0 则结束）:15↵
整数（为 0 则结束）:37↵
运算结果是 52。
```

```
运行示例 2
对整数执行加法运算。
要相加的整数的个数:5↵
整数（为 0 则结束）:82↵
整数（为 0 则结束）:45↵
整数（为 0 则结束）:0↵
运算结果是 127。
```

首先，将参与加法运算的整数的个数读入变量 n，然后在 **for** 语句的 n 次循环中读入 n 个整数，并执行加法运算。**如果读入的值为 0，则结束输入。**

程序中的 **1** 处使用了 **break** 语句。在循环语句（**for** 语句、**do-while** 语句和 **while** 语句）中执行 **break** 语句，能够强制中断并结束该循环语句（与在 **switch** 语句中执行 **break** 语句的情况略微不同）。

因此，如果变量 t 读入的值为 0，则 **for** 语句的执行中断，程序流移至 **2**。

break 语句的作用如图 3-16 所示。在循环语句中执行 **break** 语句，则该循环语句的执行将中断。

▶ 在多重循环中执行 **break** 语句，则直接包围该 **break** 语句的循环语句的执行将中断。

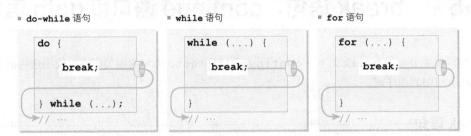

图 3-16 循环语句中的 break 语句的作用

代码清单 3-18 所示为另一个使用 **break** 语句的示例程序。该程序和代码清单 3-17 一样，对读入的整数执行加法运算，不同的是，该程序只在运算结果不超过 1000 的范围内执行读入操作和加法运算。

代码清单 3-18   chap03/list0318.cpp

```cpp
// 读入整数并执行加法运算（在运算结果不超过 1000 的范围内执行）

#include <iostream>

using namespace std;

int main()
{
    int n;                  // 要相加的整数的个数
    cout << "对整数执行加法运算。\n";
    cout << "要相加的整数的个数:";
    cin >> n;

    int sum = 0;            // 运算结果
    for (int i = 0; i < n; i++) {
        int t;
        cout << "整数:";
        cin >> t;
        if (sum + t > 1000) {
            cout << "\a运算结果超过了1000。\n无视最后一个整数。\n";
            break;
        }
        sum += t;
    }
    cout << "运算结果是" << sum << "。\n";
}
```

运行示例
对整数执行加法运算。
要相加的整数的个数: 5 ⏎
整数: 127 ⏎
整数: 534 ⏎
整数: 392 ⏎
♪运算结果超过了 1000。
无视最后一个整数。
运算结果是 661。

运行示例中读入了三个整数。对第三个整数 392 执行加法运算后，运算结果超过了 1000，因此结束读入操作（执行程序阴影部分，**for** 语句中断并结束循环）。因此，变量 sum 中只有前两个整数的加法运算结果。

continue 语句

与 **break** 语句形成对照的 **continue** 语句的语法图如图 3-17 所示。

▶ continue 是"继续"的意思。

图 3-17　continue 语句的语法图

在执行 **continue** 语句后，程序流将跳过循环主体的剩余部分，直接跳转至循环主体的末尾。图 3-18 汇总了 **continue** 语句在各循环语句中的作用。

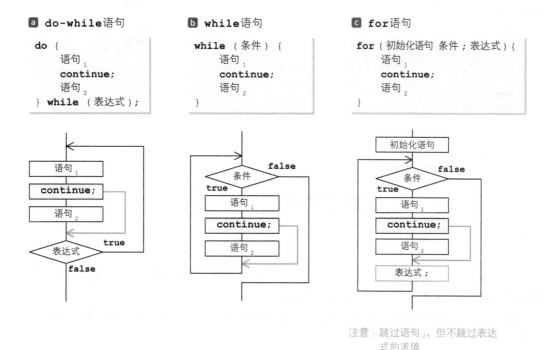

在循环语句中执行 **continue** 语句后，循环主体的剩余部分将被跳过

图 3-18　continue 语句的作用

执行 **continue** 语句后的程序流如下所示。

- **do-while 语句和 while 语句**

    跳过 **continue** 语句后的语句 $_2$，对表达式或条件进行求值，以判断是否继续循环。

- **for 语句**

    跳过 **continue** 语句后的语句 $_2$，为下一次循环做准备，对表达式进行求值，然后判断条件。

代码清单 3-19 所示为使用 **continue** 语句的示例程序。与之前的程序一样，该程序也将读入整数并执行加法运算，但是只对大于等于 0 的数值执行加法运算。

代码清单 3-19　　　　　　　　　　　　　　　　　　　　　　　chap03/list0319.cpp

```cpp
// 读入整数并执行加法运算（不计算负数）

#include <iostream>

using namespace std;

int main()
{
    int n;              // 要加的整数的个数
    cout << "对整数执行加法运算。\n";
    cout << "要相加的整数的个数:";
    cin >> n;

    int sum = 0;        // 运算结果
    for (int i = 0; i < n; i++) {
        int t;
        cout << "整数:";
        cin >> t;
        if (t < 0) {
            cout << "\a不计算负数。\n";
            continue;
        }
        sum += t;
    }
    cout << "运算结果是" << sum << "。\n";
}
```

运行示例
对整数执行加法运算。
要相加的整数的个数:3⏎
整数:2⏎
整数:-5⏎
♪不计算负数。
整数:13⏎
运算结果是15。

当 t 为负数时不执行

当读入的变量 t 的值小于 0 时，画面上显示"不计算负数。"，并执行 `continue` 语句。因此，程序会跳过图 3-18 中的语句₂所对应的阴影部分。

请注意，虽然负数不参与计算，但仍然会计入所读入的整数的个数（即包括负数共读入 n 个整数）。

▶ 在执行 `continue` 语句后，程序将跳过阴影部分，然后对 i++ 进行求值并执行。

goto 语句

`goto` 语句也是控制程序流的语句，其语法图如图 3-19 所示。与 `break` 语句和 `continue` 语句不同的是，`goto` 语句还可以在循环语句之外使用。

图 3-19　goto 语句的语法图

代码清单 3-20 所示为使用 `goto` 语句的示例程序。

代码清单 3-20　　　　　　　　　　　　　　　　　　　　　　　chap03/list0320.cpp

```cpp
// 读入整数并执行加法运算（输入 9999 则强制结束）

#include <iostream>

using namespace std;

int main()
{
    int n;                    // 要相加的整数的个数
    cout << "对整数执行加法运算。\n";
    cout << "要相加的整数的个数:";
    cin >> n;
    cout << "输入9999则强制结束。\n";

    int sum = 0;              // 运算结果
    for (int i = 0; i < n; i++) {
        int t;
        cout << "整数:";
        cin >> t;
        if (t == 9999)
❶         goto Exit;
        sum += t;
    }
    cout << "运算结果是" << sum << "。\n";

Exit: ❷
    ;
}
```

```
运行示例❶
对整数执行加法运算。
要相加的整数的个数:3⏎
输入 9999 则强制结束。
整数:2⏎
整数:12⏎
整数:36⏎
运算结果是 50。
```

```
运行示例❷
对整数执行加法运算。
要相加的整数的个数:3⏎
输入 9999 则强制结束。
整数:2⏎
整数:9999⏎
```

与之前一样，该程序将读入整数并执行加法运算。但是，如果输入了 9999，则强制中断处理，且不显示运算结果。

在执行 goto 语句后，程序流将直接跳转至指定标签处。该程序中指定了 Exit 标签，因此程序会跳转至❷。

我们在学习 switch 语句时也遇到过标签。作为 goto 语句跳转处的标签是程序员可以自由添加的标识符（名称）。

标签及其后的语句合称为**标签语句**（labeled statement）。图 3-20 所示为标签语句的语法图。

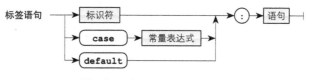

图 3-20　标签语句的语法图

需要注意的是，在标签语句的冒号后要有语句。

▶ 也可以说，在语句的前面要添加标签。

因此，不可以删除 Exit: 标签后面的空语句。如果冒号后缺少语句，就会产生编译错误。

作为本节的总结，我们来看一个使用了 **break** 语句和 **continue** 语句的程序（代码清单 3-21）。

代码清单 3-21

chap03/list0321.cpp

```cpp
// 列举面积为 n 且长和宽为整数的长方形的边长

#include <iostream>

using namespace std;

int main()
{
    int n;                  // 面积
    cout << "面积:";
    cin >> n;

    for (int i = 1; i < n; i++) {
        if (i * i > n) break;
        if (n % i != 0) continue;
        cout << i << "×" << n / i << '\n';
    }
}
```

运行示例❶
面积:32↵
1×32
2×16
4×8

运行示例❷
面积:100↵
1×100
2×50
4×25
5×20
10×10

该程序用于计算面积为 n 的长方形的边长，其中，长和宽均为整数。另外，不考虑长和宽互换的情况（例如，运行示例❶中输出了 4 × 8，就不再输出 8 × 4）。

这里的说明比较简略，请大家仔细阅读程序来理解。

▶ 提示：变量 i 为短边的边长。

3-6 转义字符和控制符

目前我们已经学习了一部分转义字符和控制符。本节我们将了解一下所有的转义字符和控制符。

■ 转义字符

我们在第 1 章学习了表示换行的 `\n` 和表示警报的 `\a`，它们都是用转义字符表示的。**转义字符**（escape sequence）通过以反斜杠（`\`）开头的字符的排列来表示一个字符。

转义字符在字符串字面量和字符字面量中使用，其概要如表 3-4 所示。

表 3-4 转义字符

简单转义字符		
`\a`	警报	从听觉或视觉上发出警报
`\b`	退格	将显示位置移到前一位
`\f`	换页	换一页并移到下一页的开头
`\n`	换行	换一行并移到下一行的开头
`\r`	回车	移到当前行的开头
`\t`	水平制表	移到下一个水平制表位置
`\v`	垂直制表	移到下一个垂直制表位置
`\\`	反斜杠字符	
`\?`	问号	
`\'`	单引号	
`\"`	双引号	
八进制转义字符		
`\ooo`	ooo 为 1~3 位的八进制数	用八进制数表示 ooo 的值的字符
十六进制转义字符		
`\xhh`	hh 为任意位的十六进制数	用十六进制数表示 hh 的值的字符

虽然转义字符 `\n` 或 `\x1B` 由多个字符构成，但是它们表示的始终是一个字符。

■ `\a`：警报

输出 `\a`，则程序将发出**听觉或视觉上的警报**。大多数环境中会发出"哔哔"的声音（有些环境中不发出声音，而是使画面闪烁）。

另外，警报的输出不会改变**当前显示位置**（控制台画面中光标的位置）。

▶ 在本书的运行示例中，用 ♪ 表示警报的输出结果。

■ `\b`：退格

输出 `\b`，则当前显示位置将移到**当前行内的前一位**。

- ▶ 没有规定当前显示位置在行的开头时的输出结果。因为大多数环境中并不会将光标返回到上一行。

\f：换页

输出 `\f`，则当前显示位置将移到**下一个逻辑页的开头位置**。在通常的环境中，向控制台画面输出 `\f` 后什么也不会发生。

`\f` 用于在向打印机输出时执行换页。

\n：换行

输出 `\n`，则当前显示位置将移到**下一行的开头**。

\r：回车

输出 `\r`，则当前显示位置将移到**当前行的开头**。

在画面上输出 `\r`，可以改写显示完毕的字符。代码清单 3-22 的程序将显示从 A 到 Z 的字母字符，然后通过 `\r` 将光标返回到该行的开头，在此状态下显示 `"12345"`。

代码清单 3-22   chap03/list0322.cpp

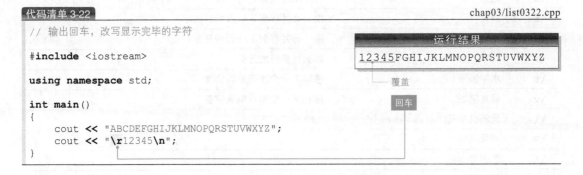

```cpp
// 输出回车，改写显示完毕的字符
#include <iostream>

using namespace std;

int main()
{
    cout << "ABCDEFGHIJKLMNOPQRSTUVWXYZ";
    cout << "\r12345\n";
}
```

运行结果
```
12345FGHIJKLMNOPQRSTUVWXYZ
```
覆盖
回车

\t：水平制表

输出 `\t`，则当前显示位置将移到**当前行的下一个水平制表位置**。另外，没有规定当前显示位置在当前行最后的水平制表位置或超过该位置的情况下的程序行为。

水平制表位置依赖于操作系统等环境。

\v：垂直制表

输出 `\v`，则当前显示位置将移到**下一个垂直制表位置的开始位置**。另外，没有规定当前显示位置在当前行最后的垂直制表位置或超过该位置的情况下的程序行为。

与 `\f` 一样，主要在向打印机输出时使用。

\\：反斜杠

`\\` 表示反斜杠字符（`\`）。

\?：问号

`\?` 表示问号（`?`）。不用特意使用 `\?`，仅用 `?` 也可以表示问号，因此一般不使用这个转义字符。

3-6 转义字符和控制符

- **\' 和 \"：单引号和双引号**

    \' 和 \" 表示引用符号 ' 和 "。在字符串字面量和字符字面量中使用时，需要注意以下几点。

- **在字符串字面量中使用时**

    - **双引号**

        双引号由 \" 表示。因此，用来显示字符串 AB"C 的字符串字面量表示为 "AB\"C"（不能表示为 "AB"C"）。

    - **单引号**

        ' 和 \' 都可以表示单引号。

- **在字符字面量中使用时**

    - **双引号**

        " 和 \" 都可以表示双引号。

    - **单引号**

        单引号由 \' 表示。因此，用来显示单引号的字符字面量为 '\''（不能表示为 '''）。

代码清单 3-23 所示为使用这些转义字符的示例程序。

代码清单 3-23　　　　　　　　　　　　　　　　　　　　　　　　chap03/list0323.cpp

```cpp
// \' 和 \" 的示例程序

#include <iostream>

using namespace std;

int main()
{
    cout << "关于字符串字面量和字符字面量。\n";

    cout << "用双引号";
    cout << '"';                                    // 也可以表示为 \"
    cout << "包围的\"ABC\"是字符串字面量。\n";      // 不可以表示为 "

    cout << "用单引号";
    cout << '\'';                                   // 不可以表示为 '
    cout << "包围的'A'是字符字面量。\n";            // 也可以表示为 \'
}
```

运行结果
关于字符串字面量和字符字面量。
用双引号"包围的"ABC"是字符串字面量。
用单引号'包围的'A'是字符字面量。

- **八进制转义字符和十六进制转义字符**

    以 \ 开头的八进制转义字符和以 \x 开头的十六进制转义字符用来表示八进制数和十六进制数。前者用 1～3 位的八进制数表示字符编码，后者用任意位数的十六进制数来表示。

    例如，在 ASCII 或 JIS 编码体系中，'0' 的字符编码是十进制数的 48，因此可以用八进制转义字符 '\60' 和十六进制转义字符 '\x30' 来表示。

    ▶ 我们将在第 4 章学习字符编码的相关内容。用八进制转义字符和十六进制转义字符表示的字符在字符编码体系不同的环境中会被解释为不一样的字符，因此不可以草率地使用。另外，表 4-3 所示为 ASCII 编码表。

三字符组和双字符组[①]

C++ 的源程序中使用的 \ 或 # 等符号字符并不是在所有的计算机中都可以使用的。因此，一部分符号字符可以使用其他的符号字符来替代。

使用以 **??** 开头的三个字符表示一个字符的方法称为**三字符组**（trigraph），如表 3-5 所示。

另外，使用两个字符表示一个字符的方法称为**双字符组**（digraph），如表 3-6 所示。

表 3-5　三字符组的替代表示

三字符组	替代
??=	#
??/	\
??'	^
??(	[
??)	]
??!	|
??<	{
??>	}
??-	~

表 3-6　双字符组的替代表示

替代	正规
<%	{
%>	}
<:	[
:>	]
%:	#
%:%:	##

例如，在不可以使用 \ 和 # 的环境中，使用 **??/n** 表示 **\n**，使用 **??=include** 或者 **%:include** 表示 **#include**。

控制符

输出九九乘法表的代码清单 3-14 使用 setw 控制符指定了输出的位数。一些主要的控制符的概要如表 3-7 所示。代码清单 3-24 所示为使用控制符的示例程序。

表 3-7　控制符的概要

	控制符	作用	输入/输出
基数	dec	以十进制数输入/输出整数	I/O
	hex	以十六进制数输入/输出整数	I/O
	oct	以八进制数输入/输出整数	I/O
	setbase(n)	以 n 进制数输入/输出整数	I/O
基数表示	showbase	在输出整数前添加基数表示	O
	noshowbase	在输出整数前不添加基数表示	O

[①] 从 C++17 开始，三字符组被删除。——译者注

（续）

	控制符	作用	输入/输出
浮点数	fixed	以定点数表示法（例如 12.34）输出浮点数	O
	scientific	以指数表示法（例如 1.234E2）输出浮点数	O
	setprecision(*n*)	指定 *n* 位精度	O
	showpoint	对浮点数无条件添加小数点并输出	O
	noshowpoint	对浮点数无条件不添加小数点并输出	O
表示	uppercase	以大写字母输出十六进制数或指数等	O
	nouppercase	以小写字母输出十六进制数或指数等	O
数值	showpos	对非负值添加符号字符 + 并输出	O
	noshowpos	对非负值不添加符号字符 + 并输出	O
bool 型	boolalpha	以字母形式（而非 0 或 1）输出 bool 型	I/O
	noboolalpha	以 0 或 1（而非字母形式）输出 bool 型	I/O
宽	setw(*n*)	以至少 *n* 位输出	O
对齐	left	靠左对齐输出（填充字符在右侧）	O
	right	靠右对齐输出（填充字符在左侧）	O
	internal	将填充字符放在中间位置并输出	O
填充字符	setfill(*c*)	设置填充字符为 *c*	O
附加输出	ends	输出空字符	O
	endl	输出换行符并清空缓存	O
	flush	清空缓存	O
缓冲控制	unitbuf	在输出时清空	O
	nounitbuf	在输出时不清空	O
空格	skipws	在输入时无视前导空格	I
	noskipws	在输入时不无视前导空格	I
	ws	跳过空格	I

▶ 控制符也称为处理符。

最右边一列的 I 表示适用于输入流，O 表示适用于输出流。

代码清单 3-24   chap03/list0324.cpp

```cpp
// 使用控制符指定书写格式

#include <iomanip>
#include <iostream>

using namespace std;

int main()
{
    cout << oct << 1234 << '\n';    // 八进制数
    cout << dec << 1234 << '\n';    // 十进制数
    cout << hex << 1234 << '\n';    // 十六进制数

    cout << showbase;
    cout << oct << 1234 << '\n';    // 八进制数
    cout << dec << 1234 << '\n';    // 十进制数
    cout << hex << 1234 << '\n';    // 十六进制数

    cout << setw(10) << internal << "abc\n";
    cout << setw(10) << left     << "abc\n";
    cout << setw(10) << right    << "abc\n";

    cout << setbase(10);
    cout << setw(10) << internal << -123 << '\n';
    cout << setw(10) << left     << -123 << '\n';
    cout << setw(10) << right    << -123 << '\n';

    cout << setfill('*');                         // 将填充字符设为 '*'
    cout << setw(10) << internal << -123 << '\n';
    cout << setw(10) << left     << -123 << '\n';
    cout << setw(10) << right    << -123 << '\n';
    cout << setfill(' ');                         // 将填充字符还原为 ' '

    cout << fixed      << setw(10) << setprecision(2) << 123.5 << endl;
    cout << scientific << setw(10) << setprecision(2) << 123.5 << endl;
}
```

运行结果
```
2322
1234
4d2
02322
1234
0x4d2
       abc
abc
       abc
-      123
-123
      -123
-******123
-123******
******-123
    123.50
  1.24e+02
```

指数部分的位数因处理系统而不同（至少两位）

在使用 setbase、setprecision、setw 和 setfill 等带有 () 的控制符时，必须引入 <iomanip> 头文件。

我们将在下一章学习基数（八进制数、十进制数和十六进制数）的相关内容，以及使用了 boolalpha 和 noboolalpha 控制符的示例程序。

在由 setw 控制符指定了输出宽度的情况下，当实际输出的数值或字符串不够输出宽度时，使用**填充字符**补足空白。默认的填充字符是空格，也可以使用 setfill 控制符自由地变更填充字符。

如果每当用插入符插入字符时都对机器进行输出，则运行速度不够快。因此，将应该输出的字符保存在缓存中，在缓存变满等情况下再进行输出。使用 endl 和 flush 可以强制清空缓存内堆积的尚未输出的字符。

小结

- **后判断循环**可以用 `do-while` 语句实现。循环主体至少会执行一次。即使循环主体是一条语句，也可以写成块的形式，以使程序更易读。

- **前判断循环**可以用 `while` 语句和 `for` 语句实现。循环主体可能一次也不执行。使用 `for` 语句可以简洁地实现由一个变量控制的定型的循环。

- `do-while` 语句、`while` 语句和 `for` 语句统称为**循环语句**。

- 循环语句中的 `break` 语句会中断该循环语句的执行。循环语句中的 `continue` 语句会跳过循环主体的剩余部分。

- 循环语句的循环主体也可以是循环语句，这样的循环语句称为**多重循环**。

- 使用 `goto` 语句可以使程序流跳转至程序中的任意位置。

- 在**标签语句**中，不可以省略标签后的语句。

- **左值表达式**既可以放在赋值表达式的左边，也可以放在赋值表达式的右边。**右值表达式**只能放在赋值表达式的右边。

- **递增运算符（++）**和**递减运算符（--）**会使操作数的值递增（加1）或递减（减1）。前置形式是在求值前执行递增或递减的左值表达式，后置形式是在求值后执行递增或递减的右值表达式。

- 一个字符可以使用由单引号（ ' ）包围的**字符字面量**表示。

- **复合赋值运算符**是执行运算和赋值的运算符。比起使用两个运算符执行运算和赋值，它可以使程序更简洁，并且具有只对左操作数求值一次的特点。

- 警报和换行等字符用**转义字符**表示。字符串字面量中的 " 必须用 \" 表示，字符字面量中的 ' 必须用 \' 表示。

- 部分符号字符可以使用**三字符组**或**双字符组**来替代表示。

- 输入/输出的书写格式可以用**控制符**指定。要使用带有 `()` 的控制符，必须引入 `<iomanip>` 头文件。要输出的数值或字符串的输出宽度可以使用 `setw` 控制符指定。

● **do-while** 语句

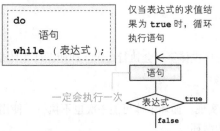

● **while** 语句

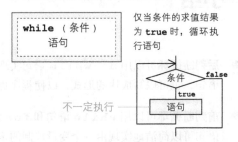

● **for** 语句

```
for (for 初始化语句  条件 ； 表达式)
    语句
```

仅对 **for** 初始化语句进行一次求值并执行。仅当条件的求值结果为 **true** 时，循环执行语句，对表达式进行求值并执行

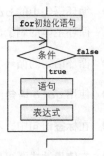

递增运算符	++x	x++
递减运算符	--x	x--

```cpp
#include <iostream>

using namespace std;

int main()
{
    int x;
    do {
        cout << "正整数值:";
        cin >> x;
    } while (x <= 0);

    int y = x;
    int z = x;
    while (y >= 0)
        cout << y-- << " " << ++z << '\n';

    cout << "长和宽为整数且面积为\"" << x
         << "\"的长方形的边长:\n";
    for (int i = 1; i < x; i++) {
        if (i * i > x) break;        // break 语句
        if (x % i != 0) continue;    // continue 语句
        cout << i << " × " << x / i << '\n';
    }

    for (int i = 1; i <= 5; i++) {
        for (int j = 1; j <= 7; j++)
            cout << '\'';
        cout << '\n';
    }
}
```

chap03/summary.cpp

do-while 语句

while 语句

for 语句

多重循环

运行示例
```
正整数值:0
正整数值:-5
正整数值:32
32  33
31  34
30  35
…省略…
2   63
1   64
0   65
长宽为整数且面积为"32"
的长方形的边长:
1  ×  32
2  ×  16
4  ×  8
'''''''
'''''''
'''''''
'''''''
'''''''
```

单引号

双引号

第 4 章

基本数据类型

> 我们将在本章学习 C++ 内置的数据类型——整型和浮点型，以及表示整数值集合的枚举体的相关内容。

- 算术型（整型和浮点型）
- 类型特性、`<climits>` 头文件和 `<limits>` 头文件
- 有符号整型和无符号整型
- **char** 型、**short** 型、**int** 型、**long** 型
- **float** 型、**double** 型、**long double** 型
- 整数字面量和浮点数字面量
- **bool** 型和布尔字面量
- 枚举体和枚举成员
- 运算和类型
- 类型和循环的控制
- 类型转换和类型转换运算符（动态、静态、强制、常量性）
- 对象
- 整型的内部表示
- **sizeof** 运算符
- **typeid** 运算符、**name** 函数和 `<typeinfo>` 头文件
- 字符和字符编码
- 字符测试函数和 `<cctype>` 头文件
- **typedef** 声明
- **#define** 指令和对象式宏

4-1 算术型

我们将在本章学习基本数据类型。本节将学习最熟悉的整型和表示实数的浮点型。

■ 整型

整型（integer type）表示**连续的有限范围的整数**。首先，我们来表示 10 个整数，以思考一下整型。

如果只表示非负数（0 和正数），可以表示以下范围的数值。

> ⓐ　0, 1, 2, 3, 4, 5, 6, 7, 8, 9

另外，如果也表示负数，则可以表示以下范围的数值。

> ⓑ　-5, -4, -3, -2, -1, 0, 1, 2, 3, 4

当然，从 -4 到 5 也是可以的。无论哪一种，绝对值都大致是 ⓐ 的一半。在 C++ 中可以根据用途和目的区分使用 ⓐ 和 ⓑ。

▶ "区分使用"是指，例如当需要操作大的正数而不需要操作负数时使用 ⓐ，当需要操作负数时使用 ⓑ。

ⓐ 和 ⓑ 分别相当于下面的整型。

> ⓐ **无符号整型**（unsigned integer type）：表示 0 和正整数。
> ⓑ **有符号整型**（signed integer type）：表示负整数、0 和正整数。

变量的类型根据在声明时赋予的**类型指定符**（type specifier）是 `unsigned` 还是 `signed` 来指定。如果没有指定，则视为有符号整型。

```
int           x;     // x 为有符号 int 型（即 signed int 型）
signed int    y;     // y 为有符号 int 型
unsigned int  z;     // z 为无符号 int 型
```

整数不仅可以分为有符号整型和无符号整型两种类型，还可以按数值的表示范围来分类。
刚才我们思考了表示 10 个整数的问题，根据要表示的数值的个数，整型有下面 4 种类型。

> `char`　　`short int`　　`int`　　`long int`

以上类型分别存在有符号版和无符号版，只有 `char` 比较特殊，它还有一种"简单 `char` 型"——既不带 `signed`，也不带 `unsigned`。

▶ 与 `signed` 和 `unsigned` 一样，`short` 和 `long` 也是类型指定符的一种。

这些类型以及 `bool` 型、`wchar_t` 型统称为**泛整型**或者**整型**（图 4-1）。

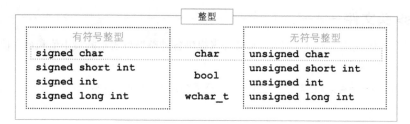

图 4-1　整型的分类

各种整型可表示的数值范围（最小值和最大值）如表 4-1 所示。例如，`int` 型可以表示 -32767 ~ 32767 的整数（所有处理系统都是如此）。

表 4-1　整型可表示的数值范围（标准 C++ 中保证的值）

类型	最小值	最大值
char	0	255
	-127	127
signed char	-127	127
unsigned char	0	255
short int	-32767	32767
int	-32767	32767
long int	-2147483647	2147483647
unsigned short int	0	65535
unsigned int	0	65535
unsigned long int	0	4294967295

（char 的两行）数值依赖于处理系统

事实上，各种类型可表示的数值范围因处理系统而不同。也就是说，有些处理系统可以表示比表 4-1 所示的范围更广的数值。

本书假设各种整型可以表示的范围如表 4-2 所示。

表 4-2　整型可表示的数值范围（本书假设的值）

类型	最小值	最大值
char	0	255
signed char	-128	127
unsigned char	0	255
short int	-32768	32767
int	-32768	32767
long int	-2147483648	2147483647
unsigned short int	0	65535
unsigned int	0	65535
unsigned long int	0	4294967295

最小值的最后一位数是 8 而不是 7，其原因将在后文中说明

`<climits>` 头文件

C++ 的处理系统使用 `<climits>` 头文件来提供各种整型可表示的最小值和最大值。如下所示为 `<climits>` 的定义示例。

▶ 这里没有提供无符号类型的最小值（因为无符号整型的最小值为 0）。另外，关于整数字面量末尾的 **U** 和 **L**，我们将在后面详细学习。

```
                   <climits> 的定义示例
#define UCHAR_MAX    255U            // unsigned char 的最大值
#define SCHAR_MIN    -128            // signed char 的最小值
#define SCHAR_MAX    +127            // signed char 的最大值
#define CHAR_MIN     0               // char 的最小值
#define CHAR_MAX     UCHAR_MAX       // char 的最大值（与 unsigned char 相同）
#define SHRT_MIN     -32768          // short int 的最小值
#define SHRT_MAX     +32767          // short int 的最大值
#define USHRT_MAX    65535U          // unsigned short int 的最大值
#define INT_MIN      -32768          // int 的最小值
#define INT_MAX      +32767          // int 的最大值
#define UINT_MAX     65535U          // unsigned int 的最大值
#define LONG_MIN     -2147483648L    // long int 的最小值
#define LONG_MAX     +2147483647L    // long int 的最大值
#define ULONG_MAX    4294967295UL    // unsigned long int 的最大值
```

▪ 对象式宏

`#define` 指令相当于文字处理软件或编辑器的替换功能。图 4-2 展示了具体的替换过程，把源程序中的 **INT_MIN** 替换为 -32768，**INT_MAX** 替换为 +32767。

▶ 编译在多个阶段执行。不过，在经过由 `#include` 指令引入和由 `#define` 指令替换等最初的阶段后，才执行真正的编译操作。

这样的替换指令为**对象式宏**（object-like macro），**INT_MAX** 这样的替换对象的名称为**宏名**。为了区别于变量名等标识符，宏名原则上**用大写字母表示**。

▶ 字符串字面量或字符字面量内的缀词、作为标识符的一部分的缀词等不属于替换对象。因此，字符串字面量 `"int 型的最大值 INT_MAX"` 不会被替换为 `"int 型的最大值 +32767"`，标识符 *abcINT_MAXdef* 不会被替换为 *abc+32767def*。

```
        替换前的源程序
#define INT_MIN -32768
#define INT_MAX +32767

int main()
{
    cout << INT_MIN << "~"
         << INT_MAX << '\n';
    // …
}
```

替换

```
        替换后的源程序

int main()
{
    cout << -32768 << "~"
         << +32767 << '\n';
    // …
}
```

图 4-2 对象式宏的定义和替换

使用对象式宏有以下好处。

- 值（的变更等）的管理集中在宏定义处，因此可维护性强。
- 可以赋予常量数值名称，因此可以提升可读性。

▶ C++ 中推荐使用功能更强、更灵活的**常量对象**（详见 1-4 节）和**枚举**（详见 4-3 节）来替代对象式宏。
通过 `<climits>` 头文件使用宏，这一点继承自 C 语言。

使用由 `<climits>` 头文件提供的宏，我们可以验证一下自己的处理系统中整型可表示的数值范围。

代码清单 4-1 所示为示例程序。

代码清单 4-1   chap04/list0401.cpp

```cpp
// 显示整型可表示的数值

#include <climits>
#include <iostream>

using namespace std;

int main()
{
    cout << "该处理系统的整型可以表示的数值\n";

    cout << "char          :" << CHAR_MIN  << "~" << CHAR_MAX  << '\n';
    cout << "signed char   :" << SCHAR_MIN << "~" << SCHAR_MAX << '\n';
    cout << "unsigned char:" << 0          << "~" << UCHAR_MAX << '\n';

    cout << "short int:"     << SHRT_MIN   << "~" << SHRT_MAX  << '\n';
    cout << "int      :"     << INT_MIN    << "~" << INT_MAX   << '\n';
    cout << "long int :"     << LONG_MIN   << "~" << LONG_MAX  << '\n';

    cout << "unsigned short int:" << 0 << "~" << USHRT_MAX << '\n';
    cout << "unsigned int      :" << 0 << "~" << UINT_MAX  << '\n';
    cout << "unsigned long int :" << 0 << "~" << ULONG_MAX << '\n';
}
```

→ 无符号整型的最小值为 0，没有定义相应的宏

运行结果示例
```
该处理系统的整型可以表示的数值
char         : 0~255
signed char  : -128~127
unsigned char: 0~255
short int: -32768~32767
int      : -32768~32767
long int : -2147483648~2147483647
unsigned short int: 0~65535
unsigned int      : 0~65535
unsigned long int : 0~4294967295
```

该程序中使用的 **CHAR_MIN** 和 **CHAR_MAX** 等所有的宏在编译时都会被替换为 `<climits>` 头文件定义的数值。

▶ 运行结果因处理系统而不同。
除了从 C 语言继承的 `<climits>` 头文件，也可以使用 C++ 独有的 `<limits>` 头文件来验证（详见专栏 4-6）。

接下来我们来详细学习各种整型。

字符型

首先来看一下存放字符的**字符型**。如前所述，字符型有 3 种类型，如下所示。

- 简单字符型 （`char` 型）
- 有符号字符型 （`signed char` 型）
- 无符号字符型 （`unsigned char` 型）

简单字符型是有符号字符型还是无符号字符型依赖于处理系统。通过代码清单 4-2 的程序，我们可以确认在自己使用的处理系统中简单字符型是哪种情况（运行结果因处理系统和运行环境而不同）。

代码清单 4-2   chap04/list0402.cpp

```cpp
// 判断简单字符型是有符号字符型还是无符号字符型
#include <climits>
#include <iostream>

using namespace std;

int main()
{
    cout << "该处理系统的简单字符型是"
         << (CHAR_MIN ? "有符号" : "无符号") << "字符型。\n";
}
```

运行结果示例
该处理系统的简单字符型是无符号字符型。

在简单字符型是有符号字符型的处理系统的 `<climits>` 中，简单字符型的定义如下。

```
// 简单字符型是有符号字符型的 <climits>
#define CHAR_MIN SCHAR_MIN    // 最小值与 signed char 相同
#define CHAR_MAX SCHAR_MAX    // 最大值与 signed char 相同
```

另外，在简单字符型是无符号字符型的处理系统中，简单字符型的定义如下。

```
// 简单字符型是无符号字符型的 <climits>
#define CHAR_MIN 0            // 最小值为 0
#define CHAR_MAX UCHAR_MAX    // 最大值与 unsigned char 相同
```

该程序通过验证 `CHAR_MIN` 的值是否为 0 来判断简单字符型是哪种类型。

简单字符型是一个独立的别的类型，它可以表示与有符号字符型或无符号字符型中的任意一方相同的范围。请务必记住，简单字符型是别的类型，这一点也与第 6 章学习的重载相关，非常重要。

▶ 另外，C 语言的简单字符型是与有符号字符型或无符号字符型中的任意一方相同的类型（如果简单字符型是无符号字符型，那么 `char` 型和 `unsigned char` 型被视为同一类型）。也就是说，本质上 C 语言中只有两种字符型。

▪字符型的位数

字符型可表示的范围因处理系统而不同，这是因为它们在内存空间上占有的位数因处理系统而不同。

`<climits>` 头文件中用对象式宏 `CHAR_BIT` 定义了字符型的位数。该值被保证至少是 8。
如下所示为 `CHAR_BIT` 的一个定义示例。

CHAR_BIT

```
#define CHAR_BIT  8      // 定义示例：值因处理系统而不同（至少为 8）
```

使用该宏可以验证自己使用的处理系统的字符型的位数，示例程序如代码清单 4-3 所示。

代码清单 4-3　　　　　　　　　　　　　　　　　　　　　　　　　chap04/list0403.cpp

```cpp
// 显示字符型的位数

#include <climits>
#include <iostream>

using namespace std;

int main()
{
    cout << "该处理系统的字符型是" << CHAR_BIT << "位。\n";
}
```

运行结果示例
该处理系统的字符型是 8 位。

▶ 运行结果因处理系统而不同。也存在 `char` 型的位数为 9 或 32 的处理系统。

如果构成 `char` 型的位数 `CHAR_BIT` 为 8，则 `char` 型的内部如图 4-3 所示。

※ 位数依赖于处理系统，至少为 8。

图 4-3　字符型的内部和位数

专栏 4-1 | 宽字符 wchar_t 型

　　本节后文将要学习的 **wchar_t** 型是**宽字符**，用来表示处理系统的本地化（文化圈）支持的最大字符集的所有字符，并存储使用 Unicode 等表示的字符。
　　wchar_t 型可表示的数值范围与 **int** 型或 **long** 型等整型中的任意一个相同。
　　C 语言的 **wchar_t** 是由 **typedef** 声明（详见本节下文）定义的类型，而 C++ 的 **wchar_t** 是语言自身内置的类型（名字末尾的 **_t** 表明它继承自 C 语言中的 **typedef** 的定义）。

▪ **字符和字符编码**

　　我们人类通过字形和发音来识别字符，而计算机则通过字符编码来识别字符。大多数的计算机采用的字符编码是如表 4-3 所示的 ASCII 编码。
　　表 4-3 中的空栏处指的是没有相应字符的编码。另外，表中的横向和纵向的 0 ～ F 是用十六进

制数表示的各位的值。例如：

- 字符 'R' 的编码是十六进制数 52。
- 字符 'g' 的编码是十六进制数 67。

也就是说，该表的字符编码是 2 位的十六进制数 00 ~ FF（十进制数 0 ~ 255）。

'1' 的字符编码是十六进制数 31，即十进制数 49，而不是 1。**请不要混淆数字字符和数值。**

▶ 我们将在专栏 4-3 学习如何使用十进制数和十六进制数表示数值。

我们来创建一个程序，从键盘读入字符并显示其字符编码，如代码清单 4-4 所示。

表 4-3　ASCII 编码表

	0	1	2	3	4	5	6	7	8	9	A	B	C	D	E	F
0				0	@	P	`	p								
1			!	1	A	Q	a	q								
2			"	2	B	R	b	r								
3			#	3	C	S	c	s								
4			$	4	D	T	d	t								
5			%	5	E	U	e	u								
6			&	6	F	V	f	v								
7	\a		'	7	G	W	g	w								
8	\b		(	8	H	X	h	x								
9	\t		)	9	I	Y	i	y								
A	\n		*	:	J	Z	j	z								
B	\v		+	;	K	[	k	{								
C	\f		,	<	L	¥	l	|								
D	\r		-	=	M	]	m	}								
E			.	>	N	^	n	~								
F			/	?	O	_	o									

代码清单 4-4　　　　　　　　　　　　　　　　　　　　　　　chap04/list0404.cpp

```cpp
// 显示读入的字符的编码

#include <climits>
#include <iostream>
using namespace std;

int main()
{
    char c;

    cout << "请输入字符:";
    cin >> c;

    cout << "字符'" << c << "'的字符编码是" << int(c) << "。\n";
}
```
　　　　　　　　　　❶　　　　　　　　　　　　　　❷

运行结果示例
请输入字符：A☐
字符 'A' 的字符编码是 65。

在 ❶ 处直接插入 char 型的值并显示字符，在 ❷ 处则先把字符转换为 int 型再插入，并输出它的字符编码。

▶ 我们将在 4-2 节学习执行类型转换的 () 运算符。

- **字符字面量**

我们在 3-2 节简单学习了字符字面量的相关内容，字符字面量用来表示 'A' 或 'X' 这样用单引号包围的字符。

字符字面量的类型为 **char** 型，值是该字符的字符编码。因此，即使是表示相同字符的字符字面量，其值也依赖于处理系统或运行环境所采用的字符编码。

另外，如果在两个单引号中间加入空格，写成 ' '，就会产生编译错误（字符串字面量允许写成 " "，用来表示空字符串）。

▶ 在引号中可以放置多个字符，例如 `'AB'`，这样的字符字面量称为**多字符字面量**（multicharacter literal），它的类型不是 `char` 型，而是 `int` 型。多字符字面量的解释（例如如何对 `'AB'` 进行求值）因处理系统而不同，因此原则上不建议使用。

另外，在前面放置 `L` 的 `L'A'` 这种形式的字符字面量称为**宽字符字面量**（wide-character literal），其类型为 `wchar_t` 型（详见专栏 4-1）。

我们来尝试显示所有的字符，并用十六进制数显示其字符编码，示例程序如代码清单 4-5 所示。

代码清单 4-5　　　　　　　　　　　　　　　　　　　　　　　　　　　　chap04/list0405.cpp

```cpp
// 显示字符和字符编码

#include <cctype>
#include <climits>
#include <iostream>

using namespace std;

int main()
{
    cout << "该处理系统的字符和字符编码\n";

    for (char i = 0; ; i++) {
        switch (i) {
            case '\a' : cout << "\\a";  break;
            case '\b' : cout << "\\b";  break;
            case '\f' : cout << "\\f";  break;
       ❶─► case '\n' : cout << "\\n";  break;
            case '\r' : cout << "\\r";  break;
            case '\t' : cout << "\\t";  break;
            case '\v' : cout << "\\v";  break;
       ❷─► default   : cout << ' ' << (isprint(i) ? i : ' ');
        }
       ❸─► // 用十六进制数显示转换为整型的数值
        cout << ' ' << hex << int(i) << '\n';

        if (i == CHAR_MAX) break;
    }
}
```

运行结果示例
```
该处理系统的字符和字符编码
   0
   1
   2
   3
   4
   5
   6
\a 7
\b 8
\t 9
\n A
\v B
\f C
… 省略 …
!  21
"  22
#  23
$  24
%  25
&  26
… 省略 …
```

▶ 该程序没有显示汉字字符等全角字符。运行结果依赖于运行环境和处理系统所采用的字符编码。另外，程序中使用了我们尚未学习的技术，因此现阶段不必完全理解。

`for` 语句是将变量 `i` 的值从 0 开始递增的循环。当变量 `i` 的值与 `char` 型的最大值 `CHAR_MAX` 相等时，循环结束。

这里之所以使用 `break` 语句强制中断 `for` 语句，是因为不可以如下实现循环的控制（chap04/list0405a.cpp）。

```cpp
for (char i = 0; i <= CHAR_MAX; i++) { /*--- 循环主体 ---*/ }
```
✗

我们来思考一下在该 `for` 语句中，当变量 `i` 的值变为 `CHAR_MAX` 时执行循环主体的情况。在循环主体执行结束后，变量 `i` 的值递增，它会超过 `char` 型可表示的最大值 `CHAR_MAX`。因此，无法执行正确的循环控制。

▶ 如果 `CHAR_MAX` 为 255，变量 `i` 的值会递增为 256。

在循环主体中，通过 `switch` 语句执行字符编码为 `i` 的字符的显示。

❶用 `\a` 和 `\b` 这样与转义字符相同的方式来显示在直接输出时执行特殊动作的警报和退格等。

❷执行的是不属于❶的字符的显示。字符编码 `i` 有可能不对应任何字符（字符编码表的空栏部分），这里使用 `isprint(i)` 来判断字符编码 `i` 的字符是否可以显示。如果判断结果为可以显示，则直接显示该字符，否则显示 `' '`。

表达式 `isprint(i)` 是判断字符 `i` 是否可以显示的**函数调用表达式**。如果 `()` 内传递的字符是可以显示的字符，则该表达式返回 `int` 型的 1，否则返回 0。

另外，在使用 `isprint` 函数时，需要引入 `<cctype>` 头文件。除了 `isprint` 函数，`<cctype>` 头文件还提供了如表 4-4 所示的字符测试函数。

▶ 我们将从第 6 章开始学习函数及函数调用表达式的相关内容。

表 4-4　字符测试函数

函数	说明
`isalnum`	判断是否是 `isalph` 或 `isdigit` 为真的字符
`isalpha`	判断是否是 `isupper` 或 `islower` 为真的字符
`iscntrl`	判断是否是控制字符
`isdigit`	判断是否是十进制数
`isgraph`	判断是否是除空格（`' '`）之外的可显示字符
`islower`	判断是否是小写字母
`isprint`	判断是否是包括空格（`' '`）在内的可显示字符
`ispunct`	判断是否既不是空格（`' '`）也不是 `isalnum` 为真的可显示字符
`isspace`	判断是否是空白字符（`' '`、`'\f'`、`'\n'`、`'\r'`、`'\t'`、`'\b'`）
`isupper`	判断是否是大写字母
`isxdigit`	判断是否是十六进制数

❸在使用 `switch` 语句显示字符后，用十六进制数显示字符编码。插入 `cout` 中的 `hex` 是用来以十六进制数进行输出的控制符（详见表 3-7）。

■ 有符号整型和无符号整型

`int` 型是 C++ 程序中最常用的类型，**它是程序运行环境中最易操作且可以执行高速运算的类型**。

简单的 `int` 是 `signed int` 的缩写。之所以可以使用缩写，原因在于如下规则。

- 当 `short` 或 `long` 单独出现时，被视为省略了 `int`。
- 单独的 `signed` 或 `unsigned` 被视为简单的 `int` 型（而不是 `short` 或 `long`）。
- 当省略 `signed` 或 `unsigned` 时，被视为有符号。

表 4-5 汇总了这个关系。表中的各行是相同的类型，例如第 5 行的 `signed long int`、`signed long`、`long int`、`long` 都是相同的类型。

本书原则上使用最短的表述，即蓝色阴影部分所示的表述。

表 4-5　有符号整型和无符号整型的名称和缩写

signed short int	signed short	short int	short
unsigned short int	unsigned short		
signed int	signed	int	
unsigned int	unsigned		
signed long int	signed long	long int	long
unsigned long int	unsigned long		

▶ C++11 中增加了 `long long int` 型。`signed long long int` 的缩写为 `long long`，`unsigned long long int` 的缩写为 `unsigned long long`。

专栏 4-2　二进制数和十六进制数的基数转换

如表 4C-1 所示，4 位的二进制数对应 1 位的十六进制数（也就是说，用 4 位的二进制数表示的 0000 ~ 1111 相当于 1 位的十六进制数 0 ~ F）。

利用这一点可以很容易地执行二进制数和十六进制数的基数转换。

例如，把二进制数 0111101010011100 转换为十六进制数，只需按 4 位切分，然后分别转换为 1 位的十六进制数即可。

```
0111 1010 1001 1100
 7    A    9    C
```

另外，执行与上述相反的操作，即可将十六进制数转换为二进制数（把十六进制数的 1 位转换为二进制数的 4 位）。

表 4C-1　二进制数和十六进制数的对应　　　（续）

二进制数	十六进制数	二进制数	十六进制数
0000	0	1000	8
0001	1	1001	9
0010	2	1010	A
0011	3	1011	B
0100	4	1100	C
0101	5	1101	D
0110	6	1110	E
0111	7	1111	F

专栏 4-3 关于基数

十进制数以 10 为基数，八进制数以 8 为基数，十六进制数以 16 为基数。我们来简单学习一下各基数的相关内容。

▪ 十进制数

十进制数使用如下所示的 10 个数字表示。

　　0 1 2 3 4 5 6 7 8 9

这些数字用尽后，就向上进一位变为 10。两位数从 10 开始到 99 为止。之后再向上进一位变为 100，如下所示。

　　1 位数：表示 0 到 9 的 10 个数
　　~ 2 位数：表示 0 到 99 的 100 个数
　　~ 3 位数：表示 0 到 999 的 1000 个数

十进制数的每一位的位权从最后一位开始依次为 $10^0, 10^1, 10^2, \cdots$。例如，1234 可以如下解释。

　　$1234 = 1 \times 10^3 + 2 \times 10^2 + 3 \times 10^1 + 4 \times 10^0$

※ 10^0 是 1（2^0 和 8^0 等 0 次方的值都为 1）。

▪ 八进制数

八进制数使用如下所示的 8 个数字表示。

　　0 1 2 3 4 5 6 7

这些数字用尽后，就向上进一位变为 10，接下来变为 11。两位数从 10 开始到 77 为止。两位用尽后，接下来为 100，即如下所示。

　　1 位数：表示 0 到 7 的 8 个数
　　~2 位数：表示 0 到 77 的 64 个数
　　~3 位数：表示 0 到 777 的 512 个数

八进制数的每一位的位权从最后一位开始依次为 $8^0, 8^1, 8^2, \cdots$。例如，5316 可以如下解释。

　　$5316 = 5 \times 8^3 + 3 \times 8^2 + 1 \times 8^1 + 6 \times 8^0$

相应的十进制数为 2766。

▪ 十六进制数

十六进制数使用如下所示的 16 个数字和字母表示。

　　0 1 2 3 4 5 6 7 8 9 A B C D E F

它们依次对应于十进制数的 0 ~ 15（A ~ F 也可以是小写字母）。

这些数字和字母用尽后，就向上进一位变为 10。两位数从 10 开始到 FF 为止。之后再向上进一位变为 100。

十六进制数的每一位的位权从最后一位开始依次为 $16^0, 16^1, 16^2, \cdots$。例如，12A3 可以如下解释。

　　$12A3 = 1 \times 16^3 + 2 \times 16^2 + 10 \times 16^1 + 3 \times 16^0$

相应的十进制数为 4711。

另外，二进制数仅使用 0 和 1 表示。与十进制数 0, 1, …, 10 对应的二进制数为 0, 1, 10, 11, 100, 101, 110, 111, 1000, 1001, 1010。

整数字面量

整数字面量可以用 3 种基数表示。图 4-4 所示为其语法图。

▪ 十进制字面量

我们日常使用的十进制数是十进制字面量，如 `10` 或 `57`。

▪ 八进制字面量

为了区别于十进制字面量，八进制字面量的开头添加了 `0`。因此，如右所示的两个整数字面量看上去一样，其实是完全不同的数。

```
13：十进制字面量（十进制数 13）
013：八进制字面量（十进制数 11）
```

▪ 十六进制字面量

十六进制字面量的开头添加了 `0x` 或 `0X`。A ～ F 相当于十进制数 `10` ～ `15`，且大小写字母均可，如右所示。

```
0xB ：十六进制字面量（十进制数 11）
0x12：十六进制字面量（十进制数 18）
```

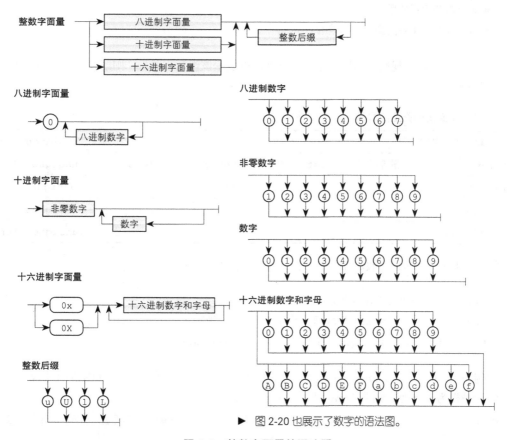

▶ 图 2-20 也展示了数字的语法图。

图 4-4　整数字面量的语法图

整数后缀和整数字面量的类型

在前面的 `<climits>` 的定义示例中，一些整数字面量末尾添加了 **U**、**L**、**UL** 等记号，这些记号称为**整数后缀**，其意义如下。

- **u 和 U**：明确该整数常量为无符号型。
- **l 和 L**：明确该整数常量为 **long** 型。

例如，`3517U` 为 **unsigned** 型，`127569L` 为 **long** 型。

▶ C++11 新增的 **long long** 型的后缀是 **LL**。
  另外，小写字母 l 容易与数字 1 混淆，因此请使用大写字母 **L**。
  负数 -10 不是整数字面量，而是对整数字面量 10 使用一元运算符 - 后的表达式。

另外，整数字面量的类型取决于下面 3 个因素。

- 该整数字面量的值。
- 该整数字面量的后缀。
- 该处理系统中各类型的表示范围。

表 4-6 汇总了这些规则。如果最左侧的类型可以表示该整数字面量，则解释为该类型，否则顺着箭头依次确认。

表 4-6 整数字面量的类型的解释

ⓐ 无后缀的十进制字面量	int	⇨			long	⇨ unsigned long
ⓑ 无后缀的八进制/十六进制字面量	int	⇨	unsigned	⇨	long	⇨ unsigned long
ⓒ u/U 后缀			unsigned	⇨		unsigned long
ⓓ l/L 后缀					long	⇨ unsigned long
ⓔ l/L 和 u/U 后缀						unsigned long

我们来思考一些示例（假定各类型的表示范围如表 4-2 所示）。

- **1000** ：可以用 **int** 型表示，因此为 **int** 型。
- **60000** ：不可以用 **int** 型表示，但可以用 **long** 型表示，因此为 **long** 型。
- **60000U** ：可以用 **unsigned** 型表示，因此为 **unsigned** 型。

示例中的 60000 为 **long** 型，但是在 **int** 型可以表示大于等于 60000 的值的处理系统中，60000 会被视为 **int** 型，而非 **long** 型。

▶ 开头为 0 的整数字面量是八进制字面量，因此请注意，单个的 0 也是八进制字面量。另外，08 或 09 会导致编译错误。

■ 内置类型

我们在本章学习的 `char`、`int` 和 `long` 等类型是 C++ 语言体系中具有的类型，因此称为**内置类型**（built-in type）。

■ 对象和 sizeof 运算符

各类型可表示的数值范围不同，这是由于其占有的内存空间大小不同。前面我们把**用于表示值的内存空间**称为变量，现在正式把它称为**对象**（object）。

我们来验证一下整型对象占有的空间大小，示例程序如代码清单 4-6 所示。

代码清单 4-6   chap04/list0406.cpp

```cpp
// 显示各种整型及其变量的大小
#include <iostream>

using namespace std;

int main()
{
    char c;
    cout << "char型的大小 :" << sizeof(char)  << '\n';
    cout << "变量c的大小  :" << sizeof(c)     << '\n';

    short h;
    cout << "short型的大小:" << sizeof(short) << '\n';
    cout << "变量h的大小  :" << sizeof(h)     << '\n';

    int i;
    cout << "int型的大小  :" << sizeof(int)   << '\n';
    cout << "变量i的大小  :" << sizeof(i)     << '\n';

    long l;
    cout << "long型的大小 :" << sizeof(long)  << '\n';
    cout << "变量l的大小  :" << sizeof(l)     << '\n';
}
```

运行结果示例
```
char 型的大小 : 1   ← 一定为 1
变量 c 的大小  : 1
short 型的大小 : 2
变量 h 的大小  : 2
int 型的大小   : 2
变量 i 的大小  : 2
long 型的大小  : 4
变量 l 的大小  : 4
```
依赖于处理系统

▶ 运行结果因处理系统或环境等而不同。

这里初次出现的 `sizeof` 运算符有两种形式，如下所示。

① **`sizeof`** 表达式
② **`sizeof`** （类型）

①的形式不需要用 () 包围表达式。但是在有些语句中，如果没有 ()，就会产生困扰，因此本书中都用 () 包围表达式。

`sizeof` 运算符以整数值返回表达式或类型所需的内存空间大小（表 4-7）。另外，在程序运行环境中，"大小"与字节数一致。

▶ `sizeof` 运算符返回的值的类型为 `size_t`，我们将在本节下文学习。

表 4-7 sizeof 运算符

sizeof 表达式	以 `size_t` 型的值返回表示表达式或类型所需的字节数
sizeof （类型）	比如，`sizeof(char)` 为 1

使用 `char` 型表示字符，因此 `sizeof(char)` 一定为 1，除此之外的类型大小依赖于处理系统。

图 4-5 所示为本书使用的处理系统中各类型的大小。

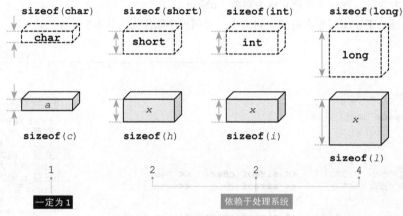

图 4-5 类型和对象的大小

虽然各类型的大小依赖于处理系统，但是下面的规则也一定是成立的。

- **同一类型的有符号版和无符号版的大小相同**

  以下关系成立。

  `sizeof(char)` = `sizeof(signed char)` = `sizeof(unsigned char)` = 1
  `sizeof(short)` = `sizeof(unsigned short)`
  `sizeof(int)` = `sizeof(unsigned)`
  `sizeof(long)` = `sizeof(unsigned long)`

- **按 short、int、long 排列，左侧的大小不超过右侧的大小**

  以下关系成立。

  `sizeof(sort)` ≤ `sizeof(int)` ≤ `sizeof(long)`

  ▶ `short` 型和 `int` 型至少为 16 位，`long` 型至少为 32 位。

■ size_t 型和 typedef 声明

`sizeof` 运算符返回的 `size_t` 型不是内置类型，而是 `<cstddef>` 头文件中定义的类型。也就是说，要使用 `size_t` 型，必须引入头文件。

如下所示为 `<cstddef>` 头文件中 **size_t** 型的一个定义示例。

```
                  size_t
typedef unsigned size_t;          // 定义示例：size_t 是 unsigned 的同义词
```

typedef 声明用来赋予类型同义词，即赋予类型一个其他名称。
在图 4-6 的例子中，通过 **typedef** 声明赋予了类型 A 一个别名 B。

▶ 请注意，这只是赋予类型新名称，而不是创建新类型。

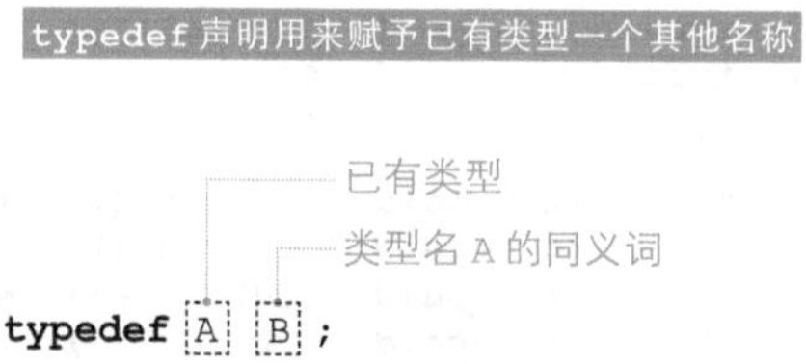

typedef 声明用来赋予已有类型一个其他名称

　　　　　　　　　　　　┌── 已有类型
　　　　　　　　　　　　│　┌── 类型名 A 的同义词
typedef ⌐A⌐ ⌐B⌐ ;

图 4-6　typedef 声明

像这样声明的同义词在语法上是作为类型名使用的。

重要　**typedef** 声明用来赋予已有类型一个新类型名。

sizeof 运算符不会返回负值，因此 **size_t** 被定义为无符号整型。

重要　**size_t** 型是一个由 **typedef** 声明定义为无符号整型的同义词的类型。

▶ 根据处理系统的不同，**size_t** 也可能被定义为 **unsigned short** 型或 **unsigned long** 型的同义词。

■ typeid 运算符

sizeof 运算符用来确认表达式或对象的大小。**typeid** 运算符用来获取类型相关的各种信息。
代码清单 4-7 所示为使用 **typeid** 运算符显示类型信息的程序。
目前无须详细理解 **typeid** 运算符，只需知道在引入 `<typeinfo>` 头文件后，使用下面的任意一个表达式，即可获取表示该类型或表达式的**类型信息字符串**。

```
typeid ( 类型 ).name ()
typeid ( 表达式 ).name ()
```

另外，这些表达式返回的字符串因处理系统而不同。

代码清单 4-7   chap04/list0407.cpp

```cpp
// 显示各种变量或常量的类型信息

#include <iostream>
#include <typeinfo>

using namespace std;

int main()
{
    char  c;
    short h;
    int   i;
    long  l;

    cout << "变量c的类型:" << typeid(c).name() << '\n';
    cout << "变量h的类型:" << typeid(h).name() << '\n';
    cout << "变量i的类型:" << typeid(i).name() << '\n';
    cout << "变量l的类型:" << typeid(l).name() << '\n';

    cout << "字符字面量'A'的类型:"      << typeid('A').name()  << '\n';
    cout << "整数字面量100的类型:"      << typeid(100).name()  << '\n';
    cout << "整数字面量100U的类型:"     << typeid(100U).name() << '\n';
    cout << "整数字面量100L的类型:"     << typeid(100L).name() << '\n';
    cout << "整数字面量100UL的类型:"    << typeid(100UL).name()<< '\n';
}
```

```
运行结果示例
变量c的类型: char
变量h的类型: short
变量i的类型: int
变量l的类型: long
字符字面量'A'的类型: char
整数字面量100的类型: int
整数字面量100U的类型: unsigned int
整数字面量100L的类型: long
整数字面量100UL的类型: unsigned long
```

因此，该程序的运行结果也依赖于处理系统。

重要 typeid 运算符返回类型的相关信息。与任意类型或表达式相关的类型信息字符串可以通过 typeid(类型或表达式).name() 获取。

专栏 4-4　具有小数部分的二进制数

如专栏 4-3 所述，十进制数的每一位的位权是 10 的次方。

这一点在小数部分也是通用的。例如，我们思考一下十进制数 13.25，1 的位权是 10^2、3 的位权是 10^1、2 的位权是 10^{-1}、5 的位权是 10^{-2}。

二进制数也一样，每一位的位权都是 2 的次方。二进制数的小数点以后的位与十进制数的对应关系如表 4C-2 所示。

不是 0.5，0.25，0.125，…的和的值，就无法用有限位的二进制数表示。

举例如下。

表 4C-2　二进制数和十进制数

二进制数	十进制数	
0.1	0.5	※2 的 -1 次方
0.01	0.25	※2 的 -2 次方
0.001	0.125	※2 的 -3 次方
0.0001	0.0625	※2 的 -4 次方
…		

- **可以用有限位表示的例子**

　　十进制数 0.75 = 二进制数 0.11

　　※0.75 是 0.5 和 0.25 的和。

- **无法用有限位表示的例子**

　　十进制数 0.1 = 二进制数 0.00011001…

整数的内部

对象是用于表示值的内存空间，作为**位**的集合存放在内存空间上。

位的含义（位和值的关系）因类型而不同。整型内部的位是采用**纯二进制记数制**（pure binary numeration system）表示的。

无符号整数的内部表示

无符号整数的内部是直接对应于数值的二进制表示的位。

我们以 `unsigned` 型的 25，即 `25U` 为例思考一下。

十进制数 25 对应的二进制数为 11001。

如图 4-7 所示，用 0 将高位填满后表示为 0000000000011001。

▶ 这是在 `unsigned` 型为 16 位的处理系统中的例子。

将 n 位的无符号整数的各个位从最低位开始依次表示为 $B_0, B_1, B_2, \cdots, B_{n-1}$，则由这些位的排列表示的整数值可以通过下式获取。

图 4-7　16 位的无符号整数 25 的二进制表示

$$B_{n-1} \times 2^{n-1} + B_{n-2} \times 2^{n-2} + \cdots + B_1 \times 2^1 + B_0 \times 2^0$$

例如，0000000010101011 表示的整数是十进制数 171，可如下计算。

$$0 \times 2^{15} + 0 \times 2^{14} + \cdots + 0 \times 2^8$$
$$+ 1 \times 2^7 + 0 \times 2^6 + 1 \times 2^5 + 0 \times 2^4 + 1 \times 2^3 + 0 \times 2^2 + 1 \times 2^1 + 1 \times 2^0$$

在大多数处理系统中，整型所占的内存空间的位数为 8, 16, 32, 64, …。表 4-8 汇总了这些位数的无符号整数可表示的最小值和最大值。

表 4-8　无符号整数的表示范围示例

位数	最小值	最大值
8	0	255
16	0	65535
32	0	4294967295
64	0	18446744073709551615

例如，16 位的 `unsigned int` 型可以表示从 0 到 65535 的 65536 个数值。图 4-8 所示为这些数值的内部表示。

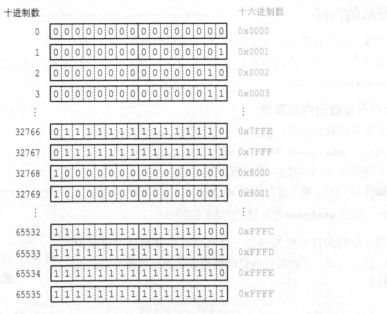

图 4-8 16 位的无符号整数的内部表示

最小值 0 的所有位为 0，最大值 65535 的所有位为 1。

一般情况下，n 位的无符号整数可以表示从 0 到 2^n-1 的 2^n 个数值。

▶ 这与 n 位的十进制数可以表示从 0 到 10^n-1 的 10^n 个数值的理由相同。

专栏 4-5 字节顺序和端

关于对象的内部表示，有一个比较麻烦的事情，那就是对象内的**字节排列顺序依赖于处理系统**。

如图 4C-1 所示，低字节具有低地址的方式称为**小端**（little endian），相反，低字节具有高地址的方式称为**大端**（big endian）。

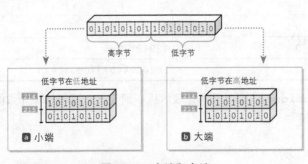

图 4C-1 小端和大端

有符号整数的内部表示

有符号整数的内部表示因处理系统而不同。C++ 采用的表示方法有 3 种：2 的补码表示、1 的补码表示和符号数值表示。

如图 4-9 所示，3 种表示方法有一个共同点，那就是用最高位表示数值的符号，该位称为**符号位**。

符号位在数值为负时为 1，在数值为非负时为 0。

另外，除符号位之外的剩余位的使用方法因表示方法而不同。

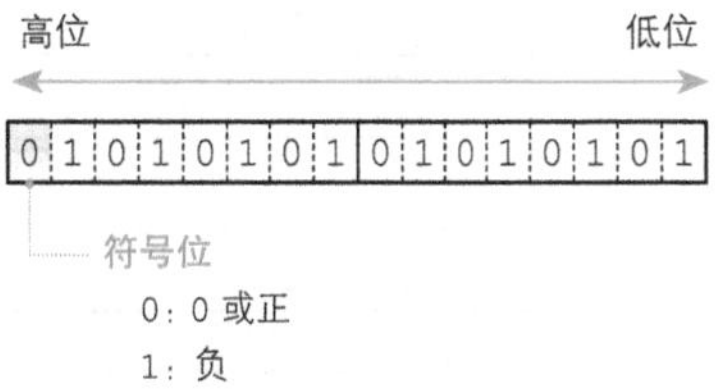

图 4-9　有符号整数的符号位

▪ 2 的补码表示

大多数处理系统采用该表示方法，其表示的数值如下所示。

$$-B_{n-1} \times 2^{n-1} + B_{n-2} \times 2^{n-2} + \cdots + B_1 \times 2^1 + B_0 \times 2^0$$

当位数为 n 时，可以表示从 -2^{n-1} 到 $2^{n-1}-1$ 的数值（表 4-9）。

如图 4-10**a**所示，当 `int` 型（即 `signed int` 型）为 16 位时，可以表示从 `-32768` 到 `32767` 的 65536 个数值。

▪ 1 的补码表示

该方法表示的数值如下所示。

$$-B_{n-1} \times (2^{n-1}-1) + B_{n-2} \times 2^{n-2} + \cdots + B_1 \times 2^1 + B_0 \times 2^0$$

当位数为 n 时，可以表示从 $-2^{n-1}+1$ 到 $2^{n-1}-1$ 的数值，比 2 的补码表示只少一个数值（表 4-10）。

如图 4-10**b**所示，当 `int` 型为 16 位时，可以表示从 `-32767` 到 `32767` 的 65535 个数值。

▪ 符号数值表示

该方法表示的数值如下所示。

$$(1 - 2 \times B_{n-1}) \times (B_{n-2} \times 2^{n-2} + \cdots + B_1 \times 2^1 + B_0 \times 2^0)$$

可以表示的数值范围与 1 的补码表示相同（表 4-10）。

如图 4-10**c**所示，当 `int` 型为 16 位时，可以表示从 `-32767` 到 `32767` 的 65535 个数值。

	ⓐ 2 的补码表示	ⓑ 1 的补码表示	ⓒ 符号数值表示	
`0000000000000000`	0	0	0	
`0000000000000001`	1	1	1	
`0000000000000010`	2	2	2	与无符号
`0000000000000011`	3	3	3	整数相同
⋮	⋮	⋮	⋮	
`0111111111111110`	32766	32766	32766	
`0111111111111111`	32767	32767	32767	
`1000000000000000`	-32768	-32767	-0	
`1000000000000001`	-32767	-32766	-1	
`1000000000000010`	-32766	-32765	-2	
`1000000000000011`	-32765	-32764	-3	
⋮	⋮	⋮	⋮	
`1111111111111100`	-4	-3	-32764	
`1111111111111101`	-3	-2	-32765	
`1111111111111110`	-2	-1	-32766	
`1111111111111111`	-1	-0	-32767	

图 4-10　16 位的有符号整数的内部表示

▶ 无论采用上述 3 种表示方法中的哪一种，有符号整数和无符号整数共同的非负部分的数值（当位数为 16 时，数值为 `0 ~ 32676`）的位都一样。

表 4-9　有符号整数的表示范围示例（2 的补码表示）

位数	最小值	最大值
8	-128	127
16	-32768	32767
32	-2147483648	2147483647
64	-9223372036854775808	9223372036854775807

表 4-10　有符号整数的表示范围示例（1 的补码表示 / 符号数值表示）

位数	最小值	最大值
8	-127	127
16	-32767	32767
32	-2147483647	2147483647
64	-9223372036854775807	9223372036854775807

bool 型

我们在第 2 章简单学习了表示布尔值的 `bool` 型。

▶ bool 来源于形容词 boolean（布尔值），它表示与由乔治·布尔（George Boole）系统化的布尔代数相关的运算、运算符和运算表达式等。

判断值的大小关系的关系运算符，以及判断相等性的相等运算符等的求值结果均为 `bool` 型的值。该 `bool` 型的值要么是表示真的 `true`，要么是表示假的 `false`。

▶ 虽然 `bool` 型是整型的一种，但是并没有 `signed bool`、`unsigned bool`、`short bool`、`long bool` 这样的类型。另外，没有显式初始化（即用不确定值初始化）的 `bool` 型的变量值可能是既非 `true` 也非 `false` 的值。

`bool` 型的值可以转换为 `int` 型的值，`false` 转换为 0，`true` 转换为 1。

反过来，算术型、枚举型和指针型的值也可以转换为 `bool` 型的值。数值 0、空指针和空成员指针转换为 `false`，其他值都转换为 `true`。

▶ 我们将在 4-3 节学习枚举型，从第 7 章开始学习指针。

这些类型转换的概要如图 4-11 所示。

图 4-11　bool 型和数值的类型转换

重要 非 0 数值被视为 `true`，0 被视为 `false`。

▶ 对 `bool` 型变量使用递增运算符（`++`）的结果为 `true`。另外，`bool` 型不可以使用递减运算符（`--`）。

表示 `bool` 型的值的 `false` 和 `true` 称为**布尔值字面量**（详见 2-1 节）。图 4-12 所示为布尔值字面量的语法图。

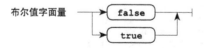

图 4-12　布尔值字面量的语法图

在画面上用插入符（`<<`）输出 `bool` 型的值时，`true` 显示为 1，`false` 显示为 0。

但是，如果插入控制符 `boolalpha`，会显示 `true` 或 `false`；如果插入控制符 `noboolalpha`，则显示数值形式（详见表 3-7）。

我们来实际确认一下，示例程序如代码清单 4-8 所示。

代码清单 4-8

chap04/list0408.cpp

```cpp
// 显示 bool 型的值

#include <iostream>

using namespace std;

int main()
{
    cout << true << ' ' << false << '\n';

    cout << boolalpha;                          // 以字母形式输出布尔值
    cout << true << ' ' << false << '\n';

    cout << noboolalpha;                        // 以数值形式输出布尔值
    cout << true << ' ' << false << '\n';
}
```

```
运行结果
1 0
true false
1 0
```

▶ 显示的后缀因**本地化（文化圈）**的设置而不同。如果不是英语圈，则也有可能显示为其他单词（例如法语等）。

我们来验证一下关系运算符、相等运算符和逻辑非运算符返回的值是否是 **bool** 型，程序如代码清单 4-9 所示。

代码清单 4-9

chap04/list0409.cpp

```cpp
// 显示关系运算符、相等运算符和逻辑非运算符返回的值

#include <iostream>

using namespace std;

int main()
{
    int a, b;
    cout << "整数a, b:";
    cin >> a >> b;

    cout << boolalpha;
    cout << "a <  b = " << (a <  b) << '\n';
    cout << "a <= b = " << (a <= b) << '\n';
    cout << "a >  b = " << (a >  b) << '\n';
    cout << "a >= b = " << (a >= b) << '\n';
    cout << "a == b = " << (a == b) << '\n';
    cout << "a != b = " << (a != b) << '\n';
    cout << "!a     = " << (!a)     << '\n';
    cout << "!b     = " << (!b)     << '\n';
}
```

```
运行示例
整数a, b：0 9 ↵
a <  b = true
a <= b = true
a >  b = false
a >= b = false
a == b = false
a != b = true
!a     = true
!b     = false
```

■ 浮点型

浮点型用来表示带小数点的实数，如下所示，它有 3 种类型。

| float | double | long double |

▶ 类型名 **float** 来源于 floating-point（浮点数），**double** 来源于 double precision（双精度）。

代码清单 4-10 所示为对这些类型的变量赋值并显示的程序。

▶ 运行结果因处理系统而不同。

代码清单 4-10   chap04/list0410.cpp

```cpp
// 显示浮点型变量的值

#include <iomanip>
#include <iostream>

using namespace std;

int main()
{
    float       a = 123456789.0;
    double      b = 12345678901234567890.0;
    long double c = 123456789012345678901234567890.0;

    cout << "a = " << setprecision(30) << a << '\n';
    cout << "b = " << setprecision(30) << b << '\n';
    cout << "c = " << setprecision(30) << c << '\n';
}
```

运行结果示例
```
a = 123456792
b = 12345678901234567000
c = 123456789012345680000000000000
```

※ 关于 setprecision 控制符，请参考 3-6 节和 4-2 节。

$$1.23457 \times 10^9$$
尾数 指数

图 4-13 尾数和指数

从运行结果可知，程序没有正确显示赋给变量的数值。整型表示的是有限范围的连续的整数，与此不同，浮点型的表示范围受制于**大小**和**精度**两个方面。

比如，从大小来说可以表示 12 位，从精度来说 6 位有效。

我们以 1234567890 为例来思考一下。该值有 10 位，所以从大小来说，它在 12 位的表示范围内，但是 6 位的精度无法表示该值，所以要对该值从左数第 7 位之后的部分进行四舍五入，结果为 1234570000，如图 4-13 所示。

在图 4-13 中，1.23457 称为**尾数**，9 称为**指数**。尾数的位数相当于精度，指数的值相当于大小。

前面以十进制数为例进行了思考，实际上尾数部分和指数部分在内部均是用二进制数表示的。因此，大小和精度不会像 12 位、6 位这样正好能用十进制数表示。

指数部分和尾数部分的位数依赖于类型和处理系统。如果指数部分被分配的位数多，则可以表示更大的数值；如果尾数部分被分配的位数多，则可以表示更高精度的数值。

另外，在 `float`、`double`、`long double` 这 3 个类型中，左侧的类型的表示范围大于等于右侧的类型的表示范围。

浮点数字面量

像 `3.14` 或 `57.3` 这样表示实数的常量称为**浮点数字面量**。图 4-14 所示为浮点数字面量的语法图。

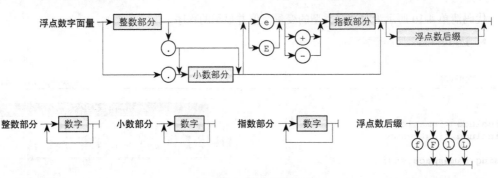

图 4-14　浮点数字面量的语法图

整数字面量的末尾可以添加后缀 **U** 和 **L**，同样，浮点数字面量的末尾也可以添加用来指定类型的**浮点数后缀**。

f 和 **F** 用来指定 **float** 型，**l** 和 **L** 用来指定 **long double** 型。如果不添加后缀，则为 **double** 型，示例如下。

```
57.3       // double 型
57.3F      // float 型
57.3L      // long double 型
```

▶ 由于小写字母 l 和数字 1 难以区分，所以请使用大写字母 **L**（与整数后缀相同）。

如图 4-14 所示，浮点数字面量可以使用多种形式来表示，示例如下。

```
.5         // double 型的 0.5
12.        // double 型的 12.0
.5F        // float 型的 0.5

1F         // float 型的 1.0
1.23E4     // 1.23×10⁴
89.3E-5    // 89.3×10⁻⁵
```

算术型

整型和浮点型都是表示数值的类型，统称为**算术型**（arithmetic type）。

专栏 4-6　处理系统特性库

在 <climits> 头文件中定义的 **INT_MIN** 和 **INT_MAX** 等宏原本是作为 C 语言的标准库而提供的。

C++ 中由 <limits> 头文件提供了表示处理系统特性的 **numeric_limits** 类模板。这里我们使用该库将代码清单 4-1 和代码清单 4-2 分别修改为代码清单 4C-1 和代码清单 4C-2。

▶ 运行结果与代码清单 4-1 和代码清单 4-2 相同。

代码清单 4C-1
chap04/list04c01.cpp

```cpp
// 显示整型可表示的数值
#include <limits>
#include <iostream>

using namespace std;

int main()
{
    cout << "该处理系统的整型可以表示的数值\n";
    cout << "char              :"
         << int(numeric_limits<char>::min()) << "~"
         << int(numeric_limits<char>::max()) << '\n';
    cout << "signed char       :"
         << int(numeric_limits<signed char>::min()) << "~"
         << int(numeric_limits<signed char>::max()) << '\n';
    cout << "unsigned char     :"
         << int(numeric_limits<unsigned char>::min()) << "~"
         << int(numeric_limits<unsigned char>::max()) << '\n';
    cout << "short int:" << numeric_limits<short>::min() << "~"
         << numeric_limits<short>::max() << '\n';
    cout << "int       :" << numeric_limits<int>::min() << "~"
         << numeric_limits<int>::max() << '\n';
    cout << "long int  :" << numeric_limits<long>::min() << "~"
         << numeric_limits<long>::max() << '\n';
    cout << "unsigned short int:"
         << numeric_limits<unsigned short>::min() << "~"
         << numeric_limits<unsigned short>::max() << '\n';
    cout << "unsigned int      :"
         << numeric_limits<unsigned>::min() << "~"
         << numeric_limits<unsigned>::max() << '\n';
    cout << "unsigned long int :"
         << numeric_limits<unsigned long>::min() << "~"
         << numeric_limits<unsigned long>::max() << '\n';
}
```

代码清单 4C-2
chap04/list04c02.cpp

```cpp
// 判断简单字符型是有符号字符型还是无符号字符型
#include <limits>
#include <iostream>

using namespace std;

int main()
{
    cout << "该处理系统的简单字符型是"
         << (numeric_limits<char>::is_signed ? "有符号" : "无符号")
         << "字符型。\n";
}
```

numeric_limits 还提供了浮点型相关的特性。代码清单 4C-3 所示为显示 **double** 型相关的主要特性的程序。

代码清单 4C-3   chap04/list04c03.cpp

```cpp
// 显示 double 型的特性
#include <limits>
#include <iostream>

using namespace std;

int main()
{
    cout << "最小值:" << numeric_limits<double>::min() << '\n';
    cout << "最大值:" << numeric_limits<double>::max() << '\n';
    cout << "尾数部分:" << numeric_limits<double>::radix << "进制数"
                      << numeric_limits<double>::digits << "位\n";
    cout << "位数:" << numeric_limits<double>::digits10 << '\n';
    cout << "机械极小值:" << numeric_limits<double>::epsilon()<< '\n';
    cout << "最大的舍入误差:" << numeric_limits<double>::round_error() << '\n';
    cout << "舍入方式:";
    switch (numeric_limits<double>::round_style) {
     case round_indeterminate:
                        cout << "无法确定。\n"; break;
     case round_toward_zero:
                        cout << "向0舍入。\n"; break;
     case round_to_nearest:
                        cout << "舍入为可以表示的最邻近的值。\n"; break;
     case round_toward_infinity:
                        cout << "向无限大舍入。\n"; break;
     case round_toward_neg_infinity:
                        cout << "向负无限大舍入。\n"; break;
    }
}
```

运行结果示例
最小值：*2.22507e-308*
最大值：*1.79769e+308*
尾数部分：*2* 进制数 *53* 位
位数：*15*
机械极小值：*2.22045e-016*
最大的舍入误差：*0.5*
舍入方式：舍入为可以表示的最邻近的值。

另外，把程序中的 **double** 替换为 **float** 或 **long double**，即可显示相应类型的特性。

机械极小值 ε 是 1 和"可以表示的超过 1 的最小值"之间的差（如果 ε 为 0.1，则 1 的下一个可以表示的数为 1.1）。该值越小，精度越高。

舍入是指从最低位开始去除或省略一个或一个以上的数字，并基于指定规则调整剩余部分。

▶ 这些示例用到了尚未学习的技术，因此目前无须深入理解。

另外，C 语言的标准库中提供的用来表示浮点数的特性的各种宏在 C++ 中由 `<cfloat>` 头文件提供。

4-2 运算和类型

我们在第 2 章学习了用整数除以整数可以得到整数的商和余数。如果用实数来计算，结果会如何呢？本节我们将学习运算和类型的相关内容。

■ 运算和类型

读入两个整数值，然后计算并显示其平均值，程序如代码清单 4-11 所示。

代码清单 4-11 chap04/list0411.cpp

```cpp
// 计算两个整数值的平均值
#include <iostream>
using namespace std;

int main()
{
    int x, y;

    cout << "计算两个整数值x和y的平均值。\n";
    cout << "x的值:";    cin >> x;    // 向 x 读入整数值
    cout << "y的值:";    cin >> y;    // 向 y 读入整数值

    double ave = (x + y) / 2;              // 计算平均值
    cout << "x和y的平均值为" << ave << "。\n";   // 显示平均值
}
```

运行示例
计算两个整数值 x 和 y 的平均值。
x 的值：7 ⏎
y 的值：8 ⏎
x 和 y 的平均值为 7。

程序阴影部分声明的 `double` 型变量 `ave` 用来存放计算得到的平均值。虽然平均值被赋给了可以表示实数的 `double` 型变量，但是从运行示例可知，7 和 8 的平均值是 7，而不是 7.5。

我们来思考为什么会出现这种结果。首先，看一下变量 `ave` 的初始值 `(x + y) / 2`。表达式 `x + y` 是 `int + int`，其运算结果是 `int` 型。然后，除以 2 的运算是 `int / int`，因此如图 4-15ⓐ 所示，最后结果会丢弃小数部分，成为 `int` 型的整数值。

赋给变量的值没有小数部分，因此 `double` 型的变量 `ave` 也没有小数部分。

另外，图 4-15ⓑ 所示为 `double` 型变量之间的除法运算，该运算结果是 `double` 型。如图 4-15ⓑ 所示，`int` 型变量之间的算术运算和 `double` 型变量之间的算术运算的结果的类型与操作数的类型相同。

那么，如果是既有 `int` 型又有 `double` 型的算术运算，其结果的类型会如何呢？如图 4-15ⓒ 和图 4-15ⓓ 所示，在针对不同类型的操作数的算术运算中，程序会执行**隐式类型转换**（implicit type conversion）。在运算之前，`int` 型操作数的值会被隐式提升为 `double` 型，因此 `int` 型的 2 和 15 就转换为了 `double` 型的 2.0 和 15.0。

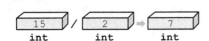
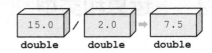

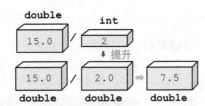
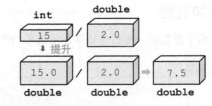

图 4-15　int 型和 double 型的算术运算

在转换之后，两个操作数都变为 **double** 型，因此图 4-15**c** 和图 4-15**d** 的运算结果均为 **double** 型。我们通过代码清单 4-12 来确认上述内容。

代码清单 4-12　　　　　　　　　　　　　　　　　　　　　　　　　　　chap04/list0412.cpp

```cpp
// 计算两个数值的商
#include <iostream>
using namespace std;

int main()
{
    cout << "15   / 2   = " << 15   / 2   << '\n';
    cout << "15.0 / 2.0 = " << 15.0 / 2.0 << '\n';
    cout << "15.0 / 2   = " << 15.0 / 2   << '\n';
    cout << "15   / 2.0 = " << 15   / 2.0 << '\n';
}
```

运行结果
```
15   / 2   = 7
15.0 / 2.0 = 7.5
15.0 / 2   = 7.5
15   / 2.0 = 7.5
```

当然，这里的规则不仅适用于 /，也适用于 + 和 - 等运算。

C++ 类型众多且规则复杂，我们暂且如下来理解（详细规则见后文）。

重要 当算术运算的操作数类型不同时，会先把小的类型的操作数转换为大的类型，再进行计算。

另外，这里所说的"大"并不是物理上的大小，而是指从可以存放小数部分这一点来说，**double** 型比 **int** 型空间更大。

■ 显式类型转换

如前所述，用整数除以整数的运算是无法计算包含小数部分的平均值的。

重要 必须至少一方的操作数为浮点型，才可以由数值的除法运算得到实数的商。

代码清单 4-13 所示为依据该方针改良后的程序。

代码清单 4-13   chap04/list0413.cpp

```cpp
// 计算两个整数值的实数平均值（其一）
#include <iostream>
using namespace std;

int main()
{
    int x, y;

    cout << "计算两个整数值x和y的平均值。\n";
    cout << "x的值:";  cin >> x;           // 向 x 读入整数值
    cout << "y的值:";  cin >> y;           // 向 y 读入整数值

    double ave = (x + y) / 2.0;            // 计算实数平均值
    cout << "x和y的平均值为" << ave << "。\n";  // 显示平均值
}
```

运行示例
计算两个整数值 x 和 y 的平均值。
x 的值：7 ⏎
y 的值：8 ⏎
x 和 y 的平均值为 7.5。

我们来关注计算平均值的程序阴影部分。

最先执行的是由 () 包围的 x + y 的运算，它是 **int** + **int** 的运算，其结果也是 **int** 型。另外，除数是 **double** 型的浮点数字面量 2.0。

因此，整个程序阴影部分的运算如下所示。

```
int / double                    ※用整数除以实数
```

该运算结果为 **double** 型。程序运行结果显示，7 和 8 的平均值为 7.5。

我们平时在计算平均值时，一般不会考虑除以 2.0，而是考虑除以 2。

■ 基于 cast 风格的显式类型转换

这里我们先把两个整数的和转换为实数，再除以 2，以计算平均值。因此，将程序阴影部分修改为：

```
(double)(x + y) / 2
```

这样就可以计算得到实数平均值（chap04/list0413a.cpp）。

/ 运算符的左操作数 **(double)**(x + y) 的形式如下，用来将**表达式**的值转换为指定**类型**的值。

```
( 类型 ) 表达式                    ※cast 风格
```

例如，**(int)**5.7 把 **double** 型的浮点数字面量的值 5.7 的小数部分丢弃，返回 **int** 型的 5。**(double)**5 根据 **int** 型的整数字面量的值 5 返回 **double** 型的 5.0。

这样的**显式类型转换**称为 cast。这里的 **()** 不是用于优先执行计算的 ()，而是被称为**显式类型转换运算符**的运算符（表 4-11）。

表 4-11　显式类型转换运算符

(类型) x	把 x 转换为指定类型的值（cast 风格）
类型 (x)	把 x 转换为指定类型的值（函数风格）

▶ `()` 也可以作为函数调用运算符使用（详见第 6 章）。

在计算平均值的过程中，首先由

`(double)``(x + y)`

把 `x + y` 的值转换为 **`double`** 型的值（如果 `x` 和 `y` 的和为 `15`，则根据整数 `15` 返回浮点数 `15.0`）。表达式 `(x + y)` 的值会被转换为 **`double`** 型，因此计算平均值的运算如下所示。

`double / int`　　　　　　　　　　※ 用实数除以整数

这时，右操作数的 `int` 被隐式提升为 `double`，运算变为 `double / double` 的除法运算，所得结果为 **`double`** 型的实数。

■ **基于函数风格的显式类型转换**

如表 4-11 所示，类型转换还有一种形式：

类型 **(** 表达式 **)**　　　　　　　　※ 函数风格

如下修改程序阴影部分，也可以计算得到实数平均值（chap04/list0413b.cpp）。

`double``(x + y) / 2`

■ **使用 static_cast 运算符进行显式类型转换**

在 C 语言中，除了从整数到浮点数这样正当的类型转换之外，原本不可以转换的类型之间的转换等也都可以通过 cast 风格强制实施。在此基础上，C++ 首先增加了函数风格的类型转换，然后又增加了 4 种类型的转换运算符。

表 4-12 ～ 表 4-15 所示为这些运算符的概要。

表 4-12　动态类型转换运算符

`dynamic_cast``<类型>(x)`	把 x 转换为指定类型的值 用于把指向基类的指针或引用转换为指向派生类的指针或引用

表 4-13　静态类型转换运算符

`static_cast``<类型>(x)`	把 x 转换为指定类型的值 主要用于可以把 x 隐式转换为类型的正当的类型转换，比如整数和浮点数之间的转换

表 4-14　强制类型转换运算符

`reinterpret_cast``<类型>(x)`	把 x 转换为指定类型的值 主要用于可以称为类型变更的类型转换，比如从整数到指针、从指针到整数等

表 4-15 常量性类型转换运算符

const_cast<类型>(x)	把 x 转换为指定类型的值 用于添加或去除常量性（constness）和易变性 (volatility)

这些运算符均可以执行类型转换。根据转换的对象不同，有时只有其中一个运算符适用，有时则有多个适用。

当有多个运算符适用时，使用与上下文最贴切的运算符，可以使程序更加容易阅读和理解。

执行静态类型转换的 **static_cast** 运算符适用于整数和浮点数之间的类型转换。该运算符是适用于隐式类型转换的上下文，以及遵循此种隐式类型转换的上下文的**自然**的**类型转换**。使用 **static_cast** 运算符对代码清单 4-13 进行改写后的程序如代码清单 4-14 所示（图 4-16）。

> **重要** 在进行整数和浮点数之间的类型转换时，请使用静态类型转换运算符 **static_cast**，而不是 cast 风格或函数风格的类型转换运算符。

代码清单 4-14   chap04/list0414.cpp

```cpp
// 计算两个整数值的实数平均值（其二：静态类型转换运算符）
#include <iostream>
using namespace std;

int main()
{
    int x, y;

    cout << "计算两个整数值x和y的平均值。\n";
    cout << "x的值:";   cin >> x;   // 向 x 读入整数值
    cout << "y的值:";   cin >> y;   // 向 y 读入整数值

    double ave = static_cast<double>(x + y) / 2;   // 计算实数平均值
    cout << "x和y的平均值为" << ave << "。\n";      // 显示平均值
}
```

运行示例
计算两个整数值 x 和 y 的平均值。
x 的值:7
y 的值:8
x 和 y 的平均值为 7.5。

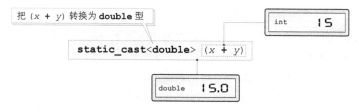

图 4-16　类型转换表达式的求值

静态类型转换运算符以外的运算符用在如下所示的上下文中。

▶ 目前无须完全理解。

- **动态类型转换运算符**

用于把指向具有虚函数的基类的指针或引用转换为指向派生类的指针或引用。

- **强制类型转换运算符**

    用于整数和指针（内存空间上的地址）之间的转换等可以称为类型变更的类型转换中。我们将在专栏 7-4 详细学习。

- **常量性类型转换运算符**

    用于对常量对象（详见 1-4 节）和易变对象（详见 5-1 节），以及指向它们的指针或引用添加或去除常量性和易变性。

    ▶ cast 是具有多种含义的单词。作为使役动词，cast 具有"投掷""投射""抛""扔"等意思。

循环的控制

我们来思考代码清单 4-15 的程序，它把 float 型的变量 x 的值从 0.0 开始按增量 0.001 递增至 1.0，最后显示了它们的和。

▶ 运算结果依赖于 float 型的精度，因此运行结果因处理系统而不同。

代码清单 4-15　　　　　　　　　　　　　　　　　　　　　　　　　　　chap04/list0415.cpp

```cpp
// 从 0.0 按增量 0.001 递增至 1.0，并显示它们的和（用 float 控制循环）
#include <iomanip>
#include <iostream>

using namespace std;

int main()
{
    float sum = 0.0F;
    cout << fixed << setprecision(6);
    for (float x = 0.0F; x <= 1.0F; x += 0.001F) {
        cout << "x = " << x << '\n';
        sum += x;
    }
    cout << "sum = " << sum << '\n';
}
```

运行结果示例：
```
x = 0.000000
x = 0.001000
x = 0.002000
x = 0.003000
… 省略 …
x = 0.997991
x = 0.998991
x = 0.999991
sum = 500.496674
```

最后的 x 的值是 0.999991，而不是 1.0，因为浮点数不一定能在不丢失所有位的信息的情况下进行显示（详见专栏 4-4）。

如图 4-17ⓐ所示，x 中累积了多达 1000 份的误差。

▶ 该程序使用了两个控制符（详见表 3-7）。fixed 控制符用来指示浮点数按定点数表示法来输出。setprecision 控制符用来指定精度。另外，这里的精度的解释因输出时的表示法而不同。定点数表示法的输出精度指的是小数部分的位数。

ⓐ 代码清单4-15	ⓑ 代码清单4-15改	ⓒ 代码清单4-16
x = 0.000000 x = 0.001000 x = 0.002000 x = 0.003000 … 省略 … x = 0.997991 x = 0.998991 x = 0.999991 sum = 500.496674 误差累积	x = 0.000000 x = 0.001000 x = 0.002000 x = 0.003000 … 省略 … x = 0.997991 x = 0.998991 x = 0.999991 x = 1.000991 x = 1.001991 x = 1.002991 x = 1.003991 … 省略 … x不会为1.0，循环不结束	x = 0.000000 x = 0.001000 x = 0.002000 x = 0.003000 … 省略 … x = 0.998000 x = 0.999000 x = 1.000000 sum = 500.499969 有误差，但不累积

图 4-17　代码清单 4-15 的循环和代码清单 4-16 的循环的比较

我们如下修改 `for` 语句（chap04/list0415a.cpp）。

```
for (float x = 0.0F; x != 1.0F; x += 0.001F) { /*省略*/ }  // 代码清单4-15改
```

这样一来，x 的值不会正好为 1.0。如图 4-17ⓑ 所示，x 会越过 1.0，使 `for` 语句无限循环下去。

代码清单 4-16 所示为改用整数来控制循环的程序。

代码清单 4-16　　　　　　　　　　　　　　　　　　　　　　　　　　chap04/list0416.cpp

```cpp
// 从0.0按增量0.001递增至1.0，并显示它们的和（用int控制循环）
#include <iomanip>
#include <iostream>

using namespace std;

int main()
{
    float sum = 0.0F;
    cout << fixed << setprecision(6);
    for (int i = 0; i <= 1000; i++) {
        float x = static_cast<float>(i) / 1000;
        cout << "x = " << x << '\n';
        sum += x;
    }
    cout << "sum = " << sum << '\n';
}
```

运行结果示例
```
x = 0.000000
x = 0.001000
x = 0.002000
x = 0.003000
… 省略 …
x = 0.998000
x = 0.999000
x = 1.000000
sum = 500.499969
```

`for` 语句会把变量 i 的值从 0 递增至 1000。每次循环都把变量 i 除以 1000 得到的值赋给 x。x 不可能正好为目标实数值。但是，由于每次都重新计算 x 的值，所以误差不会累积，因而代码清单 4-16 比代码清单 4-15 更好，最终得到的和也更接近真实的值。

> **重要**　如果可以，作为循环判断标准的变量应使用整数，而不是浮点数。

类型转换的规则

下面我们来看一下类型提升和类型转换的相关规则。

规则非常复杂，因此无须彻底理解并记住所有规则，在需要时参考即可。

- **泛整数提升**（integral promotions）

① 在用 `int` 型可以表示的情况下，`char` 型、`signed char` 型、`unsigned char` 型、`short int` 型及 `unsigned short int` 型中任意一种类型的右值都可以转换为 `int` 型的右值。
在其他情况下，原本的右值可以转换为 `unsigned int` 型的右值。

② `wchar_t` 型或者枚举型的右值可以转换为下列类型中可以表示其原本类型所有值的最左边的类型的右值。
`int`、`unsigned int`、`long`、`unsigned long`

③ 在用 `int` 型可以表示泛整数的位域（bit field）的所有值的情况下，泛整数的位域的右值可以转换为 `int` 型的右值。
否则，在用 `unsigned int` 型可以表示所有值的情况下，可以转换为 `unsigned int` 型。
在位域更大的情况下，不执行泛整数提升。
在位域具有枚举型的情况下，为了执行提升，位域会被当作该枚举型中没有的值。

④ `bool` 型的右值可以转换为 `int` 型的右值。`false` 为 0，`true` 为 1。

- **浮点数提升**（floating point promotion）

`float` 型的右值可以转换为 `double` 型的右值，而值不变。

- **泛整数转换**（integral conversions）

① 整型的右值可以转换为别的整型的右值。
枚举型的右值可以转换为整型的右值。

② 在目标类型为无符号类型的情况下，结果值变为与原本的整数值相等的最小的无符号整数（即当有符号类型的表示中使用的位数为 n 时，把 2^n 变为合法的余数）。
※ 在 2 的补码表示中，该转换是概念上的内容，（在不舍入的情况下）位模式不会变。

③ 在目标类型为有符号类型且该值可以用目标类型（及位域的宽）表示的情况下，值不变。在其他情况下，值由处理系统定义。

④ 在目标类型为 `bool` 型的情况下，按布尔值转换规则来决定。
在原本类型为 `bool` 型的情况下，`false` 转换为 0，`true` 转换为 1。

⑤ 泛整数提升中允许的转换不称为泛整数转换。

- **浮点数转换**（floating point conversions）

① 浮点型的右值可以转换为别的浮点型。
在原本的值可以用目标类型正确表示的情况下，转换的结果为正确表示的值；在原本的值处于可以用目标类型表示的邻接的两个值中间的情况下，转换结果为任意一个值。选择哪一个由处理系统定义。
其他情况下的行为未定义。

② 浮点数提升中允许的转换不称为浮点数转换。

- **浮点数和泛整数之间的转换**（floating-integral conversions）

① 浮点型的右值可以转换为整型的右值。
该转换会丢弃小数部分。
在不可以用目标类型表示的情况下，丢弃后的值的行为未定义。
※ 在目标类型为 `bool` 型的情况下，由布尔值转换规则决定。

② 整型或者枚举型的右值可以转换为浮点型的右值。
在可以用目标类型表示的情况下，结果为正确表示的值。
否则，当处于可以用目标类型表示的邻接的两个值中间时，转换结果为任意一个值。选择哪一个由处理系统定义。
※ 在不可以用浮点数的值正确表示的情况下，泛整数的值的精度会有损失。
在原本类型为 `bool` 型的情况下，`false` 转换为 0，`true` 转换为 1。

- **布尔值转换**（boolean conversions）

算术型、枚举型、指针型以及成员的指针型的右值可以转换为 `bool` 型的右值。0、空指针及空成员指针的值转换为 `false`，其他值都转换为 `true`。

- **通常的算术转换**（usual arithmetic conversions）

大多数以算术型或枚举型作为运算对象的二元运算符会执行转换，得到结果的类型。转换的目的是得到两个运算对象共同的类型，该共同的类型也会变为结果的类型。该转换如下。

- 当任意一个运算对象为 `long double` 型时，将其

他运算对象转换为 `long double` 型。
- 当任意一个运算对象为 `double` 型时，将其他运算对象转换为 `double` 型。
- 当任意一个运算对象为 `float` 型时，将其他运算对象转换为 `float` 型。
- 否则，对两个运算对象执行泛整数提升。
  ※ 最后，`bool` 型、`wchar_t` 型或枚举型都会被转换为泛整型的一种。
- 当任意一个运算对象为 `unsigned long` 型时，将其他运算对象转换为 `unsigned long` 型。
- 当任意一个运算对象为 `long int` 型、另一个为 `unsigned int` 型时，如果用 `long int` 型可以表示 `unsigned int` 型的所有值，则将 `unsigned int` 型转换为 `long int` 型，否则将两个运算对象都转换为 `unsigned long int` 型。
- 当任意一个运算对象为 `long int` 型时，将其他运算对象转换为 `long int` 型。
- 当任意一个运算对象为 `unsigned int` 型时，将其他运算对象转换为 `unsigned int` 型。
  ※ 两个运算对象均为 `int` 型的情况不符合上述任意一种情况。

4-3 枚举体

我们将在本节学习表示整数值的集合的枚举体的相关内容。

■ 枚举体

代码清单 4-17 所示为提示狗、猫、猴 3 种选项，并显示从中选择的动物的叫声的程序。

代码清单 4-17　　　　　　　　　　　　　　　　　　　　chap04/list0417.cpp

```cpp
// 显示所选动物的叫声
#include <iostream>
using namespace std;

int main()
{
    enum animal { Dog, Cat, Monkey, Invalid };    //■1
    int type;

    do {
        cout << "0…狗 1…猫 2…猴 3…结束:";
        cin >> type;
    } while (type < Dog || type > Invalid);       //■2

    if (type != Invalid) {
        animal selected = static_cast<animal>(type);  //■3
        switch (selected) {
         case Dog    : cout << "汪汪!!\n"; break;
         case Cat    : cout << "喵喵!!\n"; break;     //■4
         case Monkey : cout << "唧唧!!\n"; break;
        }
    }
}
```

运行示例
```
0…狗 1…猫 2…猴 3…结束:0↵
汪汪!!
```

■1 是表示狗、猫、猴的集合的**枚举体**（enumeration）的声明语句（图 4-18）。

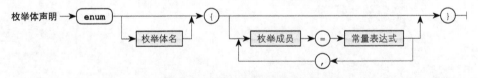

图 4-18　枚举体声明的语法图

标识符 *animal* 是枚举体的**枚举体名**（enum-name），{} 内放置的 *Dog*、*Cat*、*Monkey*、*Invalid* 是**枚举成员**（enumerator）。各枚举成员的类型都是该枚举体的类型（*Dog*、*Cat*、*Monkey*、*Invalid* 均为 *animal* 型）。

各枚举成员从开头依次被自动分配整数值 0、1、2、3。因此，*animal* 是用来表示这些数值的集合的类型。

如图 4-19 所示，可以把枚举体 *animal* 看作从多个选项中选择一个的单选按钮。

整型可以自由地表示多个种类的整数，而枚举体只表示有限个数值，而且每个值都会被赋予名称。

然后，通过 **2** 的 **do-while** 语句显示 "0…狗　1…猫　2…猴　3…结束 :" 的选项，并接收来自键盘的输入。

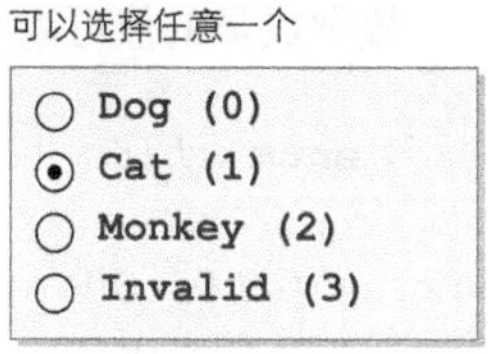

可以选择任意一个
○ Dog (0)
◉ Cat (1)
○ Monkey (2)
○ Invalid (3)

图 4-19　枚举体

变量 *type* 是 **int** 型，而不是枚举型，因为枚举体的变量不可以使用插入符（**>>**）。

当向 *type* 输入的值不在从 *Dog* 到 *Invalid* 的范围内（即不为 0、1、2、3）时，执行 **do-while** 语句循环，提示用户再次输入。循环继续条件的表达式如下所示，因此，在 **do-while** 语句结束时，变量 *type* 的值一定大于等于 0 且小于等于 3。

> *type* **<** *Dog* **||** *type* **>** *Invalid*

Invalid 不是动物的名称，其意思是 "无效的"。

▶ 如果 *animal* 型中没有 *Invalid* 枚举成员，则 **do-while** 语句的继续条件的表达式如下所示。

> *type* **<** *Dog* **||** *type* **>** *Monkey* **+ 1**

这里，如果增加第 4 个动物 "海豹"，使枚举体 *animal* 变为：

> **enum** *animal* { *Dog, Cat, Monkey, Seal* };

则刚才显示的条件就必须修改为：

> *type* **<** *Dog* **||** *type* **>** *Seal* **+ 1**

也就是说，每次增加动物时，都不得不修改循环继续条件的表达式。

看上去 "无效" 的 *Invalid* 实际上也在有效地发挥作用。

3 是 *animal* 型的变量 *selected* 的声明语句。

如下对比可知，*animal* 为类型名，而 *selected* 为标识符（名称）。

```
int     x          = static_cast<int>(3.5);
animal  selected   = static_cast<animal>(type);
类型名   变量名      = 初始值 ;
```

该声明中的 *selected* 是取值为 0、1、2、3 的变量。初始值 **static_cast**<*animal*>(*type*) 是把 **int** 型变量 *type* 的值转换为 *animal* 类型的静态类型转换表达式。

最后，通过 **4** 的 **switch** 语句，根据 *selected* 的值，程序流出现分支，并显示狗、猫、猴的叫声中的任意一种。

■ 枚举成员的值

枚举体 *animal* 把从 0 开始的连续整数值赋给了各枚举成员。枚举成员是常量，其值不可以修改。因此，不可以如下改变枚举成员的值。

> *Dog* **=** 5;   // 错误：枚举成员不可以被赋值

枚举成员的值可以在声明时自由指定。例如，

```
enum china { Beijing, Shanghai = 5, Guangzhou };
```

Beijing 为 0，*Shanghai* 为 5，*Guangzhou* 为 6。也就是说，= 用来显式地为该枚举成员赋值，若没有赋值，则该枚举成员的值是它左侧的枚举成员的值加 1 后的值。

多个枚举成员可以有相同的值。例如，在如下声明后，*Wangming* 和 *Liyang* 均为 0。

```
enum member { Wangming, Liyang = 0 };
```

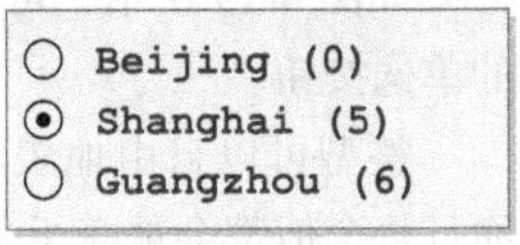

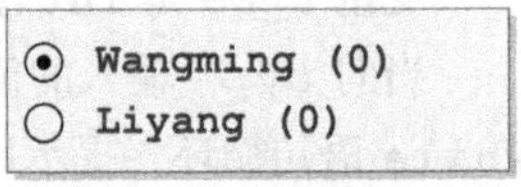

图 4-20　枚举体 China

图 4-21　枚举体 member

■ 没有名称的枚举体

可以省略枚举体的名称，从而定义没有名称的枚举体。

```
enum { January = 1, February, /* …省略… */ , December };
```

上述声明**无法定义该枚举体类型的变量**。但是，我们可以在 `switch` 语句内的标签等处使用枚举成员，如下所示。

```
int month;
// …
switch (month) {
 case January : /* …省略… */     // 1月
 case February : /* …省略… */    // 2月
 // …省略…
 case December : /* …省略… */    // 12月
}
```

正是由于每个枚举成员可以作为常量表达式使用，所以才可以像上面这样实现。

■ 使用枚举体的好处

上面表示月份的枚举体也可以如下定义为常量对象。

```
const int January = 1;      // 1月
const int February = 2;     // 2月
// …省略…
const int December = 12;    // 12月
```

代码将变成 12 行，写错初始值的可能性也随之增大。

使用枚举体则可以缩短声明，而且只要正确设置 *January* 的值，编译器就可以正确设置 2 月及之后的值。

枚举体 *animal* 是表示 0、1、2、3 的值的类型。对该类型的变量 *an* 如下赋值，会怎么样呢？

```
an = static_cast<animal>(5);    // 对 int 型的 5 进行类型转换，并赋予其 animal 型
```

该表达式会为变量 an 赋予一个超过其可取范围的值。对于这种不正确的赋值，敏感的处理系统会在编译时发出警告信息。因此，我们可以很容易地发现这样的程序错误。

如果变量 an 是 **int** 型，则不可能执行这样的检查。

在可以确认程序行为等的调试器等软件中，有的是使用枚举成员的名称（而非整数值）来表示枚举体类型的变量的值的。

在这种情况下，变量 selected 的值显示为 Dog，而不是 0，因此更容易调试。

重要 当可以用枚举体来表示整数值的集合时，请定义枚举体。

专栏 4-7 | **错误和警告**

　　当程序中有明显错误时，处理系统会报错；当语法正确但有可能存在错误时，处理系统会发出警告。

小结

- **整型**表示有限范围的整数，有 `char` 型、`int` 型、`bool` 型和 `wchar_t` 型。整型内部用纯二进制记数制表示，该特性在 `<climits>` 头文件中由 `#define` 指令定义为对象式宏。

- `char` 型有简单 `char` 型、`signed char` 型和 `unsigned char` 型 3 种。简单 `char` 型是有符号字符型还是无符号字符型依赖于处理系统。

- 计算机通过**字符编码**识别字符。任意字符的种类可以通过 `<cctype>` 头文件提供的 `isprint` 等 `is...` 函数来验证。

- `int` 型有 `short` 版、简单 `int` 版、`long` 版，每个版本又有**有符号**和**无符号**之分。

- 无符号整数的内部是直接对应于数值的二进制表示的位。

- 有符号整数用 **2 的补码表示**、**1 的补码表示**和**符号数值表示**中的任意一种方法来表示。正值的位构成与无符号整数一样。

- **浮点型**表示实数，有 `float` 型、`double` 型和 `long double` 型。浮点型的特性由 `<cfloat>` 头文件定义。

- 整型和浮点型统称为**算术型**。

- 算术型等是 C++ 提供的**内置类型**。

- **整数字面量**可以用八进制数、十进制数和十六进制数表示。无符号整型末尾要添加整数后缀 `u` 或者 `U`，`long` 型末尾要添加 `l` 或者 `L`。

- **浮点数字面量**是 `double` 型。`float` 型末尾要添加浮点数后缀 `f` 或者 `F`，`long double` 型末尾要添加 `l` 或者 `L`。

- `bool` 型表示真和假。布尔值字面量有 `true` 和 `false` 两个。在插入 `boolalpha` 控制符后，可以以字符（而非整数值）的形式输出 `bool` 型的值。

- **枚举体**表示整数的集合，各个**枚举成员**表示值。

- 在对整数常量赋予名称时，请使用常量对象或者枚举体，而不是基于 `#include` 指令的对象式宏。

- **对象**是用来表示值的内存空间。

- `typedef` 声明是赋予已有类型同义词的声明。

小结

- 通过 **sizeof 运算符**可以获取表达式或类型在内存空间上占有的字节大小。**sizeof** 运算符返回的 **size_t** 型在 `<cstddef>` 头文件中由 **typedef** 声明。

- 通过 **typeid 运算符**可以获取类型的相关信息。在使用该运算符时，需要引入 `<typeinfo>` 头文件。

- 整数之间的算术运算的结果为整数，浮点数之间的算术运算的结果为浮点数。

- 在浮点型和整型等不同类型的操作数同时存在的运算中会执行**隐式类型转换**。

- 在把表达式的值转换为用别的类型表示的值时，要执行**类型转换**。

- 类型转换有 cast 风格、函数风格、动态类型转换、静态类型转换、强制类型转换和常量性类型转换。整数和浮点数之间的类型转换可以使用 cast 风格、函数风格和静态类型转换中的任意一种方式。

- 如果可以，请使用整型而不是浮点型进行循环的控制。

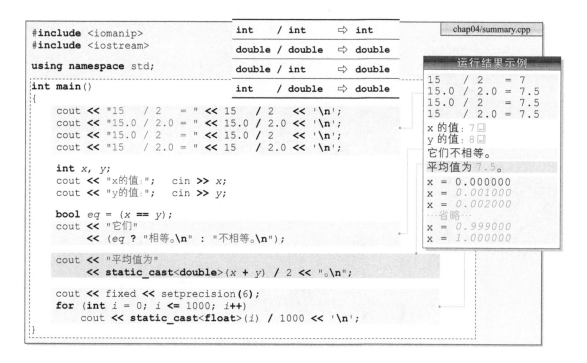

第 5 章

数组

我们将在本章学习数组的相关内容。数组是高效表示同一类型的数据集合的数据结构。

- 数组
- 通过导出实现数组化
- 元素类型和元素个数
- 作为子对象的元素
- 多维数组
- 元素和构成元素
- 下标
- 下标运算符
- 数组的初始化
- 数组的初始化器
- **typeid** 运算符和数组类型的信息
- 用常量对象表示数组元素个数
- 计算数组元素个数
- 计算多维数组的元素个数
- 遍历数组
- 数组元素的逆序排列
- 数组和赋值运算符
- 复制数组
- 易失性对象

5-1 数组

使用数组把同一类型的变量汇集在一起，而不是让它们分散在各处，可以更容易地进行操作。我们将在本节学习数组的基础知识。

数组

我们来创建一个统计学生考试分数的程序，读入 5 个人的分数，并计算总分和平均分（代码清单 5-1）。

代码清单 5-1　　　　　　　　　　　　　　　　　　　　　　　　　　　chap05/list0501.cpp

```cpp
// 读入 5 个人的分数并显示总分和平均分
#include <iostream>
using namespace std;

int main()
{
    int wangming, liyang, zhanghong, zhaogang, zhouyan;    // 分数
    int sum = 0;         // 总分

    cout << "计算5个人的总分和平均分。\n";
    cout << "第1个人的分数:";    cin >> wangming;    sum += wangming;
    cout << "第2个人的分数:";    cin >> liyang;      sum += liyang;
    cout << "第3个人的分数:";    cin >> zhanghong;   sum += zhanghong;
    cout << "第4个人的分数:";    cin >> zhaogang;    sum += zhaogang;
    cout << "第5个人的分数:";    cin >> zhouyan;     sum += zhouyan;

    cout << "总分为" << sum << "。\n";
    cout << "平均分为" << static_cast<double>(sum) / 5 << "。\n";
}
```

静态类型转换

运行示例
计算 5 个人的总分和平均分。
第 1 个人的分数：32◻
第 2 个人的分数：68◻
第 3 个人的分数：72◻
第 4 个人的分数：54◻
第 5 个人的分数：92◻
总分为 318。
平均分为 63.6。

如图 5-1 **a** 所示，对 5 个人的分数分别分配了一个变量。如果学生人数增多，光是不敲错变量名都很困难，更别提变量名的管理了。

另外，我们可以发现，虽然这里变量名和编号不同，但是循环执行的 5 次处理却大致相同（提示输入、输入、给变量 *sum* 加上分数）。

将各个学生的分数集中起来，操作起来就会方便很多。使用如图 5-1 **b** 所示的名为**数组**（array）的数据结构可以实现这一功能。

数组中的同一类型的变量叫作**元素**（element），元素在内存空间上连续排列，其类型可以是 `int` 型、`double` 型等。考试分数是整数，因此我们以元素为 `int` 型的数组为例来继续学习。

首先是声明。如图 5-1 **b** 所示，在声明时赋给数组**元素类型**、**变量名**和**元素个数**。另外，赋给 [] 的元素个数必须为常量。

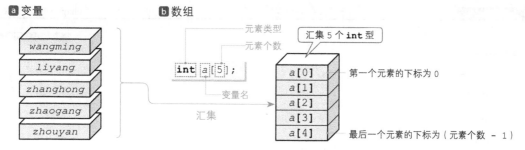

图 5-1　分开定义的变量和数组

▶ 元素个数必须为常量，因此下面的代码会产生编译错误。

```
int n;
cout << "人数:";
cin >> n;
int score[n];    // 编译错误：元素个数不是常量
```

在访问（读写）数组内的各个元素时，需要使用如表 5-1 所示的**下标运算符**（subscript operator）。赋给 [] 的操作数是整型的下标，表示**某元素是从第一个元素开始向后多少个的元素**。

▶ 数组声明中使用的 [] 是简单的分隔符，而访问各元素的 **[]** 是运算符。在本书中，前者用代码体表示，后者用代码体和粗体表示。

表 5-1　下标运算符

x[*y*]	访问数组 *x* 中从第一个元素开始向后 *y* 个的元素

▶ *x* 是指针型，*y* 是整型。操作数的顺序随意，*x***[***y***]** 和 *y***[***x***]** 等价，详见第 7 章。

第一个元素的下标为 0，各元素依次通过 a**[0]**、a**[1]**、a**[2]**、a**[3]**、a**[4]** 来访问。

元素个数为 *n* 的数组的元素是 a**[0]**, a**[1]**, …, a**[*n*-1]**，不存在 a**[*n*]**。

▶ 我们无法保证程序在访问 a**[-1]** 或 a**[*n*]** 等不存在的元素时的行为。请注意不要错误地访问不存在的元素。

数组 a 的各元素分别是 **int** 型的对象。因此，对各元素可以自由地赋值和取值。

重要　对于同一类型的对象的集合，请使用数组实现。

各元素是数组的一部分，也就是数组的**子对象**（sub-object）。

用 for 语句遍历数组

首先，我们通过一个简单的程序来熟悉数组。代码清单 5-2 的程序将创建具有 5 个 **int** 型元素的数组，然后将各元素依次赋值为 1、2、3、4、5 并显示。

代码清单 5-2   chap05/list0502.cpp

```cpp
// 将数组各元素赋值为 1、2、3、4、5 并显示
#include <iostream>

using namespace std;

int main()
{
    int a[5];           // int[5] 型的数组（元素类型为 int 型且元素个数为 5 的数组）

    a[0] = 1;
    a[1] = 2;
    a[2] = 3;
    a[3] = 4;
    a[4] = 5;

    cout << "a[" << 0 << "] = " << a[0] << '\n';
    cout << "a[" << 1 << "] = " << a[1] << '\n';
    cout << "a[" << 2 << "] = " << a[2] << '\n';
    cout << "a[" << 3 << "] = " << a[3] << '\n';
    cout << "a[" << 4 << "] = " << a[4] << '\n';
}
```

运行结果
```
a[0] = 1
a[1] = 2
a[2] = 3
a[3] = 4
a[4] = 5
```

图 5-2**a** 所示为赋值后的数组。左侧的蓝色数值为下标，盒子中的**黑色数值**为赋给元素的值。

访问第一个元素的表达式 a[0] 的求值过程如图 5-2**b** 所示，求值结果为 **int** 型的 1。请注意不要混淆下标的值 0 和元素的值 1。

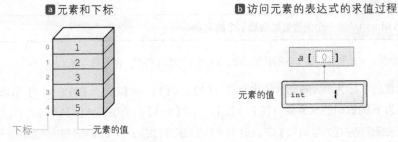

a 元素和下标　　　　　　　　　　**b** 访问元素的表达式的求值过程

图 5-2　数组的下标和元素的值

使用 **for** 语句修改上面的程序，如代码清单 5-3 所示。

我们先来看一下第一个 **for** 语句。变量 *i* 从 0 开始递增，并执行 5 次循环。

代码清单 5-3   chap05/list0503.cpp

```cpp
// 将数组各元素赋值为 1、2、3、4、5 并显示（for 语句）
#include <iostream>
using namespace std;

int main()
{
    int a[5];     // int[5] 型的数组（元素类型为 int 型且元素个数为 5 的数组）

    for (int i = 0; i < 5; i++)
        a[i] = i + 1;

    for (int i = 0; i < 5; i++)
        cout << "a[" << i << "] = " << a[i] << '\n';
}
```

运行结果
```
a[0] = 1
a[1] = 2
a[2] = 3
a[3] = 4
a[4] = 5
```

（注：cout 行中 `a[i]` 为元素的值，`i` 为下标）

该 **for** 语句展开如下。

- 当 *i* 为 0 时：a[0] = 0 + 1;   // 把 1 赋给 a[0]
- 当 *i* 为 1 时：a[1] = 1 + 1;   // 把 2 赋给 a[1]
- 当 *i* 为 2 时：a[2] = 2 + 1;   // 把 3 赋给 a[2]
- 当 *i* 为 3 时：a[3] = 3 + 1;   // 把 4 赋给 a[3]
- 当 *i* 为 4 时：a[4] = 4 + 1;   // 把 5 赋给 a[4]

该 **for** 语句执行了与代码清单 5-2 完全相同的赋值操作。当然，用来显示元素值的第二个 **for** 语句与代码清单 5-2 的相应位置的操作相同。

依次访问数组的元素称为**遍历**（traverse）。

元素类型为 Type 的数组一般称为 Type 型数组或者 Type 数组。上述程序中的数组均为 **int** 型数组。元素类型为 Type 且元素个数为 *n* 的数组的类型表示为 Type[*n*] 型。该程序中的数组 a 为 **int**[5] 型。在表示全部类型通用的规则和法则等时，使用"Type 型"这样的表述，但实际上并不存在 Type 这样的类型。

我们来改变赋给各元素的值。

- **从第一个元素开始依次赋值为 0、1、2、3、4**

    如下修改 **for** 语句（赋给各元素与下标相同的值）。

    ```cpp
    for (int i = 0; i < 5; i++)
        a[i] = i;
    ```

- **从第一个元素开始依次赋值为 5、4、3、2、1**

    如下修改 **for** 语句。

    ```cpp
    for (int i = 0; i < 5; i++)
        a[i] = 5 - i;
    ```

数组的初始化

我们前面学习了在声明变量时原则上也应该初始化。下面，修改之前的程序，通过初始化来设置数组各元素的值，如代码清单 5-4 所示。

代码清单 5-4   chap05/list0504.cpp

```cpp
// 将数组的各元素初始化为1、2、3、4、5并显示
#include <iostream>
using namespace std;
int main()
{
    int a[5] = {1, 2, 3, 4, 5};     // 元素类型为int型且元素个数为5的数组

    for (int i = 0; i < 5; i++)
        cout << "a[" << i << "] = " << a[i] << '\n';
}
```

运行结果
```
a[0] = 1
a[1] = 2
a[2] = 3
a[3] = 4
a[4] = 5
```

赋给数组初始值的形式为，将各元素的初始值用逗号分隔，依次排列在 { } 内。在该程序中，数组 a 的元素 a[0]、a[1]、a[2]、a[3]、a[4] 依次被初始化为 1、2、3、4、5。

> **重要** 赋给数组初始值的形式为 { ○, △, □ }，即将各元素的初始值 ○、△、□ 用逗号分隔，写在 { } 内。

另外，如果像下面这样在声明时不赋予元素个数，则数组的元素个数将根据初始值的个数自动确定。

```cpp
int a[] = {1, 2, 3, 4, 5};     // 元素个数可以省略（自动视为5）
```

另外，{ } 内没有被赋予初始值的元素默认初始化为 0，因此在下面这个声明中，a[2] 之后的元素将全部被初始化为 0。

```cpp
int a[5] = {1, 3};     // 初始化为 {1, 3, 0, 0, 0}
```

利用这一点，把所有元素初始化为 0 的声明可以写成如下形式。

```cpp
int a[5] = {0};     // 初始化为 {0, 0, 0, 0, 0}（把所有元素初始化为0）
```

如果初始值的个数超过数组元素个数，就会产生编译错误。

```cpp
int a[3] = {1, 2, 3, 4};     // 错误：初始值个数大于元素个数
```

▶ 另外，不可以如下赋予初始值。

```cpp
int a[3];
a = {1, 2, 3};     // 错误：无法赋予初始值
```

■ 数组元素个数

声明后的数组元素个数可以通过之后的计算求得，示例程序如代码清单 5-5 所示。

代码清单 5-5　　　　　　　　　　　　　　　　　　　　　　　　　　chap05/list0505.cpp

```cpp
// 将数组的各元素初始化为 1、2、3、4、5 并显示（通过计算求元素个数）
#include <iostream>
using namespace std;
int main()
{
    int a[] = {1, 2, 3, 4, 5};
    int a_size = sizeof(a) / sizeof(a[0]);     // 数组 a 的元素个数

    for (int i = 0; i < a_size; i++)
        cout << "a[" << i << "] = " << a[i] << '\n';
}
```

运行结果
```
a[0] = 1
a[1] = 2
a[2] = 3
a[3] = 4
a[4] = 5
```

如图 5-3 所示，该程序使用数组整体的大小除以元素的大小，得到了元素个数。

如下修改数组的声明，并运行程序（chap05/list0505a.cpp）。

```cpp
int a[] = {1, 2, 3, 4, 5, 6};
```

变量 a_size 的值变为 6，for 语句显示 6 个元素的值。

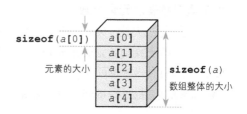

图 5-3　数组的元素个数

> **重要**　数组 a 的元素个数可以通过 sizeof(a) / sizeof(a[0]) 求得。

建议把这个计算方法当作公式记住。

专栏 5-1 | **数组元素个数的计算方法**

> 有的书上说，Type 型数组 a 的元素个数要通过 sizeof(a) / sizeof(Type) 来计算，而不是 sizeof(a) / sizeof(a[0])，但是高手绝不会使用这个方法。
> 这是因为，如果数组 a 的元素类型变为 long 型，上面的表达式就必须修改为 sizeof(a) / sizeof(long)。如果忘记修改，就不会得到预期结果（除非 int 型和 long 型碰巧大小相同）。
> sizeof(a) / sizeof(a[0]) 则不依赖于元素类型。

■ 使用数组处理成绩

使用数组重写代码清单 5-1 的成绩处理程序，如代码清单 5-6 所示。

代码清单 5-6　　　　　　　　　　　　　　　　　　　　　　　　　　chap05/list0506.cpp

```cpp
// 读入 number 个人的分数并显示总分和平均分
#include <iostream>

using namespace std;

int main()
{
    const int number = 5;      // 人数
    int score[number];         // number 个人的分数
    int sum = 0;               // 总分

    cout << "计算" << number << "个人的总分和平均分。\n";
    for (int i = 0; i < number; i++) {
        cout << "第" << i + 1 << "个人的分数：";
        cin >> score[i];             // 读入 score[i]
        sum += score[i];             // 把 score[i] 加到 sum 上
    }
    cout << "总分为" << sum << "。\n";
    cout << "平均分为" << static_cast<double>(sum) / number << "。\n";
}
```

运行示例
计算 5 个人的总分和平均分。
第 1 个人的分数：32⏎
第 2 个人的分数：68⏎
第 3 个人的分数：72⏎
第 4 个人的分数：54⏎
第 5 个人的分数：92⏎
总分为 318。
平均分为 63.6。

■ 用常量对象表示元素个数

为了方便修改人数，该程序使用作为常量对象的 **const int** 型变量 *number* 来表示人数。

虽然在声明数组时指定的元素个数必须为常量，但是在 C++ 中，泛整型的常量对象被视为常量表达式，所以这种做法也可以。

▶ 如果从变量 *number* 的声明中去除 **const**，则数组 *score* 的声明会产生编译错误。

另外，该程序可以很容易地修改人数，只需如下修改程序中的灰色阴影部分即可。

|　**const int** *number* = 8;　　// 修改人数

使用"不可以修改值"的常量对象作为声明数组时的元素个数有以下好处。

- 便于修改数组元素个数。
- 可以赋予常量名称，使程序易读。

重要　如果数组元素个数是已知的常量，则最好使用整型的常量对象来表示该值。

在该程序中，数组 *score* 中存放了 *number* 个人的分数。

在蓝色阴影部分，当提示输入每个人的分数时，显示的是下标加 1 后的值，即 *i* + 1 的值。这是因为，数组下标值是从 0 开始的，而我们人类在计数时是从 1 开始的。

▶ 例如，当 *i* 为 0 时，显示"第 1 个人的分数：",当 *i* 为 1 时，显示"第 2 个人的分数：".

■ 获取数组类型的信息

我们在 4-1 节学习了获取操作数的类型信息的 **typeid** 运算符。

下面使用该运算符来验证数组的类型，代码清单 5-7 所示为显示数组及其元素的类型信息的示例程序。

代码清单 5-7　　　　　　　　　　　　　　　　　　　　　　　　　　　　　chap05/list0507.cpp

```cpp
// 显示数组及其元素的类型

#include <iostream>
#include <typeinfo>

using namespace std;

int main()
{
    int a[5];
    double b[7];

    cout << "数组a的类型:" << typeid(a).name()    << '\n';    // int 数组
    cout << "a的元素类型:" << typeid(a[0]).name() << '\n';    // 它的元素

    cout << "数组b的类型:" << typeid(b).name()    << '\n';    // double 数组
    cout << "b的元素类型:" << typeid(b[0]).name() << '\n';    // 它的元素
}
```

```
运行结果示例
数组 a 的类型: int [5]
a 的元素类型: int
数组 b 的类型: double [7]
b 的元素类型: double
```

▶ 在使用 **typeid** 运算符时，运行后的显示内容依赖于处理系统。

元素类型为 Type 且元素个数为 n 的数组的类型为 Type[n] 型，因此数组 a 的类型为 **int**[5] 型，数组 b 的类型为 **double**[7] 型。

专栏 5-2　易失性对象

　　与 **const** 对应的关键字是 **volatile**。添加 **volatile** 声明的对象称为**易失性对象**（volatile object）。

　　易失性对象的值可能会以语言定义中未规定的方式被修改。也就是说，能够从程序外部操作易失性对象的值，即使在程序中没有进行修改，它的值也会随时改变。

　　另外，关键字 **const** 和 **volatile** 统称为 **cv** 限定符。

■ 数组元素的逆序排列

我们来创建一个程序，将数组的所有元素逆序排列并显示。首先，思考该程序的算法。

图 5-4 所示为将 7 个元素逆序排列的步骤。

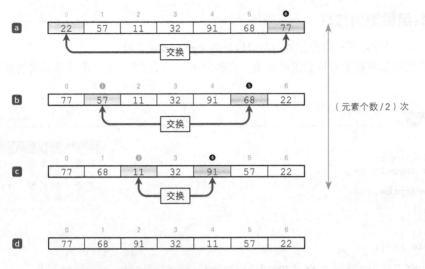

在本书的图中，数组元素纵向或横向排列。
- 当纵向排列时，下标小的元素在上侧。
- 当横向排列时，下标小的元素在左侧。

图 5-4　将数组元素逆序排列

首先，如图 5-4a 所示，交换第一个元素 a[0] 和最后一个元素 a[6] 的值。接下来，如图 5-4b 和图 5-4c 所示，挨个交换内侧的元素的值。

在一般情况下，当元素个数为 n 时，交换次数为 $n\ /\ 2$。这里要丢弃余数，因为当元素个数为奇数时，不需要交换最中间的元素。

▶ 在"整数/整数"的计算中，丢弃余数可以得到整数部分的值（当元素个数为 7 时，交换次数为 $7\ /\ 2$，即 3）。

如果按 0, 1, … 递增变量 i 的值，并由此表示图 5-4a→图 5-4b→……的处理，则要交换值的两个元素的下标如下所示。

- 左侧元素的下标（图中 ● 内的值）：i　　　　　$0 \Rightarrow 1 \Rightarrow 2$
- 右侧元素的下标（图中 ● 内的值）：$n - i - 1$　　$6 \Rightarrow 5 \Rightarrow 4$

因此，将元素个数为 n 的数组 a 的元素逆序排列的算法概要如下所示。

```
for (int i = 0; i < n / 2; i++)
    交换 a[i] 的值和 a[n - i - 1] 的值
```

代码清单 5-8 所示为基于该算法创建的程序，对数组的所有元素赋予 0 ~ 99 的随机数，然后将元素逆序排列并显示。

代码清单 5-8   chap05/list0508.cpp

```cpp
// 将数组元素逆序排列并显示

#include <ctime>
#include <cstdlib>
#include <iostream>

using namespace std;

int main()
{
    const int n = 7;          // 数组 a 的元素个数
    int a[n];

    srand(time(NULL));        // 初始化随机数种子
    for (int i = 0; i < n; i++) {
        a[i] = rand() % 100;
        cout << "a[" << i << "] = " << a[i] << '\n';
    }

    for (int i = 0; i < n / 2; i++) {
        int t = a[i];
        a[i] = a[n - i - 1];
        a[n - i - 1] = t;
    }
    cout << "将元素逆序排列。\n";
    for (int i = 0; i < n; i++)
        cout << "a[" << i << "] = " << a[i] << '\n';
}
```

运行示例
```
a[0] = 22
a[1] = 57
a[2] = 11
a[3] = 32
a[4] = 91
a[5] = 68
a[6] = 77
将元素逆序排列。
a[0] = 77
a[1] = 68
a[2] = 91
a[3] = 32
a[4] = 11
a[5] = 57
a[6] = 22
```

交换 a[i] 和 a[n - i - 1] 的值

程序阴影部分用来将数组元素逆序排列。该 **for** 语句循环了 n / 2 次。
在循环主体的块 {} 内执行 a[i] 和 a[n - i - 1] 的值的交换。

▶ 我们在 2-1 节学习了两个值的交换步骤。**int** 型变量 a 和 b 的值的交换过程如下所示。

```cpp
int t = a;        // 交换 a 和 b 的值
a = b;
b = t;
```

在该程序中，a 变为 a[i]，b 变为 a[n - i - 1]。

▬ 复制数组

目前的程序只操作了一个简单的数组。现在我们来创建操作多个数组的程序。代码清单 5-9 所示的程序把某个数组的所有元素的值全部复制给另一个元素个数相同的数组。

代码清单 5-9   chap05/list0509.cpp

```cpp
// 复制并显示数组的所有元素

#include <iostream>

using namespace std;

int main()
{
    const int n = 5;        // 数组 a 和 b 的元素个数
    int a[n];               // 原数组
    int b[n] = {0};         // 目标数组（将所有元素初始化为 0）

    for (int i = 0; i < n; i++) {    // 向数组 a 的元素读入值
        cout << "a[" << i << "] : ";
        cin >> a[i];
    }

    for (int i = 0; i < n; i++)      // 将数组 a 的所有元素复制到数组 b
        b[i] = a[i];

    for (int i = 0; i < n; i++)      // 显示数组 b 的所有元素的值
        cout << "b[" << i << "] = " << b[i] << '\n';
}
```

```
运行示例
a[0] : 42
a[1] : 35
a[2] : 85
a[3] : 2
a[4] : -7
b[0] = 42
b[1] = 35
b[2] = 85
b[3] = 2
b[4] = -7
```

程序阴影部分的 **for** 语句用来执行数组的复制，它将同时遍历两个数组 a 和 b，把数组 a 的所有元素的值赋给下标相同的数组 b 的元素。

图 5-5 展示了这一过程，下面我们通过图 5-5 来理解该 **for** 语句。

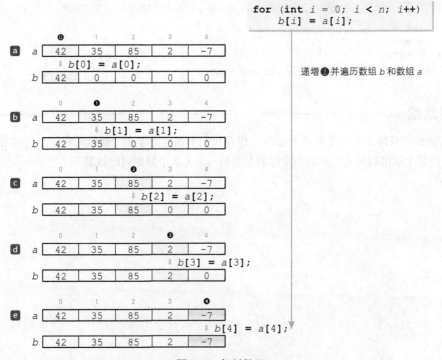

图 5-5　复制数组

在 **for** 语句开始时，变量 *i* 的值为 0。如图 5-5**ⓐ** 所示，把 *a*[0] 的值赋给 *b*[0]。

然后，**for** 语句将 *i* 的值递增为 1。如图 5-5**ⓑ** 所示，把 *a*[1] 的值赋给 *b*[1]。

如上所述，随着变量 *i* 的值按增量 1 递增，循环执行 *n* 次元素的赋值，最后完成从数组 *a* 到数组 *b* 的复制（图 5-5**ⓔ**）。

步骤比较烦琐，这是因为**赋值运算符（=）不可以用于复制数组**，即下面的赋值操作会产生编译错误。

```
b = a;          // 编译错误：无法进行数组的赋值
```

▶ 该代码产生编译错误实际上不是因为无法进行数组的赋值。我们将在第 7 章学习，数组名被视为指向数组第一个元素的指针，因此这里产生编译错误的原因是无法修改指向数组第一个元素的指针的值。

如该程序所示，在复制数组时，**需要通过循环语句逐一复制所有元素**。

> **重要** 赋值运算符不可以用于复制数组的所有元素。要想复制，必须使用循环语句等逐一复制所有元素。

▶ 还有使用标准库来执行复制的方法。

另外，可以像下面这样逆序进行数组的复制。

```
for (int i = 0; i < n; i++)     // 把数组 a 的所有元素逆序复制到数组 b
    b[i] = a[n - i - 1];
```

5-2 多维数组

多维数组是数组的数组，即元素本身是数组的数组。我们将在本节学习多维数组的基础知识。

■ 多维数组

上一节学习的数组的元素是 `int` 或 `double` 等简单的类型，实际上数组的元素也可以是数组。

元素类型为数组的数组是二维数组，元素类型为二维数组的数组是三维数组。当然也存在四维及四维以上的数组。二维及二维以上的数组统称为**多维数组**（multidimensional array）。

> **重要** 多维数组是元素为数组的数组。

另外，为了区别于多维数组，上一节学习的元素不是数组的数组称为**一维数组**。

图 5-6 所示为二维数组的形成过程，分为两个阶段。

- **a** ⇨ **b**：汇集 `int` 型而形成一维数组（这里汇集了 3 个）。
- **b** ⇨ **c**：汇集一维数组而形成二维数组（这里汇集了 4 个）。

各自的类型如下所示。

- **a**：`int` 型
- **b**：`int[3]` 型　　元素类型为 `int` 型且元素个数为 3 的数组
- **c**：`int[4][3]` 型　元素类型为 "元素类型为 `int` 型且元素个数为 3 的数组" 型且元素个数为 4 的数组

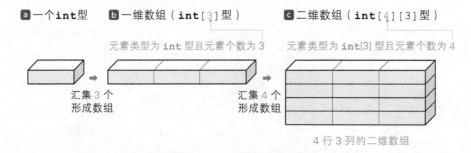

图 5-6　二维数组的形成

二维数组可以看作由行和列构成的表，其元素是横向或纵向排列的。因此，图 5-6**c** 的数组称为 4 行 3 列的二维数组。

该 4 行 3 列的二维数组的声明及内部结构如图 5-7 所示。**在多维数组的声明中，元素个数（二维数组的行数）放在第一个下标中。**

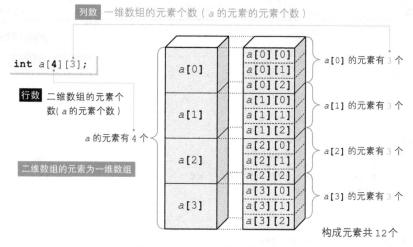

图 5-7　4 行 3 列的二维数组

数组 a 的元素有 4 个，即 a[0], a[1], a[2], a[3]，它们分别为汇集了 3 个 int 型的 int[3] 型数组。

在本书中，分解后的不再是数组的低维元素称为**构成元素**。访问各构成元素的表达式是连续使用下标运算符 [] 的 a[i][j] 形式。当然，所有的下标都是从 0 开始的，这与一维数组相同。

数组 a 的构成元素共 12 个，分别为 a[0][0], a[0][1], a[0][2], …, a[3][2]。

与一维数组相同，多维数组的所有元素或所有构成元素在内存空间上也是连续排列的。在构成元素的排列中，首先从末尾的下标开始按 0，1，…依次增加，然后前面的下标再按 0，1，…增加，如下所示。

| a[0][0] | a[0][1] | a[0][2] | a[1][0] | a[1][1] | a[1][2] | … | a[3][1] | a[3][2] |

因此，举例来说，编译器会保证 a[0][2] 的后面为 a[1][0]，或者 a[2][2] 的后面为 a[3][0]。

重要 多维数组的构成元素优先按末尾的下标递增的顺序排列。

▶ 不会如下优先按前面的下标递增的顺序排列。

a[0][0] a[1][0] a[2][0] a[3][0] a[0][1] a[1][1] … a[2][2] a[3][2]

但是，也存在如此排列数组的编程语言。

代码清单 5-10 所示为向 3 行 2 列的二维数组的所有构成元素读入值并显示的程序。

代码清单 5-10   chap05/list0510.cpp

```cpp
// 向 3 行 2 列的二维数组的所有构成元素读入值并显示
#include <iostream>

using namespace std;

int main()
{
    int m[3][2];      // 3 行 2 列的二维数组

    cout << "对各构成元素赋值。\n";
    for (int i = 0; i < 3; i++) {
        for (int j = 0; j < 2; j++) {
            cout << "m[" << i << "][" << j << "]:";
            cin >> m[i][j];
        }
    }

    for (int i = 0; i < 3; i++) {
        for (int j = 0; j < 2; j++) {
            cout << "m[" << i << "][" << j << "]:" << m[i][j] << '\n';
        }
    }
}
```

```
运行示例
对各构成元素赋值。
m[0][0]: 42
m[0][1]: 37
m[1][0]: 81
m[1][1]: 31
m[2][0]: 44
m[2][1]: 60
m[0][0]: 42
m[0][1]: 37
m[1][0]: 81
m[1][1]: 31
m[2][0]: 44
m[2][1]: 60
```

如下所示，数组 m 的类型为 **int**[3][2] 型。

元素类型为"元素类型为 **int** 型且元素个数为 2 的数组"型且元素个数为 3 的数组。

虽然 a[i][j] 表示的应该是 "a 的元素的元素"，但是我们一般简单地称之为 "a 的元素"。然而，如此一来，**int**[2] 型的数组 a[i] 和单独的 **int** 型的 a[i][j] 都是 "数组 a 的元素"。

因此，在需要严格区分的上下文中，本书将 a[i] 称为 a 的**元素**，将 a[i][j] 称为 a 的**构成元素**。

▶ 构成元素不是 C++ 的术语，而是 Java 的术语。

代码清单 5-11 所示为计算并显示两个数组的和的程序。

如下所示，数组 a、b、c 的类型为 **int**[2][3] 型。

元素类型为"元素类型为 **int** 型且元素个数为 3 的数组"型且元素个数为 2 的数组。

程序对参与加法运算的数组 a 和 b 赋予初始值，并用该初始值初始化各构成元素。另外，没有对加法运算的目标数组 c 赋予初始值，因此其所有元素均为不确定值。

程序阴影部分执行数组的加法运算，循环进行把 a[i][j] 加 b[i][j] 的值赋给 c[i][j] 的操作（图 5-8）。

代码清单 5-11

chap05/list0511.cpp

```cpp
// 2 行 3 列的数组的加法
#include <iomanip>
#include <iostream>

using namespace std;

int main()
{
    int a[2][3] = { {1, 2, 3}, {4, 5, 6} };
    int b[2][3] = { {6, 3, 4}, {5, 1, 2} };
    int c[2][3];

    for (int i = 0; i < 2; i++)
        for (int j = 0; j < 3; j++)
            c[i][j] = a[i][j] + b[i][j];          // 把 a 与 b 的和赋给 c

    cout << "数组a\n";                             // 显示数组 a 的构成元素的值
    for (int i = 0; i < 2; i++) {
        for (int j = 0; j < 3; j++)
            cout << setw(3) << a[i][j];
        cout << '\n';
    }

    cout << "数组b\n";                             // 显示数组 b 的构成元素的值
    for (int i = 0; i < 2; i++) {
        for (int j = 0; j < 3; j++)
            cout << setw(3) << b[i][j];
        cout << '\n';
    }

    cout << "数组c\n";                             // 显示数组 c 的构成元素的值
    for (int i = 0; i < 2; i++) {
        for (int j = 0; j < 3; j++)
            cout << setw(3) << c[i][j];
        cout << '\n';
    }
}
```

运行结果
```
数组a
  1  2  3
  4  5  6
数组b
  6  3  4
  5  1  2
数组c
  7  5  7
  9  6  8
```

至此，我们学习了二维数组的相关内容。如下所示为三维数组的声明的一个例子。

> `int a[3][2][4];`   // 三维数组

该数组的各构成元素通过使用了 3 个下标运算符的表达式来访问，依次为 a[0][0][0]，a[0][0][1]，…，a[2][1][3]。

▶ 与一维数组和二维数组相同，所有构成元素也存放在连续的空间上。

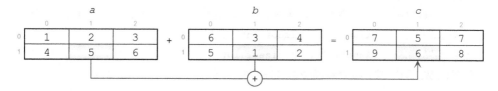

图 5-8　2 行 3 列的数组的加法

多维数组的元素个数

我们在上一节学习了一维数组的元素个数的计算方法。现在我们学习如何计算二维数组的元素个数和构成元素个数，示例程序如代码清单 5-12 所示。

代码清单 5-12　　　　　　　　　　　　　　　　　　　　　　　chap05/list0512.cpp

```cpp
// 显示二维数组的元素个数和构成元素个数
#include <iostream>
using namespace std;
int main()
{
    int a[4][3];
    cout << "数组a为"  << sizeof(a)    / sizeof(a[0])    << "行"
                      << sizeof(a[0]) / sizeof(a[0][0]) << "列。\n";
    cout << "构成元素有" << sizeof(a)    / sizeof(a[0][0]) << "个。\n";
}
```

运行结果
数组 a 为 4 行 3 列。
构成元素有 12 个。

该程序计算并显示了行数、列数和构成元素的个数。图 5-9 汇总了计算行数和列数的表达式（详见专栏 5-3）。

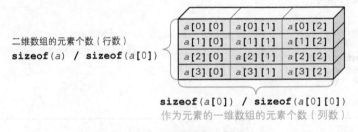

图 5-9　二维数组的元素个数

重要　二维数组 a 的元素个数通过下面的表达式计算。
- 行数：**sizeof**(a) / **sizeof**(a[0])
- 列数：**sizeof**(a[0]) / **sizeof**(a[0][0])

▶ 根据上一节学习的内容，Type 型数组 a 的元素个数应该通过表达式 **sizeof**(a) / **sizeof**(a[0]) 计算，而不是表达式 **sizeof**(a) / **sizeof**(Type)。
如果把不推荐的后一种计算方法应用于该程序中的 **int**[4][3] 型的二维数组 a，则表达式如下。
- 计算行数的表达式：**sizeof**(a) / **sizeof**(**int**[3])
- 计算列数的表达式：**sizeof**(a[0]) / **sizeof**(**int**)

在计算行数的表达式中，必须嵌入列数 3，这很奇怪。

获取多维数组的类型信息

下面使用 **typeid** 运算符来验证多维数组及其元素的类型，示例程序如代码清单 5-13 所示。

代码清单 5-13 chap05/list0513.cpp

```cpp
// 显示多维数组及其元素的类型
#include <iostream>
#include <typeinfo>

using namespace std;

int main()
{
    int a[5][3];              // 二维数组
    double b[4][2][3];        // 三维数组

    cout << "数组a的类型:"   << typeid(a).name()    << '\n';
    cout << "a的元素类型:"   << typeid(a[0]).name() << '\n';
    cout << "数组b的类型:"   << typeid(b).name()    << '\n';
    cout << "b的元素类型:"   << typeid(b[0]).name() << '\n';
}
```

```
运行结果示例
数组 a 的类型: int [5][3]
 a 的元素类型: int [3]
数组 b 的类型: double [4][2][3]
 b 的元素类型: double [2][3]
```

▶ 在使用 **typeid** 运算符时，运行后的显示内容依赖于处理系统。

专栏 5-3 │ 二维数组和元素的大小

计算二维数组的元素个数的表达式使用了 3 个表达式：**sizeof**(a)、**sizeof**(a[0])、**sizeof**(a[0][0])。各表达式计算得到的大小如图 5C-1 所示。

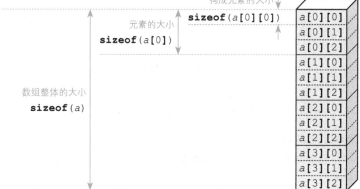

图 5C-1　二维数组和元素的大小

初始化器

如下所示为代码清单 5-11 中的数组 a 的声明。

```
int a[2][3] = { {1, 2, 3}, {4, 5, 6} };
```

把初始化器纵横排列，并如下进行声明，可以使声明更易读。

```
int a[2][3] = {
    {1, 2, 3},       // 第 0 行元素的初始化器
    {4, 5, 6},       // 第 1 行元素的初始化器
};
```

有了阴影部分的逗号字符，在纵向排列初始值时，声明看上去比较平衡。

该逗号字符可以添加也可以不添加。如果添加，那么在像下面这样增加元素时，就可以避免发生忘记添加逗号的错误。

```
int a[3][3] = {
    {1, 2, 3},       // 第 0 行元素的初始化器
    {4, 5, 6},       // 第 1 行元素的初始化器
    {7, 8, 9},       // 第 2 行元素的初始化器     ← 添加本行
};
```

这样也便于以行为单位新增或删除初始化器。

图 5-10 所示为初始化器的语法图。

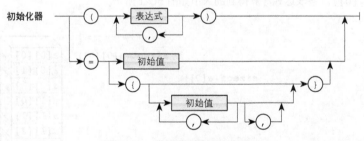

图 5-10　初始化器的语法图

▶ 我们在第 1 章学习了以下内容（图 5-11）。
在标准 C++ 中，包含 = 符号的 `= 63` 称为**初始化器**，而 = 符号右边的 63 称为初始值。

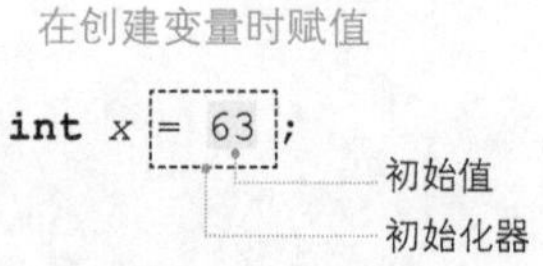

在创建变量时赋值

`int x = 63;`　初始值　初始化器

图 5-11　初始化声明

如图 5-10 所示，在一维数组的声明中也可以添加多余的逗号。

```
int d[3] = {1, 2, 3,};       // 在最后一个元素后面也可以放置逗号
```

{ } 内没有被赋予初始值的元素默认初始化为 0（详见 5-1 节），该规则在多维数组中也成立，如图 5-12 所示。

▶ 可以认为**蓝色字体**的数值是自动补全的。

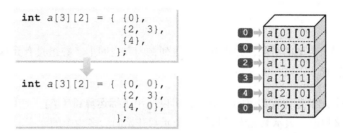

图 5-12　二维数组的元素的初始化示例（其一）

另外，多维数组的初始值不必嵌套 { }。如图 5-13 所示，当没有内侧的 { } 时，元素将从第一个开始依次被初始化。

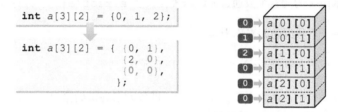

图 5-13　二维数组的元素的初始化示例（其二）

▶ 初始化器不仅有如图 5-10 所示的 = 形式，还有 ( ) 形式。我们将在第 7 章学习后一种形式。

小结

- **数组**汇集同一类型的对象，并将其连续排列在内存空间上。数组具有**元素类型**、**元素个数**和**变量名**等特征。

- 数组的各个元素是构成数组的**子对象**，可以使用**下标运算符**（**[ ]**）访问。**[ ]** 中的下标为从 0 开始的整数值，表示某元素是从第一个元素开始向后多少个的元素。
  有 n 个元素的数组的元素从第一个开始依次为 a[0], a[1], ⋯, a[n - 1]。

- 在声明数组时，必须以常量表达式的形式赋予元素个数。如果需要表示元素个数的变量，则使用整型的常量对象来实现。

- 已声明的数组 a 的元素个数通过 **sizeof**(a) / **sizeof**(a[0]) 计算求得。

- 按顺序逐一查看数组的元素称为**遍历**。

- 不可以使用赋值运算符（**=**）复制数组的所有元素。

- 赋予数组初始值的形式为 { ○ , △ , □ , }，即各元素的初始值○、△、□从第一个开始依次排列在 { } 内。最后一个逗号可以省略。
  当没有指定元素个数时，元素个数由初始值的个数决定。另外，当初始值个数小于指定的元素个数时，没有被赋予初始值的元素将初始化为 0。

- **多维数组**是元素为数组的数组。对多维数组进行分解，直到得到不再是数组的低维元素，这种低维元素称为**构成元素**。各个构成元素可以通过使用了"维数"个下标运算符（**[ ]**）的表达式来访问。

- 多维数组的元素个数可以从高维开始依次使用下面的表达式计算求得。
  sizeof(a) / **sizeof**(a[0])，**sizeof**(a[0]) / **sizeof**(a[0][0])，⋯

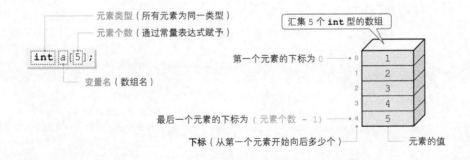

```cpp
#include <iostream>
#include <typeinfo>

using namespace std;

int main()
{
    const int A_SIZE = 5;           // 数组 a 的元素个数

    // 数组 a 和 b 为一维数组（元素类型为 int 型且元素个数为 5）
    int a[A_SIZE];
    int b[] = {1, 2, 3, 4, 5};

    // 数组 b 的元素个数
    int b_size = sizeof(b) / sizeof(b[0]);

    // 将数组 b 的所有元素复制到 a
    for (int i = 0; i < A_SIZE; i++)
        a[i] = b[i];

    // 显示数组 a 的所有元素的值
    for (int i = 0; i < A_SIZE; i++)
        cout << "a[" << i << "] = " << a[i] << '\n';

    // 显示数组 b 的所有元素的值
    for (int i = 0; i < b_size; i++)
        cout << "b[" << i << "] = " << b[i] << '\n';

    // 计算并显示数组 a 的所有元素的和 sum
    int sum = 0;
    for (int i = 0; i < A_SIZE; i++)
        sum += a[i];
    cout << "数组a的所有元素的和=" << sum << '\n';

    // 数组 c 为二维数组（元素类型为 int[3] 型且元素个数为 2）
    int c[2][3] = { {1, 2, 3},
                    {4, 5, 6},
                  };

    int c_height = sizeof(c) / sizeof(c[0]);        // 行数
    int c_width  = sizeof(c[0]) / sizeof(c[0][0]);  // 列数

    cout << "数组c为" << c_height << "行" << c_width << "列的"
         << "二维数组。\n";

    // 显示数组 c 的所有构成元素的值
    for (int i = 0; i < c_height; i++) {
        for (int j = 0; j < c_width; j++) {
            cout << "c[" << i << "][" << j << "] = " << c[i][j] << '\n';
        }
    }

    // 显示数组、元素和构成元素的类型
    cout << "数组a的类型:"    << typeid(a).name()       << '\n';
    cout << "a的元素类型:"    << typeid(a[0]).name()    << '\n';
    cout << "数组b的类型:"    << typeid(b).name()       << '\n';
    cout << "b的元素类型:"    << typeid(b[0]).name()    << '\n';
    cout << "数组c的类型:"    << typeid(c).name()       << '\n';
    cout << "c的元素类型:"    << typeid(c[0]).name()    << '\n';
    cout << "c的构成元素类型:" << typeid(c[0][0]).name() << '\n';
}
```

```
运行结果示例
a[0] = 1
a[1] = 2
a[2] = 3
a[3] = 4
a[4] = 5
b[0] = 1
b[1] = 2
b[2] = 3
b[3] = 4
b[4] = 5
数组 a 的所有元素的和 =15
数组 c 为 2 行 3 列的二维数组。
c[0][0] = 1
c[0][1] = 2
c[0][2] = 3
c[1][0] = 4
c[1][1] = 5
c[1][2] = 6
数组 a 的类型     : int [5]
 a 的元素类型     : int
数组 b 的类型     : int [5]
 b 的元素类型     : int
数组 c 的类型     : int [2][3]
 c 的元素类型     : int [3]
 c 的构成元素类型 : int
```

第 6 章

函数

函数将一系列的处理过程封装成程序的组件。我们将在本章学习函数的基础知识。

- 函数定义（函数头 + 函数体）
- 函数的重载
- 内联函数
- 函数声明
- 函数调用和函数调用运算符
- 实参和形参
- 默认实参
- 返回值和 `return` 语句
- 跳转语句
- `void`
- 值传递
- 引用和引用传递
- 返回引用的函数
- 文件作用域和块作用域
- 作用域解析运算符
- 静态存储期和自动存储期
- `main` 函数
- 位运算（按位与、按位或、按位异或、按位取反、移位）
- 三个值的排序

6-1 函数

在工作中，有时会将各种各样的组件组合起来。C++ 的程序也是由各种各样的组件组合而成的。程序的最小单位的组件是函数。我们将在本节学习函数的基础知识。

■ 函数

我们来创建一个程序，读入三个人的数学和英语分数，然后求出各科目的最高分并显示，如代码清单 6-1 所示。这里将从键盘读入的各科目的分数存入数组 `math` 和数组 `eng` 的元素中。

代码清单 6-1　　　　　　　　　　　　　　　　　　　　　　　　chap06/list0601.cpp

```cpp
// 求出三个人的数学和英语的最高分并显示

#include <iostream>

using namespace std;

int main()
{
    int math[3];    // 数学分数
    int eng[3];     // 英语分数

    for (int i = 0; i < 3; i++) {  // 读入分数
        cout << "[" << i + 1 << "] ";
        cout << "数学:";          cin >> math[i];
        cout << "   英语:";       cin >> eng[i];
    }

    int max_math = math[0];             // 数学最高分
 ❶  if (math[1] > max_math) max_math = math[1];
    if (math[2] > max_math) max_math = math[2];

    int max_eng = eng[0];               // 英语最高分
 ❷  if (eng[1] > max_eng) max_eng = eng[1];
    if (eng[2] > max_eng) max_eng = eng[2];

    cout << "数学最高分为" << max_math << "。\n";
    cout << "英语最高分为" << max_eng << "。\n";
}
```

运行示例
```
[1] 数学:92↵
    英语:64↵
[2] 数学:23↵
    英语:57↵
[3] 数学:74↵
    英语:87↵
数学最高分为92。
英语最高分为87。
```

我们在 2-1 节学习了求三个值中的最大值的算法。比如，把变量 a、b、c 中的最大值存放到 `max` 中，代码如下所示。

```cpp
int max = a;
if (b > max) max = b;
if (c > max) max = c;
```

代码清单 6-1 就是使用该算法求得了三个值中的最大值。❶和❷分别对数学和英语的分数执行了同样的处理。如果再增加语文和物理等科目的分数，并求它们中的最大值，那么程序会由于相似的处理太多而膨胀。

因此我们采用下面的方针。

把一系列处理过程封装成一个组件。

这里的组件就是**函数**（function）。在代码清单 6-1 中，需要改良的是"接收三个 `int` 型整数并返回最大值"的组件。如果用类似电路图的图形来表示，则如图 6-1 所示。

▶ 函数这个名称来自数学术语"函数"（function）。function 原本的意思是"功能""作用""职能""机能"等。

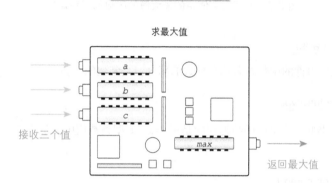

图 6-1　返回三个值中的最大值的函数

前面我们学习了生成随机数的 `srand` 函数和 `rand` 函数等组件。好的组件就像"魔盒"一样，尽管我们不知道它的内部结构，但是只要知道它的用法，就可以很方便地使用。

要想熟练使用函数，我们需要学习以下两部分内容。

- 函数的创建方法：函数定义
- 函数的使用方法：函数调用

函数定义

首先是函数的创建方法。图 6-2 所示为接收三个 `int` 型整数值并求出最大值的函数的**函数定义**（function definition）及结构。

让我们先来了解一下各部分的概要。

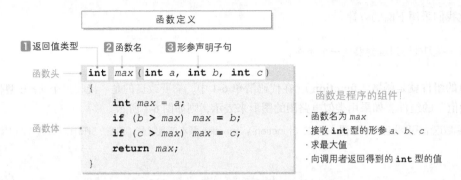

图 6-2　返回三个值中的最大值的函数的函数定义

- **函数头（function header）**

用来记录作为程序组件的函数的名称和样式的部分，是函数的"脸"。

1 返回值类型（return type）

函数的返回值的类型。这里的函数返回的是三个 `int` 型整数值中的最大值，因此返回值类型为 `int` 型。

2 函数名（function name）

组件的名称。其他组件通过名称调用函数。

3 形参声明子句（parameter declaration clause）

（）内的部分是接收辅助性指示的变量——形参（parameter）的声明。在像该函数这样接收多个参数的情况下，使用逗号分隔。另外，当没有形参时，（）内为空。

▶ `max` 函数声明 a、b、c 为 `int` 型的形参。

- **函数体（function body）**

函数体是一个块（即用 `{}` 包围的 0 个以上的语句的集合）。
`max` 函数中声明了 `max` 变量。像这样只在函数中使用的变量原则上要在函数中声明和使用。
在函数中声明的变量的名称可以与函数名相同。

▶ `max` 函数中声明了与函数同名的 `max` 变量。

另外，在函数体的块中不可以声明与形参同名的变量。关于这一点，从图 6-1 中应该可以推测出其原因。`max` 函数的"电路"中已经有变量（形参）a、b、c 了，因此不可以在其中新建同名的变量。

使用图 6-2 的 `max` 函数修改代码清单 6-1，得到的程序如代码清单 6-2 所示。

代码清单 6-2

chap06/list0602.cpp

```cpp
// 求出三个人的数学和英语的最高分并显示（函数版）

#include <iostream>

using namespace std;

//--- 返回 a、b、c中的最大值 ---//
int max(int a, int b, int c)
{
    int max = a;
    if (b > max) max = b;
    if (c > max) max = c;
    return max;
}

int main()
{
    int math[3];         // 数学
    int eng[3];          // 英语

    for (int i = 0; i < 3; i++) {   // 读入分数
        cout << "[" << i + 1 << "] ";
        cout << "数学:";       cin >> math[i];
        cout << "   英语:";    cin >> eng[i];
    }

    int max_math = max(math[0], math[1], math[2]);   // 数学最高分
    int max_eng  = max(eng[0],  eng[1],  eng[2]);    // 英语最高分

    cout << "数学最高分为" << max_math << "。\n";
    cout << "英语最高分为" << max_eng  << "。\n";
}
```

函数定义

运行示例
[1] 数学：92
   英语：64
[2] 数学：23
   英语：57
[3] 数学：74
   英语：87
数学最高分为 92。
英语最高分为 87。

函数调用表达式

该程序有 max 和 **main** 两个函数。程序启动后执行的是 **main** 函数。max 虽然声明在 **main** 函数之前，但不会先执行。

函数调用

使用作为组件的函数，就称为**调用函数**。代码清单 6-2 如下调用了两次 max 函数来求数学和英语的最高分。

```cpp
int max_math = max(math[0], math[1], math[2]);   // 数学最高分
int max_eng  = max(eng[0],  eng[1],  eng[2]);    // 英语最高分
```

我们关注一下求数学最高分的蓝色阴影部分。为了便于理解，大家可以认为该表达式发出了如下请求。

> max 函数先生，我传给你三个 **int** 型整数值 **math[0]**、**math[1]**、**math[2]**，请告诉我它们中的最大值！

函数调用要在函数名之后添加 **()**，它是如表 6-1 所示的**函数调用运算符**（function call operator）。

表 6-1　函数调用运算符

x(arg)	传给函数 x 实参 arg 并调用（arg 是用逗号分隔的 0 个以上的实参） （如果返回值类型不是 **void**）生成函数 x 返回的值

使用○○运算符的表达式称为○○表达式，因此使用函数调用运算符的表达式称为**函数调用表达式**（function call expression）。

赋给函数调用运算符的是**实参**（argument），它是对要调用的函数的辅助性指示。当有两个或两个以上的实参时，各实参间用逗号分隔。

在执行函数调用后，程序流直接跳转至该函数处，因此 `main` 函数的执行会暂时中断，而 `max` 函数的执行将开始。

> **重要** 在执行函数调用后，程序流跳转至该函数。

在被调用的函数中，形参的变量在创建时就会被初始化为实参的值。如图 6-3 所示，形参 a、b、c 分别被初始化为 `math[0]`、`math[1]`、`math[2]` 的值 92、23、74。

> **重要** 函数接收的形参被初始化为所传递的实参的值。

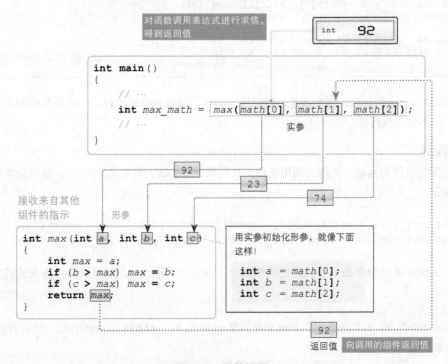

图 6-3　函数调用

程序在完成对形参的初始化之后执行函数体。这里求出 a、b、c 中的最大值 92，并将其赋给 max。

求得的最大值以**返回**的形式传给调用者。下面是执行返回的 **return** 语句。

```
return max;
```

在执行 **return** 语句后，程序流返回至调用者处（继续执行被中断的 **main** 函数）。此时带回来的"纪念品"就是**返回值**（max 变量的值 92）。

函数的返回值是通过对函数调用表达式求值得到的。因此，图中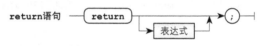部分的函数调用表达式的求值结果是 **int** 型的 92。

> **重要** 函数调用表达式的求值结果是函数的返回值。

因此，max_math 变量被初始化为 max 函数的返回值 92。

▶ 求英语分数的最大值的函数调用表达式也一样。max 函数求得的 eng[0]、eng[1]、eng[2] 的最大值会被赋给 max_eng。

图 6-4 所示为 **return** 语句的语法图，**return** 语句结束函数的执行，并使程序流返回至调用者处。

```
return 语句 ──▶( return )──┬──────────┬──▶( ; )──┤
                           └─[ 表达式 ]─┘
```

图 6-4 return 语句的语法图

如图 6-4 所示，可以省略用来指定返回值的表达式。也就是说，函数的返回值有 0 个或 1 个。

> **重要** 虽然函数可以接收多个值作为形参，但是不可以返回多个值。

▶ 我们将在本节下文学习省略返回的表达式（即不返回值）的示例程序。

另外，**break** 语句、**continue** 语句、**return** 语句和 **goto** 语句均可以改变程序流，它们统称为**跳转语句**（jump statement）。

我们使用求三个值中的最大值的函数来重写代码清单 2-12 的程序，如代码清单 6-3 所示。

代码清单 6-3　　　　　　　　　　　　　　　　　　　　　　　　　　chap06/list0603.cpp

```cpp
// 求三个整数值中的最大值（函数版）

#include <iostream>

using namespace std;

//--- 返回 a、b、c 中的最大值 ---//
int max(int a, int b, int c)
{
    int max = a;
    if (b > max) max = b;
    if (c > max) max = c;
    return max;
}

int main()
{
    int a, b, c;

    cout << "整数a:";    cin >> a;
    cout << "整数b:";    cin >> b;
    cout << "整数c:";    cin >> c;

    cout << "最大值为" << max(a, b, c) << "。\n";
}
```

运行示例
整数a：1⏎
整数b：3⏎
整数c：2⏎
最大值为 3。

在对 cout 的输出中嵌入了函数调用表达式，因此函数的返回值会按原样插入 cout 中并显示。

▶ 在上面的运行示例中，函数调用表达式 **max**(a, b, c) 的求值结果是 **int** 型的 3，插入 cout 中的也是该值。

虽然 **main** 函数的变量 a、b、c 与 max 函数的形参 a、b、c 同名，但这只是碰巧了而已，它们其实是不同的。当调用 max 函数时，形参 a、b、c 分别被初始化为 **main** 函数的变量 a、b、c 的值。

除了变量，整数字面量也可以传递给函数。例如，以 max(32, 57, 48) 调用 max 函数，则返回 57。

重要 传递给函数的实参既可以是变量，也可以是常量。另外，实参的变量可以与形参的变量同名。

接下来，我们创建一个求两个值中的较大值的函数，示例程序如代码清单 6-4 所示。

▶ 由于这里省略了 **main** 函数等部分，所以请参考代码清单 6-3。另外，从图灵社区的本书主页下载的源程序是包含 **main** 函数等部分的完整程序。

代码清单 6-4　　　　　　　　　　　　　　　　　　　　　　　　　　chap06/list0604.cpp

```cpp
//--- 返回 a、b 中的较大值 ---//
int max(int a, int b)
{
    if (a > b)
        return a;
    else
        return b;
}
```

可以使用多条 return 语句

max 函数有两条 **return** 语句。当 a 大于 b 时，执行第一个 **return** 语句并返回至调用者处，

否则执行后一个 `return` 语句并返回至调用者处。

不可能两条 `return` 语句都执行。

main 函数

从第 1 章开始，我们就使用了作为"固定语句"的 `main` 函数。这里再稍微详细地学习一下 `main` 函数。

▪ 返回值类型和返回值

在 `main` 函数执行 `return` 语句后，程序执行结束。在一般情况下，当 `main` 函数实现程序目的时，返回 0，否则返回 0 以外的值。返回值类型为 `int` 型，返回到程序的运行环境。

另外，没有 `return` 语句的 `main` 函数返回 0。也就是说，`main` 函数的末尾会自动执行下面的语句。

```
return 0;    // 没有 return 语句的 main 函数的末尾自动执行该语句
```

当然，也可以在 `main` 函数的末尾添加上面的 `return` 语句。

▶ 但是由于这样会导致程序冗长，所以一般会省略。

▪ 参数

`main` 函数有接收参数和不接收参数两种形式。目前为止的程序的 `main` 函数是不接收参数的形式，在声明时 `()` 中为空。

▶ 我们将在第 8 章学习接收参数的 `main` 函数。

▪ 执行

如第 1 章所述，在程序启动时执行的是 `main` 函数，而不是在程序开头定义的 *max* 函数。

▶ 我们在专栏 6-1 中也会学习 `main` 函数的相关内容。

函数声明

下面我们来看一下交换 *max* 函数和 `main` 函数的定义顺序，即把图 6-5ⓐ 的结构的程序修改为图 6-5ⓑ 的结构，会发生什么。

a 被调用函数在前

```cpp
// 代码清单 6-3
#include <iostream>

int max(int a, int b, int c)
{
    // … 省略 …
}

int main()
{
    // 调用 max 函数
}
```

b 被调用函数在后

```cpp
// 代码清单 6-3 修改后
#include <iostream>

int main()
{
    // 调用 max 函数
}

int max(int a, int b, int c)
{
    // … 省略 …
}
```

图 6-5　函数定义的顺序

编译如图 6-5**b** 所示的程序，会显示下面的错误消息。

> 错误：无法找到 max 函数的声明。

编译器从源程序第一行开始按顺序一边查看一边编译。当遇到调用 max 函数的地方时，编译器不知道 max 函数的签名（接收什么参数、返回什么类型等信息），于是就会判断为无法继续编译，并输出编译错误消息。

因此，最好遵循下面的方针来配置函数。

> **重要**　将被调用函数定义在开头，将调用函数定义在末尾。

另外，在将被调用函数定义在末尾时，要花费一些工夫，程序必须如代码清单 6-5 那样实现。

代码清单 6-5 的关键点是在函数头后面添加 ; 的阴影部分，**它不是函数体的定义，而只是函数签名的声明**，称为函数声明（function declaration）。

▶ 在 C 语言中称为**函数原型声明**（function prototype declaration）。

在函数声明中明确函数名、返回值类型和形参类型即可，所以形参的名称可以省略，也就是说，也可以如下声明。

```cpp
int max(int, int, int);    // 明确类型即可，可以省略参数名
```

6-1 函数 | 193

代码清单 6-5   chap06/list0605.cpp

```cpp
// 求三个整数值中的最大值（增加函数声明）
#include <iostream>
using namespace std;

int max(int a, int b, int c);    // ← 函数声明

int main()
{
    int a, b, c;

    cout << "整数a:";    cin >> a;
    cout << "整数b:";    cin >> b;
    cout << "整数c:";    cin >> c;

    cout << "最大值为" << max(a, b, c) << "。\n";
}
//--- 返回 a、b、c 中的最大值 ---//
int max(int a, int b, int c)
{
    int max = a;
    if (b > max)  max = b;
    if (c > max)  max = c;
    return max;
}
```

运行示例
```
整数a:1 ⏎
整数b:3 ⏎
整数c:2 ⏎
最大值为3。
```

另外，不只是在后面（末尾）定义的函数，在使用其他源文件中定义的函数时，也需要进行函数声明（详见 9-2 节）。

重要 当调用前面没有定义的函数时，需要进行函数声明。

▶ 目前我们使用了 C++ 提供的一些函数，这些函数在各头文件中如下声明。

- **time** 函数   `<ctime>`   `time_t time(time_t* timer);`
- **rand** 函数   `<cstdlib>`   `int rand();`
- **srand** 函数   `<cstdlib>`   `void srand(unsigned seed);`
- **isprint** 函数   `<cctype>`   `int isprint(int c);`

我们将在专栏 11-4 学习 **time_t** 型，在本节后文学习 **void**。

专栏 6-1 | **main 函数是特殊的函数**

main 函数是特殊的函数，因此它有如下限制。

ⓐ 不可以重载（详见 6-4 节）。
ⓑ 不可以定义为内联函数（详见 6-4 节）。
ⓒ 不可以递归调用（详见 6-1 节）。
ⓓ 不可以取址。

但是，在 C 语言中没有ⓒ和ⓓ的限制。

值传递

我们来创建一个进行幂运算的函数。如果 n 为整数，就将 n 个 x 的值相乘，得到 x 的 n 次方。程序如代码清单 6-6 所示，其中，x 为 **double** 型，n 为 **int** 型。

代码清单 6-6　　　　　　　　　　　　　　　　　　　　　　　　　　　　chap06/list0606.cpp

```cpp
// 幂运算

#include <iostream>

using namespace std;

//--- 返回 x 的 n 次方 ---//
double power(double x, int n)
{
    double tmp = 1.0;

    for (int i = 1; i <= n; i++)
        tmp *= x;     // tmp 乘以 x
    return tmp;
}

int main()
{
    double a;
    int    b;

    cout << "计算a的b次方。\n";
    cout << "实数a:";   cin >> a;
    cout << "整数b:";   cin >> b;
    cout << a << "的" << b << "次方为" << power(a, b) << "。\n";
}
```

运行示例
```
计算a的b次方。
实数a：5.6↵
整数b：3↵
5.6 的 3 次方为 175.616。
```

在 power 函数中，tmp 变量被初始化为 1.0，然后将 n 个 x 的值相乘，进行幂运算。当 **for** 语句结束时，tmp 的值为 x 的 n 次方。

如图 6-6 所示，形参 x 被初始化为实参 a 的值，形参 n 被初始化为实参 b 的值。像这样交换参数的值的机制称为**值传递**（pass by value）。

> **重要** 函数之间通过值传递来交换参数。

在被调用函数 power 中，即使修改接收的形参的值，也不会影响到调用者的实参的值。
这和无论在一本书的复印件上写什么，都不会对原书有任何影响是同样的道理。
形参 x 是实参 a 的副本，形参 n 是实参 b 的副本。因此，在函数中可以随意操作形参的值。

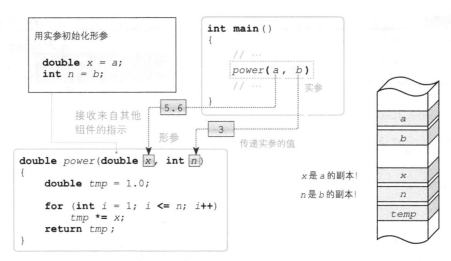

图 6-6　函数调用的参数交换（值传递）

我们尝试按 5, 4, …, 1 对 n 的值进行倒数，并执行将 x 的值相乘 n 次的处理。修改后的 power 函数如代码清单 6-7 所示。

▶ 这里省略了 main 函数等部分，请参考代码清单 6-6 补全。

代码清单 6-7　　　　　　　　　　　　　　　　　　　　　　　　　　　chap06/list0607.cpp
```cpp
//--- 返回 x 的 n 次方 ---//
double power(double x, int n)
{
    double tmp = 1.0;

    while (n-- > 0)
        tmp *= x;      // tmp 乘以 x
    return tmp;
}
```

由于不需要用来控制循环的变量 i，所以函数变得紧凑。

重要 利用值传递的特点，可以使函数变得紧凑且高效。

当 power 函数执行结束时，n 的值变为 0，但是调用者的 main 函数的变量 b 不会变为 0。

▶ 在循环结束后仍需要使用接收到的 n 的值的程序中，要使用 for 语句来实现，而不是 while 语句。

■ void 函数

我们在第 3 章中创建了一个程序，通过排列 '*' 显示了左下侧为直角的等腰直角三角形。如代码清单 6-8 所示，这里我们把连续显示 '*' 的处理实现为函数，并利用该函数来进行显示。

代码清单 6-8   chap06/list0608.cpp

```cpp
// 显示左下侧为直角的等腰直角三角形（函数版）

#include <iostream>
using namespace std;

//--- 连续显示n个'*' ---//
void put_stars(int n)
{
    while (n-- > 0)
        cout << '*';
}

int main()
{
    int n;

    cout << "显示左下侧为直角的等腰直角三角形。\n";
    cout << "行数:";
    cin >> n;

    for (int i = 1; i <= n; i++) {
        put_stars(i);
        cout << '\n';
    }
}
```

运行示例
显示左下侧为直角的等腰直角三角形。
行数:6⏎
*
**
***
****
*****
******

```
//--- 参考：代码清单 3-15---//
for (int i = 1; i <= n; i++) {
    for (int j = 1; j <= i; j++)
        cout << '*';
    cout << '\n';
}
```

`put_stars`函数用来连续显示 n 个 `'*'`，它只是进行显示，并不返回值。我们将这样的函数的返回值类型声明为 `void`。

重要 将不返回值的函数的返回值类型声明为 `void`。

▶ void 是"空"的意思。

`void` 函数不返回值，因此不需要 `return` 语句。如果在函数中途需要强制将程序流返回至调用者处，则如下执行不返回值的 `return` 语句。

| `return;`   // 不返回值并回到调用者处

在导入 `put_stars` 函数后，程序变得简洁了。代码清单 3-15 使用了双重循环来显示三角形，而该程序只使用了简单的一重循环。

■ 函数的通用性

下面我们创建显示右下侧为直角的等腰直角三角形的程序，如代码清单 6-9 所示。

代码清单 6-9

chap06/list0609.cpp

```cpp
// 显示右下侧为直角的等腰直角三角形（函数版）
#include <iostream>

using namespace std;
//--- 连续显示n个字符c ---//
void put_nchar(char c, int n)
{
    while (n-- > 0)
        cout << c;
}

int main()
{
    int n;

    cout << "显示右下侧为直角的等腰直角三角形。\n";
    cout << "行数:";
    cin >> n;

    for (int i = 1; i <= n; i++) {           // 共n行
        put_nchar(' ', n - i);               // 显示n - i个' '
        put_nchar('*', i);                   // 显示i个'*'
        cout << '\n';                         // 换行
    }
}
```

运行示例
显示右下侧为直角的等腰直角三角形。
行数：6
```
     *
    **
   ***
  ****
 *****
******
```

该程序定义的 put_nchar 函数用来连续显示 n 个形参 c 接收到的字符，它可以显示任意字符，比只能显示 '*' 的 put_stars 函数更具有通用性。

重要 请尽可能地设计通用性强的函数。

该程序通过在第 i 行显示 n - i 个 ' ' 和 i 个 '*'，从而显示了右下侧为直角的等腰直角三角形。

▶ 另外，如果除了 put_nchar 函数之外，还需要连续显示 '*' 的函数，则如下定义（chap06/list0609a.cpp）。

```cpp
//--- 连续显示n个'*' ---//
void put_stars(int n)
{
    put_nstar('*', n);    // 将处理委托给put_nchar
}
```

在自定义的函数中调用其他自定义的函数，并将处理委托给它。
这样一来，要对该程序的阴影部分进行如下修改。

```cpp
put_stars(i);
```

■ 调用其他函数

目前的程序都是在 **main** 函数中调用标准库函数（C++ 提供的 **rand** 函数等）或自定义的函数。

当然也可以在自定义的函数中调用函数，示例程序如代码清单 6-10 所示，它用来显示正方形和长方形。

代码清单 6-10   chap06/list0610.cpp

```cpp
// 显示正方形和长方形
#include <iostream>
using namespace std;
//--- 连续显示 n 个字符 c ---//
void put_nchar(char c, int n)
{
    while (n-- > 0)
        cout << c;
}
//--- 排列字符 c，并显示边长为 n 的正方形 ---//
void put_square(int n, char c)
{
    for (int i = 1; i <= n; i++) {       // 共 n 行
        put_nchar(c, n);                  // 显示 n 个字符 c
        cout << '\n';                     // 换行
    }
}
//--- 排列字符 c，并显示高为 h 且宽为 w 的长方形 ---//
void put_rectangle(int h, int w, char c)
{
    for (int i = 1; i <= h; i++) {       // 共 h 行
        put_nchar(c, w);                  // 显示 w 个字符 c
        cout << '\n';                     // 换行
    }
}

int main()
{
    int n, h, w;
    cout << "显示正方形。\n";
    cout << "边长:";    cin >> n;
    put_square(n, '*');                    // 用 '*' 显示边长为 n 的正方形

    cout << "显示长方形。\n";
    cout << "高:";     cin >> h;
    cout << "宽:";     cin >> w;
    put_rectangle(h, w, '+');              // 用 '+' 显示高为 h 且宽为 w 的长方形
}
```

（与代码清单 6-9 相同）

运行示例
显示正方形。
边长：3 ⏎
***
***
***
显示长方形。
高：3 ⏎
宽：8 ⏎
++++++++
++++++++
++++++++

put_nchar 函数与代码清单 6-9 中的相同。如程序阴影部分所示，显示正方形的 put_square 函数和显示长方形的 put_rectangle 函数均调用了 put_nchar 函数。

重要 函数是程序的组件。在创建组件时，如果有便利的组件可用，应积极地调用并将处理委托给它。

该程序用 '*' 显示正方形，用 '+' 显示长方形。

■ 实参和形参的类型

put_nchar 函数的形参 n、put_square 函数的形参 n、put_rectangle 函数的形参 h 和 w 均为 **int** 型。如果向这些形参传递其他类型的值会如何呢？我们尝试传递 **double** 型的值。

```cpp
put_nchar('*', 5.7)
```

在执行该调用后，会显示 5 个 '*'。

像这样，当实参与形参的类型不一致时，要执行**隐式类型转换**。

> **重要** 在传递与形参不同类型的实参时，要根据需要执行隐式类型转换。

▶ 当实参无法隐式类型转换为形参时，会产生编译错误。

```
put_nchar("*", 5);      // 错误：字符串不可以隐式转换为字符
```

专栏 6-2 | 用来结束程序的标准库

C++ 提供了用来结束程序的标准库，那就是在 `<cstdlib>` 头文件中声明的 **abort** 函数和 **exit** 函数。

▪ abort 函数

用来异常结束程序（强制结束程序），如下调用。

```
abort();
```

这样一来，**失败结束**（unsuccessful termination）状态就会返回到程序的运行环境。

▪ exit 函数

用来正常结束程序，与调用 **main** 函数内的 **return** 语句一样，如下传递 **int** 型参数来调用。

```
exit(0);
```

当程序实现目标时赋予 0，否则赋予 0 以外的值。当传递 0 时，向程序的运行环境返回**成功结束**（successful termination）状态，否则返回失败结束状态。

另外，这两个函数不仅可以在 **main** 函数中调用，在任何地方都可以自由地调用。

■ 不接收参数的函数

下面，我们来创建一个心算训练程序，如代码清单 6-11 所示，程序会提示计算 3 个三位数的和的问题。请注意，程序只接收正确答案，而不接收错误答案。首先，让我们尝试运行一下。

代码清单 6-11　　　　　　　　　　　　　　　　　　　　　　　　　　chap06/list0611.cpp

```cpp
// 心算训练

#include <ctime>
#include <cstdlib>
#include <iostream>

using namespace std;

//--- 确认是否继续 ---//
bool confirm_retry()              // 不接收参数
{
    int retry;
    do {
        cout << "再来一次? <Yes…1 / No…0>:";
        cin >> retry;
    } while (retry != 0 && retry != 1);
    return static_cast<bool>(retry);     // 返回转换为 bool 型后的值
}

int main()
{
    srand(time(NULL));
    cout << "心算训练开始! \n";

    do {
        int x = rand() % 900 + 100;       // 三位数
        int y = rand() % 900 + 100;       // 三位数
        int z = rand() % 900 + 100;       // 三位数

        while (true) {
            int k;                         // 读入的值
            cout << x << " + " << y << " + " << z << " = ";
            cin >> k;
            if (k == x + y + z)            // 正确答案
                break;
            cout << "\a不对!\n";
        }
    } while (confirm_retry());             // 参数为空
}
```

运行示例
```
心算训练开始!
341 + 616 + 741 = 1678
♪不对!
341 + 616 + 741 = 1698
再来一次? <Yes…1 / No…0>:1
674 + 977 + 760 = 2411
再来一次? <Yes…1 / No…0>:0
```

　　main 函数创建 3 个随机数 x、y、z 并提示问题。如果从键盘读入的 k 的值与 x + y + z 相等，则为正确答案（break 语句用来中断并结束 while 语句）。否则，while 语句将无限循环，直到得到正确答案。

　　confirm_retry 是确认是否再进行一次训练的函数。当从键盘输入 1 时，返回 true；当输入 0 时，返回 false。

　　▶ 0 以外的数值被视为 true，0 被视为 false。

　　像 confirm_retry 这样不接收参数的函数的 () 中为空。

重要 不接收形参的函数的 () 中声明为空。

　　另外，也可以在 () 中放置 void，即通过以下任意一种形式进行定义。

```cpp
bool confirm_retry()     { /* … */ }       // 不接收形参
bool confirm_retry(void) { /* … */ }       // 不接收形参
```

但是，一般不使用 **void** 形式（详见专栏 6-7）。

另外，当调用不接收参数的函数时，由于不需要赋予实参，所以如程序阴影部分所示，函数调用运算符 **()** 中为空。

专栏 6-3	递归调用

我们来考虑一下下面定义的计算非负整数阶乘的问题。

- **阶乘 n! 的定义（n 为非负整数）**
  - ⓐ 0! = 1
  - ⓑ 若 n > 0，则 n! = n × (n - 1)!

例如，5 的阶乘 5! 可以由 5 × 4! 求得，其中使用的 4! 可以由 4 × 3! 求得。
代码清单 6C-1 所示为使用该方法的程序。

代码清单 6C-1   chap06/list06c01.cpp
```cpp
// 利用递归调用计算阶乘
#include <iostream>
using namespace std;

//--- 递归计算 n 的阶乘 ---//
int factorial(int n)
{
    if (n > 0)
        return n * factorial(n - 1);
    else
        return 1;
}

int main()
{
    int x;

    cout << "整数值:";
    cin >> x;

    cout << x << "的阶乘为" << factorial(x) << "。\n";
}
```

运行示例
整数值：3 ⏎
3 的阶乘为 6。

factorial 函数中的阴影部分调用了 *factorial* 函数。像这样，在函数中不仅可以调用其他函数，也可以调用函数自身。

这样的调用称为**递归调用**（recursive call）。

默认实参

在调用函数时，赋给 **()** 的实参是对函数的辅助性指示，在调用函数时也可以省略该指示。

但是，要想省略，需要在被调用方的函数定义或声明中设置**默认实参**（default argument），即省略实参时赋予形参的值。默认实参也叫缺省实参。

代码清单 6-12 所示为使用默认实参的示例程序。

代码清单 6-12

chap06/list0612.cpp

```cpp
// 发出警报的函数（默认实参）

#include <iostream>

using namespace std;

//--- 发出 n 次警报 ---//
void alerts(int n = 3)
{
    while (n-- > 0)
        cout << '\a';
}

int main()
{
 ■ alerts();                    ← 被视为 alerts(3)
    cout << "警报！\n";

 ■ alerts(5);
    cout << "再次警报！\n";
}
```

运行结果
♪♪♪警报！
♪♪♪♪♪再次警报！

alerts 函数发出 n 次警报。灰色阴影部分指定参数 n 的默认实参的值为 3。

当调用具有默认实参的函数时，可以省略参数，用默认实参的值来填补。也就是说，函数调用 alerts() 被置换并编译为 alerts(3)。

因此，■在调用时不赋予实参，形参 n 被初始化为默认实参的值 3，发出 3 次警报。■在调用时赋予实参 5，alerts 函数接收的形参 n 的值为 5，发出 5 次警报。

默认实参可以从最后的参数开始依次连续地设置，且不跳过中间的参数，如下所示。

```cpp
int func1(int a = 0, int b = 0);                           // OK
int func1(int a = 0, int b);                               // 错误

int func2(int a,     char b,          double c = 0.0);     // OK
int func2(int a,     char b = '\0',   double c = 0.0);     // OK
int func2(int a = 0, char b,          double c = 0.0);     // 错误
```

> **重要** 如果在函数定义或声明中赋予了默认实参，则在调用函数时可以省略实参。此时，会用默认实参的值初始化形参。

我们来修改一下代码清单 6-10 中的 put_square 函数和 put_rectangle 函数，如下所示。

```cpp
//--- 排列字符 c，并显示边长为 n 的正方形 ---//
void put_square(int n, char c = '*')
{
    for (int i = 1; i <= n; i++) {      // 共 n 行
        put_nchar(c, n);                // 显示 n 个字符 c
        cout << '\n';                   // 换行
    }
}
//--- 排列字符 c，并显示高为 h 且宽为 w 的长方形 ---//
void put_rectangle(int h, int w, char c = '*')
```

```cpp
{
    for (int i = 1; i <= h; i++) {     // 共 h 行
        put_nchar(c, w);                // 显示 w 个字符 c
        cout << '\n';                   // 换行
    }
}
```

这样就可以省略应该赋给最后一个参数的实参（此时使用 '*' 显示正方形和长方形）。实际运行程序来确认一下（chap06/list0610a.cpp）。

```cpp
put_square(5, '+');         // 排列 '+' 而形成的边长为 5 的正方形
put_square(5);              // 排列 '*' 而形成的边长为 5 的正方形
put_rectangle(4, 3, '-');   // 排列 '-' 而形成的 4 行 3 列的长方形
put_rectangle(4, 3);        // 排列 '*' 而形成的 4 行 3 列的长方形
```

专栏 6-4 **"默认"的意思**

在字典中，default 作为名词是"违约""默认""系统设置值"的意思，作为动词是"违约""不履行义务""默认""预设"的意思。

在 IT 行业，它用来表示"一开始（初始状态）设定的值""在没有其他特别指定的值的情况下采用的值"等与"预设"相近的意思。

■ 执行位运算的函数

针对整数内部的二进制位，C++ 提供了 4 种位运算。这 4 种位运算及其真值表如图 6-7 所示。

a 按位与

x	y	x & y
0	0	0
0	1	0
1	0	0
1	1	1

当两个操作数均为 1 时，结果为 1

b 按位或

x	y	x | y
0	0	0
0	1	1
1	0	1
1	1	1

当任意一个操作数为 1 时，结果为 1

c 按位异或

x	y	x ^ y
0	0	0
0	1	1
1	0	1
1	1	0

当只有一个操作数为 1 时，结果为 1

d 按位取反

x	~x
0	1
1	0

当操作数为 0 时，结果为 1；当操作数为 1 时，结果为 0

图 6-7 位运算

4 种位运算的运算符如表 6-2 所示。

表 6-2 位运算符

运算	说明
x & y	返回对 x 和 y 按二进制位进行与运算后的值
x | y	返回对 x 和 y 按二进制位进行或运算后的值
x ^ y	返回对 x 和 y 按二进制位进行异或运算后的值
~x	返回对 x 的各个二进制位取反（反转所有位的值）后的值

这 4 个运算符的名称如下。

- `&`：按位与运算符（bitwise AND operator）
- `|`：按位或运算符（bitwise inclusive OR operator）
- `^`：按位异或运算符（bitwise exclusive OR operator）
- `~`：按位取反运算符（complement operator）

▶ 这些运算符的操作数必须是泛整型或枚举型。如果将它们用于浮点型等操作数，就会产生编译错误。

专栏 6-5　逻辑运算符和位运算符

位运算符和第 2 章学习的**逻辑运算符**在外观和作用上不尽相同，因此切勿混淆。

逻辑运算是只获取真和假两个值的运算，包括逻辑与、逻辑或、逻辑异或、逻辑非、逻辑与非和逻辑与或等运算。

位运算符（`&`、`|`、`^`、`~`）对操作数的各二进制位执行"将 1 视为真、将 0 视为假"的逻辑运算。而 `&&` 和 `||` 等逻辑运算符则执行 `true`（0 以外的值）和 `false`（0）的逻辑运算。

比较一下表达式 5 `&` 4 的求值结果（二进制数）和表达式 5 `&&` 4 的求值结果（布尔值），就可以看出它们有明显差异。

```
    5 &   4 →   4            5 && 4    →  1
  101 & 100 → 100          true && true →  true
```

下面我们就来进行按位与、按位或等位运算。读入两个非负整数，并显示各种位运算的结果，程序如代码清单 6-13 所示。

6-1 函数 | 205

| 代码清单 6-13 | chap06/list0613.cpp |

```cpp
// 对无符号整数进行按位与、按位或、按位异或和按位取反运算,并显示运算结果
#include <iostream>

using namespace std;
//--- 计算整数 x 中 "1" 的位数 ---//
int count_bits(unsigned x)
{
    int bits = 0;
    while (x) {
        if (x & 1U) bits++;
        x >>= 1;
    }
    return bits;
}
//--- 计算 int 型或 unsigned 型的位数 ---//
int int_bits()
{
    return count_bits(~0U);
}
//--- 显示 unsigned 型的所有位 ---//
void print_bits(unsigned x)
{
    for (int i = int_bits() - 1; i >= 0; i--)
        cout << ((x >> i) & 1U ? '1' : '0');
}

int main()
{
    unsigned a, b;

    cout << "请输入两个非负整数。\n";
    cout << "a : ";       cin >> a;
    cout << "b : ";       cin >> b;

    cout << "a     = "; print_bits(a);      cout << '\n';
    cout << "b     = "; print_bits(b);      cout << '\n';
    cout << "a & b = "; print_bits(a & b);  cout << '\n';  // 按位与
    cout << "a | b = "; print_bits(a | b);  cout << '\n';  // 按位或
    cout << "a ^ b = "; print_bits(a ^ b);  cout << '\n';  // 按位异或
    cout << "~a    = "; print_bits(~a);     cout << '\n';  // 按位取反
    cout << "~b    = "; print_bits(~b);     cout << '\n';  // 按位取反
}
```

运行结果示例
请输入两个非负整数。
a : 3⏎
b : 5⏎
a   = 0000000000000011
b   = 0000000000000101
a & b = 0000000000000001
a | b = 0000000000000111
a ^ b = 0000000000000110
~a   = 1111111111111100
~b   = 1111111111111010

a 按位与
a   0011
b   0101
─────────────────
a & b 0001
当两者均为 1 时,结果为 1

b 按位或
a   0011
b   0101
─────────────────
a | b 0111
当任意一个为 1 时,结果为 1

c 按位异或
a   0011
b   0101
─────────────────
a ^ b 0110
当只有一个为 1 时,结果为 1

print_bits 函数用来以 0 和 1 显示无符号整数 x 内部的所有二进制位。另外,print_bits 函数又委托调用了 int_bits 函数和 count_bits 函数。

除了位运算符之外,这里第一次使用了 >> 和 >>= 这两个运算符。下面我们将具体看一下这两个运算符。

▶ 该程序在检查 unsigned 型所占的位数后进行了显示。运行结果示例是在 16 位的 unsigned 型的环境中得到的(如果在 32 位的 unsigned 型的环境中运行,则以 32 位显示各值)。

■ 移位运算符

<< 运算符和 >> 运算符用来返回向左或向右移动整数中的所有二进制位后的值。两个运算符统

称为**移位运算符**（bitwise shift operator），如表 6-3 所示。

表 6-3　移位运算符

x << y	返回把 x 的所有二进制位左移 y 位后的值
x >> y	返回把 x 的所有二进制位右移 y 位后的值

▶ 这些运算符的操作数必须是泛整型或枚举型。

用于 cout 的插入符（<<）和用于 cin 的提取符（>>）通过**运算符重载**（详见第 12 章）赋予移位运算符插入和提取的功能。

代码清单 6-14 的程序将从键盘读入无符号整数值，并显示向左和向右移位后的结果。

代码清单 6-14　　　　　　　　　　　　　　　　　　　　　　　　　　　chap06/list0614.cpp

```cpp
// 显示将无符号整数值左移和右移后的值
#include <iostream>
using namespace std;
int count_bits(unsigned x) { /*--- 省略：与代码清单 6-13 相同 ---*/ }
int int_bits()             { /*--- 省略：与代码清单 6-13 相同 ---*/ }
void print_bits(unsigned x){ /*--- 省略：与代码清单 6-13 相同 ---*/ }

int main()
{
    unsigned x, n;

    cout << "非负整数:";       cin >> x;
    cout << "要移动的位数:";    cin >> n;

    cout << "整数 = ";  print_bits(x);       cout << '\n';
    cout << "左移 = ";  print_bits(x << n);  cout << '\n';
    cout << "右移 = ";  print_bits(x >> n);  cout << '\n';
}
```

```
运行结果示例
非负整数：387
要移动的位数：4
整数 = 0000000110000011
左移 = 0001100000110000
右移 = 0000000000011000
```

我们通过该程序来理解这两个运算符的作用。

▶ *count_bits* 函数、*int_bits* 函数和 *print_bits* 函数与代码清单 6-13 中的相同。限于篇幅，这里省略了函数体，但其实是需要定义函数体的。

▪ **通过 << 左移**

表达式 *x* << *n* 把 *x* 的所有二进制位左移 *n* 位，并用 0 填补右侧（低位侧）的空位（图 6-8 ⓐ）。如果 *n* 为无符号整型，则移位的结果为 $x \times 2^n$。

▶ 二进制数的每一位的位权是 2 的次方，左移一位后（不溢出）值变为原来的 2 倍。这与十进制数左移一位后值变为原来的 10 倍（例如，196 左移一位后变为 1960）是一样的道理。

▪ **通过 >> 右移**

x >> *n* 把 *x* 的所有二进制位右移 *n* 位。如果 *x* 为无符号整型或有符号整型的非负值，则移位的结果为 $x \div 2^n$（图 6-8 ⓑ）。

▶ 二进制数右移一位后，值变为原来的 1/2。这与十进制数右移一位后值变为原来的 1/10（例如，196 右移一位后变为 19）是一样的道理。

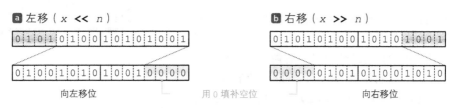

图 6-8　对无符号整数值的移位运算

当 x 为有符号整型的负值时，移位运算的结果**依赖于处理系统**。大多数处理系统执行如专栏 6-6 所示的**逻辑移位**或者**算术移位**中的一种。两种方式均有损程序的可移植性，因此除非特殊需要，一般不执行负数的移位运算。

专栏 6-6　逻辑移位和算术移位

- **逻辑移位（logical shift）**

　　如图 6C-1 a 所示，全部进行移位，不特别考虑符号位。
　　将负整数值右移后，符号位由 1 变为 0，因此运算结果变为 0 或正值。

- **算术移位（arithmetic shift）**

　　如图 6C-1 b 所示，对符号位以外的位进行移位，并用移位前的符号位填补空位。移位前后符号没有变化。另外，该方式保持了"左移一位后值变为原来的 2 倍，右移一位后值变为原来的 1/2"的关系。

 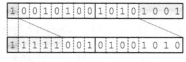

对包括符号位在内的所有位进行移位
负值右移后变为 0 或正值

对符号位以外的位进行移位，并用移位前的符号位填补空位
左移后值变为原来的 2 倍，右移后值变为原来的 1/2

图 6C-1　负整数值的逻辑移位和算术移位

在学习了位运算符和移位运算符之后，我们来理解一下代码清单 6-13 中的 3 个函数。

- int *count_bits*(unsigned x); : 计算整数 x 中 "1" 的位数

count_bits 函数计算形参 x 接收的无符号整数中 1 的位数。

我们结合图 6-9 来理解计数步骤。另外，该图展示了 x 的值为 10 的情况。

右侧代码段中的 ❶ 通过对 1U（只有最后一位为 1 的无符号整数）和 x 进行按位与运算，判断 x 的最后一位是否为 1。当最后一位为 1 时，将 bits 递增 1。

```
int count_bits(unsigned x)
{
    int bits = 0;
    while (x) {
        if (x & 1U) bits++;     ❶
        x >>= 1;                ❷
    }
    return bits;
}
```

▶ 当 x 的最后一位为 1 时，x & 1U 为 1，否则 x & 1U 为 0，程序是利用这一点进行判断的。

❷ 把所有位右移一位，弹出判断结束时的最后一位。

▶ >>= 是复合赋值运算符，与 x = x >> 1; 作用相同。

循环执行上面的操作，直到 x 的值变为 0（x 的所有位变为 0）。此时，变量 bits 的值为 1 的位数。

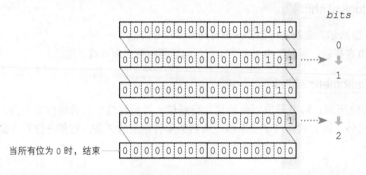

图 6-9 计算位数

- int *int_bits*( ); : 计算 int 型和 unsigned 型的位数

int_bits 函数用来计算 **int** 型和 **unsigned** 型由多少位构成。

```
int int_bits()
{
    return count_bits(~0U);
}
```

程序阴影部分的 -0U 是所有位为 1 的 **unsigned** 型整数（反转所有位为 0 的无符号整数 0U 后的值）。

把该整数传递给 count_bits 函数，求得 **unsigned** 型的位数。

▶ 如第 4 章所述，**unsigned** 型和 **int** 型的位数相同。

另外，-0U 也可以作为 <climits> 中定义的 **UINT_MAX**（因为无符号整型的最大值的所有位为 1）。

- void *print_bits*(unsigned *x*);:: 显示整数 *x* 的所有位

print_bits 函数用 1 和 0 的排列显示 **unsigned** 型整数从第一位到最后一位的所有位。

```
void print_bits(unsigned x)
{
    for (int i = int_bits() - 1; i >= 0; i--)
        cout << ((x >> i) & 1U ? '1' : '0');
}
```

for 语句的循环主体中的阴影部分用来判断第 *i* 位 B^i 是否为 1。如果结果为 1，则显示 '1'，否则显示 '0'。

▶ 条件运算符（**?:**）的优先级低于 **<<**，因此如果省略包围条件表达式 (x >> i) & 1U ? '1' : '0' 的 ()，就会产生编译错误。

专栏 6-7 | **不接收参数的函数的声明**

如下所示，在 C 语言中，推荐使用（**void**）来声明不接收参数的函数，而不是 ()。

```
int func(void)
{
    /*…省略…*/
}
```

这是因为，如果使用 ()，则声明为:

Ⓐ 该函数不检查所传递的实参和接收的形参的类型是否匹配。

而如果使用（**void**），则声明为:

Ⓑ 该函数不接收参数。

两者是不同的声明。

但是，在 C++ 中不允许Ⓐ的声明，() 和（**void**）均相当于Ⓑ。因此，大家更倾向使用简洁的 ()，而不是（**void**）。

另外，注意不要搞错以下两个声明。

```
int a;          // 对象（变量）a 的声明
int f();        // 不接收参数且返回 int 型的函数 f 的声明
```

■ 整型的位数

`<climits>` 头文件以对象式宏 **CHAR_BIT** 定义了 **char** 型的位数，但没有定义其他整型（**short** 型、**int** 型和 **long** 型）的位数。因此，上面的程序使用 *count_bits* 函数确认了 **int** 型的位数。

事实上，整型的位数并非定义在 `<climits>` 头文件中，而是定义在 `<limits>` 头文件中。

▶ 具体定义为 *numeric_limits* 模板类的 **const int** 型的静态数据成员 digits（详见专栏 6-8）。

代码清单 6-15 的程序使用该定义显示了各整型的位数。

▶ 运行结果依赖于处理系统。

代码清单 6-15
```
// 显示各整型的位数
#include <limits>
#include <iostream>

using namespace std;

int main()
{
    cout << "char 型的位数:" << numeric_limits<unsigned char>::digits  << '\n';
    cout << "short型的位数:" << numeric_limits<unsigned short>::digits << '\n';
    cout << "int  型的位数:" << numeric_limits<unsigned int>::digits   << '\n';
    cout << "long 型的位数:" << numeric_limits<unsigned long>::digits  << '\n';
}
```

chap06/list0615.cpp

运行结果示例
```
char 型的位数: 8
short型的位数: 16
int  型的位数: 16
long 型的位数: 32
```

该程序计算的是 `char`、`short`、`int`、`long` 的无符号型的位数，而不是有符号型的位数。

▶ 理由如下。

- 有符号整型和无符号整型的位数相同。
- 成员 `digits` 被定义为"表示指定整型中除了符号位以外的位数"。

为了解释位运算，代码清单 6-13 和代码清单 6-14 创建了 `count_bits` 函数和 `int_bits` 函数。而如下修改 `print_bits` 函数，就可以不需要这两个函数。

```cpp
void print_bits(unsigned x)
{
    for (int i = numeric_limits<unsigned>::digits - 1; i >= 0; i--)
        cout << ((x >> i) & 1U ? '1' : '0');
}
```

但是这需要引入 `<limits>` 头文件（chap06/list0613a.cpp 和 chap06/list0614a.cpp）。

专栏 6-8 | numeric_limits 模板类

我们在专栏 4-6 中简单学习了 `numeric_limits` 模板类，它在 `<limits>` 头文件中定义如下（只是一个示例）。

▶ 接下来的说明使用了本书不会学习到的术语。

```cpp
// numeric_limits 模板类的定义示例
template <class T> class numeric_limits {
public:
    static const bool is_specialized = false;
    static T min() throw();
    static T max() throw();
    static const int digits = 0;
    static const int digits10 = 0;
    static const bool is_signed = false;
    static const bool is_integer = false;
    static const bool is_exact = false;
```

```cpp
        static const int radix = 0;
        static T epsilon() throw();
        static T round_error() throw();
        static const int min_exponent = 0;
        static const int min_exponent10 = 0;
        static const int max_exponent = 0;
        static const int max_exponent10 = 0;
        static const bool has_infinity = false;
        static const bool has_quiet_NaN = false;
        static const bool has_signaling_NaN = false;
        static const float_denorm_style has_denorm = denorm_absent;
        static const bool has_denorm_loss = false;
        static T infinity() throw();
        static T quiet_NaN() throw();
        static T signaling_NaN() throw();
        static T denorm_min() throw();
        static const bool is_iec559 = false;
        static const bool is_bounded = false;
        static const bool is_modulo = false;
        static const bool traps = false;
        static const bool tinyness_before = false;
        static const float_round_style round_style = round_toward_zero;
    };
```

针对整型（包括 **bool** 型）和浮点型的所有基本类型，***numeric_limits*** 模板类定义了 ***numeric_limits*<int>** 和 ***numeric_limits*<double>** 等特化类。另外，这些特化类的数据成员 `is_specialized` 的值为 **true**。

接下来，我们简单介绍一下基本的成员。

- Ⓐ 成员 `min` 和 `max` 为类型 *T* 可以表示的最小值和最大值。
- Ⓑ 成员 `digits` 为类型 *T* 可以表示的没有误差的 `radix` 进制的最大位数，它表示指定整型的除符号位以外的位数，或者指定浮点型的 `radix` 进制的尾数的位数。
- Ⓒ 成员 `is_signed` 仅当类型 *T* 为有符号型时为 **true**。
- Ⓓ 成员 `is_integer` 仅当类型 *T* 为整型时为 **true**。

6-2 引用和引用传递

除了值传递，函数之间的参数交换还可以通过引用传递实现。我们将在本节学习引用和引用传递。

■ 值传递的局限性

代码清单 6-16 所示为用来交换两个变量值的程序，但是如运行示例所示，它并没有很好地完成值的交换。

代码清单 6-16   chap06/list0616.cpp

```cpp
// 交换两个参数值的函数（错误）
#include <iostream>

using namespace std;
//--- 交换参数 x 和 y 的值（错误）---//
void swap(int x, int y)
{
    int t = x;
    x = y;
    y = t;
}

int main()
{
    int a, b;

    cout << "变量a:";    cin >> a;
    cout << "变量b:";    cin >> b;

    swap(a, b);          // 交换 a 和 b 的值?

    cout << "交换变量a和b的值。\n";
    cout << "变量a的值为" << a << "。\n";
    cout << "变量b的值为" << b << "。\n";
}
```

运行示例
变量a：6 ↵
变量b：4 ↵
交换变量 a 和 b 的值。
变量 a 的值为 6。
变量 b 的值为 4。

程序的运行结果与预期不同，因为参数的交换是通过**值传递**实现的。

swap 函数的形参 x 和 y 分别被初始化为实参 a 和 b 的值。也就是说，x 和 a、y 和 b 是完全不同的对象，因此即使 swap 函数交换了 x 和 y 的值，对 a 和 b 的值也没有任何影响。

为了达到交换目的，函数必须以另一种传递方式——**引用传递**（pass by reference）来实现。

在学习引用传递之前，我们先来学习**引用**（reference）。

■ 引用

我们通过代码清单 6-17 来理解什么是引用。

| 代码清单 6-17 | chap06/list0617.cpp |

```cpp
// 引用对象
#include <iostream>
using namespace std;
int main()
{
    int  x = 1;
    int  y = 2;
    int& a = x;                          // 用 x 初始化 a（a 引用 x）

    cout << "a = " << a << '\n';
    cout << "x = " << x << '\n';
    cout << "y = " << y << '\n';
    a = 5;                               // 把 5 赋给 a
    cout << "a = " << a << '\n';
    cout << "x = " << x << '\n';
    cout << "y = " << y << '\n';
}
```

```
运行结果
a = 1
x = 1
y = 2
a = 5
x = 5
y = 2
```

首先我们来看程序阴影部分的声明。在类型名后面添加 & 进行声明的变量 a 为引用对象。引用对象不可以自己建造房子，它会在别人的房子上贴上自己的名称，这里的"房子"就指对象。

在该声明中，变量 a 在变量 x 上贴上了自己的名称。也就是说，该声明对 x 赋予了**别名** a。因此，a 和 x 表示同一个对象，如下所示。

　　a 引用 x。

如图 6-10 所示，与对象用虚线连接的那个盒子就是别名。

上面的程序将显示三个变量的值，然后把 5 赋给 a，也就是将 x 赋值为 5。从运行结果可知，在第二次显示时，a 和 x 的值均变为了 5。

▶ 在声明引用对象时，必须提供引用目标对象并进行初始化。另外，赋给所创建的引用对象的是值，因此执行

　　a = y;

后，y 的值被赋给 a。此时，a 的引用目标不会更新为 y。

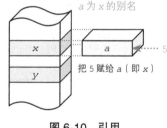

图 6-10　引用

引用传递

在理解了引用之后，参数的引用传递理解起来也就容易了。代码清单 6-18 所示为对代码清单 6-16 进行修改后的程序。

代码清单 6-18   chap06/list0618.cpp

```cpp
// 交换两个参数值的函数
#include <iostream>

using namespace std;

//--- 交换参数 x 和 y 的值 ---//
void swap(int& x, int& y)
{
    int t = x;
    x = y;
    y = t;
}

int main()
{
    int a, b;

    cout << "变量a:";   cin >> a;
    cout << "变量b:";   cin >> b;

    swap(a, b);          // 交换 a 和 b 的值

    cout << "交换变量a和b的值。\n";
    cout << "变量a的值为" << a << "。\n";
    cout << "变量b的值为" << b << "。\n";
}
```

运行示例
变量a：6 ↵
变量b：4 ↵
交换变量a和b的值。
变量a的值为4。
变量b的值为6。

与代码清单 6-16 不同的是，swap 函数的形参声明中添加了 &。通过引用形参，参数的交换变成了如图 6-11 所示的引用传递。

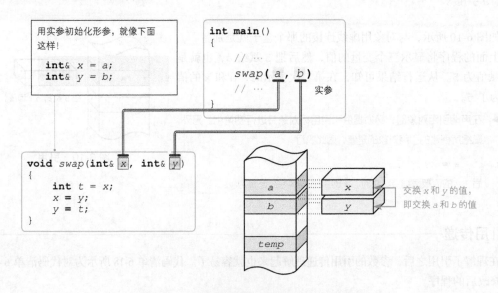

图 6-11　函数调用时参数的交换（引用传递）

swap 函数的形参 x 和 y 分别被初始化为实参 a 和 b。x 和 y 是引用，因此 x 是 a 的别名，y 是 b 的别名。

swap 函数交换 x 和 y 的值就意味着交换 main 函数的 a 和 b 的值，因此可以得到预期的结果。

■ 值传递和引用传递

无论是值传递还是引用传递，调用 swap 函数的表达式均为 swap(a, b)。因此，**仅根据函数调用表达式，无法区分值传递和引用传递**。

两种情况下的函数最大的不同点如下。

- 值传递：不可以覆盖实参的值。
- 引用传递：可以覆盖实参的值。

在引用传递中，**main** 函数和 swap 函数通过参数共享对象。这意味着什么呢？

我们假设 **main** 函数为本书读者你，而 swap 函数为你的朋友，**main** 函数的变量 a 和 b 是你非常重要的两个银行存折。

现在把这两个存折传递给你的朋友 swap。如果是值传递，swap 得到的是存折的复印件，他可以知道你的存款情况等，但是无法提取现金。

然而如果是引用传递，swap 得到的就是原本的存折。这时就无法保证 swap 返回给你的存折还是当初传递时的状态了。

重要 应该谨慎使用**引用传递**。

当然，如果 swap 是与你共同生活的配偶，那么传递原本的存折应该也没有问题（虽然有的家庭并非如此）。

也就是说，不应该无条件地回避引用传递。

▶ 从第 10 章开始，在使用类的程序中将积极地使用引用传递。

■ 三个值的排序

我们来创建一个程序，读入三个整数值，并将其按升序（从小到大）排列，如代码清单 6-19 所示。

代码清单 6-19   chap06/list0619.cpp

```cpp
// 按升序排列三个整数值

#include <iostream>

using namespace std;

//--- 交换参数 x 和 y 的值 ---//
void swap(int& x, int& y)
{
    int t = x;              ← 与代码清单 6-18 相同
    x = y;
    y = t;
}

//--- 按升序排列参数 a、b、c ---//
void sort(int& a, int& b, int& c)
{
    if (a > b) swap(a, b);      ←1
    if (b > c) swap(b, c);      ←2
    if (a > b) swap(a, b);      ←3
}

int main()
{
    int a, b, c;

    cout << "变量a:";    cin >> a;
    cout << "变量b:";    cin >> b;
    cout << "变量c:";    cin >> c;

    sort(a, b, c);              // 按升序排列 a、b、c

    cout << "按升序重新排列变量a、b、c。\n";
    cout << "变量a的值为" << a << "。\n";
    cout << "变量b的值为" << b << "。\n";
    cout << "变量c的值为" << c << "。\n";
}
```

运行示例
变量a:5⏎
变量b:3⏎
变量c:2⏎
按升序重新排列变量a、b、c。
变量a的值为2。
变量b的值为3。
变量c的值为5。

该程序原样使用了代码清单 6-18 中交换两个值的 swap 函数。sort 函数用来调用该函数。

sort 函数的主体有三条 **if** 语句，可以执行三个值的排序，如图 6-12 所示。我们假设 a、b、c 分别为 5、3、2，以此来理解排序的步骤。

首先，通过 1 比较 a 和 b 的值。因为是按升序排列，所以左侧的 a 不可以大于右侧的 b。于是，交换 a 和 b 的值。

▶ 被调用的 swap 函数的形参 x 和 y 分别引用 sort 函数的实参 a 和 b。也就是说，x 是 a 的别名，y 是 b 的别名。swap 函数交换 x 和 y 的值就相当于交换 sort 函数的 a 和 b 的值。

sort 函数的形参 a、b、c 为引用类型，分别是 **main** 函数的实参 a、b、c 的别名。因此，sort 函数交换 a 和 b 的值就相当于交换 **main** 函数的 a 和 b 的值。

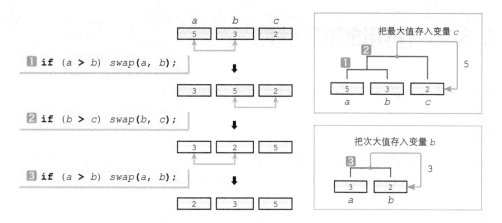

图 6-12　三个值的排序步骤

然后，通过**2**对 b 和 c 执行与**1**相同的操作。

通过这两个步骤的处理，最大值被存入变量 c，这是如图 6-12 的右图所示的**淘汰赛**所致。由该图可知，两个 if 语句把最大值存入了变量 c。

因为最大值被存入变量 c，所以**3**执行的就是把剩余两个值 a 和 b 中的较大值存入变量 b 的处理。这是决定第二位的**复活赛**。在执行 if 语句后，a 和 b 中的较大值被存入变量 b。

最大值被存入变量 c，次大值被存入变量 b，因此最小值自然被存入变量 a，至此排序完成。

▶ 这里创建了执行三个值的排序的函数。使用 swap 函数可以很容易地创建将两个值按升序排列的函数，如下所示。

```
//--- 按升序排列参数 a、b ---//
void sort2(int & a, int & b)
{
    if (a > b) swap(a, b);
}
```

另外，将两个值按降序排列的函数如下所示。

```
//--- 按降序排列参数 a、b ---//
void sort2r(int & a, int & b)
{
    if (a < b) swap(a, b);
}
```

6-3 作用域和存储期

我们将在本节学习标识符的作用域以及对象的存储期的相关内容。

■ 作用域

变量的标识符（名称）的通用范围依赖于被声明的地方。我们通过代码清单 6-20 来学习这一点。该程序在 A 、 B 、 C 三个地方声明了三个同名的变量 x。

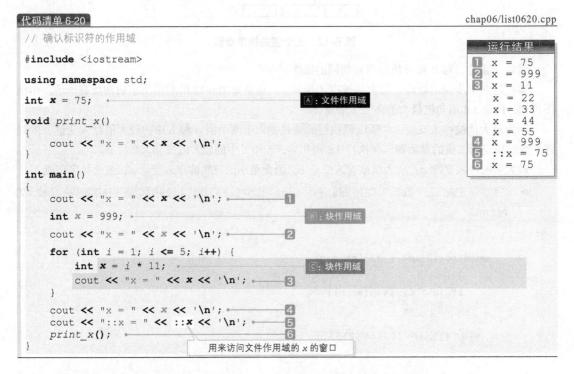

标识符的通用范围称为**作用域**（scope）。三个变量 x 的作用域有以下两种。

- **文件作用域（file scope）**

  标识符的通用范围是从声明之后直到源文件末尾为止的全局范围。像 A 这样在函数之外声明的变量的标识符的通用范围就是文件作用域。

- **块作用域（block scope）**

  标识符的通用范围是从声明之后直到包含该声明的块末尾为止的局部范围。像 B 和 C 这样在块内部声明的变量的标识符的通用范围就是块作用域。

  因此，B 的 x 的通用范围到 main 函数末尾的 } 为止，而 C 的 x 的通用范围到 for 语句的循环主体块末尾的 } 为止。

下面让我们结合程序运行过程来加深对作用域的理解。

在❶之前声明的 x 只有Ⓐ的 **x**，因此程序显示它的值 75。

在❷之前声明的 x 有Ⓐ和Ⓑ两个。像这样，**在具有文件作用域和具有块作用域的变量同名的情况下，块作用域的变量可见，而文件作用域的变量被隐藏。**

因此，这里的 x 为Ⓑ的 **x**，程序显示它的值 999。

❸在 `for` 语句的循环主体中显示 x 的值。**当存在多个具有块作用域的同名变量的情况下，内层作用域的变量可见，而外层作用域的变量被隐藏。**

因此，`for` 语句的循环主体内的 x 为Ⓒ的 **x**，而不是Ⓑ的 **x**。`for` 语句循环了 5 次，因此 **x** 的值显示为 11、22、33、44、55。

在❹处，因为 `for` 语句结束了，所以Ⓒ的 **x** 的作用域也结束了。与❷相同，这里的 x 为Ⓑ的 **x**，程序显示它的值 999。

❺输出了 `::x`。这里初次登场的 `::` 是如表 6-4 所示的**作用域解析运算符**（scope resolution operator）。在变量名前使用 `::` 的表达式可以隐藏具有块作用域的同名变量，使文件作用域的变量可见。表达式 `::x` 为Ⓐ的 **x**，程序显示它的值 75。

表 6-4　作用域解析运算符

`::x`	访问全局的 x
`x :: y`	访问命名空间 x 中的 y

▶ 这里学习了一元形式，从第 9 章开始，我们将学习二元形式的使用方法。

在❻处，由 `print_x` 函数执行输出。在此之前声明的 x 是具有文件作用域的Ⓐ的 **x**，程序显示它的值 75。

▶ 声明的标识符从该标识符写完之后开始有效。如果声明Ⓑ为：

```
int x = x;
```

则初始值 x 不是Ⓐ的 **x**，而是这里声明的 x。因此，初始值不是 75，而是不确定值。

▇ 存储期

变量不会从程序开始到结束一直存在。变量的寿命，即**生命周期**（lifetime）有三种。生命周期称为**存储期**（storage duration）。让我们通过代码清单 6-21 来学习存储期的相关内容。

▶ 我们在本节学习两种存储期，在下一章学习另一种存储期——动态存储期。

```
// 自动存储期和静态存储期
#include <iostream>
using namespace std;

int fx;                    // 静态存储期（初始化为 0）

int main()
{
    static int sx;         // 静态存储期（初始化为 0）
    int        ax;         // 自动存储期（初始化为不确定值）

    cout << "ax = " << ax << '\n';
    cout << "sx = " << sx << '\n';
    cout << "fx = " << fx << '\n';
}
```

```
运行结果示例
ax = 5311
sx = 0
fx = 0
```

- **静态存储期**（static storage duration）

像 `fx` 这样在函数之外声明并定义的对象，以及像 `sx` 这样在函数中声明的带**存储类说明符**（storage class specifier）`static` 的对象，会被赋予具有如下性质的静态存储期。

> 在程序开始运行时，具体来说，在执行 `main` 函数之前的准备阶段创建对象，在程序结束时销毁对象。

这样的对象会被赋予贯穿整个程序运行过程的、永远可以调用的寿命。初始化在 `main` 函数开始执行之前就完成了。

另外，在没有赋予初始值的情况下，具有静态存储期的对象会被自动初始化为 0。因此，不管是否有初始值，变量 `fx` 和 `sx` 均被初始化为 0。

- **自动存储期**（automatic storage duration）

像 `ax` 这样在函数中定义的不带 `static` 的对象（变量），会被赋予具有如下性质的自动存储期。

> 在程序流通过声明语句时创建对象，在通过包含声明的块的终点 `}` 时，对象完成使命而被销毁。

也就是说，这样的对象注定只能在块中生存。

另外，在没有赋予初始值的情况下，初始值为不确定值。因此，变量 `ax` 被初始化为不确定值（当然也有可能为 0）。

▶ 我们已经在代码清单 1-8 的程序中确认了具有自动存储期的对象会被初始化为不确定值。变量 `ax` 的值因处理系统或运行环境等而不同。
另外，由于获取了没有被初始化的变量 `ax` 的值，所以有的处理系统或运行环境会中断程序运行。

表 6-5 汇总了两种存储期的性质。

表 6-5　对象的存储期

	自动存储期	静态存储期
创建	在程序流通过声明语句时创建	在程序开始运行的准备阶段创建
初始化	如果没有显式进行初始化，则初始化为不确定值	如果没有显式进行初始化，则初始化为 0
销毁	在包含该声明的块结束时销毁	在程序结束执行时的收尾阶段销毁

▶ 在函数中添加存储类说明符 `register` 来声明和定义的变量也会被赋予自动存储期。

另外，如果添加 `register` 并如下声明：

```
register int ax;
```

则相当于提示编译器程序会频繁使用变量 ax，最好把它存放在比内存更快的寄存器中。

由于寄存器的个数有限，所以这并不是绝对命令。不过，现在编译技术先进，编译器自己可以判断哪些变量应该存放在寄存器，从而进行最优化（不仅如此，有的编译器可以在程序运行时动态修改存放在寄存器中的变量）。因此，执行 `register` 声明的意义正在逐渐消失。

`register` 是 C 语言的遗留物，在 C++ 程序中几乎不会使用。

专栏 6-9　具有静态存储期的对象的初始化

与 C 语言不同，在 C++ 中，具有静态存储期的对象可以被初始化为常量之外的值。

```
void f(int n)
{
    static int s = 3 * n;      // 在 C 语言中会报错
    // …
}
```

在程序准备阶段创建变量时，变量 s 暂时被初始化为 0；在第一次调用函数 f 且程序流通过声明语句时，变量 s 被初始化为 3 * n 的值。

我们通过代码清单 6-22 来加深对存储期的理解。

代码清单 6-22　　　　　　　　　　　　　　　　　　　　　　　chap06/list0622.cpp

```cpp
// 自动存储期和静态存储期
#include <iostream>
using namespace std;

int fx = 0;                      // 静态存储期 + 文件作用域

void func()
{
    static int sx = 0;           // 静态存储期 + 块作用域
    int        ax = 0;           // 自动存储期 + 块作用域

    fx++; sx++; ax++;
    cout << fx << "  " << sx << "  " << ax << '\n';
}

int main()
{
    cout << "fx sx ax\n";
    cout << "--------\n";
    for (int i = 0; i < 8; i++)
        func();
}
```

运行结果
```
fx sx ax
--------
1  1  1
2  2  1
3  3  1
4  4  1
5  5  1
6  6  1
7  7  1
8  8  1
```

该程序由 func 函数和 main 函数构成。

- **在函数之外声明的对象**

变量 fx 被赋予**静态存储期**，在程序开始运行的准备阶段被初始化为 0。func 函数每被调用一次，变量 fx 的值就递增 1，因此变量 fx 保存了 func 函数的调用次数。

- **在 func 函数内声明的对象**

func 函数中声明了两个对象 sx 和 ax。

变量 sx 被赋予**静态存储期**，在程序开始运行的准备阶段仅被初始化一次。无论是否调用 func 函数，其值都会被保存。变量 sx 一开始被初始化为 0，然后 func 函数每被调用一次，其值就递增 1，因此变量 sx 保存了 func 函数的调用次数。

变量 ax 被赋予自动存储期，当程序流通过声明语句时被创建并初始化，因此在 func 函数每次被调用时，变量 ax 变为 0。

图 6-13 展示了在该程序运行过程中创建和销毁变量的过程。

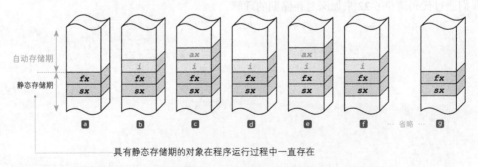

图 6-13　在代码清单 6-22 的运行过程中创建和销毁对象

ⓐ 这是开始执行 main 函数之前的状态。在内存上创建了具有静态存储期的 fx 和 sx，并将它们初始化为 0，它们在整个程序运行过程中一直存放在同一个地方。

ⓑ 开始执行 main 函数。在开始执行 for 语句时，创建具有自动存储期的变量 i。

ⓒ 从 main 函数调用 func 函数。此时，创建具有自动存储期的变量 ax，并将其初始化为 0，然后递增 fx、sx、ax 的值，使它们变为 1、1、1。

ⓓ 结束 func 函数的执行，同时销毁 ax。

ⓔ for 语句递增 i 并再次调用 func 函数，创建变量 ax 并将其初始化为 0，然后递增 fx、sx、ax 的值，使它们变为 2、2、2。

ⓕ 结束 func 函数的执行，同时销毁 ax，之后进行同样的循环。

ⓖ 这是 for 语句结束后的状态。变量 i 完成使命而被销毁。

▶ 在 main 函数结束后，sx 和 fx 被销毁，不过图 6-13 中没有展示这一点。

被赋予静态存储期的数组即使没有初始值，所有元素也会被初始化为 0（因为具有静态存储期的对象会被初始化为 0）。

```cpp
int a[7];

void func()
{
    static int b[7];
    int        c[7];
}
```

在上面的程序（chap06/list0622a.cpp）中，数组 a 和数组 b 的所有元素均被初始化为 0（数组 c 的所有元素为不确定值）。

返回引用的函数

函数可以返回引用。代码清单 6-23 所示为返回引用的函数的示例程序。ref 函数的返回值类型为 int& 型。

代码清单 6-23   chap06/list0623.cpp

```cpp
// 返回引用的函数

#include <iostream>
using namespace std;

//--- 返回 x 的引用 ---//
int& ref()
{
    static int x;   // 静态存储期
    return x;
}

int main()
{
 ①  ref() = 5;                                        // 对 ref() 赋值
 ②  cout << "ref() = " << ref() << '\n';              // 显示 ref() 的值
}
```

运行结果
ref() = 5

该程序在 `ref` 函数中定义了具有静态存储期的 `int` 型对象 x。`ref` 函数返回了 x 的引用。

▶ 具有静态存储期的 x 并非仅在 `ref` 函数执行过程中存在，而是在程序运行过程中一直存在。

让我们结合图 6-14 来理解 `ref` 函数的调用。

图 6-14　返回引用的函数

❶ 的函数调用表达式在赋值表达式的左边。`ref()` 返回的是 x 的引用，即 x 的别名，因此 5 的赋值对象是 x。

❷ 的 `ref` 函数的调用表达式 `ref()` 是 x 的别名，因此会返回在 ❶ 处赋给 x 的 5，在画面上显示的也是该值。

由此可知，**函数调用表达式 `ref()` 是变量 x 的别名。**

用来调用返回引用的函数的函数调用表达式不仅可以放在赋值表达式的右边，也可以放在左边，成为左值表达式。

▶ 从变量 x 的声明中去掉 `static` 会如何？变量 x 被赋予了自动存储期，因此会在函数执行后被销毁。调用者 `main` 函数接收的是销毁后的对象的引用，因此不会得到预期的结果。
这样可能会显示不确定值，也可能产生运行时错误而导致程序运行中断。

代码清单 6-24 所示为另一个返回引用的函数的示例程序。

代码清单 6-24　　　　　　　　　　　　　　　　　　　　　　　　　　　chap06/list0624.cpp

```cpp
// 返回数组元素的引用的函数
#include <iostream>

using namespace std;

const int a_size = 5;      // 数组 a 的元素个数

//--- 返回 a[idx] 的引用 ---//
int& r(int idx)
{
    static int a[a_size];
    return a[idx];         // 返回 a[idx] 的引用
}

int main()
{
    for (int i = 0; i < a_size; i++)
        r(i) = i;

    for (int i = 0; i < a_size; i++)
        cout << "r(" << i << ") = " << r(i) << '\n';
}
```

运行结果
r(0) = 0
r(1) = 1
r(2) = 2
r(3) = 3
r(4) = 4

在该程序中，有 5 个元素的数组 a 被赋予了静态存储期。
▶ 因此，与代码清单 6-23 的程序中的 x 一样，它也在程序运行过程中一直存在。

函数 r 返回元素 a[idx] 的引用，a[idx] 将接收的参数 idx 的值作为数组下标。因此，调用该函数的函数调用表达式 r(i) 本质上是 a[i] 的别名。

如图 6-15 所示，r(2) 是 a[2] 的别名。

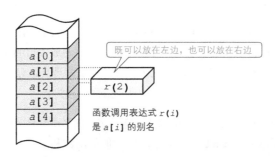

图 6-15　返回数组元素的引用的函数

main 函数把 i 的值赋给 r(i) 并显示该值。

▶ 也许大家会感觉这里的两个程序有些刻意。之所以这样安排，是因为 "返回引用的函数的调用表达式既可以放在左边，也可以放在右边" 是从第 12 章开始会用到的一个重要特性。

6-4 重载和内联函数

我们将在本节学习赋予不同函数相同名称的重载，以及可以高速运行的内联函数的相关内容。

■ 函数的重载

在本章开头创建的 `max` 函数用来接收三个 `int` 型参数并返回最大值。将来也许还需要用到求两个 `int` 型参数中的较大值的函数，或者求四个 `long` 型参数中的最大值的函数等。

如果对这些函数分别赋予名称，则无论是记忆名称，还是管理和区分使用名称，都会变得烦琐。

▶ 无论是对于函数的作者，还是对于函数的使用者来说，这都是一个问题。

C++ 允许在同一作用域中存在多个同名的函数。定义多个同名函数称为函数的**重载**（overloading）。代码清单 6-25 重载了求两个 `int` 型参数中的较大值的函数和求三个 `int` 型参数中的最大值的函数。

在调用函数时，不需要指定调用哪个函数，这是因为程序会自动选择调用最适合的函数。

▶ 把求两个值中的较大值的函数命名为 `max2`，把求三个值中的最大值的函数命名为 `max3`。

通过重载执行相似处理的函数，可以抑制程序中函数名过多的问题。

另外，必须使用被称为**签名**（signature）的形参的排列（形参的类型和个数）等信息来明确区分应该调用哪个函数（图 6-16）。

▶ signature 有 "签名" "特征" "特色" "药方" 等意思。

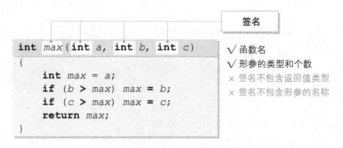

图 6-16 函数签名

6-4 重载和内联函数

代码清单 6-25　　　　　　　　　　　　　　　　　　　　　　　　　chap06/list0625.cpp

```cpp
// 求两个值中的较大值、三个值中的最大值的函数（重载）

#include <iostream>

using namespace std;

//--- 返回 a、b 中的较大值 ---//
int max(int a, int b)
{
    return a > b ? a : b;
}

//--- 返回 a、b、c 中的最大值 ---//
int max(int a, int b, int c)
{
    int max = a;
    if (b > max) max = b;
    if (c > max) max = c;
    return max;
}

int main()
{
    int x, y, z;

    cout << "x的值:";
    cin >> x;

    cout << "y的值:";
    cin >> y;

    // 两个值中的较大值
    cout << "x、y中的较大值为" << max(x, y) << "。\n";

    cout << "z的值:";
    cin >> z;

    // 三个值中的最大值
    cout << "x、y、z中的最大值为" << max(x, y, z) << "。\n";
}
```

```
运行示例
x 的值: 15 ↵
y 的值: 31 ↵
x、y 中的较大值为 31。
z 的值: 42 ↵
x、y、z 中的最大值为 42。
```

当存在不确定性时，会产生编译错误。

重要 对于执行类似处理的函数，最好赋予它们相同的名称进行重载。但是，要重载的函数的签名必须不同。

▶ 当然，main 函数是不可以重载的。另外，C 语言中不支持函数重载。

即使返回值类型不同，也不可以重载作为签名的参数个数或类型完全相同的函数。

▶ 如下所示的两个函数都接收两个 int 型参数，一个返回丢弃平均值中的小数部分后的 int 型的值，另一个返回实数值，因此它们不可以重载。

```
int ave(int x, int y)           double ave(int x, int y)
{                               {
    return (x + y) / 2;             return static_cast<double>(x + y) / 2;
}                               }
```

内联函数

计算两个值中的较大值的 max 函数仅用一行代码就实现了，因此大家可能会有这样的疑问：是否有必要将它单独创建为一个函数？

在需要计算两个变量 fbi 和 cia 中的较大值时，人们可能会认为应该像下面这样写。

```
x = fbi > cia ? fbi : cia;        // 在程序中嵌入处理
```

关于这样短小的处理是否应该创建为函数，不能一概而论。原因在于，当使用 max 函数时，可以写成：

```
x = max(fbi, cia);                // 函数调用
```

因此，创建为函数有如下好处：

- 减少创建程序时的代码量；
- 程序变得简洁且易读。

但是，这样做有一个最大的缺点，那就是：

函数调用操作以及随之发生的参数或返回值的传递将产生成本。

当然，这些操作是在程序内部执行的，不会由程序员来承担。

但是，程序的运行速度会略微下降。另外，虽然是瞬时的，但也的确会多消耗一部分内存。即使在一次函数调用中可以忽略，但对于要求运行速度的程序来说，这也是一个积土成山的问题，很麻烦。

内联函数（inline function）可以解决这样的问题，它既有函数的好处，又可以消除上述缺点。在函数定义的开头添加 **inline**，就可以把函数声明为内联函数。

例如，求两个 **int** 型参数中的较大值的内联函数的定义如下所示。

```
//--- 返回 a、b 中的较大值（内联函数版）---//
inline int max(int a, int b)
{
    return a > b ? a : b;
}
```

内联函数的调用方法与普通函数相同。

但是，在程序内部不会执行函数调用的操作。这是因为，虽然调用操作在外观上是函数调用的形式，但是在源程序编译时，会展开并嵌入函数的内容。

也就是说，调用内联函数 max 的

```
x = max(fbi, cia);                // 调用内联函数
```

会被编译为如下形式。

```
x = fbi > cia ? fbi : cia;        // 展开并嵌入内联处理
```

但是，内联函数在编译时并不一定会被内联展开。大规模的函数或包含循环语句的函数等不会被内联展开，而是在内部以和普通函数相同的方法被编译。

▶ `main` 函数不可以成为内联函数。

以前 C 语言中没有内联函数，因此为了不降低运行效率，使用了专栏 6-11 中介绍的函数式宏。但是，函数式宏有副作用，因此在 C++ 的程序中，原则上不使用函数式宏，而使用内联函数。

重要 请把要求运行效率的小规模函数实现为内联函数。

另外，内联函数也可以重载。

专栏 6-10 | **重载和关键字 overload**

在早期的 C++ 中，在声明重载函数时需要添加关键字 `overload`，而现在不需要了。在标准 C++ 中，`overload` 不会被视为关键字。

专栏 6-11 | **函数式宏**

函数式宏（function-like macro）虽然与函数完全不同，但使用方法相似，它是执行比对象式宏更加复杂的替换的宏。

代码清单 6C-2 所示为计算平方的函数式宏的示例程序。

代码清单 6C-2　　　　　　　　　　　　　　　　　　　　　　　chap06/list06c02.cpp

```
// 整数的平方和浮点数的平方（函数式宏）
#include <iostream>
using namespace std;

#define sqr(x)   ((x) * (x))

int main()
{
    int    n;
    double x;

    cout << "请输入整数:";    cin >> n;
①   cout << "该数的平方为" << sqr(n) << "。\n";

    cout << "请输入实数:";    cin >> x;
②   cout << "该数的平方为" << sqr(x) << "。\n";
}
```

运行示例
请输入整数:2⏎
该数的平方为4。
请输入实数:3.5⏎
该数的平方为12.25。

程序灰色阴影部分的 `#define` 指令为函数式宏的定义，它执行如下指示：

"当在此之后出现 sqr(○) 表达式时，展开为 ((○) * (○))。"

因此，调用该程序的函数式宏的蓝色阴影部分被如下展开并编译。

① `cout << " 该数的平方为 " << ((n) * (n)) << "。\n";`

■2 cout << " 该数的平方为 " << ((x) * (x)) << "。\n";

函数式宏虽然与函数完全不同，但是可以与函数一样被调用。另外，它的参数可以是任意类型（但是 sqr 宏的参数类型只限于可以使用乘法运算符执行乘法运算的类型）。

看起来可以与函数一样被调用的函数式宏和函数有哪些不同点呢？

首先，函数式宏 sqr 在编译时被展开并嵌入程序中。因此，它适用于 **int** 型、**double** 型和 **long** 型，即适用于所有可以使用乘法运算符执行乘法运算的类型。

另外，在函数定义中必须挨个赋予形参类型并确定返回值的类型。在这一点上，函数不太灵活（但是，使用第 9 章学习的模板函数可以解决）。

其次，在函数中，如下的复杂处理都是在我们意识不到的地方执行的。

- 参数的传递（将实参的值复制给形参）。
- 函数的调用和返回（程序流的来往）。
- 返回值的传递。

但是，在函数式宏中，表达式会被展开并嵌入，因此不会执行这些处理。

由于上述特性，虽然函数式宏可以略微提高程序运行速度，但是这可能导致程序本身膨胀（这是因为，如果展开后的表达式复杂且庞大，则所有使用它的地方都会展开并嵌入这个复杂的表达式）。

另外，与函数一样，可以定义没有参数的函数式宏。例如，以下为发出警报的宏。

#**define** alert() (cout << '\a')

alert() 为调用该函数式宏的表达式，不需要赋予参数。

函数式宏虽然很方便，但是也有很多缺点。

① 可能产生副作用

在使用函数式宏时需要多加小心。例如，把 sqr(a++) 展开为：

((a++) * (a++))

a 的值将递增两次。

像这样，"在从调用表达式表面无法看到的地方执行多次求值操作"等造成的意想不到的结果，就称为宏的**副作用**（side effect）。

在创建和使用函数式宏时，需要考虑到可能产生的副作用。

② 如果在定义时加入多余的空格，就不会被视为函数式宏

在定义时不可以在宏名与（之间加入空格。如果定义为：

#**define** sqr (x) ((x) * (x))

则它就会被视为对象式宏。因此，程序中的 sqr 会被替换为如下内容。

(x) ((x) * (x))

③ 受限于使用的运算符的优先级

如下所示为计算两个值的和的函数式宏。

```
#define add(x, y)  x + y
```

如下调用该宏会如何?

```
z = add(a, b) * add(c, d);
```

宏展开后的表达式将变成意想不到的结果:

```
z = a + b * c + d;        // z = a + (b * c) + d
```

如下把每个参数以及整体都用 () 包围,这样就可以放心了。

```
#define add(x, y)  ((x) + (y))
```

该表达式会被如下展开:

```
z = ((a) + (b)) * ((c) + (d));
```

略显多余也没有关系,要尽可能地用 () 把参数包围起来。

小结

- 最好用程序组件——**函数**来实现程序的一系列处理过程。函数由**返回值类型**、**函数名**、**形参**的个数和类型定义。函数体为块。

- 赋予不同函数同一名称称为**重载**。但是，函数必须可以通过**签名**（形参的个数和类型）来识别。

- 函数接收的**形参**通过调用者传递的**实参**被初始化。另外，在调用时省略参数的情况下，可以指定自动填补的值作为**默认实参**。

- 参数的传递原则上为**值传递**。因此，即使修改所接收的形参的值，也不会影响到实参的值。

- **引用**是其他对象的**别名**。

- 声明时在形参前添加 & 可以执行**引用传递**。形参是实参的别名，因此如果修改形参的值，就会影响到实参的值。

- 在函数内执行 `return` 语句会使程序流返回至调用者处。返回值类型不是 `void` 的函数会在返回至调用者处时**返回**一个值。对函数调用表达式求值，可以得到返回的值。

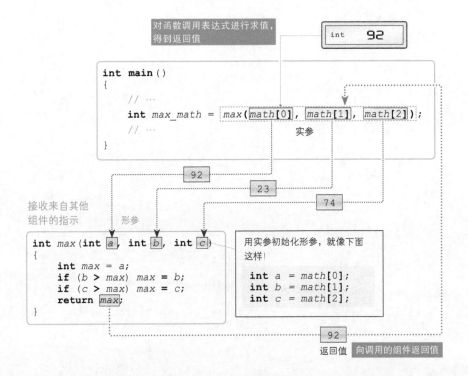

- **break** 语句、**continue** 语句、**return** 语句和 **goto** 语句统称为**跳转语句**。

- 调用返回引用的函数的函数调用表达式既可以放在赋值的右边，也可以放在左边。

- 添加 **inline** 定义的**内联函数**会被展开并嵌入程序中。最好将要求运行速度的小规模的函数定义为内联函数。

- 建议将被调用的函数定义在前面，将进行调用的函数定义在后面。在调用前面没有定义的函数时，需要进行**函数声明**。

- 在 **main** 函数中执行 **return** 语句会使程序结束。在处理成功时返回 0，否则必须返回 0 以外的值。

- 在函数之外定义的变量具有**文件作用域**，它的名称直到文件末尾通用；在函数中定义的变量具有**块作用域**，它的名称直到块末尾通用。

- 当存在具有不同作用域的同名变量时，内层变量可见，而外层变量被隐藏。使用**作用域解析运算符**（::）可以访问具有文件作用域的变量。

- 在函数之外定义的对象，以及在函数中定义的 **static** 对象具有**静态存储期**，它们从程序开始到结束一直存在。当没有显式进行初始化时，这些对象被初始化为 0。

- 在函数中定义的非 **static** 对象具有**自动存储期**，它只存在到块的末尾。当没有显式进行初始化时，这样的对象被初始化为不确定值。

- 在 <limits> 头文件中定义的 **numeric_limits** 模板类提供各个类型的最小值、最大值和位数等。

```cpp
// 返回 x 的 n 次方
double power(double x, int n)
{
    double tmp = 1.0;
    while (n-- > 0)
        tmp *= x;
    return temp;
}
```

```cpp
// 返回 a、b 中的较大值
int max(int a, int b)
{
    return a > b ? a : b;
}
```

```cpp
// 返回 a、b、c 中的最大值
int max(int a, int b, int c)
{
    int max = a;
    if (b > max) max = b;
    if (c > max) max = c;
    return max;
}
```

```cpp
// 连续显示 n 个字符 c
void put_nchar(int n, char c = '*')
{
    while (n-- > 0)
        cout << c;
}
```

```cpp
// 返回 a 和 b 的实数平均值
double ave(int a, int b)
{
    return static_cast<double>(a + b) / 2;
}
```

```cpp
// 交换 x 和 y 的值
void swap(int& x, int& y)
{
    int t = x;
    x = y;
    y = t;
}
```

```cpp
// 发出警报
void alert()
{
    cout << '\a';
}
```

```cpp
// 返回 x 的平方
int sqr(int x)
{
    return x * x;
}
```

```cpp
// 返回 x 的立方
int cube(int x)
{
    return x * x * x;
}
```

第 7 章

指针

我们将在本章学习指针的相关内容。指针用于间接操作对象、高效处理数组,以及动态创建对象等。

- 对象和地址
- 指针
- 指向 **void** 的指针
- 空指针和空指针常量 **NULL**
- 取址运算符(**&**)和解引用运算符(*****)
- 解引用和别名
- 动态确定访问对象
- 作为函数参数的指针
- 指针和数组
- 通过指针遍历数组
- 指针的递增和递减
- 指针和整数的加减运算
- 指针之间的减法和由 <cstddef> 头文件定义的 **ptrdiff_t** 型
- 函数之间的数组和多维数组的传递
- 动态创建对象
- **new** 运算符、**delete** 运算符和 **delete[]** 运算符
- <new> 头文件
- 异常处理和 **bad_alloc**
- 线性查找

7-1 指针

C++ 常用的指针被赋予了指向对象和函数的功能。我们将在本节学习指针的基础知识。

对象和地址

对象是用来表示值的内存空间。我们通过代码清单 7-1 来看一下对象存储在内存中的什么地方。

▶ 表示地址的具体数值因处理系统或运行环境而不同。

代码清单 7-1   chap07/list0701.cpp

```cpp
// 显示对象的地址

#include <iostream>

using namespace std;

int main()
{
    int    n;
    double x;

    cout << "n的地址:" << &n << '\n';
    cout << "x的地址:" << &x << '\n';
}
```

用取址运算符（ & ）获取对象的地址

运行结果示例
n 的地址：212
x 的地址：216

声明的 n 为 **int** 型，x 为 **double** 型。这些类型和对象如图 7-1 所示。

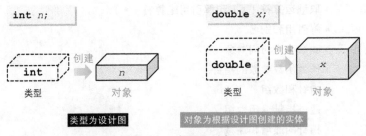

图 7-1　类型和对象

由虚线构成的盒子表示**类型**，它是一个内部隐藏着各种性质的"设计图"，而由实线构成的盒子表示**对象**，它是基于设计图创建的实体。

图 7-1 用不同的大小展示了 **int** 型的 n 和 **double** 型的 x，它们占有的内存空间大小分别为 **sizeof**(n) 字节和 **sizeof**(x) 字节。

▶ 当然，在有些处理系统中，**sizeof**(**int**) 和 **sizeof**(**double**) 可能相等，但是正如第 4 章所述，构成它们的位的含义是不同的。

■ 用取址运算符获取地址

如图 7-2 所示，各个对象不是独立的盒子，而是占用一部分内存空间的盒子。

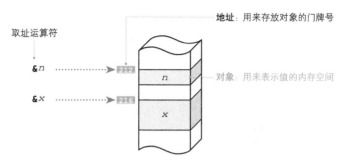

图 7-2　对象的地址和取址运算符

在广阔的内存空间上存储着许多对象，每个对象的场所会用某种方法来表示。如同我们的住宅用门牌号来表示一样，对象所在场所的"门牌号"称为**地址**（address）。

在上述程序中，用来表示地址的是 `&n` 和 `&x` 的值，而不是 `n` 和 `x` 的值。一元形式的 `&` 运算符称为**取址运算符**（address operator），它可以获取对象的地址。

▶ 符号 `&` 的作用根据上下文而不同。
  - 作为一元运算符的取址运算符：表达式 `&x`
  - 作为二元运算符的按位与运算符：表达式 `x & y`
  - 用来声明引用的分隔符：声明 `int& ref;`

使用取址运算符，可以获取操作数的对象在内存空间中的场所的门牌号。

重要　对象的地址是用来存放对象的场所的门牌号，可以使用取址运算符获取。

在图 7-2 的示例中，`n` 存放在地址 212，`x` 存放在地址 216。上述程序通过使用了取址运算符的表达式 `&n` 和 `&x` 获取了它们的地址。

▶ 严格来说，"存放在地址 212"应该表述为"存放在从地址 212 开始的 `sizeof(int)` 字节的空间上"。另外，在包括图 7-2 在内的本书的说明、图和运行示例等中出现的"地址 212"等值只是一个示例。

用插入符（`<<`）输出的地址形式（位数或基数等）依赖于运行环境和处理系统。通常会用 4 ~ 8 位的十六进制数输出。

■ 指针

只显示对象的地址没有什么作用。使用本章的主题——**指针**（pointer），就可以有效利用对象的地址，让我们通过代码清单 7-2 的程序来理解。

代码清单 7-2　　　　　　　　　　　　　　　　　　　　chap07/list0702.cpp

```cpp
// 指针的基础（取址运算符和解引用运算符）

#include <iostream>

using namespace std;

int main()
{
    int n = 135;
    cout << "n   :" <<  n << '\n';
    cout << "&n  :" << &n << "地址\n";
1   int* ptr = &n;       // ptr 指向 n
2   cout << "ptr :" <<  ptr << "地址\n";
3   cout << "*ptr:" << *ptr << '\n';
}
```

运行结果示例
```
n   : 135
&n  : 212 地址
ptr : 212 地址
*ptr: 135
```

■ 用取址运算符创建指针

1 声明的变量 *ptr* 的类型为 **int***。该类型为 "指向 **int** 型对象的指针类型"，省略为 "指向 **int** 的指针类型"，或者简单地称为 "**int*** 型"。

指针类型 *ptr* 被赋予初始值 **&***n*，即被初始化为变量 *n* 的地址。此时，*ptr* 与 *n* 的关系如下。

> **重要** 当指针 *ptr* 的值为 *n* 的地址时，可以称 "*ptr* 指向 *n*"。

指针指向对象的示意如图 7-3 **a** 所示。箭头起点的盒子为**指针**，终点的盒子为**所指的对象**。

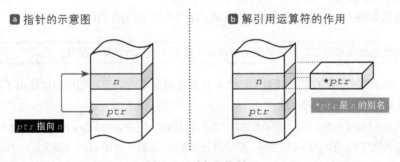

a 指针的示意图　　　　　　**b** 解引用运算符的作用

图 7-3　对象和指针

ptr 的类型为指向 **int** 的指针类型，与对它进行初始化的 **&***n* 的类型相同，即 **&***n* 的类型为指向 **int** 的指针类型。

& 运算符与其说是获取地址的运算符，不如说是**创建指针的运算符**。如表 7-1 所示，表达式 **&***x* 创建的是指向 *x* 的指针。

> **重要** 对 Type 型对象 *x* 使用取址运算符，得到的 **&***x* 是 Type* 型指针，它的值是 *x* 的地址。

指针的具体值是所指对象的地址，因此，2 显示了存放在 *ptr* 中的 *n* 的地址。

表 7-1　取址运算符

&x	创建指向 x 的指针

■ 解引用运算符

3 使用的是被称为**解引用运算符**的一元形式的 * 运算符。如表 7-2 所示，对指针使用了解引用运算符的表达式表示该指针所指的对象本身。

表 7-2　解引用运算符

*x	表示 x 所指的对象

▶ 解引用运算符（*）的操作数所指的也可以不是对象，而是函数。

另外，符号 * 的作用根据上下文而不同，切勿混淆。
- 作为二元运算符的乘法运算符：表达式 x * y
- 作为一元运算符的解引用运算符：表达式 *p
- 用来声明指针的分隔符：声明 int* p;

程序中的 ptr 指向 n，因此对 ptr 使用解引用运算符，得到的表达式 *ptr 就表示 n 本身。

在一般情况下，ptr 指向 n，即用 *ptr 表示 n，表述为 "*ptr 是 n 的**别名**"。表达式 *ptr 可以看作赋给变量 n 的别名。

重要 当 Type 型指针 p 指向 Type 型对象 x 时，对 p 使用解引用运算符，得到的表达式 *p 是 x 的别名。

在本书中，与引用相同，别名如图 7-3 **b** 所示。

▶ 图 7-3 **a** 是 "指针指向对象" 的示意，而图 7-3 **b** 是 "使用了解引用运算符的表达式为别名" 的示意。

对指针使用解引用运算符来间接访问指针所指的对象本身，称为**解引用**。

▶ 如果在指针 ptr 没有被初始化（不一定正确指向某个对象）的状态下执行 *ptr 解引用，会产生不可预知的结果，因此原则上应该在声明时初始化指针。

我们通过代码清单 7-3 来加深对取址运算符和解引用运算符的理解。

代码清单 7-3　　　　　　　　　　　　　　　　　　　　　chap07/list0703.cpp

```cpp
// 取址运算符和解引用运算符
#include <iostream>
using namespace std;

int main()
{
    int x = 123, y = 567, sw;

    cout << "x = " << x << '\n';
    cout << "y = " << y << '\n';

    cout << "修改值的变量[0…x / 1…y]:";
    cin >> sw;

    int* ptr;
    if (sw == 0)
        ptr = &x;     // ptr 指向 x
 ❶  else
        ptr = &y;     // ptr 指向 y
 ❷  *ptr = 999;      // 对 ptr 所指的对象赋值

    cout << "x = " << x << '\n';
    cout << "y = " << y << '\n';
}
```

```
运行示例❶
x = 123
y = 567
修改值的变量
[0…x / 1…y]:0 ⏎
x = 999
y = 567
```

```
运行示例❷
x = 123
y = 567
修改值的变量
[0…x / 1…y]:1 ⏎
x = 123
y = 999
```

❶根据从键盘读入的值将 &x 或 &y 赋给指针 ptr，❷将 999 赋给指针 ptr 所指的对象。
让我们通过两个运行示例和图 7-4 来理解。

▶ 如下所示，将指针 ptr 的声明和❶组合起来，可以使程序更加简洁。

　　`int *ptr = (sw == 0) ? &x : &y;`

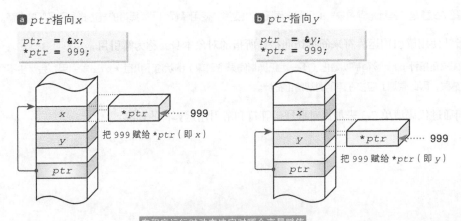

图 7-4　给指针所指的对象赋值

ⓐ 在将 &x 赋给指针 ptr 后，ptr 指向 x，在该状态下将 999 赋给 *ptr。由于 *ptr 是 x 的别名，所以 999 的赋值对象是 x。

ⓑ 在将 &y 赋给指针 ptr 后，ptr 指向 y，在该状态下将 999 赋给 *ptr。由于 *ptr 是 y 的别名，所以 999 的赋值对象是 y。

程序中没有直接把值赋给变量 x 或 y，但它们的值也被修改了，这让人感觉不可思议。
访问对象（读写对象）不是在程序编译时**静态**确定的，而是在程序运行时**动态**确定的。
因此，只凭❷的 `*ptr = 999`，并不能确定赋值对象。

> **重要** 利用指针可以实现在运行时动态确定访问对象。

▶ 静态（static）意味着经过一段时间也不改变，而动态（dynamic）意味着随着时间变化而改变。

另外，不可以对非指针对象（例如 **int** 型对象）使用解引用运算符。
表 7-3 对比了 **int** 型对象和指向 **int** 的指针类型对象。

表 7-3　int 型对象和指向 int 的指针类型对象

	int 型对象	int* 型对象
值	整数值	地址（指针）
& 运算符	创建指向该对象的指针（该值是存放对象的地址）	
* 运算符	不可以使用	表示所指的对象本身

专栏 7-1　register 存储类说明符和指针

在 C 语言中，不可以获取在声明时添加了 **register** 存储类说明符的变量的地址，因此下面的程序会产生编译错误。

```
register int i;
int *p = &i;              /* 错误：无法对 i 使用取址运算符 */
```

但在 C++ 中，可以获取在声明时添加了 **register** 存储类说明符的变量的地址，因此上面的程序不会产生编译错误。

使用了取址运算符和解引用运算符的表达式的求值

我们通过下面声明的变量 n 和 p 来加深对使用了取址运算符和解引用运算符的表达式的理解。

```
int  n = 75;         // n 为 int 型整数
int* p = &n;         // p 为指向 int 的指针类型
```

另外，如图 7-5 所示，变量 n 存放在地址 214，而变量 p 存放在地址 218。

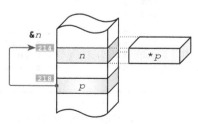

图 7-5　指针和对象

第7章 指针

▪ 表达式 n 和表达式 &n 的求值

表达式 n 和表达式 &n 的求值过程如图 7-6**a** 所示。

- 对表达式 n 求值,可以得到 `int` 型的 75。
- 对表达式 &n 求值,可以得到 `int*` 型的值。该值为存放 n 的地址 214。

▪ 表达式 p 和表达式 *p 的求值

表达式 p 和表达式 *p 的求值过程如图 7-6**b** 所示。

- 对表达式 p 求值,可以得到 `int*` 型,其值为存放所指的对象 n 的地址 214。
- 对表达式 *p 求值,可以得到 p 所指的对象的类型,其值为 `int` 型的 75。
- ▶ 对表达式 &p 求值,可以得到 `int**` 型的 218,这在图 7-6 中没有展示。`int**` 型是指向指针的指针。

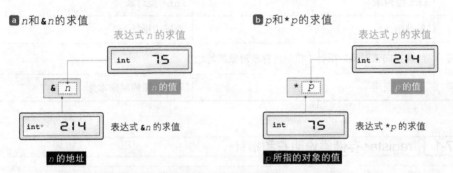

图 7-6 取址表达式和解引用表达式的求值

我们使用第 4 章学习的 `typeid` 运算符来确认各表达式的类型,示例程序如代码清单 7-4 所示。

- ▶ `typeid` 运算符的特性和显示内容依赖于处理系统。

代码清单 7-4　　chap07/list0704.cpp

```cpp
// 通过 typeid 运算符显示类型信息
#include <iostream>
#include <typeinfo>

using namespace std;

int main()
{
    int n;
    int* p;
    cout << "n  : " << typeid(n).name()  << '\n';
    cout << "&n : " << typeid(&n).name() << '\n';
    cout << "p  : " << typeid(p).name()  << '\n';
    cout << "*p : " << typeid(*p).name() << '\n';
}
```

运行结果示例
```
n  : int
&n : int *
p  : int *
*p : int
```

- ▶ 在 C 语言程序中,在声明指针时,一般不将 * 添加在 `int` 之后,而是像下面这样添加在变量名之前(C++ 程序也可以写成这种形式)。

```
int *p = &x;
```

C++则习惯把 * 添加在 int 之后，用 int* 作为"指向 int 的指针"这样一个类型名来使用。
由于 int* 由两部分构成，所以如下声明会使得 p 为 int* 型，q 为简单的 int 型。

```
int* p, q;       // int* 型的 p 和 int 型的 q 的声明
```

如果要把 q 也声明为指针，则需要在 q 之前也添加 *。

专栏 7-2 | **指针的大小**

与普通的类型一样，指针的大小可以通过 **sizeof** 运算符获取。代码清单 7C-1 所示为显示 **int** 型的大小和 **int*** 型的大小的程序。

代码清单 7C-1   chap07/list07c01.cpp

```cpp
// 显示 int 型的大小和 int* 型的大小
#include <iostream>
using namespace std;
int main()
{
    cout << "sizeof(int)  = " << sizeof(int)  << '\n';
    cout << "sizeof(int*) = " << sizeof(int*) << '\n';
}
```

运行结果示例
```
sizeof(int)  = 2
sizeof(int*) = 4
```

7-2 函数调用和指针

本章到目前为止的程序都为了让大家理解指针的基础知识而特意使用了指针。在现实的 C++ 程序中，还有一种不可避免地要使用指针的情况，就是作为函数参数的指针。我们将在本节学习作为函数参数的指针。

■ 指针传递

我们来考虑如下所示的 *sum_mul* 函数。

```
void sum_mul(int x, int y, int sum, int mul)
{
    sum = x + y;        // 把 x 与 y 的和赋给 sum
    mul = x * y;        // 把 x 与 y 的积赋给 mul
}
```

即便使用 **int** 型变量 *a*、*b*、*he*、*ji* 调用 *sum_mul*(*a*, *b*, *he*, *ji*)，*x*、*y* 的和与积也不会被赋给 *he* 与 *ji*，这是因为参数传递的机制是值传递。

为了正确计算，代码清单 7-5 使用指针重新实现了该函数。

代码清单 7-5   chap07/list0705.cpp

```
// 由函数计算两个整数值的和与积

#include <iostream>

using namespace std;

//--- 把 x 与 y 的和与积赋给 *sum 与 *mul ---//
void sum_mul(int x, int y, int* sum, int* mul)
{
    *sum = x + y;        // 把 x 与 y 的和赋给 *sum
    *mul = x * y;        // 把 x 与 y 的积赋给 *mul
}

int main()
{
    int a, b;
    int he = 0, ji = 0;

    cout << "整数a:";    cin >> a;
    cout << "整数b:";    cin >> b;

    sum_mul(a, b, &he, &ji);        // 计算 a 与 b 的和与积

    cout << "和为" << he   << "。\n";
    cout << "积为" << ji   << "。\n";
}
```

运行示例
整数a：5
整数b：7
和为12。
积为35。

第 3 个参数 *sum* 和第 4 个参数 *mul* 的类型均为**指向 int 的指针类型**。如图 7-7 所示，在调用 *sum_mul* 函数时，对这些参数传递"指向 *he* 的指针和指向 *ji* 的指针"（图中的地址 212 和地址 216）。

7-2 函数调用和指针 | 245

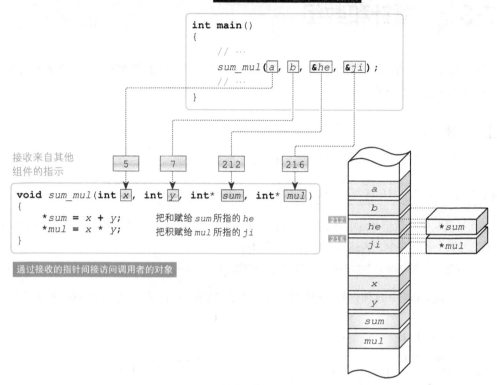

图 7-7　函数调用中的参数交换（指针传递）

被调用的 sum_mul 函数用形参 sum 和 mul 接收它们的指针，即用实参 he 和 ji 初始化函数的形参 sum 和 mul。

指针 sum 指向 he，指针 mul 指向 ji，因此 *sum 是 he 的别名，*mul 是 ji 的别名。
在函数体中，把和赋给 *sum，把积赋给 *mul，因此和存放在 he，积存放在 ji。
像这样将指向对象的指针赋给函数作为参数，就可以如下委托函数修改对象的值：

"我把指针传递给你，请你对它所指的对象进行处理（修改值）。"

在被调用的函数中，使用解引用运算符进行解引用，可以间接访问接收的指针所指的对象。

重要　如果接收指向对象的指针作为形参，则对指针使用解引用运算符可以访问该对象，并且可以在被调用的函数中修改调用者的对象的值。

请注意，sum_mul 函数的第 3 个参数和第 4 个参数的交换是**指针传递**，不是引用传递。

7-3 指针和数组

数组和指针是完全不同的对象，但又有着密不可分的关系。我们将在本节学习有着密切关系的数组和指针的共同点和不同点等。

指针和数组

关于数组，有很多一定要理解的规则。首先是下面这条规则。

重要 原则上，数组名被解释为指向该数组的第一个元素的指针。

也就是说，仅有数组名的表达式 a 是 a[0] 的地址，即 &a[0]。当数组 a 的元素类型为 Type 时，无论元素个数是多少，表达式 a 的类型都为 Type* 型。

▶ 也存在数组名不被解释为指向第一个元素的指针的情况（详见专栏 7-3）。

数组名被视为指针，这使得数组和指针之间产生了密切的关系。我们通过图 7-8 a 来理解这一点。

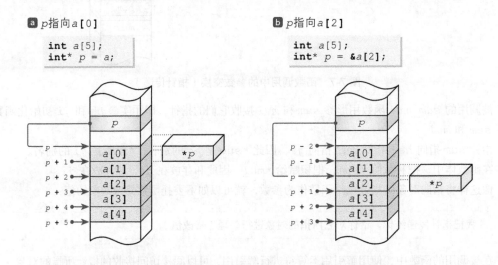

图 7-8　数组和指向各元素的指针

这里声明了数组 a 和指针 p，且指针 p 被初始化为 a。表达式 a 被解释为 &a[0]，因此赋给 p 的是 &a[0] 的值，即指针 p 被初始化为指向数组 a 的第一个元素 a[0]。

▶ 请注意，指针 p 指向的是第一个元素，而不是数组整体。

关于指向数组元素的指针，有如下规则成立。

重要 当指针 p 指向数组元素 e 时，
表达式 p + i 为指向元素 e 向后 i 个位置的元素的指针。
表达式 p - i 为指向元素 e 向前 i 个位置的元素的指针。

我们通过图 7-8**a** 来理解该规则。例如，p + 2 指向 a[0] 向后 2 个位置的元素 a[2]，而 p + 3 指向 a[0] 向后 3 个位置的元素 a[3]。

也就是说，表示指向各元素的指针的 p + i 与 &a[i] 等价。当然，表达式 &a[i] 是指向元素 a[i] 的指针，其值是 a[i] 的地址。

专栏 7-3 | **数组名不被解释为指向第一个元素的指针的情况**

数组名不被解释为指向第一个元素的指针的情况有如下两种。

❶ 当作为 sizeof 运算符及 typeid 运算符的操作数时

"`sizeof`(数组名)"返回数组整体的大小，而不是指向第一个元素的指针的大小。另外，"`typeid`(数组名)"返回数组相关的信息。

❷ 当作为取址运算符的操作数时

"`&` 数组名"是指向数组整体的指针，而不是指向"指向第一个元素的指针"的指针。

我们通过代码清单 7-6 来确认以上内容，该程序会显示表达式 &a[i] 的值和表达式 p + i 的值。

代码清单 7-6 chap07/list0706.cpp

```
// 显示数组元素的地址
#include <iostream>

using namespace std;

int main()
{
    int a[5] = {1, 2, 3, 4, 5};
    int* p = a;         // p指向a[0]

    for (int i = 0; i < 5; i++)         // 显示指向元素的指针
        cout << "&a[" << i << "] = " << &a[i] << "  p+" << i << " = " << p + i << '\n';
}
```

运行结果示例
&a[0] = 310   p+0 = 310
&a[1] = 312   p+1 = 312
&a[2] = 314   p+2 = 314
&a[3] = 316   p+3 = 316
&a[4] = 318   p+4 = 318

如运行结果所示，表示指向各元素的指针的 &a[i] 与 p + i 的值相同。

由此可知，指针 p + i 指向数组 a 的元素 a[i]。

但是，仅当 p 指向 a[0] 时，p + i 指向 a[i]。我们尝试如下修改 p 的声明。

```
    int* p = &a[2];         // p指向a[2]
```

这样一来，如图 7-8 **b** 所示，指针 p 指向 a[2]，因此 p - 1 指向 a[1]，p + 1 指向 a[3]。

解引用运算符和下标运算符

对指向数组元素的指针 p + i 使用解引用运算符会如何呢?

p + i 是指向 p 所指元素向后 i 个位置的元素的指针,因此使用了解引用运算符的表达式 *(p + i) 就是该元素的别名。当 p 指向 a[0] 时,表达式 *(p + i) 表示 a[i]。

请一定理解下面的规则。

> **重要** 当指针 p 指向数组元素 e 时,
> 表示指向元素 e 向后 i 个位置的元素的 *(p + i) 可以记为 p[i],
> 表示指向元素 e 向前 i 个位置的元素的 *(p - i) 可以记为 p[-i]。

图 7-9 反映了该规则,并细化了图 7-8 a 。我们通过第 3 个元素 a[2] 来理解。

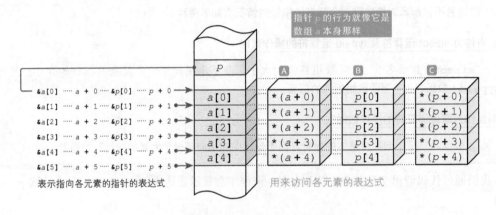

图 7-9 指向数组元素的指针和元素的别名

- p + 2 指向 a[2],因此 *(p + 2) 是 a[2] 的别名(图 7-9 C)。
- *(p + 2) 可以记为 p[2],因此 p[2] 也是 a[2] 的别名(图 7-9 B)。
- 数组名 a 是指向第一个元素 a[0] 的指针,因此,对该指针加 2,得到的 a + 2 是指向第三个元素 a[2] 的指针(图 7-9 中左侧的箭头)。
- 指针 a + 2 指向元素 a[2],因此,对指针 a + 2 使用解引用运算符,得到的 *(a + 2) 是 a[2] 的别名(图 7-9 A)。

由此可知,图 7-9 A ~ 图 7-9 C 的表达式 *(a + 2)、p[2]、*(p + 2) 均为数组元素 a[2] 的别名。

▶ 指向第一个元素的指针 a + 0 和 p + 0 可以简单地用 a 和 p 表示。另外,它们的别名 *(a + 0) 和 *(p + 0) 可以分别表示为 *a 和 *p。

前面我们以 a[2] 为例进行了说明,下面来思考一下一般的表示方法。
以下均为用来访问各元素的表达式。

1 a[i]   *(a + i)   p[i]   *(p + i)   ※ 从第一个元素开始向后 i 个位置的元素

另外，以下表达式均为指向各元素的指针。

2 &a[i]　　a + i　　&p[i]　　p + i　　※ 指向从第一个元素开始向后 i 个位置的元素的指针

我们通过代码清单 7-7 来确认上述内容。

代码清单 7-7　　　　　　　　　　　　　　　　　　　　　　　　　　　　　　　chap07/list0707.cpp

```cpp
// 显示数组元素的值和地址
#include <iostream>
using namespace std;
int main()
{
    int a[5] = {1, 2, 3, 4, 5};
    int* p = a;         // p指向a[0]
    for (int i = 0; i < 5; i++)          // 显示元素的值
        cout << "a[" << i << "] = " << a[i] << "  *(a+" << i << ") = " << *(a + i) << "  "
             << "p[" << i << "] = " << p[i] << "  *(p+" << i << ") = " << *(p + i) << "\n";
    for (int i = 0; i < 5; i++)          // 显示指向元素的指针
        cout << "&a[" << i << "] = " << &a[i] << "   a+" << i << " = " << a + i << "  "
             << "&p[" << i << "] = " << &p[i] << "   p+" << i << " = " << p + i << "\n";
}
```

运行结果示例

```
a[0] = 1   *(a+0) = 1   p[0] = 1   *(p+0) = 1
a[1] = 2   *(a+1) = 2   p[1] = 2   *(p+1) = 2
a[2] = 3   *(a+2) = 3   p[2] = 3   *(p+2) = 3
a[3] = 4   *(a+3) = 4   p[3] = 4   *(p+3) = 4
a[4] = 5   *(a+4) = 5   p[4] = 5   *(p+4) = 5
&a[0] = 310   a+0 = 310   &p[0] = 310   p+0 = 310
&a[1] = 312   a+1 = 312   &p[1] = 312   p+1 = 312
&a[2] = 314   a+2 = 314   &p[2] = 314   p+2 = 314
&a[3] = 316   a+3 = 316   &p[3] = 316   p+3 = 316
&a[4] = 318   a+4 = 318   &p[4] = 318   p+4 = 318
```

1 的 4 个表达式和 **2** 的 4 个表达式分别显示为相同的值。

■ 指向元素的指针的范围

当数组 a 的元素个数为 n 时，其元素为从 a[0] 到 a[n - 1] 的 n 个。

然而，作为指向元素的指针，从 &a[0] 到 &a[n] 的 n + 1 个指针均正确且有效。

例如，数组 a 的元素为从 a[0] 到 a[4] 的 5 个，指向各元素的 6 个指针 &a[0]，&a[1]，…，&a[4] 和 &a[5] 均正确且有效。

重要 虽然元素个数为 n 的数组中没有 a[n]，但是 &a[n] 被解释为有效的指针。

▶ 这是为了在判断数组遍历的结束条件（是否到达末尾）时，可以方便地利用指向最后一个元素的下一个元素的指针。

我们将结合代码清单 7-14 来学习应用了该特性的示例程序。

■ 下标运算符的操作数

表达式 *(p + i) 中的 p + i 是 p 和 i 的加法运算。正如算术型的值之间的加法运算 a + b 和 b + a 相等一样，p + i 和 i + p 也是相等的，因此 *(p + i) 和 *(i + p) 是相等的。

如果这样考虑，访问数组元素的表达式 p[i] 是不是也可以写成 i[p] 呢？实际上这是可以的。

下标运算符 [ ] 是有两个操作数的二元运算符，只要其中一个操作数的类型为 "指向 Type 型对象的指针"，另一个操作数为泛整型即可，顺序可以任意。另外，对表达式求值得到的类型为 Type 型。

也就是说，正如加法运算 a + b 和 b + a 相等一样，a[3] 和 3[a] 也是相等的。
当指针 p 指向数组 a 的第一个元素 a[0] 时，下面的 4 个表达式均表示相同的元素。

| a[i] | *(a + i) | p[i] | *(p + i) |

实际上，下面的 8 个表达式均表示相同的元素。

| a[i] | i[a] | *(a + i) | *(i + a) | p[i] | i[p] | *(p + i) | *(i + p) |

代码清单 7-8 的程序恐怕会让大多数人感到惊讶。当然，我们不应该使用像 i[a] 这样会让人困惑的表示形式。

代码清单 7-8　　　　　　　　　　　　　　　　　　　　　　　　chap07/list0708.cpp

```cpp
// 恐怕会让大家惊讶的程序
#include <iostream>
using namespace std;
int main()
{
    int a[4];

    0[a] = a[1] = *(a + 2) = *(3 + a) = 7;           // 把 7 赋给所有元素

    for (int i = 0; i < 4; i++)
        cout << "a[" << i << "] = " << a[i] << '\n'; // 显示 a[i] 的值
}
```

运行结果
```
a[0] = 7
a[1] = 7
a[2] = 7
a[3] = 7
```

从到目前为止的学习中，我们可以得出以下结论。

重要 当 Type* 型的 p 指向 Type 型的数组 a 的第一个元素 a[0] 时，指针 p 的行为就像它是数组 a 本身那样。

▶ 数组名原本就被视为指向数组第一个元素的指针，因此数组和指针也当然会有相同的行为。

表达式 a[i] 和 p + i 中的 i 是表示从指针 a 或 p 所指的元素开始向后多少个元素的位置的值。因此，数组的第一个元素的下标必然为 0。在其他编程语言中，下标从 1 开始，或者可以自由指定上限或下限等，但在 C++ 中，这从原理上来说是不可以的。

重要 数组的下标是表示从第一个元素开始向后多少个元素的位置的值（因此从 0 开始）。

指针和整数可以相加，但是请注意，指针之间不可以相加。

重要 指针和整数可以进行加法运算，但是指针之间不可以进行加法运算。

▶ 不过，指针之间可以进行减法运算，详见 7-4 节。

数组和指针的不同点

前面学习了数组和指针的相似点,接下来我们来学习它们的不同点。

首先,我们思考一下如右所示的❶。`int*`型的指针 p 被赋给 y,即 &y[0],因此指针 p 指向 y[0]。

接下来我们思考❷。a = b 的赋值会产生编译错误(详见第 5 章)。

虽然 a 被解释为指向数组第一个元素的指针,但是它的值不可以修改。

如果允许这样赋值,则数组的地址会被修改,并且可以移动到其他地址。不可以将赋值表达式的左操作数作为数组名。

```
❶ int* p;
   int y[5];

   p = y;    // OK
```

```
❷ int a[5];
   int b[5];

   a = b;    // 错误
```

> **重要** 赋值运算符的左操作数不可以作为数组名。

如第 5 章所述,不可以用赋值运算符复制数组的所有元素,但是准确地说,应该是不可以用赋值运算符修改指向数组第一个元素的指针。

函数之间的数组的传递

代码清单 7-9 的程序使用函数修改了将数组元素逆序排列的代码清单 5-8。

▶ 另外,在该程序中,赋给元素的值不再是随机数,而是从键盘读入的值。

代码清单 7-9   chap07/list0709.cpp

```cpp
// 将数组元素逆序排列(函数版)
#include <iostream>
using namespace std;
//--- 将元素个数为 n 的数组 a 逆序排列 ---//
void reverse(int a[], int n)
{
    for (int i = 0; i < n / 2; i++) {
        int t = a[i];
        a[i] = a[n - i - 1];
        a[n - i - 1] = t;
    }
}
int main()
{
    const int n = 5;                    // 数组 c 的元素个数
    int c[n];
    for (int i = 0; i < n; i++) {       // 向各元素读入值
        cout << "c[" << i << "] : ";
        cin >> c[i];
    }
    reverse(c, n);                      // 将数组 c 的元素逆序排列
    cout << "将元素逆序排列。\n";
    for (int i = 0; i < n; i++)         // 显示数组 c
        cout << "c[" << i << "] = " << c[i] << '\n';
}
```

运行示例
```
c[0] : 23
c[1] : 2
c[2] : 95
c[3] : 75
c[4] : 6
将元素逆序排列。
c[0] = 6
c[1] = 75
c[2] = 95
c[3] = 2
c[4] = 23
```

将元素逆序排列的 reverse 函数按照图 7-10 ⓐ 的形式声明。事实上，图 7-10 ⓐ 和图 7-10 ⓑ 的声明均被解释为图 7-10 ⓒ。

也就是说，形参 a 的类型不是数组而是指针。另外，如图 7-10 ⓑ 所示，用来指定元素个数的值会被忽视。

▶ 向声明了元素个数的函数传递元素个数不同的数组是合法的。例如，向图 7-10 ⓑ 的函数传递元素个数为 10 的数组 d 的函数调用表达式 reverse(d, 10) 并不会产生编译错误。

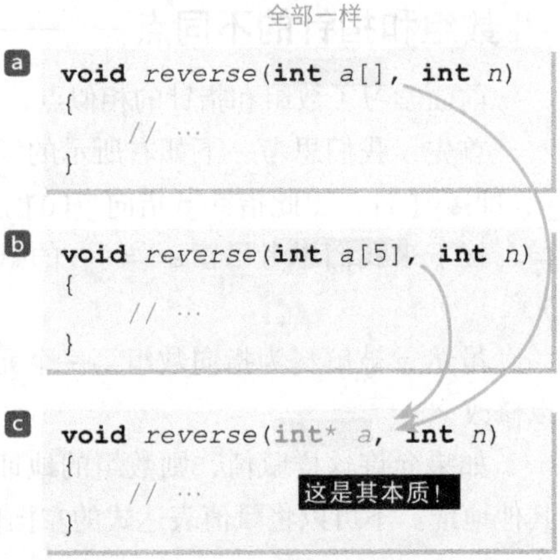

这意味着，在传递数组时，需要把其元素个数作为另一个参数来传递（这里为 n）。

我们来关注程序阴影部分。单独出现的数组名是指向第一个元素的指针，因此第一个参数 c 是指向数组 c 的第一个元素 c[0] 的指针 &c[0]。

如图 7-11 所示，在调用函数 reverse 时，**int*** 型的第一个形参 a 被初始化为 c，即 &c[0]。

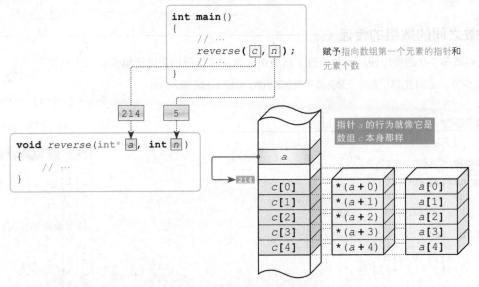

图 7-10 接收数组的函数的声明

图 7-11 函数之间的数组的传递

指针 a 指向数组 c 的第一个元素 c[0]，因此如图 7-11 所示，它们之间是别名的关系。可见，在 reverse 函数中，指针 a 的行为就像它是数组 c 本身那样。

重要 函数之间用指向第一个元素的指针来传递数组。用指向第一个元素的指针初始化的形参的指针的行为就像它是实参的数组本身那样。

甚至可以如下表述。

> **重要** 在函数之间传递 Type 型数组时的参数类型为 Type*。数组的元素个数可以是任意的，但是必须传递指向第一个元素的指针以及作为另一个参数的元素个数。

■ const 指针型的形参

代码清单 7-10 所示为求存放在数组中的身高和体重的最大值的程序。`maxof` 函数返回整数数组 `a` 的元素中的最大值。

代码清单 7-10　　　　　　　　　　　　　　　　　　　　　　　　chap07/list0710.cpp

```cpp
// 求身高的最大值和体重的最大值

#include <iostream>

using namespace std;

//--- 返回元素个数为 n 的数组 a 的最大值 ---//
int maxof(const int a[], int n)
{
    int max = a[0];
    for (int i = 1; i < n; i++)
        if (a[i] > max)
            max = a[i];
    return max;
}

int main()
{
    const int number = 5;                       // 人数
    int height[number], weight[number];         // 身高、体重

    cout << "请输入 " << number << " 个人的身高和体重。\n";
    for (int i = 0; i < number; i++) {
        cout << "第 " << i + 1 << " 个人的身高：";
        cin >> height[i];
        cout << "第 " << i + 1 << " 个人的体重：";
        cin >> weight[i];
    }
    int hmax = maxof(height, number);           // 身高的最大值
    int wmax = maxof(weight, number);           // 体重的最大值

    cout << "身高的最大值：" << hmax << "cm\n";
    cout << "体重的最大值：" << wmax << "kg\n";
}
```

运行示例
```
请输入 5 个人的身高和体重。
第 1 个人的身高：175
第 1 个人的体重：72
第 2 个人的身高：163
第 2 个人的体重：82
第 3 个人的身高：150
第 3 个人的体重：49
第 4 个人的身高：181
第 4 个人的体重：76
第 5 个人的身高：170
第 5 个人的体重：64
身高的最大值：181cm
体重的最大值：82kg
```

在求身高的最大值时，`maxof` 函数的指针，即形参 `a`（本质上）就是调用者的实参的数组 `height`；在求体重的最大值时，`maxof` 函数的形参 `a`（本质上）就是调用者的实参的数组 `weight`。

因此，传递数组（的第一个元素的指针）的一方可能会不安：

　　"数组元素的值要是被修改了就麻烦了，确定没问题吗？"

为了避免数组元素的值被修改，程序阴影部分添加了 **const** 类型说明符（type qualifier）来声明形参。这样一来，在函数中就不可以修改所接收的数组元素的值了。

如果形参数组 a 声明为 `const`，则在 `maxof` 函数中，像下面这样修改数组元素的值，就会产生编译错误。

| `a[1] = 5;`　　　　// 错误：`const` 声明的数组元素不可以被赋值

这样一来，`maxof` 函数的调用者就可以安心地传递 `height` 和 `weight` 等数组作为参数了。

> **重要** 如果仅引用所接收的数组元素的值，而不进行修改，则声明时应该在用于接收数组的形参上添加 `const`。

另外，严格来说，a 是指针而不是数组，因此如图 7-12ⓐ 和图 7-12ⓑ 所示的声明都没问题。

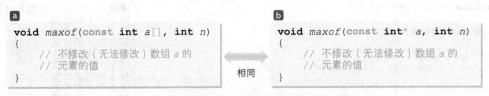

图 7-12　不修改所接收的数组元素的值的函数声明

另外，无论是否用 `const` 声明参数，都可以传递指向第一个元素之外的元素的指针作为第一个参数，传递非数组元素个数的值作为第二个参数。例如，函数调用

| ❶ `maxof(height, 2)`　　　　　　// 与 `maxof(&height[0], 2)` 相同

返回两个元素 `height[0]` 和 `height[1]` 中的较大值。而

| ❷ `maxof(&height[2], 3)`

返回三个元素 `height[2]`、`height[3]` 和 `height[4]` 中的最大值。

▶ ❶中被调用的 `maxof` 函数的形参 a 和 n 接收的是 `&height[0]` 和 2。指针 a 指向 `height[0]`，因此返回 `a[0]` 和 `a[1]`，即 `height[0]` 和 `height[1]` 这两个元素中的较大值。
❷中被调用的 `maxof` 函数的形参 a 和 n 接收的是 `&height[2]` 和 3。指针 a 指向 `height[2]`，因此返回 `a[2]` ~ `a[4]`，即 `height[2]` ~ `height[4]` 这三个元素中的最大值。

另外，函数可以接收数组（的第一个元素的指针）作为参数，但是**不可以返回数组**。

■ 函数之间的多维数组的传递

接下来，我们通过代码清单 7-11 的程序来学习将多维数组作为函数之间的参数进行传递的方法。`fill` 函数接收 n 行 3 列的二维数组作为形参 a，并把 v 赋给其所有构成元素。

该程序从 `main` 函数传递给 `fill` 函数的是 2 行 3 列的二维数组 x 和 4 行 3 列的二维数组 y。这些数组的元素类型和元素个数如右所示。

■ x：元素类型为 `int[3]` 型且元素个数为 2。
■ y：元素类型为 `int[3]` 型且元素个数为 4。

在将数组作为参数进行传递时，如果元素类型为 Type 型，则对应的参数类型为指向 Type 的指针类型，即 Type* 型。

该程序的数组 x 和 y 的元素类型均为 **int**[3]，因此，对应的参数类型为指向 **int**[3] 的指针类型，如下所示。

---

　　　　int (*)[3] 型　　　※ 指向 **int**[3] 的指针类型

▶ 包围 * 的 () 不可以省略，因为如果省略，就会被解释为元素类型为 **int*** 型且元素个数为 3 的数组类型。

也就是说，fill 函数接收的二维数组的列数是常量（固定）。

另外，函数之间传递的数组的元素个数是自由的（作为另一个参数来传递）。也就是说，fill 函数接收的二维数组的行数是任意（可变）的。

如图 7-13 所示，可以传递 Ⓐ 的数组，但是不可以传递 Ⓑ 的数组。

包括三维以上的数组在内，一般可以归纳如下。

> **重要** 接收多维数组的函数只有相当于最开头的下标（最高维）的 n 维的元素个数是可变的，而 (n - 1) 维以下的元素个数是固定的。

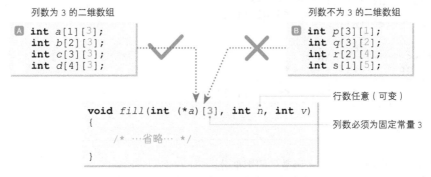

图 7-13　接收多维数组的参数和元素个数

代码清单 7-11　　　　　　　　　　　　　　　　　　　　　　　　　　　chap07/list0711.cpp

```cpp
// 把同一值赋给 n 行 3 列的二维数组的所有构成元素
#include <iomanip>
#include <iostream>

using namespace std;
//--- "元素类型为 "元素类型为 int 型且元素个数为 3 的数组" 型且元素个数为 n 的数组 ---//
//---            把 v 赋给 n 行 3 列的二维数组的所有构成元素       ---//
void fill(int (*a)[3], int n, int v)
{
    for (int i = 0; i < n; i++)
        for (int j = 0; j < 3; j++)
            a[i][j] = v;
}
int main()
{
    int no;
    int x[2][3] = {0};
    int y[4][3] = {0};

    cout << "赋给所有构成元素的值:";
    cin >> no;
 ❶  fill(x, 2, no);         // 把 no 赋给 x 的所有构成元素
 ❷  fill(y, 4, no);         // 把 no 赋给 y 的所有构成元素

    cout << "--- x ---\n";
    for (int i = 0; i < 2; i++) {
        for (int j = 0; j < 3; j++)
            cout << setw(3) << x[i][j];
        cout << '\n';
    }
    cout << "--- y ---\n";
    for (int i = 0; i < 4; i++) {
        for (int j = 0; j < 3; j++)
            cout << setw(3) << y[i][j];
        cout << '\n';
    }
}
```

```
运行示例
赋给所有构成元素的值:18
--- x ---
 18 18 18
 18 18 18
--- y ---
 18 18 18
 18 18 18
 18 18 18
 18 18 18
```

我们来关注程序中调用 fill 函数的阴影部分。

❶ 传递给 fill 函数的第一个实参为 x。数组名被解释为指向其第一个元素的指针，因此被传递的值为 &x[0]。

fill 函数接收的形参 a 被复制为 &x[0]，即指向 x[0]。该 x[0] 是指向 int[3]（元素类型为 int 型且元素个数为 3 的数组）的指针。因此，该数组中的各元素（二维数组的构成元素）可以表示为 *(a[0] + 0)、*(a[0] + 1)、*(a[0] + 2) 或者 a[0][0]、a[0][1]、a[0][2]。

另外，a[1] 指向 x[0] 的下一个元素 x[1]，因此访问其中的各元素的表达式为 a[1][0]、a[1][1]、a[1][2]。

虽然 a 是指针，但是在 fill 函数中，a 的行为就像它是二维数组 x 本身那样。

▶　❷ 除了元素个数（二维数组的行数）不同之外，其他都与 ❶ 一样。

7-4 通过指针遍历数组元素

我们将在本节学习递增指针并遍历数组元素的方法。

■ 通过指针遍历数组元素

我们来创建一个将数组的所有元素赋值为 0 的函数，并使用解引用运算符来访问数组元素，如代码清单 7-12 中的 `fill_zero` 函数所示。

代码清单 7-12　　　　　　　　　　　　　　　　　　　　　　　　　　chap07/list0712.cpp

```cpp
// 把 0 赋给数组的所有元素（第 1 版）

#include <iostream>

using namespace std;

//--- 把 0 赋给数组 p 的前 n 个元素（第 1 版）---//
void fill_zero(int* p, int n)
{
    while (n-- > 0) {
        *p = 0;      // 把 0 赋给当前元素        ←1
        p++;         // 移动到下一个元素         ←2
    }
}

int main()
{
    int x[5] = {1, 2, 3, 4, 5};
    int x_size = sizeof(x) / sizeof(x[0]);     // 数组 x 的元素个数

    fill_zero(x, x_size);                       // 把 0 赋给数组 x 的所有元素

    cout << "把0赋给了所有元素。\n";
    for (int i = 0; i < x_size; i++)
        cout << "x[" << i << "] = " << x[i] << '\n';  // 显示 x[i] 的值
}
```

运行结果
把 0 赋给了所有元素。
x[0] = 0
x[1] = 0
x[2] = 0
x[3] = 0
x[4] = 0

从 `main` 函数传递来的第一个参数是指向数组 x 的第一个元素 x[0] 的指针 &x[0]。用该值初始化形参 p，则 p 被初始化为指向 x[0]。因此，`fill_zero` 函数开始执行时的情况如图 7-14 ⓐ 所示。

在 `while` 语句的循环主体中，首先通过 1 的赋值 *p = 0 把 0 赋给第一个元素 x[0]，然后通过 2 的 p++ 递增 p。关于指针的递增和递减，我们必须理解以下内容。

> **重要**　指向数组元素的指针递增后指向后一个元素，递减后指向前一个元素。

对于指针来说，递增运算符（++）和递减运算符（--）并没有执行特别的操作。

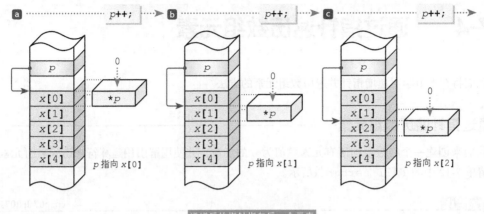

图 7-14　递增指针并遍历数组

不管 p 是否为指针，都要遵循如下规则。

> **重要**　p++ 为 p = p + 1，而 p-- 为 p - 1。

因此，在执行 p++ 后，p 被更新为指向后一个元素。

▶ 递减也一样。指针减 1 后的指针 p - 1 指向向前一个位置的元素。因此，在执行 p-- 后，p 被更新为指向前一个元素。

p 原本指向 x[0]，如图 7-14 b 所示，递增后 p 指向 x[1]，此时把 0 赋给 *p，则第二个元素 x[1] 的值变为 0。

把 0 赋给当前元素后，通过递增移动到后一个元素。在循环 n 次这样的操作后，n 个元素全部被赋值为 0。

代码清单 7-13 所示为简短版的 *fill_zero* 函数的实现。

后置递增运算符（++）在对作为运算对象的操作数的值进行求值后，递增操作数的值，因此首先由 *p = 0 把 0 赋给当前元素，然后由 p++ 递增指针，从而指向后一个元素。

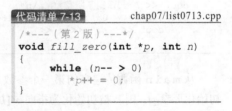

▶ 这里，代码清单 7-12 的 ❶ 和 ❷ 被汇总成一条语句。

另外，如果把 *p++ 修改为 (*p)++，则递增的对象就变为 p 所指的元素的值，而不是 p（指针不递增）。这一点请注意。

线性查找

代码清单 7-14 所示为验证某个特定值的元素是否包含在数组中的程序。

```
代码清单 7-14                                              chap07/list0714.cpp
// 线性查找(第 1 版)
#include <iostream>

using namespace std;

//--- 从数组 a 的前 n 个元素中线性查找值 key(第 1 版) ---//
int seq_search(int* a, int n, int key)
{
    for (int i = 0; i < n; i++)
        if (*a++ == key)              // 查找成功
            return i;
    return -1;                        // 查找失败
}

int main()
{
    int key, idx;
    int x[7];
    int x_size = sizeof(x) / sizeof(x[0]);

    for (int i = 0; i < x_size; i++) {
        cout << "x[" << i << "] : ";
        cin >> x[i];
    }
    cout << "查找值:";
    cin >> key;

    if ((idx = seq_search(x, x_size, key)) != -1)
        cout << "具有该值的元素为x[" << idx << "]。\n";
    else
        cout << "没有找到。\n";
}
```

运行示例
```
x[0]:54
x[1]:28
x[2]:89
x[3]:18
x[4]:77
x[5]:23
x[6]:52
查找值:77
具有该值的元素为x[4]。
```

seq_search 函数在元素个数为 n 的数组 a 中从头开始依次查找值为 key 的元素,并返回找到的元素的下标。如果查找失败,则返回 -1。

像这样从第一个元素开始依次比较值的查找方法称为**线性查找**(linear search)或者**顺序查找**(sequential search)。

用来遍历数组的表达式 *a++ 和代码清单 7-13 中的 *p++ 具有相同的形式。遍历的当前元素为 a 所指的元素。当 a 所指的元素的值 *a 与 key 相等时,if 语句的条件成立,因此函数返回 i 的值(元素的下标)。

像运行示例那样查找 77 的过程如图 7-15ⓐ 所示。当找到与 77 相等的元素时,变量 i 的值为 4,函数返回该值 4。

另外,当对 if 语句的条件 *a++ == key 进行求值时,指针 a++ 递增,因此指针 a 在求值开始时指向 x[4],在求值结束时指向 x[5]。

▶ 也就是说,通过 *a == key 确认 x[4] 为 77 之后,通过 a++ 递增指针 a,使其指向 x[5]。

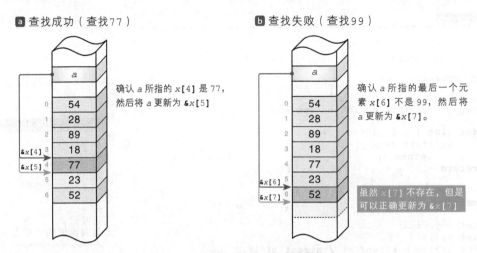

图 7-15 查找成功时和失败时的指针

图 7-15**b**是查找失败的示例。当指针 a 指向 x[6] 时，控制表达式 *a++ == key 的求值结果为 **false**，条件不成立。在控制表达式求值结束时，指针 a 递增，其值变为 &x[7]。

▶ 不管元素 x[7] 是否存在，都可以正确执行递增操作。这是因为当数组元素个数为 n 时，数组由 a[0] ~ a[n - 1] 的 n 个元素构成，而指向元素的指针共有 &a[0] ~ &a[n] 的 n + 1 个被视为正确的值（即 &a[n] 是指向最后一个元素 &a[n - 1] 的后一个元素的指针）。

调用 seq_search 函数的程序阴影部分的表达式比较复杂（图 7-16）。

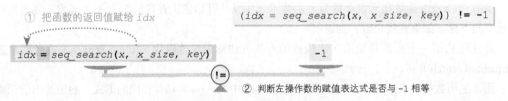

图 7-16 赋值表达式和相等表达式的求值

① 把 seq_search 函数的返回值赋给变量 idx。
② 判断左操作数的赋值表达式 idx = seq_search(x, x_size, key) 是否与 -1 相等。赋值表达式的求值结果为赋值后的 idx 的值。

因此，**if** 语句的条件判断如下。

> 把函数调用表达式的返回值赋给 idx，当该值与 -1 不相等时……

像这样在表达式中嵌入表达式的方法在 C++ 的程序中很常见，因此请掌握这样的用法。代码清单 7-15 所示为用另一种方法实现 seq_search 函数的程序。

▶ 与代码清单 7-14 不同的只是 seq_search 函数，**main** 函数还是一样的。

代码清单 7-15

```
// 线性查找（第 2 版）
#include <iostream>
using namespace std;
//--- 从数组 a 的前 n 个元素中线性查找值 key（第 2 版）---//
int seq_search(int* a, int n, int key)
{
    int* p = a;

    while (n-- > 0) {
        if (*p == key)           // 查找成功
            return p - a;
        else
            p++;
    }
    return -1;                   // 查找失败
}

int main()
{
    int key, idx;
    int x[7];
    int x_size = sizeof(x) / sizeof(x[0]);     // 数组 x 的元素个数

    for (int i = 0; i < x_size; i++) {
        cout << "x[" << i << "] : ";
        cin >> x[i];
    }
    cout << "查找值:";
    cin >> key;

    if ((idx = seq_search(x, x_size, key)) != -1)
        cout << "具有该值的元素为x[" << idx << "]。\n";
    else
        cout << "没有找到。\n";
}
```

chap07/list0715.cpp

```
运行示例
x[0]：54
x[1]：28
x[2]：89
x[3]：18
x[4]：77
x[5]：23
x[6]：52
查找值：77
具有该值的元素为 x[4]。
```

在函数中声明的指针 p 被初始化为 a 的值，如图 7-17 a 所示，它指向数组 x 的第一个元素。

遍历数组的 **while** 语句执行 n 次循环。如图 7-17 b 所示，当指针 p 所指的元素的值 *p 与要查找的值 key 相等时，**if** 语句的条件成立，查找成功；与 key 不相等时，执行 p++ 更新指针 p，让它指向后一个元素。

当查找成功时，**return** 语句返回的值为 p - a。在指向同一数组内的元素的指针之间进行减法运算，可以得出它们所指的元素之间相隔多少个元素。

此时，a 指向第一个元素 x[0]，p 指向 x[4]，因此 p 减去 a 可以得到 p 所指的元素的下标（在图 7-17 中，下标为 4）。

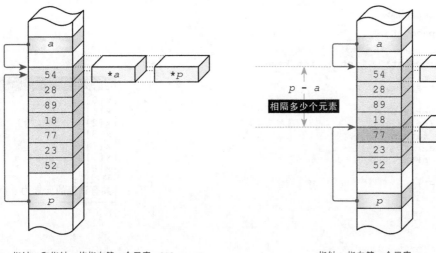

ⓐ 查找开始时　　　　　　　　ⓑ 查找成功时（找到77）

指针 a 和指针 p 均指向第一个元素 x[0]　　　指针 a 指向第一个元素，
　　　　　　　　　　　　　　　　　　　　　指针 p 指向找到的元素

图 7-17　线性查找的指针

另外，由指针之间的减法运算得到的数值的类型不是 **int** 型，而是 **ptrdiff_t** 型。

> **重要**　在指向同一数组内的元素的指针之间进行减法运算，可以得到表示它们所指的元素之间相隔多少个元素的 **ptrdiff_t** 型的值。

由 <cstddef> 头文件提供的 **ptrdiff_t** 型被定义为有符号整型的同义词，如下所示。

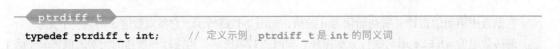

```
typedef ptrdiff_t int;      // 定义示例：ptrdiff_t 是 int 的同义词
```

另外，在指向不同数组的元素的指针之间不可以进行减法运算，因为在 C++ 中没有定义这种运算的结果。

▶ 这里介绍了指针之间的减法运算，但请注意，指针之间不可以进行加法运算。

7-5 动态创建对象

在程序运行时，可以随时分配和释放对象所占用的存储空间。我们将在本节学习相关方法。

■ 自动存储期和静态存储期

我们在上一章学习了对象的存储期这一性质，它是表示对象生存期间的概念。
具有自动存储期或静态存储期的对象，其寿命依赖于程序流。

■ 动态存储期

我们不可能在开发时就掌握程序需要的所有对象，有时甚至直到程序运行时才知道需要哪些对象。因此，**程序员需要可以自由地控制对象的寿命**，即可以在需要时创建对象，在不需要时销毁对象。

程序可以自由地控制的对象的生存期间（即寿命）称为**动态存储期**（dynamic storage duration）。表 7-4 所示为动态创建对象的 **new** 运算符。如下使用该运算符，就会分配可容纳 Type 型的值的 **sizeof**(Type) 字节的存储空间。

```
new Type          // 创建 Type 型对象（分配存储空间）
```

表 7-4　new 运算符

new 类型	动态创建用来存放类型的对象

这个创建不是从无到有的。一般是从被称为**堆**（heap）的空闲空间中分配指定类型大小的空间。可以认为 **new** 运算符的作用是，从堆这种很大的空闲空间中分配出来一部分，并返回这部分空间的地址，请调用者使用它。

但是，分配的空间没有名称，因此必须赋予别名，这时就需要使用指针。

如果创建的是 Type 型对象，则指向它的指针的类型当然必须是指向 Type 的指针类型，即 Type* 型。

如果指针的名称为 x，则如下声明该指针并创建对象，具体如图 7-18ⓐ 和 7-18ⓑ 所示。

```
int* x;              // 准备指向 int 的指针
x = new int;         // 创建 int 型对象（分配存储空间）
```

被赋予了所分配的存储空间的地址的指针 x 指向该空间。对指针使用了解引用运算符的表达式表示指针所指的对象，因此创建的对象被赋予别名 *x。

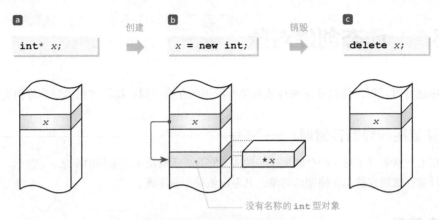

图 7-18 动态创建和销毁对象

分配的存储空间不是受赠的,而是借来的。既然是借来的东西,就必须返还。返还不需要的存储空间并销毁对象也是程序员的职责。

此时,应该使用如表 7-5 所示的 **delete** 运算符。

表 7-5 delete 运算符

delete x	销毁由 **new** 创建的、x 所指的对象

下面的表达式会销毁对象。

```
delete x       // 销毁对象(释放)
```

如图 7-18 **c** 所示,通过 **delete** 表达式的求值和执行,已分配的空间将被返还给堆空间,并变为可以再次使用的状态(空间回到空地)。

> **重要** 程序运行时所需的对象由 **new** 运算符分配并创建(借),由 **delete** 运算符释放并销毁(还)。

程序在正确执行 **new** 和 **delete** 这对操作后,回到最初的状态。

我们尝试实际进行对象的创建和销毁,示例程序如代码清单 7-16 所示。

代码清单 7-16   chap07/list0716.cpp

```cpp
// 动态创建整数对象
#include <iostream>
using namespace std;

int main()
{
    int* x = new int;            // 创建(分配存储空间)
    cout << "整数:";
    cin >> *x;
    cout << "*x = " << *x << '\n';
    delete x;                    // 销毁(释放存储空间)
}
```

运行示例
```
整数:6↵
*x = 6
```

创建的对象可以用 *x 访问

创建的对象可以用 *x 访问，因此程序阴影部分会把从键盘读入的值存放在 *x，并在画面上显示。
如第 1 章所述，在声明对象时，要尽可能地赋予初始值并进行初始化。

代码清单 7-17 同时执行了对象的创建和初始化。

代码清单 7-17　　　　　　　　　　　　　　　　　　　　　　　　　　　　　　chap07/list0717.cpp

```cpp
// 动态创建整数对象（初始化）
#include <iostream>
using namespace std;
int main()
{
    int* x = new int(5);       // 创建：添加初始值
    cout << "*x = " << *x << '\n';
    delete x;                  // 销毁
}
```

运行示例
```
*x = 5
```

在使用 **new** 运算符时，在类型名之后添加用 () 包围的初始值，可以在创建对象的同时进行初始化。从运行结果可知，由 **new** 运算符分配的空间被初始化为 5。

另外，如果没有在 () 中赋予初始值，那么对象会被初始化为 0，如下所示。

```cpp
int* x = new int;          // 初始化为不确定值（垃圾值）
int* x = new int();        // 初始化为 0
int* x = new int(5);       // 初始化为 5
```

■ 对象的初始化

到目前为止，我们都是使用下面的形式 ❶ 来声明并初始化具有自动存储期或静态存储期的对象的，其实也可以使用形式 ❷ 和形式 ❸ 进行声明。

```cpp
int c = 5;            // 初始化（形式 ❶）
int c(5);             // 初始化（形式 ❷）
int c = int(5);       // 初始化（形式 ❸）
```

▶ 初始化器的语法图如图 5-10 所示。

形式 ❶ 有如下缺点。

- 不易与赋值区分。

而形式 ❷ 和形式 ❸ 有如下优点。

- 与由 **new** 运算符动态创建的对象的初始化的形式相似。
- 与类（class）类型对象的初始化的形式相似（详见第 10 章）。

从保持写法上的一致性这一点来看，更推荐使用形式 ❷ 和形式 ❸。但是形式 ❷ 有一个最大的缺点，如下所示。

- 易被误解为数组的声明。

▶ 形式❷是参考 Simula 语言而导入 C++ 的，C 语言没有该形式。有的语言会用该形式声明数组。另外，形式❸是对形式❶的初始值使用函数式转换运算符后得到的形式。

表 7-6 汇总了具有自动存储期、静态存储期和动态存储期的对象的声明和初始化形式。

表 7-6 对象的声明和初始化

		静态存储期	自动存储期	动态存储期
没有初始值	初始化为不确定值	-	`int c;`	`int* x = new int;`
	初始化为 0	`int c;`	-	`int* x = new int();`

有初始值		`int c(5);`
		`int c = 5;`
		`int c = int(5);`
			`int c(5);`
			`int c = 5;`
			`int c = int(5);`
				`int* x = new int(5);`

▶ C++11 还可以使用 `{}` 形式的初始值。

动态创建数组对象

前面我们学习了单个对象的动态创建。接下来，我们来学习数组对象的动态创建。数组对象的动态创建以在 `[]` 中赋予元素个数的形式进行，如下所示。

`new Type[元素个数]`　　　// 创建 Type 型的数组（分配存储空间）

`new` 运算符会分配连续排列了"元素个数"个 Type 型对象的空间。指向该空间的必须为 `Type*` 型。

另外，动态创建的数组对象与通常的数组（具有自动存储期或静态存储期的数组）最大的不同点是，可以不指定元素个数。

图 7-19❏和图 7-19❏展示了创建元素个数为 5 的 `int` 型数组的过程。

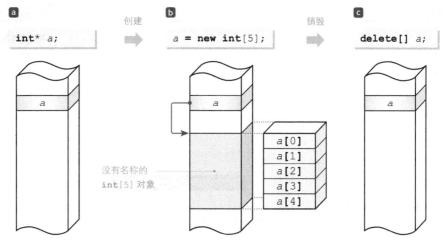

图 7-19　动态创建的数组对象

从堆分配了 5 个 **int** 型的数组空间，指针 a 指向其第一个元素。因为使用了下标运算符的指针的行为就像它是数组本身那样，所以所创建的空间内的各元素可以用 a[0], a[1], …, a[4] 来访问。

另外，销毁数组对象的不是 **delete** 运算符，而是如表 7-7 所示的 **delete[]** 运算符。

表 7-7　delete[ ] 运算符

delete[] x	销毁由 **new** 创建的、x 所指的数组对象

下面的表达式会销毁数组。

```
delete[] a            // 销毁数组（释放存储空间）
```

此时不可以指定元素个数（因为没有必要指定）。如图 7-19 c 所示，分配给数组的存储空间被（全部正确）释放。

> **重要**　使用 **new** 运算符动态创建数组，可以在运行时决定元素个数。所创建的对象的销毁由 **delete[]** 运算符进行，而不是 **delete** 运算符。

代码清单 7-18 的程序会动态创建数组，赋予所有元素与下标相同的值并显示。

代码清单 7-18　　　　　　　　　　　　　　　　　　　　　　　　　chap07/list0718.cpp

```cpp
// 动态创建整数数组对象
#include <iostream>
using namespace std;

int main()
{
    int asize;                              // 数组元素个数
    cout << "元素个数:";
    cin >> asize;

    int* a = new int[asize];    // 创建
    for (int i = 0; i < asize; i++)
        a[i] = i;
    for (int i = 0; i < asize; i++)
        cout << "a[" << i << "] = " << a[i] << '\n';
    delete[] a;                             // 销毁
}
```

运行示例
元素个数：5
a[0] = 0
a[1] = 1
a[2] = 2
a[3] = 3
a[4] = 4

创建的空间可以通过数组 a 访问

在创建时赋予的元素个数可以不是常量（元素个数从键盘读入），因此动态创建的数组对象比通常的数组有更高的自由度。

表 7-8 汇总了各种存储期的数组对象的创建和初始化的情况。请注意，具有动态存储期的数组不可以初始化。

表 7-8　数组对象的声明和初始化

	自动存储期 / 静态存储期	动态存储期
元素个数	编译时用常量表达式指定	运行时指定（可以不是常量）
没有初始值	`int a[常量];`	`int* a = new int[变量或常量];`
有初始值	`int a[常量opt] = {1, 2, 3, 4};`	—

▶ 在没有指定初始值时，具有自动存储期或动态存储期的数组元素被初始化为不确定值（垃圾值），而具有静态存储期的数组元素被初始化为 0。

C++11 可以对具有动态存储期的数组赋予 { } 形式的初始值。另外，表中的"常量opt"表示可以省略这个常量。

对象创建失败和异常处理

由 new 运算符创建对象在时间和空间上都有很高的自由度，然而可以分配的存储空间大小并不是无限的。当堆空间耗尽等情况发生时，就无法成功创建对象。

当创建失败时，需要执行一些处理，例如中断程序运行等。我们通过代码清单 7-19 来理解。

代码清单 7-19

chap07/list0719.cpp

```cpp
// 循环动态创建数组对象（异常处理）
#include <new>
#include <iostream>

using namespace std;

int main()
{
    cout << "循环创建元素个数为30000的double型数组。\n";

    while (true) {
        try {
            double* a = new double[30000];     // 创建
        }
        catch (bad_alloc) {
            cout << "数组创建失败,程序中断。\n";
            return 1;
        }
    }
}
```

运行结果
循环创建元素个数为 30000 的 double 型数组。
数组创建失败，程序中断。

该程序循环创建元素个数为 30000 的 **double** 型数组，它只分配空间而不执行释放。因此，随着循环分配存储空间，堆空间变得不足，对象创建失败。

图 7-20 所示为程序阴影部分的结构。

异常处理的结构

```
try {
    double* a = new double[30000];
}
catch (bad_alloc) {
    cout << "创建数组……";
    return 1;
}
```

— 尝试下面的内容
— 如果捕获到创建错误 bad_alloc……
处理

图 7-20　对象创建失败时的异常处理

这里使用的是被称为**异常处理**的方法。我们会在第 14 章详细学习异常处理的相关内容，这里暂且如下理解即可。

- 首先，执行 `try` 后用 `{ }` 包围的部分。
- 仅当数组创建失败时抛出 `bad_alloc` 异常（请将这看作名为 `bad_alloc` 的球从某处飞来）。
- `catch` 捕获被抛出的异常（捕获球）。当捕获到异常时，执行 `catch(bad_alloc)` 后用 `{ }` 包围的部分。

另外，表示对象创建失败的 `bad_alloc` 定义在程序开头引入的 `<new>` 头文件中。

在该程序中，如果创建失败并捕获到 `bad_alloc`，则显示"数组创建失败，程序中断。"并结束程序。

▶ `main` 函数的 `return` 语句会中断并结束程序运行。

专栏 7-4　指针和整数之间的转换

在 C 语言和 C++ 中，可以执行指针到整数或整数到指针的转换，但是我们并不推荐执行这样的类型转换，原因如下。

- 指针和整数是完全不同的类型。
- 指针转换为整数值的结果不一定与物理地址相等。

因此，除非有特殊目的，否则应该尽量避免这样的类型转换。如果非要进行类型转换，则应该使用执行强制类型转换的 `reinterpret_cast` 运算符，如代码清单 7C-2 所示。

代码清单 7C-2　　　　　　　　　　　　　　　　　　　　　　　　　chap07/list07c02.cpp

```cpp
// 指针到整数的类型转换
#include <iostream>
using namespace std;
int main()
{
    int n;
    cout << "n的地址:" << hex << reinterpret_cast<unsigned long>(&n) << '\n';
}
```

运行结果示例
n 的地址: 214

该程序会把指向对象 n 的指针类型转换为可表示范围最大的无符号整型 **unsigned long** 型。这是因为，地址不会是负值，而且 **short** 型或 **int** 型也许没有足够的表示范围来表示地址值等。

■ 空指针

早期的 C++ 没有异常处理的方法，**new** 运算符分配存储空间失败后，会返回一种特别的指针——**空指针**（null pointer）。

在标准 C++ 中，如果在创建对象时指定"(nothrow)"，则也可以在不引起异常的情况下返回空指针，示例程序如代码清单 7-20 所示。

代码清单 7-20　　　　　　　　　　　　　　　　　　　　　　　　　chap07/list0720.cpp

```cpp
// 循环动态创建数组对象（抑制异常发生）
#include <cstddef>
#include <iostream>
using namespace std;
int main()
{
    cout << "循环创建元素个数为30000的double型数组。\n";

    while (true) {
        double* a = new(nothrow) double[30000];    // 创建（抑制异常发生）

        if (a == NULL) {
            cout << "数组创建失败,程序中断。\n";
            return 1;
        }
    }
}
```

运行结果
循环创建元素个数为 30000 的 double 型数组。
数组创建失败，程序中断。

空指针是保证不指向任何对象或函数的特别的指针。

在 `<cstddef>` 头文件中，用对象式宏 **NULL** 定义了表示空指针的**空指针常量**，如下所示。

NULL

```
#define NULL 0        // 定义示例
```

▶ 另外，引入 `<cstring>`、`<ctime>`、`<cstdio>`、`<cstdlib>`、`<clocale>` 和 `<cwchar>` 中的任意一个头文件，均可以嵌入 **NULL** 的定义。

专栏 7-5 | C 语言中的对象的动态创建

在没有 **new** 运算符的 C 语言中，用标准库函数动态创建对象，如下所示。**malloc** 函数分配由参数指定的字节数的存储空间（还有 **calloc** 函数和 **realloc** 函数），而 **free** 函数执行释放。

```
#include <stdlib.h>
/* … */
int *x = malloc(sizeof(int));     /* 创建 sizeof(int) 字节的存储空间 */
/* … */
free(x);                          /* 释放 x 所指的存储空间 */
```

■ 指向 void 的指针

C++ 有一种特殊的指针，它可以指向任意类型的对象，那就是被称为**指向 void 的指针**的 **void*** 型的指针。

可以将指向任意类型 Type 的指针赋给指向 **void** 的指针，但是反过来将指向 **void** 的指针赋给指向任意类型 Type 的指针则需要进行显式类型转换。

int* 型的 *pi* 的值可以不进行类型转换，直接赋给 **void*** 型的 *pv*，但是反过来将 **void*** 型的 *pv* 的值赋给 **int*** 型的 *pi* 则需要进行类型转换。

```
int* pi;        // 指向 int 的指针
void* pv;       // 指向 void 的指针
// …
pv = pi;                              // 不需要类型转换
pi = pv;                              // 错误: 需要类型转换
pi = reinterpret_cast<int*>(pv);      // OK!
```

执行类型转换后的类型名 **int*** 由 **int** 和 ***** 构成。当执行类型转换后的类型名由多个单词或字符构成时，不可以使用函数风格的类型转换，如下所示。

```
pi = reinterpret_cast<int*>(pv);      // 强制类型转换: OK!
pi = (int*)(pv);                      // cast 风格: OK!
pi = int*(pv);                        // 函数风格: 编译错误
```

▶ C++ 11 导入了表示空指针的 **nullptr**,其类型为 **nullptr_t** 型。另外,**sizeof(nullptr_t)** 和 **sizeof(void*)** 一样。

专栏 7-6　C 语言的空指针常量 NULL 和指向 void 的指针

在 C 语言中经常使用指向 "什么都可以指向的 **void**" 的指针,因此空指针常量 **NULL** 不仅可以定义为:

```
#define NULL 0                    /* 定义示例 A */
```

而且可以定义为:

```
#define NULL (void *)0            /* 定义示例 B */
```

但是,在对类型较为严格的标准 C++ 中,空指针常量的定义与 C 语言不同。空指针常量 **NULL** 被解释为 "定义内容可以为 0 和 0**L**,但是不可以为 (**void** *)0"。

因此,C++ 中的空指针常量 **NULL** 不可以定义为 "定义示例 B" 的形式。

小结

- **地址**用来表示存储空间中的对象的场所。

- 对 Type 型对象 x 使用了**取址运算符**的表达式 &x 将创建指向 x 的**指针**。创建的指针的类型为 Type*，值为 x 的地址。

- 当指针 p 的值为对象 x 的地址时，表示"p 指向 x"。

- 对指针 p 使用了**解引用运算符**的表达式 *p 表示指针 p 所指的对象本身，即当 p 指向 x 时，*p 为 x 的**别名**。对指针使用解引用运算符来间接访问对象称为**解引用**。

- 当被调用的函数的参数是指针类型时，对该指针使用解引用运算符，可以间接访问调用者的对象。

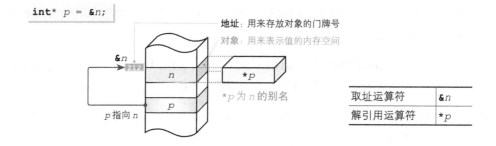

- 除了一些例外情况之外，数组名一般被解释为指向该数组的第一个元素的指针。

- 指向数组元素的指针和整数 i 进行加减运算的表达式为指向该指针所指的元素向前或向后 i 个位置的元素的指针。

- 当 Type* 型的 p 指向 Type 型数组 a 的第一个元素 a[0] 时，指针 p 的行为就像它是数组 a 本身那样。

- 函数之间的数组传递用指向第一个元素的指针的形式进行。被调用者可以通过指针来访问调用者的数组。

- 如果仅引用所接收的数组元素的值而不进行修改，则应该在声明用来接收数组的形参时添加 **const**。

- 接收多维数组的函数只有相当于最开头的下标的 n 维的元素个数是可变的，(n - 1) 维以下的元素个数是固定的。

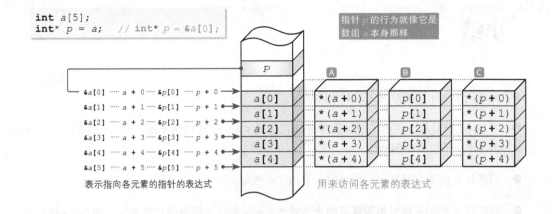

- 若将指向数组元素的指针递增，则指针指向后一个元素；若递减，则指向前一个元素。

- 在指向同一数组内的元素的指针之间进行减法运算，可以得出它们之间相隔多少个元素，其值为 <cstddef> 头文件定义的有符号整型 **ptrdiff_t** 型。

- 可以在程序运行过程中的任意时间动态创建和销毁对象。像这样借完后返还的对象的生存期间称为**动态存储期**。

- **new** 运算符用来**动态创建**对象，**delete** 运算符用来**动态销毁**对象，**delete[]** 运算符用来销毁数组。在动态创建数组时，可以在运行时确定元素个数。

- 动态创建的对象没有名称。使用"指向已创建的对象的指针"，通过解引用运算符或下标运算符来访问即可。

    ```
    int* n = new int;              // 创建单个对象
    int* a = new int[5];           // 创建数组对象
    // 可以访问 int 型对象 *n 及数组元素 a[0], a[1], …, a[4]
    delete n;                      // 销毁单个对象
    delete[] a;                    // 销毁数组对象
    ```

- 当 **new** 运算符创建对象失败时，会抛出 **bad_alloc** 异常，因此要根据需要捕获该异常并执行**异常处理**。另外，**bad_alloc** 异常定义在 <new> 头文件中。

- **空指针**是不指向任何对象或函数的指针。<cstddef> 头文件中以对象式宏 **NULL** 的形式定义了表示空指针的**空指针常量**。

- **指向 void 的指针**是可以指向所有类型的对象的特殊的指针。可以将任意类型的指针赋给指向 **void** 的指针，但是反过来将指向 **void** 的指针赋给任意类型的指针则需要进行显式类型转换。

第 8 章

字符串和指针

字符串和指针有着密切的关系。我们将在本章学习字符串的基础知识，以及用指针操作字符串的示例程序等。

- 字符串
- 字符串字面量
- 空字符
- 空字符串
- 字符串的初始化和初始值
- 字符数组
- 字符串指针
- 函数之间的字符串的传递
- 字符串的数组（字符数组的数组）
- 字符串的数组（字符串指针的数组）
- 命令行参数
- 大小写字母的转换函数（*toupper*函数和*tolower*函数）
- 从键盘读入字符串
- NTBS 和 *string* 型
- `<cstring>` 库
- *strlen* 函数
- *strcpy* 函数和 *strncpy* 函数
- *strcat* 函数和 *strncat* 函数
- *strcmp* 函数和 *strncmp* 函数

8-1 字符串和指针

字符串和指针有着密切的关系。我们将在本节学习字符串和指针的相关内容。

■ 字符串字面量

如前所述，像 `"ABC"` 这样用双引号包围的字符的排列称为**字符串字面量**。现在我们学习字符串字面量的详细内容。

■ 字符串字面量的类型和值

字符串字面量存放在 `const char` 型数组中，数组中存放的是字符串字面量的所有字符以及在其后自动添加的**空字符**（null character）。

空字符是字符编码为 0 的字符，用八进制转义字符的字符字面量表示为 `'\0'`，用整数字面量表示为 0。

代码清单 8-1 所示为显示如图 8-1 所示的 3 个字符串字面量的类型和大小的程序。

代码清单 8-1   chap08/list0801.cpp

```cpp
// 显示字符串字面量的类型和大小

#include <iostream>
#include <typeinfo>

using namespace std;

int main()
{
    cout << "■字符串字面量\"ABC\"\n";
    cout << "   类型:" << typeid("ABC").name()
         << "   大小:" << sizeof("ABC") << "\n\n";

    cout << "■字符串字面量\"\"\n";
    cout << "   类型:" << typeid("").name()
         << "   大小:" << sizeof("") << "\n\n";

    cout << "■字符串字面量\"ABC\\0DEF\"\n";
    cout << "   类型:" << typeid("ABC\0DEF").name()
         << "   大小:" << sizeof("ABC\0DEF") << "\n";
}
```

运行结果示例
```
■字符串字面量"ABC"
  类型: char const [4]   大小: 4
■字符串字面量""
  类型: char const [1]   大小: 1
■字符串字面量"ABC\0DEF"
  类型: char const [8]   大小: 8
```

下面我们比较一下图 8-1 和运行结果。

图 8-1**a** 的字符串字面量 `"ABC"` 包括空字符在内，共占用 4 个字符的空间。

图 8-1**b** 的字符串字面量 `""` 只有双引号，只占用 1 个空字符的存储空间（注意不是字符 0）。

图 8-1**c** 的字符串字面量 `"ABC\0DEF"` 的中间有 1 个空字符 `'\0'`，末尾也有 1 个空字符。

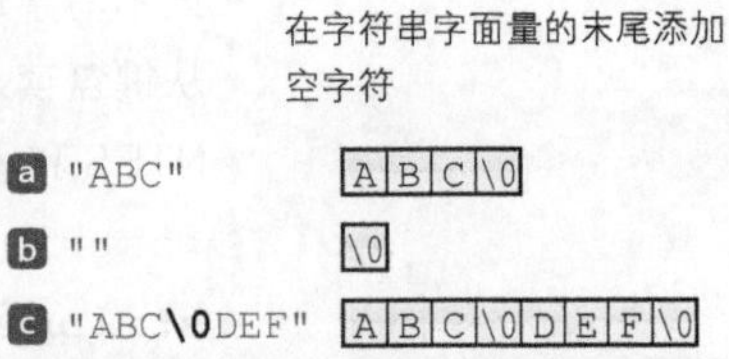

字符串字面量的大小等于包含末尾的空字符在内的字符数。

在字符串字面量的末尾添加空字符

a `"ABC"`   `A B C \0`
b `""`   `\0`
c `"ABC\0DEF"`   `A B C \0 D E F \0`

图 8-1　字符串字面量及其内部

字符串字面量的求值

字符串字面量的求值结果的类型为 `const char*`，值为指向第一个字符的指针（地址）。

▶ 正如上一章所述，当 a 为 Type 型数组时，对数组名 a 求值，可以得到指向其第一个元素 a[0] 的指针（即 Type* 型的 &a[0]）。

字符串字面量的存储期

字符串字面量被赋予静态存储期。因此，无论其在源程序中的位置是否在函数中，都具有从程序开始到结束的生命周期。

▶ 即使在函数中存放字符串字面量，它也不会在函数执行开始时被创建，并在结束时被销毁。

专栏 8-1 | **相同的字符串字面量**

当程序中存在多个相同的字符串字面量时，各处理系统会有不同的处理，如图 8C-1 所示。

图 8C-1　相同的字符串字面量的处理

ⓐ 的处理系统把相同的字符串字面量视为同一个对象，只在存储空间上存放一个并共享它，因此只占用 5 个字节的空间，可以节省存储空间。

ⓑ 的处理系统把相同的字符串字面量视为不同的对象，在存储空间上分别存放，因此会占用 10 个字节的空间。

像下面这样频繁使用只有换行符的字符串字面量 `"\n"` 的程序很常见。

```
cout << "\n";
```

如果程序中有 n 个 `"\n"`，则 ⓐ 的处理系统会占用 2 个字节的空间，而 ⓑ 的处理系统会占用 2 × n 个字节的空间（`"\n"` 由 `\n` 和 `\0` 构成，占 2 个字节）。

字符数组

字符串字面量是相当于整数 15 或浮点数 3.14 的常量。算术型的值可以通过赋给变量（对象）来自由地进行运算。表示字符的排列的**字符串**也一样，必须存放在对象中才可以自由地操作。

`char` 型数组最适合存放字符串。对于字符串 `"ABC"`，从数组的第一个元素开始依次存放 `'A'`、`'B'`、`'C'`、`'\0'`（图 8-2）。

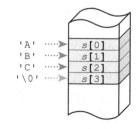

图 8-2　存放在数组中的字符串

末尾的空字符 '\0' 是表示字符串结束的标志。

> **重要** 字符串是字符的排列。字符串的末尾是第一个出现的空字符。要想自由地操作字符串，最好把字符串存放在 `char` 型数组中。

代码清单 8-2 所示为在数组中存放 "ABC" 并显示的程序。通过把字符赋给数组 s 的各元素来创建字符串 "ABC"。

代码清单 8-2　　　　　　　　　　　　　　　　　　　　　　　　　　　　　chap08/list0802.cpp

```cpp
// 在数组中存放字符串并显示（赋值）
#include <iostream>

using namespace std;

int main()
{
    char s[4];          // 存放字符串的数组

    s[0] = 'A';         // 赋值
    s[1] = 'B';         // 赋值
    s[2] = 'C';         // 赋值
    s[3] = '\0';        // 赋值

    cout << "赋给数组s的字符串为\"" << s << "\"。\n";   // 显示
}
```

运行结果
赋给数组 s 的字符串为 "ABC"。

字符串字面量和字符串的不同之处如图 8-3 所示。

▶ 字符串字面量的中间可以有空字符，因此字符串字面量不一定是字符串。

"ABCD"：是字符串的字符串字面量

"WX\0YZ"：不是字符串的字符串字面量（两个字符串相连的字符串字面量）

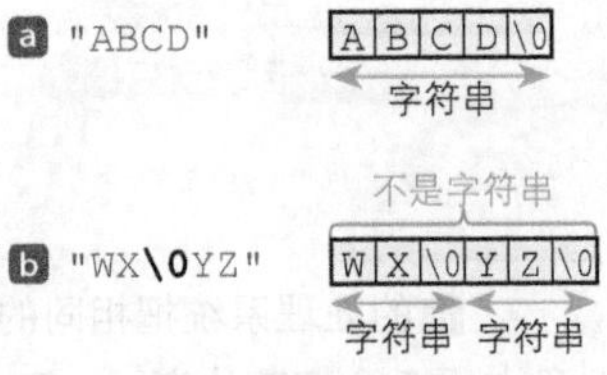

ⓐ "ABCD"　　A B C D \0
　　　　　　　　字符串

　　　　　　　　不是字符串
ⓑ "WX\0YZ"　 W X \0 Y Z \0
　　　　　　　 字符串　字符串

图 8-3　字符串字面量和字符串

字符数组的初始化

在存放字符串时，对各元素逐个赋值会很麻烦，因此，可以如下声明。

```cpp
char s[4] = {'A', 'B', 'C', '\0'};
```

这种形式与第 5 章学习的数组的初始化形式相同，不仅可以在创建数组时初始化元素，还可以使程序变得简洁。

下面的形式只能用来初始化字符串。

```cpp
char s[4] = {"ABC"};    // 与 char s[4] = {'A', 'B', 'C', '\0'}; 相同
```

另外，可以省略该形式中包围初始值的 {}。

下面我们来修改代码，对数组进行初始化，而不是把字符赋给数组的各元素，程序如代码清单 8-3 所示。

代码清单 8-3

chap08/list0803.cpp

```cpp
// 在数组中存放字符串并显示（初始化）
#include <iostream>

using namespace std;

int main()
{
    char s1[] = {'A', 'B', 'C', '\0'};
    char s2[] = {"ABC"};
    char s3[] = "ABC";

    cout << "字符串\"" << s1 << "\"存放在数组s1中。\n";
    cout << "字符串\"" << s2 << "\"存放在数组s2中。\n";
    cout << "字符串\"" << s3 << "\"存放在数组s3中。\n";
}
```

运行结果
字符串"ABC"存放在数组s1中。
字符串"ABC"存放在数组s2中。
字符串"ABC"存放在数组s3中。

3个数组 s1、s2、s3 均被初始化，并存放了字符串 "ABC"。

重要 可以使用下面的任意一种形式来初始化存放字符串的字符数组。

- char s[] = {'A', 'B', 'C', '\0'};
- char s[] = {"ABC"};
- char s[] = "ABC";

另外，不可以赋给数组初始值，字符串也一样。以下赋值均会产生编译错误。

```
s = {'A', 'B', 'C', '\0'};    // 错误：不可以赋初始值
s = "ABC";                     // 错误：不可以赋初始值
```

字符串不一定要装满数组的所有元素，也就是说，数组的元素个数可以大于包括空字符在内的字符数。让我们通过代码清单 8-4 来确认这一点。

代码清单 8-4

chap08/list0804.cpp

```cpp
// 在数组中存放字符串并显示（赋值）
#include <iostream>

using namespace std;

int main()
{
    char s[6] = "ABC";       // 存放字符串的数组

    cout << "字符串\"" << s << "\"存放在数组s中。\n";
}
```

运行结果
字符串"ABC"存放在数组s中。

该程序中的数组 s 的元素个数为 6，而初始值的字符数包括空字符在内为 4。没有赋予初始值的元素被初始化为 0，基于此规则，该声明被视为与下面的声明等价。

char s[6] = {'A', 'B', 'C', '\0', '\0', '\0'};

元素 s[3] 被初始化为表示字符串末尾的空字符（阴影部分），之后的 s[4] 和 s[5] 也被初始

化为空字符。

另外，s[3] 的空字符是字符串的末尾，因此不管在它之后存放什么字符，在插入到 cout 中后都不会显示在画面上。

▶ 如下修改该程序的数组 s 的声明，则程序将只显示字符串 "ABC"。

```
char s[] = "ABC\0DEF";
```

■ 空字符串

只包含空字符的字符串一般称为**空字符串**（null string）。存放空字符串的数组可以用如下语句声明：

```
char n[] = "";              // 空字符串（只包含空字符的字符串）
```

元素 n[0] 被初始化为表示字符串末尾的空字符。请注意数组的元素个数是 1，而不是 0。

另外，如下声明数组，则数组的 4 个元素均被初始化为空字符。

```
char n[4] = "";
```

▶ 不管数组 s 中存放的是什么字符串，只要如下把空字符赋给数组的第一个元素，该字符串 s 就会变为空字符串。

```
s[0] = '\0';                // 字符串 s 变为空字符串
```

■ 从键盘读入字符串

代码清单 8-5 所示为读入姓名字符串并打招呼的程序。

代码清单 8-5 chap08/list0805.cpp

```cpp
// 询问姓名并打招呼（读入并显示字符串）
#include <iostream>

using namespace std;

int main()
{
    char name[36];
    cout << "姓名:";
    cin >> name;
    cout << "你好," << name << "!!\n";
}
```

运行示例
姓名：Liqiang⏎
你好，Liqiang!!

要输入的姓名的字符数无法提前获知，因此数组的元素个数必须略微大一些。该程序的元素个数为 36，因此除去空字符，数组可以存放 35 个字符。

▶ 在从键盘读入 36 个字符以上的字符串时，程序的行为无法保证，有些处理系统或运行环境会产生运行时错误而导致程序中断。

图 8-4 所示为从键盘读入字符串 "Liqiang" 时数组 name 的内部情况。读入的字符串分别被存

放在 *name*[0] ~ *name*[6] 中，表示字符串末尾的空字符（自动地）被存放在 *name*[7] 中。

图 8-4　从键盘读入的字符串被存放在数组中

如果想限制读入的字符数，可以如下修改程序阴影部分（chap08/list0805a.cpp）。

```
cin.getline(name, 36, '\n');
```

在相当于换行符的回车键之前的、包括空字符在内的最多 36 个字符会被存放在数组 *name* 中。

■ 函数之间的字符串的传递

字符串是数组，因此与通常的数组一样，在函数之间的传递也以指向第一个元素的指针的形式进行。但是，字符串中存在表示末尾的空字符，因此元素个数需要用另一个参数来传递。

代码清单 8-6 所示为显示从键盘读入的字符串的程序。

代码清单 8-6　　　　　　　　　　　　　　　　　　　　　　　　　　　chap08/list0806.cpp

```cpp
// 显示接收的字符串

#include <iostream>
using namespace std;

//--- 显示字符串 s ---//
void put_str(const char s[])
{
    for (int i = 0; s[i] != 0; i++)   // 从第一个元素遍历到最后一个元素并显示
        cout << s[i];
}

int main()
{
    char str[36];
 ① put_str("字符串:");
    cin >> str;
 ② put_str(str);
    cout << '\n';
}
```

运行示例
字符串：Liqiang55↵
Liqiang55

▶ 不可以修改数组元素的值，因此 *put_str* 函数的形参 *s* 被声明为 **const**。

put_str 函数会显示 *s* 接收的字符串（以指针 *s* 所指的元素为第一个字符的字符串）。

for 语句逐个字符地遍历数组 *s*。继续条件为 s[i] != 0，因此在当前元素 s[i] 不为空字符期间执行循环。

▶ 空字符用八进制转义字符的字符字面量表示为 '\0'，用整数字面量表示为 0。在 C++ 程序中，一般使用 0。

非 0 的数值被视为 **true**，因此 **for** 语句可以如下实现（因为当 s[i] 不为 0 时，继续条件的

表达式 *s[i]* 被视为 **true**，详见 chap08/list0806a.cpp）。

```
for (int i = 0; s[i]; i++)
    cout << s[i];
```

main 函数调用了两次 *put_str* 函数。程序中的 ❶ 处赋予的实参是字符串字面量 "字符串："，❷ 处赋予的实参是 *str*，即 &*str*[0]，两者均传递了指向字符串的第一个字符的指针。

代码清单 8-7 的程序略微修改了 *put_str* 函数，把接收到的字符串中的小写字母转换为大写字母并显示。

代码清单 8-7　　　　　　　　　　　　　　　　　　　　　　　　　chap08/list0807.cpp

```
// 把接收到的字符串中的小写字母转换为大写字母并显示
#include <cctype>
#include <iostream>

using namespace std;

//--- 显示字符串 s（把小写字母转换为大写字母）---//
void put_upper(const char s[])
{
    for (int i = 0; s[i]; i++)
        cout << static_cast<char>(toupper(s[i]));
}

int main()
{
    char str[36];
    cout << "字符串:";
    cin >> str;
    put_upper(str);
    cout << '\n';
}
```

运行示例
字符串：Liqiang55⏎
LIQIANG55

用来把字符转换为大写字母的 **toupper** 函数是在 <cctype> 头文件中声明的标准库函数。

如表 8-1 所示，该头文件还提供了 **toupper** 函数的逆操作的 **tolower** 函数。

表 8-1　转换字母大小写的函数

函数	说明
tolower	如果接收的字符为大写字母，则把它转换为小写字母并返回，否则直接返回
toupper	如果接收的字符为小写字母，则把它转换为大写字母并返回，否则直接返回

这两个函数的返回值类型是 **int** 型而不是 **char** 型。如果直接显示 **int** 型的值，会显示整数值的字符编码，而不会显示字符，因此该程序在显示之前把它强制转换为了 **char** 型。

▶ 该程序在显示 "字符串："时使用了插入符，而不是 *put_upper* 函数，这是因为 *put_upper* 函数无法处理汉字等全角字符。

字符串指针

我们来思考一下代码清单 8-8 的程序，它声明了两个字符串 *str* 和 *ptr*，*str* 和之前学习的形式一样，而 *ptr* 是我们第一次见到的形式。

代码清单 8-8   chap08/list0808.cpp

```cpp
// 字符数组和字符串指针
#include <iostream>
using namespace std;

int main()
{
    char  str[] = "ABC";       // 字符数组
    char* ptr   = "123";       // 字符串指针

    cout << "str = \"" << str << "\"\n";
    cout << "ptr = \"" << ptr << "\"\n";
}
```

运行结果
```
str = "ABC"
ptr = "123"
```

在本书中，像 *str* 这样声明的字符串称为**字符数组**，像 *ptr* 这样声明的字符串称为**字符串指针**（这只是为了方便区分）。

我们通过图 8-5 来理解两者的相似点和不同点。

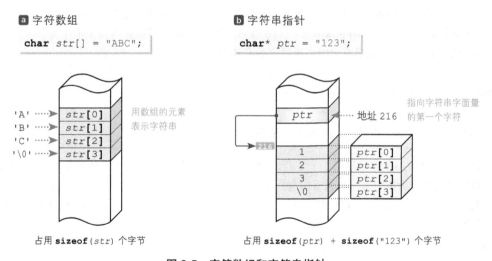

图 8-5　字符数组和字符串指针

▪ 字符数组 *str*（图 8-5 ａ）

str 为 **char**[4] 型的数组（元素类型为 **char** 型且元素个数为 4 的数组）。从第一个元素开始，各元素依次被初始化为 'A'、'B'、'C'、'\0'。

char 型的数组所占用的存储空间与数组的元素个数一致。在该情况下，占用的存储空间为 4 个字节，我们可以用表达式 **sizeof**(*str*) 求得该值。

▪ 字符串指针 ptr（图 8-5b）

ptr 为 **char*** 型（指向 **char** 的指针类型），被初始化为 "123"。**对字符串字面量求值，可以得到指向第一个字符的指针**，因此 *ptr* 被初始化为字符串字面量 "123" 的第一个字符 '1' 的地址（图 8-5 中的地址 216）。

因此，指针 *ptr* 指向字符串字面量 "123" 的第一个字符 '1'。

当指针 *p* 指向字符串字面量 "string" 的第一个字符 's' 时，一般可以表述为：

指针 *p* 指向 "string"。

该程序中的指针 *ptr* 被初始化为指向 "123"。

▶ 指针所指的是字符串字面量的第一个字符，而不是字符串，因此 "指针 *p* 指向 "string""的表述并不是非常准确，但是一般会这样用，大家知道这一点即可。

另外，不可以如下声明指针 *ptr*：

| **char*** ptr = {'1', '2', '3', '\0'};   // 错误

{ } 形式的初始值可以用于数组，但不可以用于单一的变量。

由图 8-5b 可知，指针 *ptr* 和字符串字面量 "123" 两者均占用存储空间。

指针 *ptr* 占用 **sizeof**(ptr)，即 **sizeof**(**char***) 个字节，它的大小依赖于处理系统。另外，字符串字面量 "123" 占用 **sizeof**("123") 个字节，包括空字符在内共 4 个字节。

请注意，字符串指针比字符数组需要更多的存储空间。

重要 字符串指针以如下形式声明并初始化。

char* *p* = "XYZ";

指针 *p* 和字符串字面量 "XYZ" 两者均占用存储空间。

指针 *ptr* 是指向字符串的第一个字符的指针。另外，数组名 *str* 也是指向第一个字符的指针（因为数组名被解释为指向第一个元素的指针）。

因此，两者的共同点是，可以使用下标运算符访问字符串中的各字符。两者的操作方式看上去是相同的。

▶ 例如，*str*[0] 为 'A'，*ptr*[1] 为 '2'。

▪ 两种字符串的不同点

前面我们学习了字符数组和字符串指针的概要，接下来，让我们通过对比如下所示的两个程序来学习两者的不同点。

代码清单 8-9　　　　chap08/list0809.cpp	代码清单 8-10　　　chap08/list0810.cpp
``cpp
// 修改字符数组
#include <iostream>
using namespace std;
int main()
{
    char s[] = "ABC";
    cout << "s = \"" << s << "\"\n";
    s = "XYZ";   // 错误
    cout << "s = \"" << s << "\"\n";
}
```  运行结果<br>由于编译错误而不可以运行。 | ```cpp
// 修改字符串指针
#include <iostream>
using namespace std;
int main()
{
    char* p = "ABC";
    cout << "p = \"" << p << "\"\n";
    p = "XYZ";           // OK!
    cout << "p = \"" << p << "\"\n";
}
```  运行结果<br>p = "ABC"<br>p = "XYZ" |

首先来看一下代码清单 8-9 的程序。

该程序用来修改字符数组，将数组 s 初始化为 "ABC"，然后将其赋值为 "XYZ"，并显示赋值前后的字符串。

但是，由于蓝色阴影部分会产生编译错误，所以程序不可以运行。如第 5 章所述，不可以对数组进行赋值。左边的数组名被解释为指向数组的第一个元素的地址，但其值不可以修改。

▶ 如果可以赋值，则数组的地址将被修改（数组在存储空间上移动）。

代码清单 8-10 的程序对字符串指针执行了相同的操作，程序没有产生编译错误，可以正常运行。我们通过图 8-6 来理解。

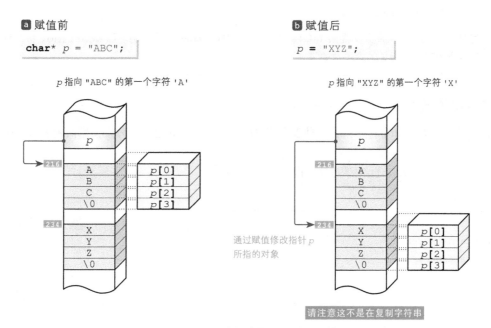

图 8-6　字符串指针的赋值

在图 8-6 ⓐ 中，指针 p 被初始化为字符串字面量 "ABC"，即指针 p 指向字符串字面量 "ABC" 的第一个字符 'A'。

在图 8-6**b** 中，程序灰色阴影部分把 "XYZ" 赋给 p，即原本指向字符串字面量 "ABC" 的第一个字符 'A' 的 p 被修改为指向另一个字符串字面量 "XYZ" 的第一个字符 'X'。

> **重要** 指向字符串字面量（中的字符）的指针可以赋值为指向另一个字符串字面量（中的字符）的指针。赋值后的指针指向新赋予的字符串字面量（中的字符）。

请注意**不要将赋值误解为复制字符串**，这只是在修改指针所指的对象。

另外，这会导致没有指针指向字符串字面量 "ABC"，程序也就无法访问字符串字面量 "ABC"，也就是说，它变成了无法销毁的垃圾对象。

专栏 8-2 | C 的字符串和 C++ 的字符串

我们在第 1 章学习了表示字符串的 ***string*** 型（正式地说，是 std::***string*** 型），而在本章学习的是从 C 语言继承的字符串表示方法，称为 NTBS（Null-Terminated Byte String）。

在 C++ 程序中推荐使用 ***string*** 型，而不是 NTBS。

但是，事实上我们还是要学习从 C 语言继承的 NTBS，原因如下。

- 在 C++ 程序中经常使用字符串字面量，其中有从 C 语言继承的字符串表示方法，要想理解字符串字面量，就不得不学习 C 语言的字符串表示方法。
- 有很多 C++ 程序使用了 C 语言的字符串表示方法，为了理解这些程序，需要具备 C 语言的字符串表示方法的相关知识。

另外，<string> 头文件提供了 C++ 的字符串相关的库函数的声明，而 <cstring> 头文件提供了 C 语言的字符串相关的库函数的声明。

■ 字符串的数组

C++ 有字符数组和字符串指针两种表示字符串的方法，因此也可以分别使用两种表示方法来将字符串 "数组化"。

我们通过代码清单 8-11 来学习这一内容。

代码清单 8-11　　　　　　　　　　　　　　　　　　　　　　　　chap08/list0811.cpp

```cpp
// 字符数组和字符串指针
#include <iostream>

using namespace std;

int main()
{
    char  a[][5] = {"LISP", "C", "Ada"};    // 字符数组的数组
    char* p[]    = {"PAUL", "X", "MAC"};    // 字符串指针的数组

    for (int i = 0; i < 3; i++)
        cout << "a[" << i << "] = \"" << a[i] << "\"\n";

    for (int i = 0; i < 3; i++)
        cout << "p[" << i << "] = \"" << p[i] << "\"\n";
}
```

```
运行结果
a[0] = "LISP"
a[1] = "C"
a[2] = "Ada"
p[0] = "PAUL"
p[1] = "X"
p[2] = "MAC"
```

图 8-7 中整理了数组 a 和 p 的结构和特征，下面通过该图来比较两个数组。

a 二维数组

字符数组的数组

`char a[][5] = {"LISP", "C", "Ada"};`

连续存放所有的构成元素

b 指针的数组

字符串指针的数组

`char* p[] = {"PAUL", "X", "MAC"};`

不保证字符串的存放顺序及连续性

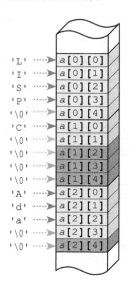

各构成元素被初始化为作为初始值赋予的字符串字面量中的字符和空字符

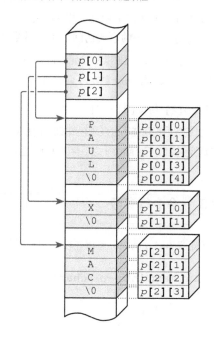

各元素被初始化为指向作为初始值赋予的字符串字面量的第一个字符

占用 `sizeof(a)` 个字节

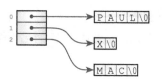

占用 `sizeof(p)` + `sizeof("PAUL")`
　　　　　　　 + `sizeof("X")`
　　　　　　　 + `sizeof("MAC")` 个字节

图 8-7　字符串的数组（二维数组和指针的数组）

a "字符数组"的数组 a：二维数组

　　数组 a 是 3 行 5 列的二维数组，占用的存储空间大小为"行数 × 列数"，即 15 个字节。各字符串长度不一，因此数组中有未使用的部分。例如，存放第二个字符串 `"C"` 的 `a[1]` 没有使用 `a[1][2]` ~ `a[1][4]` 这 3 个字符的空间。

▶ 当特别长的字符串和短的字符串同时存在时，从空间利用率上来说，不可以无视未使用部分的存在。

b "字符串指针"的数组 p：指针的数组

指针 p 是元素类型为指向 **char** 的指针类型（**char*** 型）且元素个数为 3 的数组。

数组的元素 p[0]、p[1]、p[2] 被初始化为指向各字符串字面量的第一个字符 'P'、'X'、'M'。数组 p 占用 3 个 **sizeof**(**char***) 的空间，而 3 个字符串字面量又占用另外的空间。

对于字符串字面量 "PAUL" 中的字符，我们可以连续使用下标运算符，从第一个开始依次以 p[0][0], p[0][1], … 的形式访问。指针的数组 p 的行为就像它是二维数组一样。

▶ 当指针 ptr 指向数组的第一个元素时，数组中的各元素一般可以从第一个开始依次以 ptr[0], ptr[1], … 的形式访问，这里把 ptr 替换为了 p[0]。

p[1]、p[2] 与 p[0] 一样。

▶ 指针的数组有可能不会连续存放初始值的字符串字面量，因此图 8-7 b 显示的各字符串字面量之间有间隔。我们无法以"在 "PAUL" 之后存放 "X"，且在 "X" 之后存放 "MAC""为前提创建程序。

专栏 8-3 | **命令行参数**

如下定义 **main** 函数，可以在程序启动时将命令行赋予的参数作为字符串的数组接收。

```
int main(int argc, char** argv)
{
    // …
}
```

接收的参数有两个，参数名可以是任意的，但是常用 argc 和 argv（分别为 argument count 和 argument vector 的缩写）。

▪ 第一个参数 argc

int 型的参数 argc 接收的是程序名（程序本身的名称）和程序形参（命令行赋予的参数）的总个数。

▪ 第二个参数 argv

参数 argv 是接收"指向 **char** 的指针的数组"的指针。数组的第一个元素 argv[0] 指向程序名的字符串，之后的元素指向程序形参的字符串。

main 函数的参数传递在程序主体开始运行之前执行。

我们以运行下面的程序为例来思考。

▲ argtest1 Sort BinTree

程序 "argtest1" 在启动时被赋予两个命令行参数 "Sort" 和 "BinTree"。
当程序启动时，执行下面的处理。

1 分配字符串空间

创建存储程序名和程序形参的 3 个字符串 "argtest1"、"Sort"、"BinTree" 所用的空间（详见图 8C-2 **c** 的部分）。

2 分配指向字符串的指针的数组

创建指针的数组所用的空间，它的元素为指向 1 中创建的字符串的指针（详见图 8C-2 **b** 的部分）。该数组的元素类型及元素个数如下。

- **元素类型**

元素类型为指向 **char** 的指针类型，指向各字符串（的第一个字符）。

- **元素个数**

元素个数为程序名和程序形参的总个数加 1。最后一个元素存放空指针。

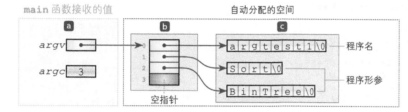

图 8C-2 main 函数接收的两个形参

3 调用 main 函数

当调用 **main** 函数时，执行下面的处理。

- 把命令行参数的个数，即整数值 3 传递给第一个参数 *argc*。
- 把指向 2 中创建的数组的第一个元素的指针传递给第二个参数 *argv*。

也就是说，**main** 函数接收的两个参数是图 8C-2 **a** 的部分。

形参 *argv* 接收的指针指向元素类型为指向 **char** 的指针类型的数组的第一个元素，因此它的类型为指向"指向 **char** 的指针"的指针。

argv 所指的数组（图 8C-2 **b** 的部分）的各元素从第一个开始依次可以表示为 *argv*[0]、*argv*[1]……

代码清单 8C-1 ~ 代码清单 8C-3 所示为显示程序名和程序形参的程序，解引用运算符和下标运算符的使用方法不同，但是输出结果相同。

代码清单 8C-1　　　　　　　　　　　　　　　　　　chap08/argtest1.cpp

```
// 显示程序名和程序形参（其一）
#include <iostream>
using namespace std;
int main(int argc, char** argv)
{
    for (int i = 0; i < argc; i++)
        cout << "argv[" << i << "] = " << argv[i] << '\n';
}
```

运行结果示例
```
▶argtest1 Sort BinTree ↵
argv[0] = argtest1
argv[1] = Sort
argv[2] = BinTree
```

代码清单 8C-2　　　　　　　　　　　　　　　　　　　　　　　chap08/argtest2.cpp

```cpp
// 显示程序名和程序形参（其二）
#include <iostream>
using namespace std;
int main(int argc, char** argv)
{
    int i = 0;
    while (argc-- > 0)
        cout << "argv[" << i++ << "] = " << *argv++ << '\n';
}
```

代码清单 8C-3　　　　　　　　　　　　　　　　　　　　　　　chap08/argtest3.cpp

```cpp
// 显示程序名和程序形参的（其三）
#include <iostream>
using namespace std;
int main(int argc, char** argv)
{
    int i = 0;
    while (argc-- > 0) {
        cout << "argv[" << i++ << "] = ";
        while (char c = *(*argv)++)
            cout << c;
        argv++;
        cout << '\n';
    }
}
```

▶ 在某些环境中，在输出 argv[0] 的程序名时，会显示包括目录名及扩展名在内的文件名。

8-2 cstring 库

C++ 提供了很多用于字符串处理的库。这里我们通过一些具有代表性的函数的说明及示例程序来加深对字符串及指针的理解。

■ *strlen*：计算字符串的长度

`<cstring>` 头文件提供了进行字符串处理的库函数。

strlen 函数用来计算字符串的长度。字符串的长度是空字符之前的字符数（空字符的长度不计入）。

strlen 函数	
头文件	`#include <cstring>`
形式	`size_t strlen(const char* s);`
说明	计算 s 所指的字符串的长度（不包含空字符）
返回值	返回计算的字符串的长度

如图 8-8 所示，***strlen*(`"ABCD"`)** 为不包含空字符的 4。

图 8-8 *strlen* 函数的作用

代码清单 8-12 和代码清单 8-13 所示为该函数的实现例程。

```
代码清单 8-12                    chap08/strlenA.cpp
//--- strlen 的实现例程 A ---//
#include <cstddef>
size_t strlen(const char* s)
{
    size_t len = 0;      // 长度
    while (*s++)
        len++;
    return len;          // size_t 型：与返回值类型一致
}
```

```
代码清单 8-13                    chap08/strlenB.cpp
//--- strlen 的实现例程 B ---//
#include <cstddef>
size_t strlen(const char* s)
{
    const char* p = s;
    while (*s)
        s++;
    return s - p;        // ptrdiff_t 型：与返回值类型不一致
}
```

代码清单 8-13 返回的 s - p 是指针之间的减法运算的结果（在指向同一数组内的元素的指针之间进行减法运算，可以得出它们相隔多少个元素）。因此，所得到的值的类型为有符号整型，即 `ptrdiff_t` 型。

但是，函数返回的 `size_t` 型为无符号整型。两者可表示的范围不同，所以有可能产生不便。

因此，更推荐使用代码清单 8-12。

代码清单 8-14 和代码清单 8-15 所示为 **strlen** 函数的使用例程。

代码清单 8-14   chap08/strlen_test1.cpp
```cpp
// strlen 函数的使用例程（其一）
#include <cstring>
#include <iostream>
using namespace std;

int main()
{
    char str[100];

    cout << "请输入字符串:";
    cin >> str;
    cout << "字符串\"" << str << "\"的长度为" << strlen(str) << "。\n";
}
```

运行示例
```
请输入字符串：five⏎
字符串"five"的长度为4。
```

代码清单 8-15   chap08/strlen_test2.cpp
```cpp
// strlen 函数的使用例程（其二）
#include <cstring>
#include <iostream>
using namespace std;

int main()
{
    char s1[8] = "";
    char s2[8] = "ABC";
    char s3[8] = "AB\0CDEF";

    cout << "strlen(s1)           = " << strlen(s1)         << '\n';
    cout << "strlen(s2)           = " << strlen(s2)         << '\n';
    cout << "strlen(&s2[1])       = " << strlen(&s2[1])     << '\n';
    cout << "strlen(s3)           = " << strlen(s3)         << '\n';
    cout << "strlen(\"XYZ\")       = " << strlen("XYZ")       << '\n';
    cout << "strlen(&\"XYZ\"[1])   = " << strlen(&"XYZ"[1])   << '\n';
    cout << "strlen(\"ABC\\0DEF\") = " << strlen("ABC\0DEF") << '\n';
    cout << "sizeof(\"ABC\\0DEF\") = " << sizeof("ABC\0DEF") << '\n';
}
```

运行示例
```
strlen(s1)         = 0
strlen(s2)         = 3
strlen(&s2[1])     = 2
strlen(s3)         = 2
strlen("XYZ")      = 3
strlen(&"XYZ"[1])  = 2
strlen("ABC\0DEF") = 3
sizeof("ABC\0DEF") = 8
```

▶ 关于 C++ 提供的标准库属于 std 命名空间这一点，我们已经（简单）学习了。如果删除程序开头的 `using namespace std;` 指令，则需要执行 std::**strlen**(...) 来调用 **strlen** 函数。当然，之后学习的函数都是这样。

另外，代码清单 8-12 和代码清单 8-13 的程序省略了命名空间的声明，其声明实际上如下所示（关于命名空间，详见下一章）。

```cpp
namespace std {
    size_t strlen(const char* s)
    {
        // 省略
    }
}
```

■ strcpy、strncpy：复制字符串

strcpy 函数和 strncpy 函数用来复制字符串。strcpy 函数复制整个字符串，而 strncpy 函数复制指定个数的字符（图 8-9）。

strcpy 函数	
头文件	#include <cstring>
形式	char* strcpy(char* s1, const char* s2);
说明	把 s2 所指的字符串复制到 s1 所指的数组。复制源和复制目标重合时的程序行为未定义
返回值	返回 s1 的值

strncpy 函数	
头文件	#include <cstring>
形式	char* strncpy(char* s1, const char* s2, size_t n);
说明	把 s2 所指的字符串复制到 s1 所指的数组。当 s2 的长度大于等于 n 时，复制 n 个字符；当小于 n 时，用空字符填补剩余元素。复制源和复制目标重合时的程序行为未定义
返回值	返回 s1 的值

两个函数均返回指向复制目标字符串 s1 的第一个字符的指针，直截了当地说，这是因为指向字符的指针确实很方便。

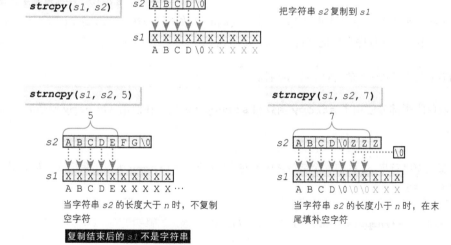

图 8-9 strcpy 函数和 strncpy 函数的作用

我们通过代码清单 8-16 来理解这两个函数。❶和❷通过 strcpy 函数复制字符串。

代码清单 8-16   chap08/strcpy_test.cpp

```cpp
// strcpy 函数和 strncpy 函数的使用例程
#include <cstring>
#include <iostream>

using namespace std;

int main()
{
    char tmp[16];
    char s1[16], s2[16], s3[16];
    cout << "请输入字符串:";
    cin >> tmp;
 ■1 strcpy(s1, strcpy(s2, tmp));     // 把字符串复制到 s1 和 s2
    cout << "字符串s1为\"" << s1 << "\"。\n";
    cout << "字符串s2为\"" << s2 << "\"。\n";
 ■2 cout << "字符串s3为\"" << strcpy(s3, tmp) << "\"。\n";

    char* x = "XXXXXXXXX";           // 9 个 'X' 和 1 个空字符 */
    strcpy(s3, x); strncpy(s3, "12345", 3); cout << "s3 = " << s3 << '\n';
    strcpy(s3, x); strncpy(s3, "12345", 5); cout << "s3 = " << s3 << '\n';
    strcpy(s3, x); strncpy(s3, "12345", 7); cout << "s3 = " << s3 << '\n';
    strcpy(s3, x); strncpy(s3, "1234567890", 9); cout << "s3 = " << s3 << '\n';
}
```

```
运行示例
请输入字符串: ABC↵
字符串s1为"ABC"。
字符串s2为"ABC"。
字符串s3为"ABC"。
s3 = 123XXXXXX
s3 = 12345XXXX
s3 = 12345
s3 = 123456789
```

我们通过图 8-10 来理解程序中 ■1 处的代码。

首先，图中 Ⓐ 把字符串 tmp 复制到数组 s2，然后把复制目标 s2 作为 Ⓑ 的第二个参数，把相同的字符串复制到 s1。

▶ 类似于赋给两个变量相同值的 x = y = 0。

图 8-10　连续复制字符串

接下来我们来理解程序中 ■2 处的代码。执行复制的函数调用表达式 strcpy(s3, tmp) 被直接插入到 cout 中，因此程序会先把字符串 tmp 复制到 s3，再显示复制后的 s3。

重要 请有效利用函数返回的指向字符的指针。

程序灰色阴影部分使用了 strcpy 函数和 strncpy 函数。在使用 strncpy 函数时，需要注意下面这一点。

重要 当复制源字符串 s2 的前 n 个字符之内没有空字符时，strncpy 函数不会把空字符复制到复制目标字符串。

▶ 在图 8-9 的 strncpy(s1, s2, 5) 中，s1 没有空字符，因此复制结束后的 s1 不是字符串。

strcat、strncat：拼接字符串

strcat 函数和 strncat 函数用来拼接字符串。前者完整拼接字符串，而后者拼接指定个数的字符（图 8-11）。

▶ cat 来源于 concatenate，意思是"拼接"（而不是"猫"）。

strcat 函数

头文件	`#include <cstring>`
形式	`char* strcat(char* s1, const char* s2);`
说明	把 *s2* 所指的字符串拼接到 *s1* 所指的字符串的末尾。拼接源和拼接目标重合时的程序行为未定义
返回值	返回 *s1* 的值

strncat 函数

头文件	`#include <cstring>`
形式	`char* strncat(char* s1, const char* s2, size_t n)`
说明	把 *s2* 所指的字符串拼接到 *s1* 所指的字符串的末尾。当 *s2* 的长度大于 *n* 时，丢弃之后的部分。拼接源和拼接目标重合时的程序行为未定义
返回值	返回 *s1* 的值

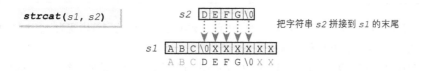

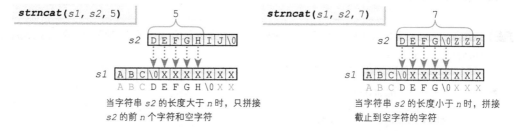

图 8-11 *strcat* 函数和 *strncat* 函数的作用

代码清单 8-17 所示为两个函数的使用例程。

代码清单 8-17

chap08/strcat_test.cpp

```cpp
// strcat函数和strncat函数的使用例程
#include <cstring>
#include <iostream>
using namespace std;
int main()
{
    char s[10];
    char* x = "ABC";

    strcpy(s, "QWE");    // s变为"QWE"
1   strcat(s, "RTY");    // s变为"QWERTY"
    cout << "s = " << s << '\n';

    strcpy(s, x);    strncat(s, "123", 1);        cout << "s = " << s << '\n';
    strcpy(s, x);    strncat(s, "123", 3);        cout << "s = " << s << '\n';
2   strcpy(s, x);    strncat(s, "123", 5);        cout << "s = " << s << '\n';
    strcpy(s, x);    strncat(s, "12345", 5);      cout << "s = " << s << '\n';
    strcpy(s, x);    strncat(s, "123456789", 5);  cout << "s = " << s << '\n';
}
```

运行结果
```
s = QWERTY
s = ABC1
s = ABC123
s = ABC123
s = ABC12345
s = ABC12345
```

1 把 "QWE" 复制到数组 s，并在其后拼接 "RTY"。因此，数组 s 中存放的字符串变为 "QWERTY"。
2 先在数组 s 中存放 "ABC"，然后使用 strncat 函数拼接字符串。

请大家通过对比程序和运行结果，确认一下当 strncat 函数的第二个参数的字符串 s2 的长度小于、等于和大于第三个参数 n 的值时的程序行为。

从函数样式及运行结果可知：

> **重要** 通过 strncat 函数拼接后的字符串 s1 的最大字符数为包含末尾的空字符在内的 strlen(拼接前的 s1) + n + 1。

▶ 我们来思考一下下面的代码。

1 `char s[15] = "Soft";`
   `strcat(s, "Bank");`   // 在s后拼接"Bank"

2 `char* p = "Soft";`
   `strcat(p, "Bank");`   // 不可以！

这里的 **1** 和 **2** 均为在字符串 "Soft" 之后拼接 "Bank" 的程序。

1 字符串 "Soft" 连同末尾的空字符一起被存放在 s[0] ~ s[4] 中。要拼接的 "Bank" 连同末尾的空字符一起被存放在 s[4] ~ s[8] 中。

2 指针 p 被初始化为指向字符串字面量 "Soft" 的第一个字符，我们无法保证在存放该字符串字面量的空间之后有空余空间。因此，这样做有可能修改掉其他变量的值或破坏程序，有些处理系统或运行环境会中断程序运行。

strcmp、strncmp：比较字符串

strcmp 函数和 **strncmp** 函数用来比较两个字符串。**strcmp** 函数比较整个字符串，而 **strncmp** 函数比较指定个数的字符（图 8-12）。

strcmp 函数	
头文件	`#include <cstring>`
形式	`int strcmp(const char* s1, const char* s2);`
说明	比较 s1 所指的字符串和 s2 所指的字符串的大小关系（从第一个字符开始逐个字符地比较 unsigned char 型的值，当出现不同字符时，字符串的大小关系为这两个字符的大小关系）
返回值	当 s1 与 s2 相等时，返回 0；当 s1 大于 s2 时，返回正整数值；当 s1 小于 s2 时，返回负整数值

strncmp 函数	
头文件	`#include <cstring>`
形式	`int strncmp(const char* s1, const char* s2, size_t n);`
说明	比较 s1 所指的字符串和 s2 所指的字符串的前 n 个字符的大小关系，但不比较空字符之后的字符
返回值	当 s1 与 s2 相等时，返回 0；当 s1 大于 s2 时，返回正整数值；当 s1 小于 s2 时，返回负整数值

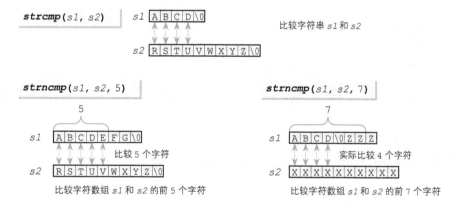

图 8-12 *strcmp* 函数和 *strncmp* 函数的作用

strcmp 函数从第一个字符开始依次比较参数接收的两个字符串。当直到空字符为止的所有字符都相等时，返回 0；当字符串中有不同字符时，返回 0 以外的值。当第一个参数所指的字符串小于第二个参数所指的字符串时，返回负值，当大于时返回正值。

判断字符串大小的基准是什么呢？按常识考虑，"AAA" 应该比 "ABC" 或 "XYZ" 小。在按字典顺序排列的情况下，一般这样判断：位于前面的字符串小，位于后面的字符串大。

作为判断对象的字符串如果仅由大写字母、小写字母和数字中的一种构成，情况会很简单，否则就会很复杂。例如，小写字母的字符串 "abc" 和数字的字符串 "123" 的大小就无法判断。

因此，**strcmp** 函数基于字符编码来判断大小。表示字符的值的字符编码依赖于运行环境所采

用的字符编码体系，所以 "abc" 与 "ABC" 或 "123" 的比较结果依赖于运行环境。

> **重要** 无法通过 **strcmp** 函数比较具有可移植性（不依赖于运行环境所采用的字符编码等）的字符串的大小。

也就是说，根据处理系统的不同，**strcmp**("abc", "123") 的返回值既有可能为正值，也有可能为负值。

▶ 在介绍 **strncmp** 函数的样式时，使用了"字符数组"而不是"字符串"，这是因为在指针所指的前 n 个字节的字符中，也可以没有空字符（不是一个完整的字符串）。

代码清单 8-18 所示为两个函数的使用例程。

代码清单 8-18   chap08/strcmp_test.cpp

```cpp
// strcmp 函数和 strncmp 函数的使用例程
#include <cstring>
#include <iostream>
using namespace std;
int main()
{
    char st[128];

    cout << "\"与"ABCDE"进行比较。\n";
    cout << "\"以"XXXXX"结束。\n";

    while (1) {
        cout << "\n字符串st:";
        cin >> st;

        if (strcmp(st, "XXXXX") == 0)
            break;
        cout << "strcmp( \"ABCDE\", st)    = " << strcmp( "ABCDE", st) << '\n';
        cout << "strncmp(\"ABCDE\", st, 3) = " << strncmp("ABCDE", st, 3) << '\n';
    }
}
```

```
运行结果示例
与"ABCDE"进行比较。
以"XXXXX"结束。

字符串st: ABC⏎
strcmp( "ABCDE", st)    = 68
strncmp("ABCDE", st, 3) = 0

字符串st: ABCDE⏎
strcmp( "ABCDE", st)    = 0
strncmp("ABCDE", st, 3) = 0

字符串st: AX⏎
strcmp( "ABCDE", st)    = -1
strncmp("ABCDE", st, 3) = -22

字符串st: XXXXX⏎
```

当与比较对象的字符串相等时，一定显示 0；在其他情况下，显示的值因运行环境或处理系统而不同。

小结

- **字符串**表示字符的排列，以值为 0 的**空字符**结束。

- **字符串字面量**的类型为"`const char` 型的数组"，大小为包含添加在末尾的空字符的字符数，其存储期为静态存储期，因此从程序开始到结束一直占用存储空间。当存在多个相同的字符串字面量时，根据处理系统的不同，有的只在存储空间上存放一个，有的则分别存放。

- 字符串可以由字符的数组表示，该表示方法称为**字符数组**，声明如下。
    `char a[] = "CIA";`   // 字符数组

- 字符串也可以由指针表示，该表示方法称为**字符串指针**。存放字符串的字符串字面量本身及指向它的指针两者均占用存储空间。
    `char* p = "FBI";`   // 字符串指针
  把（指向）其他字符串字面量（的第一个字符的指针）赋予 p，则 p 会被修改为指向被赋予的字符串字面量（的第一个字符）。

- 字符串的数组可以由"字符数组的数组"和"字符串指针的数组"来实现。在后者的情况下，字符串不一定存放在连续的空间上。
    `char a2[][5] = {"LISP", "C", "Ada"};`   // 字符数组的数组
    `char* p2 = {"PAUL", "X", "MAC"};`   // 字符串指针的数组

- 可以通过**提取符**从键盘读入字符串，表示字符串结束的末尾的空字符也会添加在数组中。必要时可以使用 `cin.getline` 限制读入的字符数。

a 字符数组

`char str[] = "CIA";`

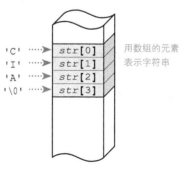

占用 `sizeof(str)` 个字节

b 字符串指针

`char* ptr = "FBI";`

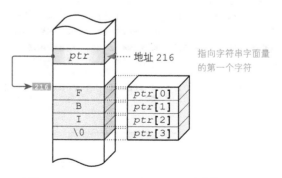

占用 `sizeof(ptr) + sizeof("FBI")` 个字节

- 函数之间用指向第一个字符的指针来传递字符串。字符串的末尾有空字符，因此不需要用另一个参数传递元素个数。

- 一直查找到发现空字符为止，即可遍历字符串中的所有字符。

- 使用 *toupper* 函数可以把小写字母转换为大写字母，使用 *tolower* 函数可以把大写字母转换为小写字母。<cctype> 头文件声明了这两个函数。

- 返回指向字符串的指针的函数的返回值可以灵活使用。

- <cstring> 头文件提供了许多用于字符串处理的库。

- *strlen* 函数获取不包含空字符的字符串的长度。

- *strcpy* 函数复制整个字符串，而 *strncpy* 函数复制指定个数的字符。

- *strcat* 函数拼接整个字符串，而 *strncat* 函数拼接指定个数的字符。

- *strcmp* 函数比较整个字符串，而 *strncmp* 函数比较指定个数的字符。

```
                                                                chap08/summary.cpp
#include <iostream>
using namespace std;

//--- 用 "" 包围字符串 s 并显示 ---//
void put_str(const char* s)
{
    cout << '\"';
    while (*s)
        cout << *s++;
    cout << '\"';
}

int main()
{
    char  a[]     = "CIA";                    // 字符数组
    char* p       = "FBI";                    // 字符串指针
    char  a2[][5] = {"LISP", "C", "Ada"};     // 字符数组的数组
    char* p2[]    = {"PAUL", "X", "MAC"};     // 字符串指针的数组

    cout << "a = ";   put_str(a);    cout << '\n';
    cout << "p = ";   put_str(p);    cout << '\n';

    for (int i = 0; i < sizeof(a2) / sizeof(a2[0]); i++) {
        cout << "a2[" << i << "] = ";   put_str(a2[i]);   cout << '\n';
    }
    for (int i = 0; i < sizeof(p2) / sizeof(p2[0]); i++) {
        cout << "p2[" << i << "] = ";   put_str(p2[i]);   cout << '\n';
    }
}
```

运行结果
a = "CIA"
p = "FBI"
a2[0] = "LISP"
a2[1] = "C"
a2[2] = "Ada"
p2[0] = "PAUL"
p2[1] = "X"
p2[2] = "MAC"

第 9 章

函数的应用

我们将在本章深入学习函数的相关内容，包括函数模板、由多个函数构成的大规模程序的开发方法和命名空间等。

- 泛型
- 泛型函数
- 函数模板和模板函数
- 函数模板的实例化和显式实例化
- 函数模板的特例化和显式特例化
- 定义和声明
- 单一定义规则（ODR）
- 分离式编译
- **static** 和 **extern**
- 内部链接、外部链接、无链接
- 链接时错误
- 头文件的创建
- 使用 "**#include** " 头文件名 "" 形式引入头文件
- **namespace** 和命名空间
- 命名空间成员的声明和定义
- 命名空间的别名
- 无名命名空间
- 作用域解析运算符
- **using** 声明和 **using** 指令

9-1 函数模板

我们将在本节学习函数模板的相关内容，它用来实现不依赖于处理对象（数据）的类型的函数。

■ 函数模板和模板函数

代码清单 9-1 所示为求 `int` 型数组的最大值和 `double` 型数组的最大值的程序。该程序为两个类型分别定义了函数，并通过重载赋予了函数相同名称。

当然，这两个函数虽然有一部分是不同的，但是它们的结构是相同的。

事实上，我们可以基于 `int` 型函数 *maxof* 按照如下步骤创建 `double` 型函数 *maxof*。

① 通过源程序的复制和粘贴，复制函数。
② 修改必要的地方（把 `int` 修改为 `double`）。

但是，操作中有可能犯下面的错误。

- 复制失败。　　　　　　例 忘记复制某行。
- 遗漏必要的修改。　　　例 忘记将返回值类型修改为 `double`。
- 执行多余的修改。　　　例 将 `int` 即可的变量 *i* 的类型修改为 `double`。

我们想象一下如何创建查找 `long` 型数组或 `float` 型数组的最大值的函数。此时，需要对源程序进行复制并粘贴，以创建另一个相似的函数。当然在此过程中也可能犯错，如果可以巧妙地复用函数就好了。

一般来说，可以像下面这样写求元素类型为 Type 型且元素个数为 *n* 的数组的最大值的函数。

```
Type maxof(const Type x[], int n)          伪函数
{
    Type max = x[0];
    for (int i = 1; i < n; i++)
        if (x[i] > max)
            max = x[i];
    return max;
}
```

▶ 这是一个伪函数，直接编译会产生错误。

如果不管 Type 是任何类型，该函数都可以正常运行，那么问题就可以解决了。我们可以使用**泛型**（genericity）这种思路来实现这一状态。基于泛型创建的函数称为**泛型函数**。

代码清单 9-1   chap09/list0901.cpp

```cpp
// 求数组的最大值（重载版）

#include <iostream>

using namespace std;

//--- 返回元素个数为 n 的数组 x 的最大值（int 版）---//
int maxof(const int x[], int n)
{
    int max = x[0];
    for (int i = 1; i < n; i++)
        if (x[i] > max)
            max = x[i];
    return max;
}

//--- 返回元素个数为 n 的数组 x 的最大值（double 版）---//
double maxof(const double x[], int n)
{
    double max = x[0];
    for (int i = 1; i < n; i++)
        if (x[i] > max)
            max = x[i];
    return max;
}

int main()
{
    const int isize = 8;         // 数组 ix 的元素个数
    int ix[isize];               // int 型数组

    // 整数数组的最大值
    cout << "请输入" << isize << "个整数。\n";
    for (int i = 0; i < isize; i++) {
        cout << i + 1 << ":";
        cin >> ix[i];
    }
    cout << "最大值为" << maxof(ix, isize) << "。\n";

    const int dsize = 5;         // 数组 dx 的元素个数
    double dx[dsize];            // double 型数组

    // 实数数组的最大值
    cout << "请输入" << dsize << "个实数。\n";
    for (int i = 0; i < dsize; i++) {
        cout << i + 1 << ":";
        cin >> dx[i];
    }
    cout << "最大值为" << maxof(dx, dsize) << "。\n";
}
```

运行示例
请输入 8 个整数。
1:12↵
2:35↵
3:125↵
4:2↵
5:532↵
6:95↵
7:187↵
8:34↵
最大值为 532。

请输入 5 个实数。
1:539.2↵
2:2.456↵
3:95.5↵
4:1239.5↵
5:3.14↵
最大值为 1239.5。

代码清单 9-2 实现了泛型函数 maxof，可以看出程序变短了。

代码清单 9-2　　　　　　　　　　　　　　　　　　　　　　　　　　chap09/list0902.cpp

```cpp
// 求数组的最大值（函数模板版）
#include <iostream>

using namespace std;

//--- 返回元素个数为 n 的 Type 型数组 x 的最大值的函数模板 ---//
template <class Type>
Type maxof(const Type x[], int n)
{
    Type max = x[0];
    for (int i = 1; i < n; i++)
        if (x[i] > max)
            max = x[i];
    return max;                                    1
}

int main()
{
    const int isize = 8;        // 数组 ix 的元素个数
    int ix[isize];              // int 型数组

    // 整数数组的最大值
    cout << "请输入" << isize << "个整数。\n";
    for (int i = 0; i < isize; i++) {
        cout << i + 1 << ":";
        cin >> ix[i];                              2
    }
    cout << "最大值为" << maxof(ix, isize) << "。\n";

    const int dsize = 5;        // 数组 dx 的元素个数
    double dx[dsize];           // double 型数组

    // 实数数组的最大值
    cout << "请输入" << dsize << "个实数。\n";
    for (int i = 0; i < dsize; i++) {
        cout << i + 1 << ":";
        cin >> dx[i];                              3
    }
    cout << "最大值为" << maxof(dx, dsize) << "。\n\n";
}
```

运行示例
请输入 8 个整数。
1:12⏎
2:35⏎
3:125⏎
4:2⏎
5:532⏎
6:95⏎
7:187⏎
8:34⏎
最大值为 532。

请输入 5 个实数。
1:539.2⏎
2:2.456⏎
3:95.5⏎
4:1239.5⏎
5:3.14⏎
最大值为 1239.5。

如下所示，**1**声明的函数添加了前缀。

```
template <class Type>
```

它表明接下来声明的是**函数模板**（function template），而不是普通函数，接收的**类型**要赋给函数模板的形参 Type。另外，Type 是形参名，所以也可以使用其他名称。

调用函数模板的表达式**2**和**3**的形式与普通函数一样。

2的调用执行 int 型数组的查找，实参 ix 的元素类型和 isize 的类型均为 int 型，int 也被隐式赋给函数模板的形参 Type。

这样一来，编译器会自动创建如图 9-1**a**所示的函数，把函数模板 maxof 中的 Type 修改为 int。

像这样创建的函数实体称为**模板函数**（template function）。

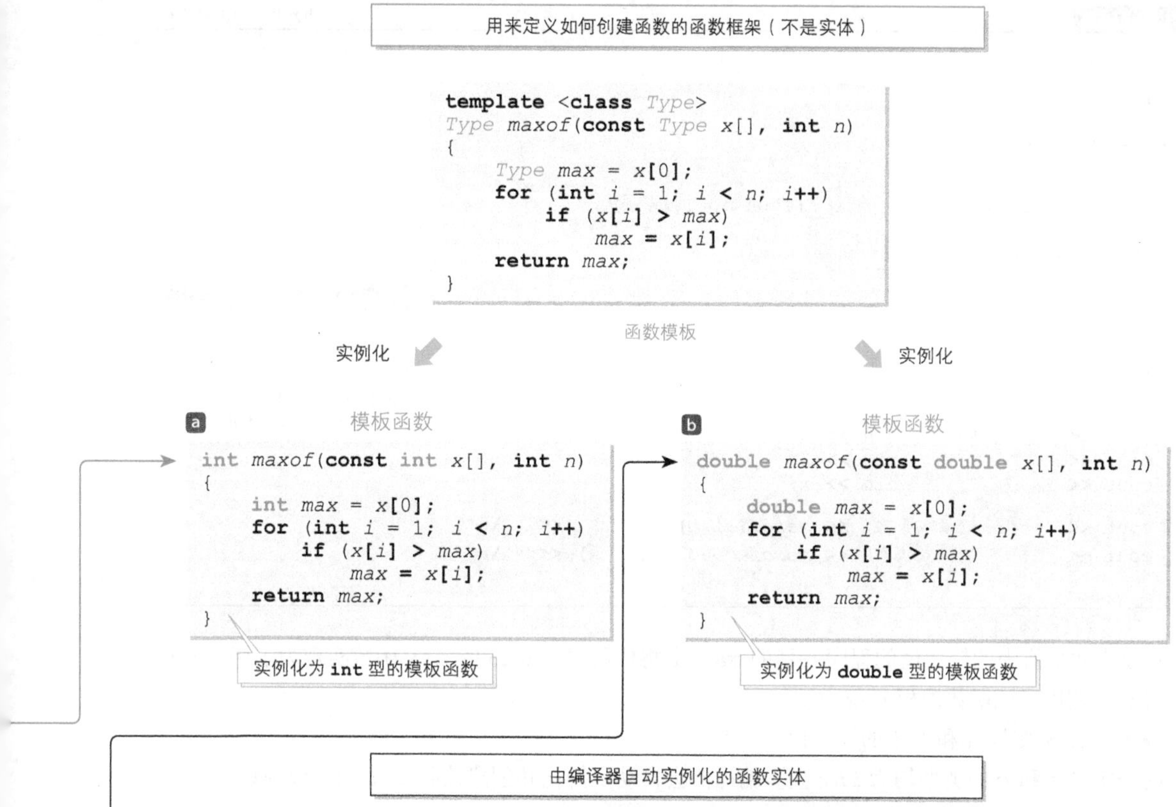

```
                  ┌──────────────────────────────────────┐
                  │ 用来定义如何创建函数的函数框架(不是实体) │
                  └──────────────────────────────────────┘

              template <class Type>
              Type maxof(const Type x[], int n)
              {
                  Type max = x[0];
                  for (int i = 1; i < n; i++)
                      if (x[i] > max)
                          max = x[i];
                  return max;
              }
```

                     实例化 ↙   函数模板   ↘ 实例化

a 模板函数   **b** 模板函数

```
int maxof(const int x[], int n)        double maxof(const double x[], int n)
{                                      {
    int max = x[0];                        double max = x[0];
    for (int i = 1; i < n; i++)            for (int i = 1; i < n; i++)
        if (x[i] > max)                        if (x[i] > max)
            max = x[i];                            max = x[i];
    return max;                            return max;
}                                      }
```

实例化为 `int` 型的模板函数   实例化为 `double` 型的模板函数

由编译器自动实例化的函数实体

图 9-1　使用函数模板创建模板函数

`double` 型数组的查找也一样,在 **b** 的调用中,`double` 被隐式赋给了 `Type`,并且创建了如图 9-1**b** 所示的模板函数。

在开发程序时,只用创建一个不依赖于类型的抽象描述的函数框架——函数模板即可,然后在调用函数模板时,编译器就会自动**实例化**(instantiation)并创建与所接收的类型对应的实体——模板函数。

也就是说,把"复制源程序,修改必要的地方(类型名等),并创建另一个函数"的操作交给编译器。虽然编译器会很辛苦,但是我们会很轻松。

> **重要** 不依赖于类型的算法要用函数模板实现。

▶ 声明形参的关键字 `class` 也可以替换为 `typename`(早期只有 `class`)。

■ 显式实例化

上一个程序根据调用函数模板时赋予的实参类型自动进行了实例化,然而在一些上下文中,编译器无法仅根据实参的类型或个数等信息自动实例化模板。

此时,需要由程序指定参数类型来**显式实例化**,如代码清单 9-3 所示。

代码清单 9-3　　　　　　　　　　　　　　　　　　　　　　　　　chap09/list0903.cpp

```cpp
// 显式实例化求两个值中的较大值的函数模板
#include <iostream>

using namespace std;

//--- 求a和b中的较大值 ---//
template <class Type> Type maxof(Type a, Type b)         // 1
{
    return a > b ? a : b;
}

int main()
{
    int a, b;
    double x;

    cout << "整数a:";      cin >> a;
    cout << "整数b:";      cin >> b;
    cout << "实数x:";      cin >> x;

 // 2 cout << "a和b中的较大值为" << maxof(a, b)         << "。\n";
 // 3 cout << "a和x中的较大值为" << maxof<double>(a, x) << "。\n";
}
```

运行示例
整数a：5
整数b：7
实数x：4.5
a和b中的较大值为7。
a和x中的较大值为5。

这是求两个值中的较大值的程序。**1**的 `maxof` 将代码清单 6-25 的 `max` 函数实现为了函数模板。
2和**3**调用了该函数模板 `maxof`。
2求 `int` 型变量 `a` 和 `b` 中的较大值。
两个实参 `a` 和 `b` 的类型均为 `int` 型。编译器会自动实例化并创建接收 `int` 的模板函数。
3求 `int` 型变量 `a` 和 `double` 型变量 `x` 中的较大值。
实参的类型为 `int` 型和 `double` 型，调用表达式为 `maxof<double>(a, x)`。

如果该表达式为 `maxof(a, x)`，则会产生编译错误。这是因为编译器无法判断是创建"`int`版"模板函数还是"`double`版"模板函数，因而无法自动进行实例化。

在 `<>` 中赋予应该传递给 `Type` 的类型，这是显式实例化的指示。当用来调用函数模板的表达式为 `maxof<double>(a, x)` 时，编译器会根据该指示创建 `double` 版模板函数，并创建调用该函数的代码。

重要　在编译器无法自动判断应该实例化的函数的上下文中，或者在希望调用与自动实例化的函数类型不同的函数的上下文中，必须赋予类型名来显式实例化模板。

▶ 当实参和形参的类型不同时，将自动执行适当的类型转换，因此 `int` 型实参 `a` 的值会先被转换为 `double` 型，再被传递给模板函数。

| 专栏 9-1 | 分开调用函数模板和普通函数 |

当函数模板和同名（但不是模板）的函数同时存在时，需要分开调用，如代码清单 9C-1 所示。
※ 为了便于验证程序的行为，这里特意让普通函数返回较小值，而不是较大值。

代码清单 9C-1　　　　　　　　　　　　　　　　　　　　　　　　　chap09/list09c01.cpp

```cpp
// 分开调用求两个值中的较大值的函数模板和函数
#include <iostream>
using namespace std;

//--- 普通函数（注意：为了验证程序的行为，返回较小值）---//
int maxof(int a, int b) { return a < b ? a : b; }

//--- 函数模板 ---//
template <class Type> Type maxof(Type a, Type b) { return a > b ? a : b; }

int main()
{
    int a, b;

    cout << "整数a:";     cin >> a;
    cout << "整数b:";     cin >> b;
1   cout << "较大值为" << maxof(a, b)        << "。\n";
2   cout << "较大值为" << maxof<int>(a, b)   << "。\n";
3   cout << "较大值为" << maxof<>(a, b)      << "。\n";
}
```

运行示例
整数a：5
整数b：7
较大值为5。
较大值为7。
较大值为7。

1 没有指定 <>，调用的是普通函数。
2 执行了显式实例化，调用的是函数模板。
3 的 <> 中为空，调用的是函数模板。此时，编译器会根据类型自动进行实例化，并创建调用 `int` 型模板函数的代码。

■ 显式特例化

如下调用函数模板 maxof 会如何呢？

```
maxof("ABC", "DEF")
```

对字符串字面量求值，可以得到指向第一个字符的指针，因此该调用会比较两个字符串字面量的地址。maxof 函数返回的值无意义。

▶ 因为不同数组的第一个元素的地址的比较结果在语言层没有被定义。

当比较对象为字符串时，应该比较它们的内容。像这样改写后的程序如代码清单 9-4 所示。
1 的函数模板 maxof 的定义与代码清单 9-3 的程序相同。
新添加的 2 是**显式特例化**（explicit specialization）的 `const char*` 型的函数定义。当调用时的类型参数为 `const char*` 时，程序会调用特例化的 2 的模板函数，而不是 1 的版本。

代码清单 9-4
chap09/list0904.cpp

```cpp
// 显式特例化求两个值中的较大值的函数模板
#include <cstring>
#include <iostream>
using namespace std;
//--- 求 a 和 b 中的较大值 ---//
template <class Type> Type maxof(Type a, Type b)     // 1
{
    return a > b ? a : b;
}
//--- 求 a 和 b 中的较大值（const char* 型的特例化）---//
template <> const char* maxof<const char*>(const char* a, const char* b)  // 2
{
    return strcmp(a, b) > 0 ? a : b;
}

int main()
{
    int a, b;
    char s[64], t[64];

    cout << "整数a:";       cin >> a;
    cout << "整数b:";       cin >> b;
    cout << "字符串s:";     cin >> s;
    cout << "字符串t:";     cin >> t;

    cout << "a和b中的较大值为" <<          maxof(a, b)                      << "。\n";  // 3
    cout << "s和t中的较大值为" <<          maxof<const char*>(s, t)         << "。\n";  // 4
    cout << "s和\"ABC\"中的较大值为" << maxof<const char*>(s, "ABC")    << "。\n";  // 5
}
```

运行示例
```
整数a:5
整数b:7
字符串s:AAA
字符串t:ABD
a 和 b 中的较大值为 7。
s 和 t 中的较大值为 ABD。
s 和 "ABC" 中的较大值为 ABC。
```

显式特例化的 `const char*` 型的 2 的 `maxof` 函数使用 `strcmp` 函数比较了两个字符串，并返回了指向较大值（按字典顺序靠后的位置）的指针。

▶ 判断字符串的大小关系的 `strcmp` 函数将在第一个参数的字符串较大时返回正值，在第一个参数的字符串较小时返回负值，在两者相等时返回 0。

重要 对于不可以使用函数模板定义的类型，应定义进行了显式特例化的专用函数。

显式特例化的类型 *T* 的函数一般如下定义。

> **template** <> 返回值类型 *func*<*T*>(/*… 参数 …*/) { /*… 函数体 …*/ }

main 函数中调用了 3 次 maxof。

3 调用 1 的函数模板。

对于特例化的 `const char*` 型的 maxof，4 和 5 进行了显式实例化并调用，因此二者返回的都是由 `strcmp` 函数判断为较大的字符串。

另外，如果在调用时删除 `<const char*>`，则程序会调用 1 的函数模板，比较两个参数的地址，这是因为实参 *s* 和 *t* 的类型是 `char*` 型，而不是 `const char*` 型。

▶ 2 的参数类型是 `const char*` 型，而不是 `char*` 型，这是为了便于操作字符串字面量。由于字符串字面量的类型是 `const char*` 型，所以即使不显式实例化，程序也会调用 2。

9-2 大规模程序的开发

大规模程序由多个源文件构成。我们将在本节学习实现这样的程序所需的链接及头文件的创建方法等。

■ 分离式编译和链接

目前为止创建的程序均是由一个源文件实现的小规模的程序。但是，对于由多个函数构成的大规模程序，为了方便开发和管理，一般会将其分成多个源文件来实现。

如代码清单 9-5 和代码清单 9-6 所示，我们把代码清单 6-6 的程序分成两个源文件来实现。

代码清单 9-5   chap09/list0905.cpp
```cpp
// 幂运算

//--- 返回 x 的 n 次方 ---//
double power(double x, int n)
{
    double tmp = 1.0;

    for (int i = 1; i <= n; i++)
        tmp *= x;    // tmp 乘以 x
    return tmp;
}
```

运行示例
```
计算a的b次方。
实数a：5.6↵
整数b：3↵
5.6 的 3 次方为 175.616。
```

代码清单 9-6   chap09/list0906.cpp
```cpp
// 幂运算
#include <iostream>
using namespace std;
//--- 返回 x 的 n 次方 ---//
double power(double x, int n);

int main()
{
    double a;
    int    b;
    cout << "计算a的b次方。\n";
    cout << "实数a："; cin >> a;
    cout << "整数b："; cin >> b;
    cout << a << "的" << b << "次方为" <<
            power(a, b) << "。\n";
}
```

图 9-2 展示了根据多个分离的源文件创建可执行程序的大致步骤，这样的操作一般称为**分离式编译**。分离式编译的具体步骤依赖于处理系统，请参考手册来编译和链接。

图 9-2 分离式编译的步骤

代码清单 9-6 中的阴影部分是函数声明，用来将定义在调用者之后的函数或定义在其他源文件中的函数的样式告知编译器。

▶ 如果删除该声明，代码清单 9-6 就会产生编译错误。

链接

我们来创建更大一点的程序。

代码清单 9-7 ~ 代码清单 9-9 所示为由 3 个源文件 game.cpp、io.cpp、caishu.cpp 构成的猜数游戏的程序。

▪ 代码清单 9-7：game.cpp

这是汇集了与猜数游戏的核心部分相关的函数的源文件。

- *initialize* 函数：准备生成随机数。
- *gen_no* 函数：生成要猜的数。
- *judge* 函数：判断玩家输入的数是否正确。

在生成随机数时使用了 **time** 函数、**srand** 函数及 **rand** 函数，因此需要引入 `<ctime>` 头文件及 `<cstdlib>` 头文件。

▪ 代码清单 9-8：io.cpp

这是汇集了与输入/输出相关的函数的源文件。

- *prompt* 函数：显示信息，提示玩家输入答案。
- *input* 函数：读入玩家从键盘输入的整数值。
- *confirm_retry* 函数：确认是否再次运行游戏。

由于要执行 `cout` 输出及 `cin` 输入，所以需要引入 `<iostream>` 头文件。

▪ 代码清单 9-9：caishu.cpp

这是猜数游戏的主要部分。通过调用在上面两个源文件中定义的函数，来控制猜数游戏的整体流程。

另外，如下声明要猜的数的最大值。

```
int max_no = 9;              // 要猜的数的最大值
```

像这样定义对象实体的声明叫作**定义且声明**。关于对象和函数的定义，有如下规则。

> **重要** 在程序中，对象和函数只能定义一次。

该规则称为**单一定义规则**（One Definition Rule，ODR）。

9-2 大规模程序的开发

代码清单 9-7 chap09/caishu01/game.cpp

```cpp
// 猜数游戏（第1版：游戏部分）
#include <ctime>
#include <cstdlib>
using namespace std;
static int answer = 0;
extern int max_no;        // 简单声明
//--- 初始化 ---//
void initialize()
{
    srand(time(NULL));
}
//--- 生成问题（要猜的数）---//
void gen_no()
{
    answer = rand() % (max_no + 1);
}
//--- 判断答案 ---//
int judge(int cand)
{
    if (cand == answer)           // 正确答案
        return 0;
    else if (cand > answer)       // 大
        return 1;
    else                          // 小
        return 2;
}
```

代码清单 9-8 chap09/caishu01/io.cpp

```cpp
// 猜数游戏（第1版：输入/输出部分）
#include <iostream>
using namespace std;
extern int max_no;        // 简单声明
//--- 提示输入 ---//
static void prompt()
{
    cout << "0~" << max_no << "的数:";
}
//--- 输入答案 ---//
int input()
{
    int val;
    do {
        prompt();     // 提示输入
        cin >> val;
    } while (val < 0 || val > max_no);
    return val;
}
//--- 确认是否继续 ---//
bool confirm_retry()
{
    int cont;
    cout << "再试一次？\n"
         << "<Yes…1/No…0>:";
    cin >> cont;
    return static_cast<bool>(cont);
}
```

代码清单 9-9 chap09/caishu01/caishu.cpp

```cpp
// 猜数游戏（第1版：主要部分）
#include <iostream>
using namespace std;
void initialize();            // 【初始化】根据当前时刻设置随机数种子
void gen_no();                // 【生成问题】用随机数生成0 ~ max_no的值
int judge(int cand);          // 【判断答案】判断cand是否为正确答案
int input();                  // 【输入答案】输入0 ~ max_no的值
bool confirm_retry();         // 【确认是否继续】确认是否再试一次

int max_no = 9;   // 要猜的数的最大值              实体的定义

int main()
{
    initialize();     // 初始化
    cout << "猜数游戏开始！\n";

    do {
        gen_no();         // 生成问题（要猜的数）
        int panduan;
        do {
            panduan = judge(input());// 判断答案
            if (panduan == 1)
                cout << "\a再小一点。\n";
            else if (panduan == 2)
                cout << "\a再大一点。\n";
        } while (panduan != 0);
        cout << "正确答案。\n";
    } while (confirm_retry());
}
```

运行示例
```
猜数游戏开始！
0~9的数：8
♪再小一点。
0~9的数：5
♪再大一点。
0~9的数：7
正确答案。
再试一次？
<Yes…1/No…0>: 0
```

game.cpp 和 io.cpp 的蓝色阴影部分是 *max_no* 的声明，其中添加了 **extern** 关键字，该声明表示如下内容。

使用在其他地方定义的 **int** 型 *max_no*。

这里只是声明对象的使用，而不是定义实体。也就是说，该声明**只是简单的声明，不是定义**。在程序中可以执行任意次简单的声明。

存放要猜的数的变量 *answer* 在 game.cpp 中声明并定义，如下所示。

| **static int** *answer* = 0;

开头的 **static** 表示如下内容。

声明的标识符（名称）只在其源文件中通用。

因此，*answer* 是 game.cpp 特有的名称。

在 io.cpp 中的 *prompt* 函数前添加的 **static** 也是相同的意思。定义时添加了 **static** 的函数名只在其源文件中通用，因此外部的源文件（game.cpp 或 caishu.cpp 等）不可以调用它。

像这样声明的标识符只在其源文件中通用的情况，叫作**内部链接**（internal linkage）。

另外，对于该程序中没有使用的以下函数或对象，即使不添加 **static**，其标识符也会被自动赋予内部链接。

- 内联函数
- 声明时添加了 **const** 的常量对象

▶ 这是第 10 章之后的大部分程序的前提，非常重要。

定义时没有添加 **static** 的函数及在函数外定义的对象的标识符不仅在其源文件中通用，在外部的源文件中也通用，该性质称为**外部链接**（external linkage）。*prompt* 函数以外的函数之所以可以被其他源文件调用，就是因为它们具有外部链接。

另外，当不同源文件中存在具有外部链接的同名标识符时，虽然可以编译成功，但是会产生标识符重复的**链接时错误**。

| 重要 | 对于只在一个源文件中使用的函数或对象的标识符，必须赋予内部链接。

在函数中定义的变量没有链接性。由于其名称只在函数中通用（名称被隐藏在函数中），所以它的链接性称为**无链接**（no linkage）。

■ 创建头文件

为了方便管理和维护，大规模程序在头文件中汇集了具有外部链接的变量和函数等的声明。

我们以这样的方式来实现猜数游戏的程序，头文件如代码清单 9-10 所示，源程序如代码清单 9-11 ~ 代码清单 9-13 所示。

代码清单 9-10
chap09/caishu02/caishu.h

```cpp
// 猜数游戏（第 2 版：头文件）
void initialize();        //【初始化】根据当前时刻设置随机数种子
void gen_no();            //【生成问题】用随机数生成 0 ~ max_no 的值
int judge(int cand);      //【判断答案】判断 cand 是否为正确答案
int input();              //【输入答案】输入 0 ~ max_no 的值
bool confirm_retry();     //【确认是否继续】确认是否再试一次

extern int max_no;        // 要猜的数的最大值
```

代码清单 9-11
chap09/caishu02/game.cpp

```cpp
// 猜数游戏（第 2 版：游戏部分）
#include <ctime>
#include <cstdlib>
#include "caishu.h"
using namespace std;

static int answer = 0;
//--- 初始化 ---//
void initialize()
{
    srand(time(NULL));
}

//--- 生成问题（要猜的数）---//
void gen_no()
{
    answer = rand() % (max_no + 1);
}

//--- 判断答案 ---//
int judge(int cand)
{
    if (cand == answer)        // 正确答案
        return 0;
    else if (cand > answer)    // 大
        return 1;
    else                       // 小
        return 2;
}
```

代码清单 9-12
chap09/caishu02/io.cpp

```cpp
// 猜数游戏（第 2 版：输入 / 输出部分）
#include <iostream>
#include "caishu.h"
using namespace std;
//--- 提示输入 ---//
static void prompt()
{
    cout << "0~" << max_no << "的数:";
}
//--- 输入答案 ---//
int input()
{
    int val;
    do {
        prompt();    // 提示输入
        cin >> val;
    } while (val < 0 || val > max_no);
    return val;
}
//--- 确认是否继续 ---//
bool confirm_retry()
{
    int cont;
    cout << "再试一次？\n"
         << "<Yes…1/No…0>:";
    cin >> cont;
    return static_cast<bool>(cont);
}
```

caishu.h 是整个猜数游戏项目共用的头文件，包含 game.cpp 和 io.cpp 中定义的函数的声明以及变量 max_no 的 **extern** 声明，因此在各源程序中不需要再声明变量和函数。

▶ 我们假设需要修改函数样式。例如，把 confirm_retry 函数的返回值类型从 **bool** 修改为 **int**。如果只把 io.cpp 的函数定义修改为 **int**，而头文件 caishu.h 中的声明还是 **bool**，则 io.cpp 会产生编译时错误。
在头文件中声明函数，就可以很容易地发现这样的错误。

代码清单 9-13   chap09/caishu02/caishu.cpp

```cpp
// 猜数游戏（第 2 版：主要部分）
#include <iostream>
#include "caishu.h"
using namespace std;
int max_no = 9;          // 要猜的数的最大值
int main()
{
    initialize();        // 初始化
    cout << "猜数游戏开始！\n";

    do {
        gen_no();        // 生成问题（要猜的数）
        int panduan;
        do {
            panduan = judge(input());    // 判断答案
            if (panduan == 1)
                cout << "\a再小一点。\n";
            else if (panduan == 2)
                cout << "\a再大一点。\n";
        } while (panduan != 0);
        cout << "正确答案。\n";
    } while (confirm_retry());
}
```

```
运行示例
猜数游戏开始！
0～9的数：8⏎
♪再小一点。
0～9的数：5⏎
♪再大一点。
0～9的数：7⏎
正确答案。
再试一次？
<Yes…1/No…0>：0⏎
```

另外，不可以将只在特定的源文件中使用的函数的声明（例如 prompt 函数）放入头文件。

3 个源程序均引入了头文件 caishu.h。

在引入与要编译的源程序位于同一目录下的头文件时，使用 `#include "头文件名"`，而不是 `#include <头文件名>`。

▶ 对于 `#include "头文件名"` 和 `#include <头文件名>`，编译器如何查找头文件依赖于处理系统。
在大多数处理系统中，如果使用 < 头文件名 > 形式，就会优先查找存储编译器提供的 `<iostream>` 等标准库的地方；而如果使用 " 头文件名 " 形式，则会优先查找存储编译对象文件的目录。
另外，对头文件添加扩展名 .h 是从 C 语言继承的习惯。

由于具有外部链接的变量和函数的声明汇集在一个独立的头文件中，所以与第 1 版相比，第 2 版的各源文件变得更清晰了（特别是 caishu.cpp）。

重要 请把多个源文件共有的变量和函数的声明汇集在一个独立的头文件中。

另外，在头文件中声明内联函数和常量对象时必须进行定义，不能简单地声明。虽然定义会被嵌入到引入头文件的所有源文件中，但是这些标识符具有内部链接，因此不会产生标识符重复的链接时错误。

9-3 命名空间

命名空间用来从逻辑上控制标识符的通用范围。我们将在本节学习命名空间的定义方法及使用方法等。

■ 命名空间的定义

如第 6 章所述，根据声明的位置是在函数外还是在函数内，标识符的作用域会不同。另外，我们在上一节学习了，根据在定义时是否添加 **static**，赋予标识符的链接性也会不同。

作用域依赖于源文件中的声明的物理位置，名称的通用范围依赖于源文件这样的物理单元，这些都是从 C 语言继承的性质。

C++ 对此进行了改良，使用**命名空间**（namespace）来控制每个标识符的通用范围。代码清单 9-14 所示为在不同命名空间中定义同名的变量和函数并区分使用的示例程序。

代码清单 9-14　　　　　　　　　　　　　　　　　　　　　　　　　　chap09/list0914.cpp

```cpp
// 两个命名空间
#include <iostream>
using namespace std;

namespace English {
    int x = 1;
    void print_x()
    {
        cout << "The value of x is " << x << ".\n";
    }
    void hello()
    {
        cout << "Hello!\n";
    }
}

namespace Chinese {
    int x = 2;
    void print_x()
    {
        cout << "变量x的值为" << x << "。\n";
    }
    void hello()
    {
        cout << "你好！\n";
    }
}

int main()
{
    cout << "English::x = " << English::x << '\n';
    English::print_x();
    English::hello();

    cout << "Chinese::x = " << Chinese::x << '\n';
    Chinese::print_x();
    Chinese::hello();
}
```

运行结果
```
English::x = 1
The value of x is 1.
Hello!
Chinese::x = 2
变量x的值为2。
你好！
```

命名空间定义的形式如下所示。标识符是命名空间的名称，属于该命名空间的变量和函数的定义或声明放置在 `{ }` 中。

```
namespace 标识符 {
    // 定义或声明
}
```

代码清单 9-14 中的 ❶ 定义了命名空间 English，❷ 定义了命名空间 Chinese，并分别在两个命名空间中定义了变量 x、print_x 函数和 hello 函数。

把变量和函数放入命名空间的过程如图 9-3 所示。由于命名空间不同，所以同名的 x、print_x、hello **不会发生名称冲突**。

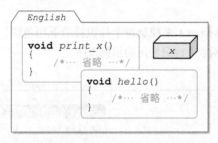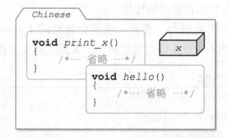

图 9-3　两个命名空间

如果只说 x、print_t 或者 hello，则无法确定是哪个 x、print_x 或者 hello。

要想识别它们，就需要使用作用域解析运算符。在变量名或函数名等标识符前添加"命名空间名::"，就可以访问属于该命名空间的变量和函数了。

▶ 我们在第 6 章学习了一元形式的作用域解析运算符。

程序中的 **main** 函数利用作用域解析运算符区分使用了 English::x 和 Chinese::x，函数 print_x 和 hello 也是这样区分使用的。

另外，在访问同一命名空间中的标识符时，不需要添加"命名空间名::"。例如，命名空间 English 中的 print_x 函数会显示变量 x 的值，当然这里的 x 就是属于命名空间 English 的 x；命名空间 Chinese 中的 print_x 函数显示的 x 是属于命名空间 Chinese 的 x。

■ **命名空间成员的声明和定义**

属于命名空间的变量和函数等叫作**命名空间成员**（namespace member）。

可以在命名空间定义中只**声明**命名空间成员，在其他地方**定义**成员。

例如，分开声明和定义命名空间 English 的成员的代码如右所示。

在变量和函数的定义中，需要在变量名和函数名的标识符前添加"命名空间名::"。

```
//----- 命名空间成员的声明 -----//
namespace English {
    extern int x;
    void print_x();
    void hello();
}
//----- 命名空间成员的定义 -----//
int English::x = 1;
void English::print_x()
{
    cout << "The ... is" << x << "\n";
}
void English::hello()
{
    cout << "Hello!\n";
}
```

■ 嵌套命名空间

命名空间的层级不仅限于一层，也可以**嵌套命名空间**，如图 9-4 所示。

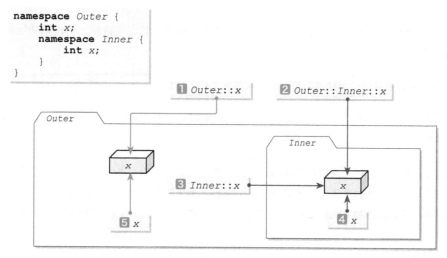

```
namespace Outer {
    int x;
    namespace Inner {
        int x;
    }
}
```

图 9-4　嵌套命名空间

在命名空间 `Outer` 中定义的 `x` 可以用 `Outer::x` 访问（❶），在 `Outer` 中的命名空间 `Inner` 中定义的 `x` 可以用 `Outer::Inner::x` 访问（❷）。

▶ 命名空间 `Inner` 中的 `x` 在命名空间 `Outer` 中可以用 `Inner::x` 访问（❸），而在命名空间 `Inner` 中可以直接用 `x` 访问（❹）。当然，命名空间 `Outer` 中的 `x` 在它的命名空间 `Outer` 中不可以直接用 `x` 访问。

■ 无名命名空间

我们也可以定义没有名称的**无名命名空间**（unnamed namespace）。属于无名命名空间的成员的标识符**只在定义它的源文件中通用**。

因此，这本质上相当于赋予标识符内部链接（添加 `static` 声明的变量和函数只在其源文件中通用），可以由命名空间控制。

例如，如下修改代码清单 9-11 中的变量 `answer` 的定义。

```
namespace {        ← 没有赋予名称
    int answer = 0;
}
```

这里定义了没有名称的命名空间，因此 `answer` 属于无名命名空间。

同样可以如下定义代码清单 9-12 中的 `prompt` 函数。

```
namespace {        ← 没有赋予名称
    void prompt()
    {
```

```
            cout << "0~" << max_no << "的数:";
        }
}
```

在 C++ 程序中，不推荐通过添加 **static** 来赋予变量和函数内部链接，请使用功能更多且更具弹性的无名命名空间。

> **重要** 请将只在源文件中使用的函数和对象定义在无名命名空间中。

不推荐使用 **static** 方法的另一个原因是，**static** 的意思因上下文而不同，它的语法形式过于复杂，具体如下所示。

- 对在函数中定义的变量添加的 **static** 用来指定静态存储期（详见 6-3 节）。
- 对函数以及在函数外定义的变量添加的 **static** 用来指定内部链接（详见 9-2 节）。
- 对类的成员添加的 **static** 用来指定静态成员（详见 13-1 节和 13-2 节）。

命名空间的别名的定义

命名空间不可以与其他命名空间重名，因此命名空间的名称呈现越来越长的趋势。为了避免名称过长而造成不便，可以为命名空间定义**别名**。

如下所示为赋给 *English* 别名 *ENG*，赋给 *Chinese* 别名 *Chi* 的声明。

```
namespace ENG = English;      // 赋给 English 别名 ENG
namespace Chi = Chinese;      // 赋给 Chinese 别名 Chi
```

这样就可以用 *ENG::x* 或 *Chi::hello* 来访问了。

代码清单 9-14 是特意写的一个小规模程序的例子。事实上，在对标准库赋予固有的命名空间时，或者在对大规模项目中的一部分小项目赋予命名空间时，会使用这样的形式。

▶ 把命名空间和标识符分别比喻为目录（文件夹）和文件，理解起来会更容易。目录（命名空间）可以具有层级结构。当不同目录（命名空间）中存放同名的文件（标识符）时，也可以区分使用。另外，别名相当于 Windows 的快捷方式或 UNIX 的链接。

using 声明和 using 指令

使用 **using** 声明和 **using** 指令，可以方便地使用属于特定命名空间的标识符。

using 声明

使用 **using** 声明，可以在不使用作用域解析运算符的情况下，通过简单名称来访问标识符。

代码清单 9-15 所示为使用 **using** 声明来声明 *Chinese::hello* 的示例程序。

9-3 命名空间

代码清单 9-15   chap09/list0915.cpp

```cpp
// 两个命名空间和using声明
#include <iostream>
using namespace std;
namespace English { /* 省略：与代码清单9-14相同 */ }
namespace Chinese { /* 省略：与代码清单9-14相同 */ }
int main()
{
 ❶ using Chinese::hello;      // 声明Chinese命名空间的使用

    cout << "English::x = " << English::x << '\n';
    cout << "Chinese::x = " << Chinese::x << '\n';

    English::hello();
 ❷ hello();                   // 不需要Chinese::
}
```

运行结果
```
English::x = 1
Chinese::x = 2
Hello!
你好！
```

❶使用了 using 声明，因此❷只使用函数名就可以调用 hello 函数。当然这里调用的函数是 Chinese::hello。

■ using 指令

using 声明实现了通过简单名称使用各个标识符，与此不同，using 指令实现了通过简单名称使用属于某个命名空间的所有标识符。

C++ 提供的标准库均属于 std 命名空间。因此，从本书第 1 章开始，所有的程序都使用了以下指令。

```cpp
using namespace std;          // using指令
```

另外，如果使用 using 声明，则程序的行数会增加。例如，执行控制台输入/输出以及生成随机数的代码清单 3-3 的程序需要下面 5 个声明。

```cpp
using std::cout;              // using声明
using std::cin;               // using声明
using std::time;              // using声明
using std::rand;              // using声明
using std::srand;             // using声明
```

虽说如此，但如果在程序中使用很多 using 指令，就会削弱导入命名空间的意义。
原则上我们只使用 using 声明，而 using 指令只用于 std 命名空间。

> **重要** 请尽量只将 using 指令用于 std 命名空间，对于其他命名空间，请使用 using 声明。

▶ 也有些编程风格认为，对于 std 命名空间，也不应该使用 using 指令。

小结

- 不依赖于处理对象（变量）的类型的算法建议用**函数模板**实现。函数模板是用于创建函数的框架。

- 根据调用函数模板的实参的类型，编译器自动**实例化**并创建作为函数实体的**模板函数**。

- 在编译器无法自动判断应该实例化的函数的上下文中，或者在希望调用与自动实例化的函数类型不同的函数的上下文中，必须**显式实例化**模板函数。

- 对于不应该直接使用函数模板定义的类型，需要定义**显式特例化**的专用函数。

- 根据**单一定义规则（ODR）**，在程序中变量和函数只能定义一次，但不属于定义的简单声明可以进行任意次。

- 由多个函数构成的大规模程序应该用多个源文件来实现。

```cpp
// 求两个值中的较大值的函数模板和显式特例化                    chap09/maxof.h
#include <cstring>

//--- 求 a 和 b 中的较大值 ---//
template <class Type> Type maxof(Type a, Type b)
{
    return a > b ? a : b;
}

//--- 求 a 和 b 中的较大值（const char* 型的特例化）---//
template <> const char* maxof<const char*>(const char* a, const char* b)
{
    return std::strcmp(a, b) > 0 ? a : b;
}
```

```cpp
                                                          chap09/summary.cpp
#include <iostream>
#include "maxof.h"

using namespace std;

int main()
{
    int  a, b;
    char s[64], t[64];

    cout << "整数a:";    cin >> a;
    cout << "整数b:";    cin >> b;
    cout << "字符串s:";  cin >> s;
    cout << "字符串t:";  cin >> t;

    cout << "a和b中的较大值为" <<      maxof(a, b)                        << "。\n";
    cout << "s和t中的较大值为" <<      maxof<const char*>(s, t)           << "。\n";
    cout << "s和\"ABC\"中的较大值为" << maxof<const char*>(s, "ABC")      << "。\n";
}
```

运行结果
```
整数a:5
整数b:7
字符串s:AAA
字符串t:ABD
a和b中的较大值为7。
s和t中的较大值为ABD。
s和"ABC"中的较大值为ABC。
```

- 建议把多个源文件共有的变量和函数的声明汇集到一个独立的**头文件**中。

- 使用 <头文件名> 形式会引入标准库，而使用 "头文件名" 形式则会引入同一目录下的头文件。

- 添加 `static` 定义的函数、内联函数、在函数外添加 `static` 定义的对象以及常量对象的标识符被赋予只在其源文件中通用的**内部链接**。

- 没有添加 `static` 定义的函数和在函数外没有添加 `static` 定义的对象的标识符被赋予在源文件之外也通用的**外部链接**。

- 当不同源文件中存在具有外部链接的同名标识符时，会产生标识符重复的**链接时错误**。

- 在函数中定义的变量的链接性是**无链接**。

- 可以用**命名空间**定义标识符通用的逻辑范围。属于不同命名空间的同名标识符不会发生冲突。

- 可以嵌套命名空间。

- 可以赋给长的命名空间名一个短的别名。

- 使用**作用域解析运算符**可以访问命名空间中的标识符。

- 使用 `using` **声明**，可以在不使用作用域解析运算符的情况下，通过简单名称来访问一个标识符。

- 使用 `using` **指令**，可以在不使用作用域解析运算符的情况下，通过简单名称来访问属于某个命名空间的所有标识符。

- 属于**无名命名空间**的标识符只在其源文件中通用。

```
// 命名空间成员的声明
namespace English {
    extern int x;
    void hello();
}
// 命名空间成员的定义
int English::x = 1;
void English::hello()
{
    cout << "Hello!\n";
}
```

```
// 命名空间成员的声明
namespace Chinese {
    extern int x;
    void hello();
}
// 命名空间成员的定义
int Chinese::x = 2;
void Chinese::hello()
{
    cout << "你好!\n";
}
```

第 10 章

类

类的概念是面向对象编程中最基础、最重要的内容,我们将在本章学习类的基础知识。

- 类
- 类定义
- 用户自定义类型
- 数据成员和状态
- 成员函数和行为、消息
- 构造函数
- 类对象的初始化
- 访问说明符(**public** 和 **private**)
- 信息隐藏
- 封装
- 访问器(获取器和设置器)
- 类作用域
- 在类定义之外的成员函数的定义
- 成员函数的链接性
- 类成员访问运算符(点运算符和箭头运算符)
- 类、结构体和共用体
- 头文件和源文件
- 头文件和 **using** 指令
- *string* 类

10-1 类的思想

类是一种组合了程序的组件——函数以及它的处理对象——数据的结构。作为比函数更大的组件，类是支撑面向对象编程的最基础的技术。我们将在本节学习类的基础知识。

■ 数据的操作

代码清单 10-1 所示为操作李阳和周燕的银行账户的相关数据的程序，该程序将设置并显示变量的值。

代码清单 10-1　　　　　　　　　　　　　　　　　　　　　　　　　　　　chap10/list1001.cpp

```cpp
// 李阳和周燕的银行账户
#include <string>
#include <iostream>
using namespace std;
int main()
{
    string liyang_name    = "李阳";          // 李阳的账户名称
    string liyang_number  = "12345678";      //   "   账号
    long   liyang_balance = 1000;            //   "   账户余额

    string zhouyan_name    = "周燕";         // 周燕的账户名称
    string zhouyan_number  = "87654321";     //   "   账号
    long   zhouyan_balance = 200;            //   "   账户余额

    liyang_balance  -= 200;                  // 李阳取出 200 元
    zhouyan_balance += 100;                  // 周燕存入 100 元

    cout << "■李阳的账户:\"" << liyang_name << "\" (" << liyang_number
         << ") " << liyang_balance << "元\n";
    cout << "■周燕的账户:\"" << zhouyan_name << "\" (" << zhouyan_number
         << ") " << zhouyan_balance << "元\n";
}
```

运行结果
```
■李阳的账户:"李阳" (12345678) 800元
■周燕的账户:"周燕" (87654321) 300元
```

该程序用 6 个变量表示两个人的银行账户的相关数据。账户名称和账号为 **string** 型，账户余额为 **long** 型。例如，变量 *liyang_name* 为**账户名称**，*liyang_number* 为**账号**，*liyang_balance* 为**账户余额**。

我们可以从变量名和注释推测出：

> 名称以 liyang 开头的变量是李阳的银行账户的相关数据。

但是，*zhouyan_number* 也可能是李阳的账号，而 *liyang_name* 也可能是周燕的账户名称。

也就是说，变量之间的关系可以根据变量名**推测**，却**无法确定**。程序无法表明分开声明的账户名称、账号及账户余额的变量是同一个银行账户的。

类

在创建程序时，我们会把现实世界的对象（物体）和概念映射到程序世界的对象（变量）。

如图 10-1 ⓐ 所示，代码清单 10-1 的程序把同一个账户的账户名称、账号及账户余额的数据映射到不同的变量。

▶ 如图 10-1 ⓐ 所示，与李阳的账户和周燕的账户相关的 3 份数据分别被映射到不同的变量。

如图 10-1 ⓑ 所示，账户的数据也可以映射到汇总了账户名称、账号及账户余额的对象，这样的映射就是**类**（class）的基本思想。

ⓐ 分别映射账户的相关数据

ⓑ 一并映射账户的相关数据（类）

图 10-1　对象的映射和类

虽然实际情况根据程序所解决的问题的种类和范围而不同，但是按照以下方针把现实世界映射到程序世界，即可创建自然且朴素的程序。

- 汇总应该汇总的对象。
- 原本汇总的对象保持原样。

我们使用类来修改代码清单 10-1 的程序，如代码清单 10-2 所示。

代码清单 10-2

chap10/list1002.cpp

```cpp
// 银行账户类（第 1 版）及类的使用例程
#include <string>
#include <iostream>
using namespace std;

class Account {
public:
    string name;      // 账户名称
    string number;    // 账号
    long balance;     // 账户余额
};                                          ← ■1 类定义

int main()
{
    Account liyang;    // 李阳的账户
    Account zhouyan;   // 周燕的账户       ← ■2 类对象的定义

    liyang.name    = "李阳";              // 李阳的账户名称
    liyang.number  = "12345678";          //   "     账号
    liyang.balance = 1000;                //   "     账户余额

    zhouyan.name    = "周燕";             // 周燕的账户名称
    zhouyan.number  = "87654321";         //   "     账号
    zhouyan.balance = 200;                //   "     账户余额

    liyang.balance  -= 200;               // 李阳取出 200 元
    zhouyan.balance += 100;               // 周燕存入 100 元

    cout << "■李阳的账户:\"" << liyang.name << "\" (" << liyang.number
         << ") " << liyang.balance << "元\n";
    cout << "■周燕的账户:\"" << zhouyan.name << "\" (" << zhouyan.number
         << ") " << zhouyan.balance << "元\n";
}
```

运行结果
■李阳的账户:"李阳"（12345678） 800元
■周燕的账户:"周燕"（87654321） 300元

■ 类定义

程序中的 ■1 是汇总了账户名称、账号及账户余额的 `Account` 类的声明。该声明称为**类定义**（class definition）。

类定义从 "`class Account {`" 开始，直到 "`};`" 结束。与函数的定义不同，**在类定义末尾需要添加分号**。

`{ }` 中是类的构成元素——**成员**（member）的声明。如右所示，`Account` 类由 3 个成员构成。

- 表示账户名称的 **string** 型的 `name`。
- 表示账号的 **string** 型的 `number`。
- 表示账户余额的 **long** 型的 `balance`。

这样的成员称为**数据成员**（data member），均为具有值的变量。

图 10-2 所示为 `Account` 类的定义及构成。数组是由同一类型的元素组合而成的类型，而类是由任意类型的元素组合而成的类型。

另外，成员之前的 `public:` 表示在此之后声明的成员**对类的外部公开**。

▶ `public` 和冒号之间可以插入空白字符。

图 10-2　类定义及数据成员的构成

■ 类类型的对象

类定义（虽然名字中有"定义"二字）是简单的**类型**的声明，而 ❷ 则声明并定义了 Account 型的**实体**，即**对象**。

为了便于理解，我们对比一下 int 型对象的声明。

```
类型名      对象名 ;
int        x;                  // int 型的对象 x 的声明和定义
Account    liyang;             // Account 型的对象 liyang 的声明和定义
Account    zhouyan;            // Account 型的对象 zhouyan 的声明和定义
```

很明显，Account 是类型名，而 liyang 和 zhouyan 是对象名。

类就如同制作月饼的模具，通过如上声明并定义，就可以使用模具制作出月饼（图 10-3）。

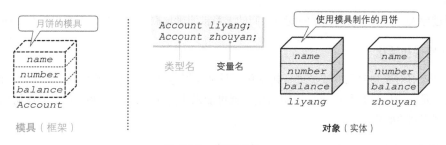

图 10-3　类和对象

■ 用户自定义类型

如第 4 章所述，表示整数或实数等数值的 int 型和 double 型等由编程语言提供的类型称为**内置类型**。

与之相对，汇总了银行账户数据的类 Account 是由程序员自己创建的类型（当然有时也会使用其他人创建的类型），这样的类型称为**用户自定义类型**（user-defined type）。

■ 成员的访问

代码清单 10-2 的程序对李阳和周燕的各成员进行了赋值并显示。

表 10-1 所示为用来访问类对象内的成员的**类成员访问运算符**（class member access operator）。这个运算符也称为 **.运算符**或**点运算符**（dot operator）。

表 10-1　类成员访问运算符（点运算符）

x.y	访问 x 的成员 y

▶ dot 是"点"的意思。类成员访问运算符是点运算符（.）和箭头运算符（->）（详见表 10-2）的统称。

例如，访问李阳的账户的各数据成员的表达式如下所示。

```
liyang.name       // 李阳的账户名称
liyang.number     //   〃   账号
liyang.balance    //   〃   账户余额
```

表示周燕的账户的对象 zhouyan 也一样（图 10-4）。

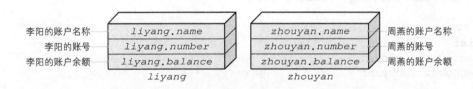

图 10-4　数据成员的访问

■ 问题

通过导入类，表示账户数据的变量之间的关系被明确地嵌入程序中，但是仍然存在如下问题。

① 无法确保初始化

程序没有对账户对象的成员进行初始化，只是在创建对象后进行了赋值。由于是否设置值委托给了程序员，所以一旦程序员忘记初始化，就可能发生意想不到的结果。对于应该初始化的对象，建议强制实施初始化。

② 无法确保对数据的保护

任何人都可以自由地操作李阳的账户余额 liyang.balance。在现实世界中，这就如同其他人（即使没有存折或银行卡）也可以从李阳的账户中自由地取钱一样。

在现实世界中，虽然账号有时可以公开，但是账户余额不可能处于公开的、可以操作的状态。

代码清单 10-3 修改了程序，解决了这些问题。

代码清单 10-3

`chap10/list1003.cpp`

```cpp
// 银行账户类（第 2 版）及类的使用例程
#include <string>
#include <iostream>
using namespace std;

class Account {
private:
    string full_name;           // 账户名称
    string number;              // 账号
    long   crnt_balance;        // 账户余额

public:
    //--- 构造函数 ---//
    Account(string name, string num, long amnt) {
        full_name = name;       // 账户名称
        number = num;           // 账号
        crnt_balance = amnt;    // 账户余额
    }
    //--- 返回账户名称 ---//
    string name() {
        return full_name;
    }
    //--- 返回账号 ---//
    string no() {
        return number;
    }
    //--- 返回账户余额 ---//
    long balance() {
        return crnt_balance;
    }
    //--- 存入 ---//
    void deposit(long amnt) {
        crnt_balance += amnt;
    }
    //--- 取出 ---//
    void withdraw(long amnt) {
        crnt_balance -= amnt;
    }
};

int main()
{
    Account liyang("李阳", "12345678", 1000);        // 李阳的账户
    Account zhouyan("周燕", "87654321",  200);       // 周燕的账户

    liyang.withdraw(200);           // 李阳取出 200 元
    zhouyan.deposit(100);           // 周燕存入 100 元

    cout << "■李阳的账户:\"" << liyang.name() << "\" (" << liyang.no()
         << ") " << liyang.balance() << "元\n";
    cout << "■周燕的账户:\"" << zhouyan.name() << "\" (" << zhouyan.no()
         << ") " << zhouyan.balance() << "元\n";
}
```

```
运行结果
■李阳的账户:"李阳" (12345678) 800元
■周燕的账户:"周燕" (87654321) 300元
```

▶ 为了使程序一目了然，从本章开始，我们会将程序和注释写得紧凑一些。读者自己在创建程序时，最好还是写得稀疏一些，插入空格、制表符和换行等，并写上详细的注释。

在代码清单 10-3 中，虽然类 Account 变得复杂了，但是 main 函数变得简洁了。

类 *Account* 的构成如右所示。它与代码清单 10-2 的第 1 版主要有以下 3 点不同。

- 在数据成员的声明之前放置的 `public:` 被修改为了 `private:`。
- 在 `public:` 之后定义了函数。
- 修改了账户名称和账户余额的数据成员的变量名。

```
class Account {              ← 私有
private:
    string full_name;        // 账户名称
    string number;           // 账号
    long crnt_balance;       // 账户余额
public:                      ← 公有
    Account(string, string, long)
                              { /* … */ }
    string name()            { /* … */ }
    string no()              { /* … */ }
    long balance()           { /* … */ }
    void deposit(long)       { /* … */ }
    void withdraw(long)      { /* … */ }
};
```

第 2 版的类 *Account* 的构成如图 10-5 所示,让我们结合该图来理解上述 3 点内容。

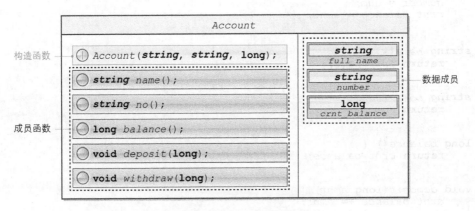

图 10-5　类 *Account* 的构成

■ 私有成员和公有成员

第 1 版的类 *Account* 通过 `public:` 公开了所有数据成员。第 2 版把所有数据成员私有化,对类的外部隐藏了私有成员的存在。`private:` 用来表示私有。

> **重要** 声明为 `private` 的成员不对类的外部公开。

因此,类 *Account* 的外部的 **main** 函数不可以访问私有的数据成员 *full_name*、*number* 和 *crnt_balance*。如果 **main** 函数含有如下代码,就会产生编译错误。

```
liyang.full_name = "柴田望洋";     // 错误:修改李阳的账户名称
liyang.number = "99999999";      // 错误:修改李阳的账号
cout << liyang.crnt_balance;     // 错误:显示李阳的账户余额
```

是否公开信息由类决定。不可以从类的外部发出"请让我看一下这个数据"这样的请求。这就和大家也有各种保密的密码一样。

数据隐藏(data hiding)就是对外隐藏数据,以防非法访问。通过私有化数据成员来隐藏数据,不仅可以实现数据的保护和隐藏,而且可以提高程序的可维护性。

原则上应该私有化所有的数据成员。

> **重要** 为了实现**数据隐藏**并提高程序质量，原则上应该私有化类的数据成员。

▶ 正如之后将要学习的那样，数据成员的值可以通过构造函数和成员函数间接读写。因此，私有化数据成员基本不会导致什么问题。

在未指定 `public:` 或 `private:` 时，成员是私有的。另外，在类定义中，`public:` 或 `private:` 可以出现任意次。`public:` 或 `private:` 的指定一直有效，直到再次出现 `public:` 或 `private:` 为止。图 10-6 汇总了这些规则。

```
class X {
    int a;          ── 私有
public:
    int b;          ── 公有
    int c;
private:
    int d;          ── 私有
};
```

- 当没有访问控制时，为私有
- `public:` 之后为公有
- `private:` 之后为私有
- `public:` 和 `private:` 的顺序任意，并且可以出现任意次

图 10-6 访问控制和成员的声明

另外，关键字 `public` 和 `private` 称为**访问说明符**。

▶ 除此之外，访问说明符还有用来指定保护的 `protected`。

类 *Account* 的 3 个数据成员声明在类定义的开头。因此，即使删除 `private:`，它们也都是私有的。

■ 构造函数和成员函数

第 1 版的类 *Account* 只有数据成员，而第 2 版除了数据成员之外，还有构造函数和成员函数，我们接下来将分别学习它们。

▶ 在第 2 版的类 *Account* 的定义中，依次声明了数据成员、构造函数和成员函数，它们无须汇总在一起，而且顺序可以任意。

■ 构造函数

构造函数（constructor）的名称与类名相同，它的作用是明确且恰当地初始化对象。

▶ construct 是"构造"的意思，因此，构造函数也称为**构造器**。

构造函数在创建类对象时被调用，也就是说，当程序流通过下面的声明语句，对阴影部分的表达式进行求值时，构造函数被调用并执行。

```
❶ Account liyang("李阳", "12345678", 1000);   // 李阳的账户
❷ Account zhouyan("周燕", "87654321",  200);   // 周燕的账户
```

这些声明的形式如下。

类名 变量名(实参的排列);

▶ 与用()形式的初始值初始化内置类型变量的声明形式相同。

```
int x(5);     // 用5初始化int型变量x（与int x = 5;相同）
```

图10-7展示了构造函数的作用。被调用的构造函数分别将3个形参 *name*、*num*、*amnt* 接收的值赋给数据成员 *full_name*、*number*、*crnt_balance*。

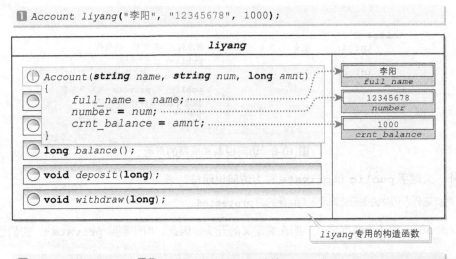

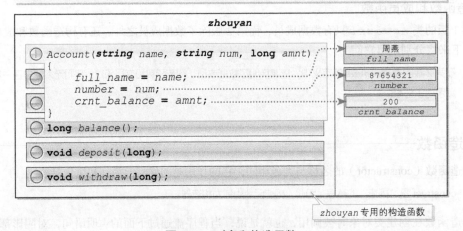

图10-7 对象和构造函数

赋值表达式不是 *liyang.number* 或 *zhouyan.number*，而是 *number*。❶调用的构造函数的 *number* 为 *liyang.number*，而❷调用的构造函数的 *number* 为 *zhouyan.number*。

构造函数知道自己的对象是什么，因此可以只用名称来表示数据成员。如图10-7所示，每个对象都存在专用的构造函数。

换言之，**构造函数是属于特定对象的**。例如，❶调用的构造函数属于 *liyang*，而❷调用的构造函数属于 *zhouyan*。

> 然而，给每个对象都准备专用的构造函数是不现实的。"构造函数是属于特定对象的"只是从概念上来说的，物理上并不是这样。编译生成的构造函数的内部代码实际上只有一个。

构造函数具有自由访问私有数据成员 *full_name*、*number*、*crnt_balance* 的权利，这是因为构造函数是类 *Account* 的内部存在。

如下修改❶和❷的声明，就会产生编译错误。

```
Account liyang;                // 错误：没有参数
Account zhouyan("周燕");        // 错误：参数不足
```

由此可知，构造函数可以防止不完全的或者不正当的初始化。

重要 在创建类时，要准备构造函数，以明确且恰当地初始化对象。

另外，构造函数无法返回值。

> 也就是说，构造函数的声明无法赋予返回值类型（也不可以声明为 **void**）。

成员函数和消息

成员函数（member function）在类的内部，是具有访问私有成员的特权的函数。成员函数包括构造函数。

> 构造函数是在对象创建时被调用的特殊的成员函数。

除了构造函数，类 *Account* 还有 5 个成员函数，如下所示。

- *name*：返回 **string** 型的账户名称。
- *no*：返回 **string** 型的账号。
- *balance*：返回 **long** 型的账户余额。
- *deposit*：存钱（增加账户余额）。
- *withdraw*：取钱（减少账户余额）。

与前面章节学习的函数不同，类的成员函数是针对类的各个对象创建的。因此，*liyang* 和 *zhouyan* 均具有自己专用的成员函数 *name*、*no*、*balance*……

换言之，**成员函数是属于特定对象的**。

重要 从概念上来说，成员函数是为各个对象创建的，属于各个对象。

> 为各个对象创建成员函数只是概念上的说法。与构造函数一样，编译生成的内部代码只有一个。

与构造函数一样，成员函数是类的内部存在，可以自由地访问私有数据成员。

另外，与构造函数一样，在成员函数中，可以直接使用 *number*（而不是 *liyang.number* 或 *zhouyan.number*）来访问自己所属对象的账号这一数据成员。

我们使用表 10-1 的点运算符调用成员函数，如下所示。

```
❶ liyang.balance()              // 返回李阳的账户余额
❷ liyang.withdraw(200)          // 从李阳的账户取出 200 元
❸ zhouyan.deposit(100)          // 向周燕的账户存入 100 元
```

通过❶的调用返回李阳的账户余额的情况如图 10-8 所示。对 `liyang` 调用成员函数 `balance`，返回的是数据成员 `crnt_balance` 的值。

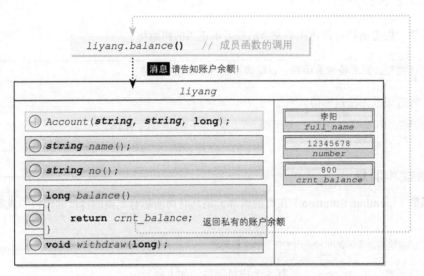

图 10-8　成员函数的调用和消息

我们可以通过成员函数间接访问无法从类的外部直接访问的账号或账户余额等私有的数据成员。在面向对象编程的世界中，成员函数也称为**方法**（method）。另外，调用成员函数可表述为：

向对象"发送消息"。

如图 10-8 所示，成员函数的调用表达式 `liyang.balance()` 向对象 `liyang` 发送"请告知账户余额！"的消息。

然后，对象 `liyang` 主动判断只要返回账户余额即可，于是回答"××元。"。

对此，也许大家会有下面的疑问：

为了设置或返回数据成员的值而特意调用函数，运行效率不会降低吗？

这个疑问不无道理，但是大家无须担心，因为**在类定义中嵌入的成员函数会自动变成内联函数**。因此，

```
liyang.balance()
```

会被替换并编译成与如下所示的代码等同的代码。

```
x = liyang.crnt_balance;      // 实质的代码
```

▶ 我们在第 6 章学习了内联函数不一定会被内联展开。在这一点上，成员函数也一样。

数据成员和访问器

在第 2 版的类 *Account* 中，我们修改了数据成员的名称。将账户名称由 *name* 修改为了 *full_name*，将账户余额由 *balance* 修改为了 *crnt_balance*。另外，返回账户名称的成员函数名为 *name*，而返回账户余额的成员函数名为 *balance*。

也许大家会有这样的疑问："数据成员和返回其值的成员函数用同一名称不更好吗？"但是，C++ 中存在如下限制。

> **重要** 属于同一个类的数据成员和成员函数不允许有相同的名称。

成员函数 *name*、*no*、*balance* 分别起到返回数据成员 *full_name*、*number*、*crnt_balance* 的值的作用。像这样获取并返回特定数据成员的值的成员函数称为**获取器**（getter）。

另外，与获取器相反，给数据成员设置特定值的成员函数称为**设置器**（setter）。获取器和设置器统称为**访问器**（accessor）。

▶ 类 *Account* 只有获取器，而没有设置器。

成员函数和构造函数

构造函数是特殊的成员函数，因此，不可以像下面这样对创建完成的对象调用构造函数。

```
liyang.liyang("李阳", "12345678", 5000);   // 编译错误
```

虽然第 1 版的类 *Account* 没有定义构造函数，但是仍然可以创建对象。

实际上，编译器会自动为没有定义构造函数的类创建一个主体为空且不接收参数的构造函数，并且该构造函数是公有的内联函数。

> **重要** 编译器会自动为没有定义构造函数的类定义一个主体为空且不接收参数的 **public** 的 **inline** 构造函数。

也就是说，编译器自动为第 1 版的类 *Account* 创建了下面的构造函数。

```
class Account {
public:
    Account() { }    // 编译器自动创建的构造函数
};
```

专栏 10-1 | 数据成员和获取器的命名

数据成员不可以与其获取器同名，关于它们的命名，我们可以参考如下风格。

① 数据成员和获取器采用不同的名称

赋予数据成员和获取器完全不同的名称。

```
class C {
    int number;
    string full_name;
public:
    int no() { return number; }              // number 的获取器
    string name() { return full_name; }      // full_name 的获取器
};
```

这是第 2 版的类 *Account* 所采用的风格。数据成员和获取器被赋予不同的名称，给程序员增添了需要区分使用名称的负担。但是反过来看，这样做有一个优点，就是可以避免类使用者从公有的获取器名推测出私有的数据成员名。

② 对数据成员名添加下划线

在数据成员名的末尾添加下划线（_），对获取器名则不添加下划线。

```
class C {
    int no_;
    string name_;
public:
    int no() { return no_; }                 // no_ 的获取器
    string name() { return name_; }          // name_ 的获取器
};
```

对数据成员名添加下划线，不仅使程序的读写变得困难，而且会给类开发者增添负担。另外，类使用者还有可能由此推测出私有的数据成员名。

另外，还有不在成员名之后而在成员名之前添加下划线的风格。

③ 在获取器前添加 get_

在数据成员名之前添加 get_ 作为获取器的名称。

```
class C {
    int no;
    string name;
public:
    int get_no() { return no; }              // no 的获取器
    string get_name() { return name; }       // name 的获取器
};
```

该命名规则简单，类开发者不会发愁成员函数的命名，程序写起来也更轻松。然而，成员函数名变长了，而且私有的数据成员也会被暴露给类使用者。

另外，在 Java 中，经常将域（数据成员）*abc* 的获取器命名为 *getAbc*，将设置器命名为 *setAbc*。

C++ 提供的标准库的成员函数名大多非常简单，常用①或②的命名规则，没有像③那样添加 *get_* 的成员函数。

类和对象

一般成员函数会基于其所属对象的数据成员的值进行处理,或者更新成员函数的值。成员函数和数据成员有着紧密的联系。

► 例如,`liyang.balance()` 返回对象 `liyang` 的账户余额,而 `zhouyan.deposit(100)` 只给对象 `zhouyan` 的账户余额的值增加 100。

从外部保护私有数据成员,并与成员函数紧密联系,这称为**封装**(encapsulation)。

► 可以把封装想象成把药物的成分装入胶囊,制作出有效的药品。

图 10-9 所示为类 `Account` 和它的两个对象。

图 10-9 类和对象

我们把图 10-9 ⓐ 的类看作电路的设计图,那么基于该设计图创建的电路实体就是如图 10-9 ⓑ 所示的类对象。

构造函数会启动电路(对象)的电源,并为各数据成员设置所接收的账户名称、账号和账户余额。我们可以把构造函数看作电源开关。

数据成员的值表示该电路（对象）的当前状态，因此数据成员的值也称为**状态**（state）。

▶ state 是"状态"的意思。例如，数据成员 `crnt_balance` 是 **long** 型的整数值，它表示"当前账户余额是多少"这种状态。

成员函数表示电路的**行为**（behavior）。各成员函数用来检查或修改电路的当前状态。

▶ 例如，私有的账户余额 `crnt_balance` 的值（状态）不可以从外部直接访问，而是通过按下 `balance()` 开关来确认。

C 语言程序及本书前面章节的程序（实质上）是**函数的集合**，但是经常使用类的 C++ 程序（理想情况下）则是**类的集合**。

通过优化集成电路的设计图——类，可以发挥 C++ 的强大力量。

专栏 10-2 内联成员函数和前向引用

通常的非成员函数不可以**前向引用**（访问或调用在自己后面定义的变量或函数）尚未声明的变量或函数（详见 6-1 节）。但是，类的成员函数没有这样的限制。只要在同一个类中，就可以访问在后面声明或定义的变量和函数，示例代码如下所示。

```
class C {
public:
    int func1() { return func2(); }   // 调用在后面定义的函数
    int func2() { return x; }         // 访问在后面声明的变量
private:
    int x;
};
```

`func1` 函数调用了在它后面定义的 `func2` 函数。另外，`func2` 函数访问了在它后面声明的变量（数据成员）。以上代码之所以没有产生编译错误，原因是编译器会在通读类定义之后，开始编译包含成员函数在内的整个类。

这里的类 `C` 的声明和定义从公有成员开始，到私有成员结束。有些编程风格会采用像这样在开头声明和定义公有成员的原则（本书采用在开头放置数据成员的风格）。

10-2 类的实现

我们将在本节学习使用类的源程序和头文件的实现方法等。

■ 在类定义之外的成员函数的定义

第2版的账户类 `Account` 在类定义中嵌入了所有的成员函数的定义。但是，如果是大规模的类，则在一个源文件中管理类的所有成员会很困难。

因此，也可以在类定义之外定义包括构造函数在内的成员函数。代码清单 10-4 所示为把构造函数及两个成员函数 `deposit` 和 `withdraw` 的函数定义移至类定义之外的程序。

▶ 这里删除了第2版的类定义中开头的 **private**：。

即使在类定义之外定义成员函数，也要在类定义中进行声明，即如下声明和定义。

1. 在类定义中声明成员函数。
2. 在类定义之外定义成员函数。

包括构造函数在内，在类之外定义的成员函数的名称采用如下所示的形式。

类名`::`成员函数名

在成员函数名之前添加 "类名`::`" 是为了表示声明的成员函数的名称在**类的作用域**之内。

例如，返回账户余额的成员函数 `deposit` 是

属于类 `Account` 的 `deposit`。

因此，其定义时的名称为 `Account::deposit`。

> **重要** 类 `C` 的成员函数 `func` 在类定义之外以如下形式定义。
> 　　　返回值类型 `C::func(` 形参声明语句 `){/* … */}`

如前所述，在类定义中定义的成员函数会自动被视为内联函数。
但是，在类定义之外定义的成员函数不是内联函数。

▶ 因此，构造函数和成员函数 `deposit` 及 `withdraw` 不是内联函数。

代码清单 10-4   chap10/list1004.cpp

```cpp
// 银行账户类（第 3 版：分离成员函数的定义）及类的使用例程
#include <string>
#include <iostream>

using namespace std;

class Account {
    string full_name;         // 账户名称
    string number;            // 账号
    long crnt_balance;        // 账户余额
public:
    Account(string name, string num, long amnt);   // 构造函数    声明

    string name()    { return full_name; }      // 返回账户名称
    string no()      { return number; }         // 返回账号
    long balance()   { return crnt_balance; }   // 返回账户余额

    void deposit(long amnt);                    // 存入        声明
    void withdraw(long amnt);                   // 取出        声明
};

//--- 构造函数 ---//
Account::Account(string name, string num, long amnt)
{
    full_name = name;         // 账户名称                      定义
    number = num;             // 账号
    crnt_balance = amnt;      // 账户余额
}

//--- 存入 ---//
void Account::deposit(long amnt)
{                                                               定义
    crnt_balance += amnt;
}

//--- 取出 ---//
void Account::withdraw(long amnt)
{                                                               定义
    crnt_balance -= amnt;
}

int main()
{
    Account liyang("李阳", "12345678", 1000);      // 李阳的账户
    Account zhouyan("周燕", "87654321",  200);     // 周燕的账户

    liyang.withdraw(200);       // 李阳取出 200 元
    zhouyan.deposit(100);       // 周燕存入 100 元

    cout << "■李阳的账户：\"" << liyang.name() << "\" (" << liyang.no()
         << ") " << liyang.balance() << "元\n";
    cout << "■周燕的账户：\"" << zhouyan.name() << "\" (" << zhouyan.no()
         << ") " << zhouyan.balance() << "元\n";
}
```

运行结果
■李阳的账户："李阳" （12345678） 800元
■周燕的账户："周燕" （87654321） 300元

在开发重视运行效率的程序时，必须记住下面这一点。

重要 在类定义之外定义的成员函数不是内联函数。

▶ 要定义内联函数，必须显式添加 **inline**。

头文件和源文件的分离

目前的程序都是把类定义及使用类的 **main** 函数放在一个源文件中实现的。

但是，从设计、开发到使用都由一个人进行，并放在一个源文件中，这种情况仅限于小规模的类。

为了便于使用类，应该将其分别放在单独的文件中。另外，对于类的使用者来说，需要声明成员函数，但不一定需要定义。从维护的角度考虑，也应该用不同的文件来实现类定义和成员函数的定义。因此，类的一般构成如图 10-10 所示。

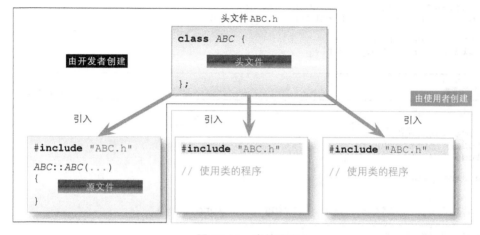

图 10-10　类的实现

类的开发者创建以下两个文件。

- **头文件**：包含类定义等。
- **源文件**：包含成员函数的定义等。

▶ 如图 10-10 所示，源文件由单独的一个文件实现。在开发大规模类时，源文件也可以分成多个文件。另外，在本书中，保存类的头文件要添加扩展名 ".h"。

对于开发和使用类的程序来说，包含类定义的头文件就是一个窗口。头文件 ABC.h 提供窗口，因此在类的源文件及使用类的程序中，也通过如下引入该头文件，来嵌入 ABC 的类定义。

```
#include "ABC.h"
```

对于类的使用者来说，头文件是必需的，因为如果没有类定义，编译就无法进行。然而源文件却不是必需的，因为只要链接编译完成的目标文件，就可以使用类。实际上，C++ 的标准库一般只提供了头文件，源文件是作为编译完成的库文件提供的。

我们来创建将头文件和源文件分别作为独立的文件实现的银行账户类的程序。头文件如代码清单 10-5 所示，源文件如代码清单 10-6 所示。

代码清单 10-5　　　　　　　　　　　　　　　　　　　　　　　　　　　　　Account04/Account.h

```cpp
// 银行账户类（第4版：头文件）

#include <string>
class Account {
    std::string full_name;      // 账户名称
    std::string number;         // 账号
    long crnt_balance;          // 账户余额
public:
    Account(std::string name, std::string num, long amnt);  // 构造函数

    std::string name()  { return full_name; }      // 返回账户名称
    std::string no()    { return number; }         // 返回账号
    long balance()      { return crnt_balance; }   // 返回账户余额

    void deposit(long amnt);                       // 存入
    void withdraw(long amnt);                      // 取出
};
```

代码清单 10-6　　　　　　　　　　　　　　　　　　　　　　　　　　　　Account04/Account.cpp

```cpp
// 银行账户类（第4版：源文件）

#include <string>
#include <iostream>
#include "Account.h"

using namespace std;

//--- 构造函数 ---//
Account::Account(string name, string num, long amnt)
{
    full_name = name;       // 账户名称
    number = num;           // 账号
    crnt_balance = amnt;    // 账户余额
}

//--- 存入 ---//
void Account::deposit(long amnt)
{
    crnt_balance += amnt;
}

//--- 取出 ---//
void Account::withdraw(long amnt)
{
    crnt_balance -= amnt;
}
```

■ 头文件和 using 指令

　　代码清单 10-5 的头文件与目前为止的程序有一个不同点：它用 std::*string* 表示字符串的 *string* 型（图 10-11❶）。

　　string 类属于 std 命名空间，因此如图 10-11❷ 所示，如果在头文件中有 **using** 指令，则只用 *string* 来表示即可。

ⓐ 在头文件中没有放置 using 指令 ✓

```
// Account.h
class Account {
    std::string full_name;
    std::string number;
    long crnt_balance;
    //…
};
```

```
#include "Account.h"

int main()
{

    // 省略

}
```

ⓑ 在头文件中放置了 using 指令 ✗

```
// Account.h
using namespace std;
class Account {
    string full_name;
    string number;
    long crnt_balance;
    //…
};
```

```
#include "Account.h"

int main()
{

    // 省略      ← 影响波及引入的文件

}
```

图 10-11　头文件中 using 指令的有无

但是，在图 10-11ⓑ 的头文件中有一个潜在的重大问题，那就是在引入该头文件的源文件中，**using namespace** std; 的 **using** 指令依然有效。当然，类的使用者未必希望看到这样的情况，因此我们记住以下规则即可。

> **重要** 原则上，不能在头文件中放置 **using** 指令。

▶ 例如，我们创建了属于命名空间 *fangyan* 的某地方言字符串类 *fangyan::string*，并与标准库 std::**string** 区分使用。这时，如果引入头文件即可随意使 **using namespace** std; 的 **using** 指令有效，就会产生不便。

另外，代码清单 10-6 的源文件中放置了 **using** 指令，因为这里的 **using** 指令只在该源文件中通用，不会影响其他源文件。

▶ 当然也可以删除开头的 **using** 指令，并把所有的 ***string*** 修改为 std::***string***。

专栏 10-3 ｜ string 类

我们从第 1 章开始多次使用了处理字符串的 ***string*** 类。实际上，C++ 的标准库中没有名为 ***string*** 的类，其本质是将类模板 ***basic_string*** 显式特例化的模板类。

▶ 我们在第 9 章学习了函数模板及特例化的相关内容。虽然本书没有提及，但是模板不仅适用于函数，也适用于类。

string 是将类模板 ***basic_string*** 特例化的字符 ***char*** 的模板类，而 ***wstring*** 是将类模板 ***basic_string*** 特例化的宽字符 ***wchar_t*** 的模板类。

这里我们只简单了解一些重要的事项。

- **字符串的长度**

  字符串的存储空间是动态分配的。字符串的长度由私有数据成员管理（没有使用 C 语言中在末尾放置空字符作为结束标志的做法）。

- **容量**

  由于所需的存储空间大小会根据字符串的长度增减，所以可以指定或预留表示可存储的字符数的容量。*basic_string* 提供了返回长度的 *size*、指定容量的 *resize* 和预留最低容量的 *reserve* 等成员函数。

- **元素的访问**

  访问字符串内的各个字符的方式有以下两种。

  ・使用不检查下标范围的下标运算符。
  ・使用对不正当的下标抛出 *out_of_range* 异常的成员函数 *at*。

  代码清单 10C-1 所示为 *string* 类的使用例程。

代码清单 10C-1   chap10/list10c01.cpp

```cpp
// string 类的使用例程
#include <string>
#include <iostream>

using namespace std;

int main()
{
    string s1 = "ABC";
    string s2 = "HIJKLMN";
    string digits = "0123456789";

    s1 += "DEF";                          // 在 s1 的末尾拼接 "DEF"
    s1 += 'G';                            // 在 s1 的末尾拼接 'G'
    s1 += s2;                             // 在 s1 的末尾拼接 "HIJKLMN"
    s1.insert(6, digits.substr(5, 3));    // 向 s1[6] 插入 "567"
    s2.replace(3, 2, "kl");               // 把 s2[3] ~ s2[4] 替换为 "kl"
    s2.erase(6);                          // 删除 s2[6]

    cout << "s1 = ";
    for (int i = 0; i < s1.length(); i++)
        cout << s1[i];
    cout << '\n';
    cout << "s2 = " << s2 << '\n';
}
```

运行结果
```
s1 = ABCDEF567GHIJKLMN
s2 = HIJklM
```

成员函数的链接性

我们在本节学习了在类定义中定义的成员函数是内联函数，而在类定义之外定义的成员函数不是内联函数。

▶ 这是没有显式赋予 *inline* 说明符的情况。如果在类定义之外的函数定义前添加 *inline* 说明符，则该函数也会成为内联函数。

另外，我们在第 9 章学习了对于非成员函数的普通函数，内联函数具有内部链接，其他函数（除非添加 **static** 声明）具有外部链接。如下所示，成员函数也一样。

> **重要** 在类定义中定义的成员函数具有内部链接，而在类定义之外（没有显式指定 **inline**）定义的成员函数具有外部链接。

我们以在类中定义的成员函数 *balance* 及在类之外定义的成员函数 *deposit* 为例，通过图 10-12 来理解这一点。

▶ 限于篇幅，我们省略了这两个成员函数之外的内容。在生成执行程序时，编译 Account.cpp、func.cpp、main.cpp 这三个源文件，并链接得到的三个目标文件。

▪ 在类定义中（头文件中）定义的成员函数 *balance*

所有引入头文件 Account.h 的源文件都会被嵌入函数定义。因此，func.cpp 和 main.cpp 中均嵌入了成员函数 *balance* 的定义，即有两个函数定义。

▶ 图 10-12 展示了 *balance* 函数未内联展开的状态。

func.cpp 调用的 ❶ 的 *balance* 是嵌入 func.cpp 的 *balance*，而 main.cpp 调用的 ❸ 的 *balance* 是嵌入 main.cpp 的 *balance*。

内联函数具有内部链接，因此成员函数的标识符是源文件特有的（对其他源文件不可见）。

因此，在链接由三个源文件编译而成的目标文件时，不会发生标识符重复的链接时错误。

▪ 在类定义之外（源文件中）定义的成员函数 *deposit*

该成员函数定义在源文件 Account.cpp 中，而且只有一个定义。其标识符具有外部链接，因此可以由其他源文件调用。

▶ 源程序 func.cpp 和 main.cpp 调用的 ❷ 和 ❹ 的 *deposit* 是在 Account.cpp 中定义的 *deposit* 函数。

函数实体只有一个，因此在链接由三个源文件编译而成的目标文件时，不会发生标识符重复的链接时错误。

※ 限于篇幅,这里省略了成员函数 balance 和 deposit 之外的内容。

```cpp
// Account.h: 类 Account 的头文件
class Account {
public:
    long balance() { return crnt_balance; }
    void deposit(long amnt);
};
```

内部链接且内联
所有引入该头文件的源文件都会被嵌入函数定义

```cpp
// Account.cpp: 类 Account 的源文件
#include "Account.h"

void Account::deposit(long amnt)
{
    crnt_balance += amnt;
}
```

外部链接且非内联
函数定义只有一个,可以由其他源程序调用

调用 Account.cpp 中定义的成员函数 *deposit*

在引入后,在多个源文件中嵌入同名的函数定义。由于该标识符具有内部链接,所以它只在源文件中通用。虽然定义有两个,但是不会发生标识符重复的链接时错误

```cpp
// func.cpp
#include "Account.h"
```
引入后被嵌入的具有内部链接且内联的 *balance* 函数的定义
```cpp
inline long Account::balance() { return crnt_balance; }

void func()
{
    Account x("Mr.X", "99999999", 100);
    long b = x.balance();          ■
    x.deposit(100);
}                                   ■
```

```cpp
// main.cpp
#include "Account.h"
```
引入后被嵌入的具有内部链接且内联的 *balance* 函数的定义
```cpp
inline long Account::balance() { return crnt_balance; }

void func();
int main()
{
    func();
    Account y("Mr.Y", "88888888", 300);
    long c = y.balance();          ■
    y.deposit(100);
}                                   ■
```

图 10-12　在类定义中和类定义之外定义的成员函数

■ 头文件和成员函数

第 4 版的类 `Account` 在类定义中定义了 3 个成员函数 `name`、`no`、`balance`，这将带来以下结果。

> ① 成员函数变成内联函数，可以高效处理。
> ② 对类的使用者暴露了私有部分的细节。

①令人满意，那么②呢？

事实上，C++ 的类定义不得不（在一定程度上）以可见状态向使用者提供私有部分的内容。

如果完全放弃通过成员函数内联化来提高程序运行效率的努力，则语言规范将变成对类的使用者只提供公有部分。

但是，这样编译而成的执行程序的运行速度将有所下降。因为 C++ 的类被赋予了"必须具有与 C 语言相同程度（或者更高）的运行效率"的使命，所以这就导致其语言规范使命未竟。C++ 的本意难道不是下面这样吗？

> 为了效率，被他人看了不该看的东西也无所谓啦！

另外，如果在头文件提供的类定义中添加适当的注释，则它将不再是一个简单的程序，而变成优秀的文档。

重要 类定义是外部的窗口，也是一个黑盒，原则上应该将类定义写在头文件中，它是类的"说明书"。

■ 通过 -> 运算符访问成员

代码清单 10-7 所示为第 4 版的类 `Account` 的使用例程。

▶ 需要分别编译 Account.cpp 和 AccountTest.cpp 并链接。

与之前的程序不同，显示账户信息的处理由单独的 `print_Account` 函数实现。该函数接收字符串 `title` 及指向 `Account` 的指针类型的 `p` 作为形参，并显示字符串 `title` 及 `p` 所指的类 `Account` 型对象的账户信息，包括账户名称、账号和账户余额。

我们在第 7 章学习了 `*p` 可以表示指针 `p` 所指的对象。因此，表示 `p` 所指的类对象 `*p` 的成员 `m` 的表达式如下所示。

```
(*p).m                    // p 所指的对象 *p 的成员 m
```

▶ 不可以删除包围 `*p` 的 `()`，因为点运算符的优先级高于取址运算符。

代码清单 10-7　　　　　　　　　　　　　　　　　　　　　　　　Account04/AccountTest.cpp

```cpp
// 银行账户类（第 4 版）的使用例程
#include <string>
#include <iostream>
#include "Account.h"

using namespace std;

//--- 显示 p 所指的 Account 的账户信息（账户名称、账号、账户余额）---//
void print_Account(string title, Account* p)
{
    cout << title
         << p->name() << "\"" " (" << p->no() << ") " << p->balance() << "元\n";
}

int main()
{
    Account liyang("李阳", "12345678", 1000);    // 李阳的账户
    Account zhouyan("周燕", "87654321",  200);   // 周燕的账户

    liyang.withdraw(200);            // 李阳取出 200 元
    zhouyan.deposit(100);            // 周燕存入 100 元

    print_Account("■李阳的账户：", &liyang);
    print_Account("■周燕的账户：", &zhouyan);
}
```

> 运行结果
> ■李阳的账户："李阳"（12345678） 800元
> ■周燕的账户："周燕"（87654321） 300元

但是，该表达式有些复杂，我们也可以将其改成下面这样。

　　p->m　　　　　　　　　　// p 所指的对象 *p 的成员 m

-> 运算符称为**箭头运算符**，与点运算符相同，可以访问类对象的成员。如表 10-2 所示，x->y 和 (*x).y 相同。

表 10-2　类成员访问运算符（箭头运算符）

x->y	访问 x 所指的对象的成员 y（与 (*x).y 相同）

▶ 箭头运算符的名称来源于 -> 的形状与箭头相似。

print_Account 函数使用箭头运算符调用成员函数 name、no、balance。

重要　(*p).m 表示指针 p 所指的对象的成员 m，它也可以使用箭头运算符，通过表达式 p->m 来访问。

▶ 这里通过指针传递实现了 print_Account 函数的第 2 个参数，比它更好的方法是使用 **const** 引用传递来实现，我们将在第 12 章学习它的详细内容。

汽车类

如果在类定义中定义所有的成员函数，则可以只提供该类的头文件。我们通过汽车类 Car 来学习这一点。

汽车类 Car 具有如下所示的 7 个数据成员（图 10-13）。

- 名称
- 车宽
- 车长
- 车高
- 当前位置的 X 坐标
- 当前位置的 Y 坐标
- 剩余燃料

右侧的 3 个数据是汽车移动所需的数据。X 坐标和 Y 坐标表示汽车在图 10-13**b** 的平面上的位置。当然，随着汽车的移动，燃料会减少。因此仅当燃料有剩余时，汽车才可以移动。

另外，所有数据成员均为私有成员，不可以从外部访问。

因此，燃料不可能被盗而变为 0。

a 汽车的数据　　　　　　　　　　　　　**b** 坐标

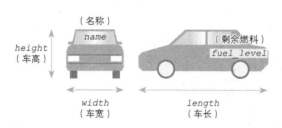
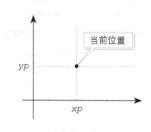

图 10-13　汽车类的数据

▶ 车宽、车长、车高的单位为 mm，剩余燃料的单位为 L，坐标的单位为 km。

除了数据成员，类还需要构造函数和成员函数，它们的概要如下。

▪ **构造函数**

设置当前位置的坐标为原点（0.0, 0.0）。另外，设置坐标以外的数据成员为形参接收的值。

▪ **成员函数**

我们创建以下成员函数。

- 返回当前位置的 X 坐标
- 返回当前位置的 Y 坐标
- 返回剩余燃料
- 显示车的规格
- 移动汽车

代码清单 10-8 所示为基于以上设计创建的汽车类。

代码清单 10-8　　　　　　　　　　　　　　　　　　　　　　　　　　　　　　　　　　Car01/Car.h

```cpp
// 汽车类

#include <cmath>
#include <string>
#include <iostream>

class Car {
    std::string name;                   // 名称
    int width, length, height;          // 车宽、车长、车高
    double xp, yp;                      // 当前位置坐标
    double fuel_level;                  // 剩余燃料
public:
    //--- 构造函数 ---//
    Car(std::string n, int w, int l, int h, double f) {
        name = n;   width = w;  length = l;  height = h;  fuel_level = f;
        xp = yp = 0.0;
    }

    double x() { return xp; }                       // 返回当前位置的 X 坐标
    double y() { return yp; }                       // 返回当前位置的 Y 坐标

    double fuel() { return fuel_level; }      // 返回剩余燃料

    void print_spec() {                             // 显示规格
        std::cout << "名称:"  << name   << "\n";
        std::cout << "车宽:"  << width  << "mm\n";
        std::cout << "车长:"  << length << "mm\n";
        std::cout << "车高:"  << height << "mm\n";
    }

    bool move(double dx, double dy) {               // 在 X 方向移动 dx，在 Y 方向移动 dy
        double dist = sqrt(dx * dx + dy * dy);  // 移动距离

        if (dist > fuel_level)
            return false;                           // 燃料不足
        else {
            fuel_level -= dist;                     // 减少与移动距离相应的燃料
            xp += dx;
            yp += dy;
            return true;
        }
    }
};
```

所有的成员函数均在头文件中实现，因此均具有内部链接，并且是内联函数。

▶ 与第 4 版的类 Account 相同，这里也使用 std::*string* 表示类 *string* 型。另外，这里还出于同样的理由使用了 std::cout 表示 cout。

我们来看一下各成员函数。

- 构造函数

接收坐标以外的 5 个数据，并把它们赋给各成员。xp 和 yp 的值设置为 0，因而汽车的位置为原点（0.0, 0.0）。

- 成员函数 x、y、fuel

分别返回 X 坐标 xp 的值、Y 坐标 yp 的值和剩余燃料 fuel_level 的值。

▶ 成员函数 x、y、fuel 即数据成员 xp、yp、fuel_level 的获取器。

- **成员函数 *print_spec***

  显示车的规格（名称、车宽、车长、车高）。

- **成员函数 *move***

  使汽车在 X 方向移动 dx，在 Y 方向移动 dy。移动的距离 dist 通过图 10-14 所示的计算求得。

  ▶ 由 `<cmath>` 头文件提供函数声明的 ***sqrt*** 函数将计算赋给参数的 **double** 型实数值的平方根，并返回 **double** 型的值，函数形式如下。

  ```
  double sqrt(double);
  ```

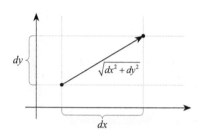

图 10-14　移动坐标和距离

另外，燃料费用为 1，即移动距离 1，需要燃料 1。

当剩余燃料 *fuel_level* 不足以让汽车移动距离 *dist* 时，汽车无法移动，因此程序会返回 **false**。另外，当燃料足以让汽车移动时，更新当前位置 *xp*、*yp* 及剩余燃料 *fuel_level*，并返回 **true**。

代码清单 10-9 所示为汽车类的使用例程。

先读入名称和车宽等数据，并基于这些值创建类 *Car* 型的对象 *myCar*，然后调用成员函数 *print_spec* 以显示规格，最后交互式地循环移动汽车。

代码清单 10-9　　　　　　　　　　　　　　　　　　　　　　　　　　　　　　　　Car01/CarTest.cpp

```cpp
// 汽车类的使用例程
#include <iostream>
#include "Car.h"

using namespace std;

int main()
{
    string name;
    int width, length, height;
    double gas;

    cout << "请输入汽车的数据。\n";
    cout << "名称:";   cin >> name;
    cout << "车宽:";   cin >> width;
    cout << "车长:";   cin >> length;
    cout << "车高:";   cin >> height;
    cout << "汽油量:"; cin >> gas;

    Car myCar(name, width, length, height, gas);

    myCar.print_spec();      // 显示规格

    while (true) {
        cout << "当前位置(" << myCar.x() << ", " << myCar.y() << ")\n";
        cout << "剩余燃料:" << myCar.fuel() << '\n';
        cout << "移动[0…No / 1…Yes]:";
        int move;
        cin >> move;
        if (move == 0) break;

        double dx, dy;
        cout << "X方向的移动距离:"; cin >> dx;
        cout << "Y方向的移动距离:"; cin >> dy;
        if (!myCar.move(dx, dy))
            cout << "\a燃料不足!\n";
    }
}
```

运行示例
```
请输入汽车的数据。
名称:我的爱车⏎
车宽:1885⏎
车长:5220⏎
车高:1490⏎
汽油量:90⏎
名称:我的爱车
车宽:1885mm
车长:5220mm
车高:1490mm
当前位置(0, 0)
剩余燃料:90
移动[0…No / 1…Yes]:1⏎
X方向的移动距离:5.5⏎
Y方向的移动距离:12.3⏎
当前位置(5.5, 12.3)
剩余燃料:76.5263
移动[0…No / 1…Yes]:0⏎
```

▶ 仅由头文件实现的汽车类 *Car* 只需引入头文件即可使用。这是因为，类定义通过 `#include` 指令自动嵌入，所以代码清单 10-9 的 CarTest.cpp 包含了类 *Car* 的定义。因此，只需编译并链接 CarTest.cpp，即可生成执行文件。

但是，在生成使用了头文件和源文件分离而实现的类的程序的执行文件时，需要编译使用类的程序和源文件。例如，在生成使用了第 4 版的类 *Account* 的代码清单 10-7 的 AccountTest.cpp 的执行文件时，需要编译该程序和代码清单 10-6 的源文件 Account.cpp，然后链接编译后的两个目标文件。

假设类名为 *ABC*，我们来总结一下，如下所示。

■ **当类 *ABC* 仅由头文件 ABC.h 实现时**
在使用类 *ABC* 的程序 test.cpp 中引入 ABC.h。在生成执行文件时，只需编译 test.cpp。

■ **当类 *ABC* 由头文件 ABC.h 和源文件 ABC.cpp 实现时**
在使用类 *ABC* 的程序 test.cpp 中引入 ABC.h。在生成执行文件时，需要编译并链接 test.cpp 和 ABC.cpp。

今后也一样，请大家根据情况进行判断，并执行编译和链接操作。

小结

- 在创建程序时，我们会把现实世界的对象和概念映射到编程世界的对象。在映射时采用"汇总应该汇总的对象""原本汇总的对象保持原样"的方针，即可创建自然且朴素的程序。实现该方针是**类**的基本思想。

- 如果把类比喻为程序的集成电路设计图，则**对象**就是根据该设计图创建的实体电路。

- 类 C 的定义为 `class C { /* … */ };`，注意末尾有分号。在 `{}` 中声明**数据成员**和**成员函数**等成员。数据成员的值表示对象的状态，而成员函数表示对象的行为。

- 类的成员可以对类的外部公开，也可以不公开。`public:` 表示**公有**，`private:` 表示**私有**。不可以从类的外部直接访问私有成员。

- 为了实现**数据隐藏**并提高程序质量，原则上应该私有化类的数据成员。

- 数据成员是各个对象的一部分。同样，成员函数在逻辑上属于各个对象。在包括构造函数在内的成员函数中，可以自由地访问公有成员和私有成员。

- 类的成员在所属的类的作用域之中，因此类 C 的成员 m 的名称为 C::m。

- 通过使用了**点运算符**的 x.m 可以访问对象 x 的成员 m。

- 使用 (*p).m 可以访问指针 p 所指的对象的成员 m，但是使用**箭头运算符**，通过表达式 p->m 来访问可以更简洁。

- **构造函数**是创建对象时调用的成员函数，它的目的是明确且恰当地初始化对象。构造函数的名称与类名相同，且没有返回值。

- 通过调用成员函数，可以向对象发送消息。接收到消息的对象会主动执行处理。

- 在成员函数中可以**前向引用**同一个类中的数据成员和成员函数。

- 获取并返回数据成员的值的成员函数称为**获取器**，对数据成员设置值的成员函数称为**设置器**，两者统称为**访问器**。

- 建议将类定义作为单独的**头文件**来实现。不可以在头文件中放置 `using` 指令。

- 在类定义中定义的成员函数具有**内部链接**且是**内联函数**。

- 除非显式指定，否则在类定义之外定义的成员函数具有**外部链接**且不是内联函数。建议将这样的函数定义作为区别于头文件的独立的源文件来实现。

■ 由类的开发者创建

```
//--- 会员类(头文件) ---//                              chap10/Member.h
#include <string>
class Member {
    std::string full_name;    // 姓名
    int         no;           // 会员编号
    int         rank;         // 会员等级
public:
    // 构造函数【声明】
    Member(std::string name, int number, int grade);
    // 获取等级(获取器)
    int get_rank() { return rank; }
    // 设置等级(设置器)
    void set_rank(int grade) { rank = grade; }
    // 显示【声明】
    void print();
};
```

私有 / 公有
数据成员 / 构造函数 / 成员函数

```
//--- 会员类(源文件) ---//                              chap10/Member.cpp
#include <iostream>
#include "Member.h"
using namespace std;
// 构造函数【定义】
Member::Member(string name, int number, int grade)
{
    full_name = name;  no = number;  rank = grade;
}
// 显示【定义】
void Member::print()
{
    cout << "No." << no << ":" << full_name << "[等级: " << rank << "]\n";
}
```

■ 由类的使用者创建

```
//--- 会员类的使用例程 ---//                           chap10/MemberTest.cpp
#include <iostream>
#include "Member.h"
using namespace std;
void print(Member* p)
{
    p->print();         // 调用成员函数 print
}

int main()
{
    Member wangming("王明", 15, 4);                    // 调用构造函数
    wangming.set_rank(wangming.get_rank() + 1);        // 等级增加1
    print(&wangming);                                   // 显示
}
```

运行结果
No.15: 王明 [等级: 5]

第 11 章

简单类的创建

本章我们将通过创建结构简单的日期类来更加详细地学习类及构造函数等的相关内容。

- 默认构造函数
- 复制构造函数
- 用一个实参调用的构造函数
- 构造函数的显式调用
- 临时对象
- 相同类型的类对象的赋值
- 成员函数和构造函数的重载
- `const` 成员函数和 `mutable` 成员
- `this` 指针和 `*this`
- 类类型的返回
- 类类型的成员
- 成员子对象
- 数据成员的初始化顺序
- 构造函数初始化器和成员初始化器
- 字符串流
- 插入符和提取符的重载
- 头文件的设计和引入保护
- 注释掉
- 获取当前日期和时间

11-1 日期类的创建

本节我们将通过创建由公历年、月、日 3 个数据构成的日期类来加深对类的理解。

■ 日期类

下面，我们来创建由公历年、月、日 3 个数据构成的日期类 `Date`。

如果各个数据均为 `int` 型，则只考虑了数据成员的类 `Date` 的定义如右所示。

```
class Date {
    int y;      // 公历年
    int m;      // 月
    int d;      // 日
};
```

这里根据我们在上一章学习的原则私有化了所有的数据成员，因此在从外部访问时，需要借助构造函数和成员函数来间接访问。

■ 构造函数的定义

要在创建对象时执行明确的初始化，需要使用构造函数。构造函数可以如右所示实现。

这是一个简单的构造函数，它接收 3 个整数值作为形参，并将它们赋给各成员。

在创建类 `Date` 型对象时，会传递 3 个 `int` 型形参给构造函数。`Date` 型对象的定义示例如下所示。

```
//--- 构造函数 ---//
Date::Date(int yy, int mm, int dd)
{
    y = yy;     // 公历年
    m = mm;     // 月
    d = dd;     // 日
}
```

```
Date birthday(1963, 11, 18);     // 生日
```

在调用构造函数后，对象 `birthday` 的数据成员 `y`、`m`、`d` 分别被赋值为 1963、11、18。

当然，如下声明会产生编译错误，因为 C++ 不支持没有正确赋予参数的初始化方法。

```
Date xday;                       // 错误: 不知是什么日子
```

我们增加如下 3 个成员函数来完成类 `Date`。完成后的类 `Date` 的头文件如代码清单 11-1 所示，源文件如代码清单 11-2 所示。

- `year`：返回年（数据成员 `y` 的获取器）。
- `month`：返回月（数据成员 `m` 的获取器）。
- `day`：返回日（数据成员 `d` 的获取器）。

代码清单 11-1　　　　　　　　　　　　　　　　　　　　　　　　　　　　　　Date01/Date.h

```cpp
// 日期类 Date（第 1 版：头文件）
class Date {
    int y;              // 公历年
    int m;              // 月
    int d;              // 日
public:
    Date(int yy, int mm, int dd);   // 构造函数    ← 声明
    int year()  { return y; }       // 返回年
    int month() { return m; }       // 返回月
    int day()   { return d; }       // 返回日
};
```

代码清单 11-2　　　　　　　　　　　　　　　　　　　　　　　　　　　　　Date01/Date.cpp

```cpp
// 日期类 Date（第 1 版：源文件）
#include "Date.h"

//--- 类 Date 的构造函数 ---//
Date::Date(int yy, int mm, int dd)              ← 定义
{
    y = yy;     // 公历年
    m = mm;     // 月
    d = dd;     // 日
}
```

构造函数在源文件中定义，其他成员函数在头文件中定义，因此其他成员函数具有内部链接且为内联函数。

专栏 11-1 │ 日期和历法

20 世纪 70 年代初，C++ 的前身 C 语言和 UNIX 诞生。由于系统时间及文件的修改时间等不可能早于 1970 年，所以 C 语言和 C++ 的标准库可以处理的日期在 1970 年 1 月 1 日之后。

现在许多国家使用的**格里历**（公历）是把地球绕太阳一圈所需的天数——一个回归年（约 365.2422 天）记作 365 天，然后再进行以下调整。

① 年份可以被 4 整除的为闰年。
② 年份可以被 100 整除的为平年。
③ 年份可以被 400 整除的为闰年。

很久以前，欧洲使用的是**儒略历**。在儒略历中，一个回归年为 365.25 天，且不对与实际的一个回归年（365.2422 天）的误差进行修正，只是把年份可以被 4 整除的作为闰年。也就是说，儒略历只采用了①，所以误差会不断累积。

为了一并消除误差，人们把儒略历的 1582 年 10 月 4 日的第二天作为格里历的 10 月 15 日，从而切换到了现在的格里历，即公历。

另外，英国是在 1752 年 11 月 24 日从儒略历切换到公历的，日本是在 1873 年 1 月 1 日从太阴太阳历切换到公历的。

由于各国使用了不同的历法，所以在调查或者用程序处理很久之前的文献的日期时需要多加小心。

第 11 章 简单类的创建

📘 构造函数的调用

代码清单 11-3 所示为使用类 Date 的示例程序，该程序将创建 3 个 Date 型对象，并显示它们的日期。

代码清单 11-3   Date01/DateInit.cpp

```cpp
// 日期类 Date（第 1 版）和对象的初始化
#include <iostream>
#include "Date.h"
using namespace std;
int main()
{
 ■  Date a(2025, 11, 18);
 ■  Date b = a;
 ■  Date c = Date(2023, 12, 27);

    cout << "a = " << a.year() << "年" << a.month() << "月" << a.day() << "日\n";
    cout << "b = " << b.year() << "年" << b.month() << "月" << b.day() << "日\n";
    cout << "c = " << c.year() << "年" << c.month() << "月" << c.day() << "日\n";
}
```

运行结果
```
a = 2025年11月18日
b = 2025年11月18日
c = 2023年12月27日
```

该程序分别以不同的形式声明了 3 个 Date 型对象 a、b、c。我们来看一下它们的不同点，以加深对使用构造函数初始化对象的理解。

首先，我们结合图 11-1 来对比一下该程序中的 Date 型对象的声明和 **int** 型对象的声明。

ⓐ Date 型对象的声明

```
❶ Date a(2025, 11, 18);
❷ Date b = a;
❸ Date c = Date(2023, 12, 27);
```

ⓑ int 型对象的声明

```
❹ int i(5);
❺ int j = i;
❻ int k = int(8.5);
```

图 11-1　初始化声明（Date 型和 int 型）

从图 11-1 可以看出，Date 型的 ❶、❷、❸ 的声明形式分别对应于 **int** 型的 ❹、❺、❻。在图 11-1 ⓑ 的各声明中，各对象分别被如下进行初始化。

- ❹ **int** 型的变量 i 被初始化为 5。
- ❺ **int** 型的变量 j 被初始化为同类型的变量 i 的值 5。
- ❻ **int** 型的变量 k 被初始化为把 **double** 型的 8.5 强制转换为 **int** 型后的 8。

接下来，我们来具体看一下 Date 型对象的声明。

■ *Date a*(2025, 11, 18);

该声明与上一章学习的类 Account 及类 Car 的对象的声明形式相同。

当程序流通过声明时，构造函数被调用。由此，如图 11-2ⓐ 所示，各数据成员被赋值。

▶ 3 个 **int** 型的实参 2025、11、18 被传递给构造函数，它们的值被赋给各数据成员 y、m、d。

2 `Date b = a;`

这里声明的是 `Date` 型的对象 `b`，它被初始化为同样是 `Date` 型的 `a`。

如图 11-2**b** 所示，`a` 的所有数据成员的值被复制到对应的 `b` 的数据成员，`b` 被初始化为 "2025 年 11 月 18 日"，这是因为存在以下规则。

| **重要** 当类对象被初始化为相同类型的类对象的值时，所有数据成员的值被复制。|

该复制称为**成员复制**。

▶ 我们无法保证类的所有数据成员在存储空间上按声明顺序排列，也不保证存放在连续的存储空间上。另外，数据成员之间可能被插入 1 个或几个字节的填充物。

复制是以数据成员为单位执行的，而不是以位为单位执行的。也就是说，当复制所有数据成员的值时，不一定会复制填充物。

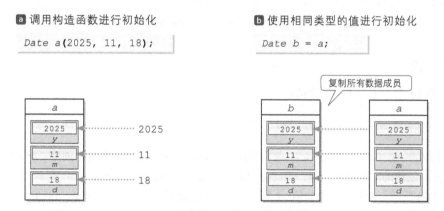

图 11-2　使用构造函数进行初始化

■ 复制构造函数

当使用相同类型的值进行初始化时，所有数据成员的值都会被复制，这听起来是理所当然的事，但其实隐藏着更深奥的话题。

初始化本是构造函数的重要工作。因此，"基于 `Date` 型的值初始化 `Date` 型对象"的构造函数，即如下形式的构造函数是由编译器隐式创建的。

```
// 由编译器自动提供的 "复制构造函数"
Date::Date(const Date& x) {
    // 把 x 的所有数据成员复制到接下来要初始化的对象
}
```

使用与自身相同类型的值进行初始化的构造函数称为**复制构造函数**（copy constructor）。

由编译器隐式创建的复制构造函数把作为参数接收的对象的所有数据成员的值复制到接下来要

初始化的对象的各数据成员。

执行数据成员的复制的复制构造函数是具有公有访问性的内联函数。

> **重要** 类 C 中会隐式定义如下形式的 **public** 且 **inline** 的复制构造函数。
>   C::C(const C& x);
> 该复制构造函数会把作为形参接收的对象 x 的所有数据成员的值复制到构造函数所属的初始化对象。

▶ 我们将在第 12 章学习复制构造函数接收的形参类型为什么不是 C 型，而是 **const** C& 型。

在像日期类 Date 这样简单的类中，由编译器隐式创建的复制构造函数可以起到作用（无须自己定义就可以直接使用）。因此，在没有意识到复制构造函数的存在的情况下就可以完成初始化。

但是，在使用了动态分配的存储空间等外部资源的复杂的类中，由编译器创建的复制构造函数就不起作用了。此时，需要程序员自己定义复制构造函数。

▶ 我们将在第 14 章学习由程序员定义复制构造函数，从而修改复制构造函数的行为的方法。

■ 临时对象

下面我们来看一下图 11-1**a** 中的声明 **3**。

3 `Date c = Date(2023, 12, 27);`

初始值 `Date(2023, 12, 27)` 是构造函数的显式调用。该调用是用来创建 Date 型对象的表达式。但是，创建的对象没有名称，因此称为**临时对象**（temporary object）。

如图 11-3 所示，此时基于整数值 2023、12、27 创建了一个 Date 型的临时对象。

该临时对象会初始化 c，因此临时对象的所有数据成员会被复制到对应的 c 的数据成员。

▶ 通过调用编译器创建的复制构造函数，把临时对象的所有数据成员复制到 c 的数据成员。

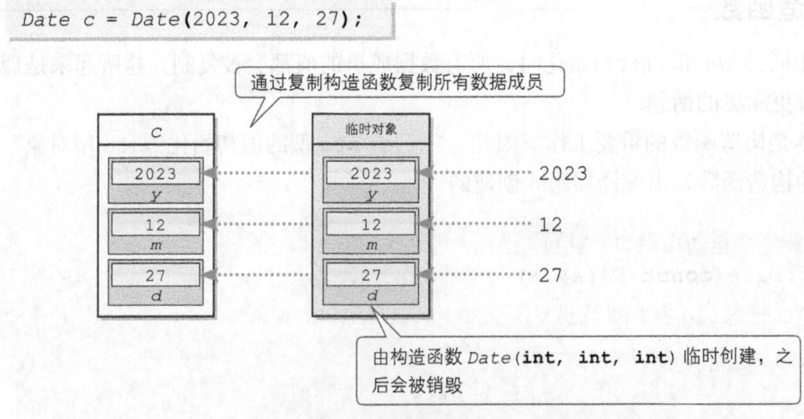

```
Date c = Date(2023, 12, 27);
```

通过复制构造函数复制所有数据成员

c	临时对象
2023 y	2023 y → 2023
12 m	12 m → 12
27 d	27 d → 27

由构造函数 Date(**int**, **int**, **int**) 临时创建，之后会被销毁

图 11-3 通过构造函数的显式调用进行初始化

另外，当对象 c 的初始化结束时，就不再需要临时对象了，因此它会被自动销毁。

▶ 我们可以这样理解：从原理上来说，❷的声明由下面两个步骤构成。

```
Date temp(2023, 12, 27);    // 用 Date::Date(int, int, int) 创建 temp
Date c = temp;              // 用 Date::Date(const Date&) 初始化 c
```

首先，使用构造函数 `Date::Date(int, int, int)` 创建临时对象 *temp*。

然后，*c* 被创建并初始化为 *temp*。此时，使用复制构造函数 `Date::Date(const Date&)` 复制所有数据成员。

■ 类对象的赋值

现在我们已经对初始化有了更深的理解，接下来以代码清单 11-4 的程序为例来学习赋值。

代码清单 11-4　　　　　　　　　　　　　　　　　　　　　　　Date01/DateAssign.cpp

```cpp
// 日期类 Date（第 1 版）和赋值
#include <iostream>
#include "Date.h"
using namespace std;
int main()
{
    Date a(2025, 11, 18);
    Date b(1999, 12, 31);
    Date c(1999, 12, 31);
❶   b = a;                          // 赋值
❷   c = Date(2023, 12, 27);         // 赋值
    cout << "a = " << a.year() << "年" << a.month() << "月" << a.day() << "日\n";
    cout << "b = " << b.year() << "年" << b.month() << "月" << b.day() << "日\n";
    cout << "c = " << c.year() << "年" << c.month() << "月" << c.day() << "日\n";
}
```

运行结果
```
a = 2025年11月18日
b = 2025年11月18日
c = 2023年12月27日
```

❶和❷的代码执行了赋值，我们分别来看一下这两处代码。

❶ b = a;

a 被赋给 *b*。如图 11-4 所示，在赋值时，类对象的所有数据成员的值被复制到赋值对象的数据成员，这是因为存在下面的规则。

> **重要**　当类对象的值被赋给相同类型的类对象时，所有数据成员的值都会被复制。

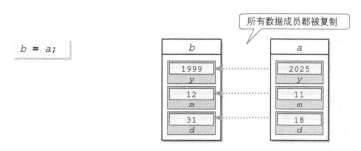

图 11-4　相同类型的类对象的赋值

我们在前面学习了编译器会自动创建通过复制所有数据成员来执行初始化的复制构造函数。

赋值运算符（=）也一样。编译器会自动创建执行所有数据成员的复制的赋值运算符，以进行相同类型的类对象的赋值。

▶ 另外，我们将在第 14 章学习修改赋值运算符的行为（自己定义赋值运算符）的方法。

❷ c = Date(2023, 12, 27)

Date(2023, 12, 27) 被赋给 c。由 3 个整数 2023、12、27 创建类 Date 的临时对象，并把该临时对象赋给左操作数 c（图 11-5）。

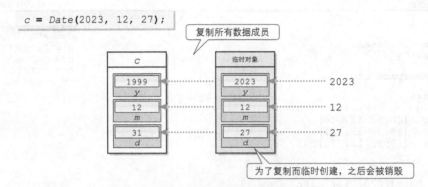

图 11-5　经由临时对象的类对象的赋值

如果对类对象使用容易与赋值运算符混淆的相等运算符（==）会如何呢？

```
if (b == c)                      // 编译错误
    cout << "b和c是相同的日期。\n";
```

这段代码会产生编译错误。表达式 b == c 无法判断 b 和 c 的所有数据成员的值是否相等。当然，另一个相等运算符（!=）也一样。

重要 无法使用相等运算符（== 或 !=）判断类对象的所有数据成员的值是否相等。

▶ 但是，如果使用下一章学习的运算符重载，就可以重新定义相等运算符，从而使它们可以判断类对象的所有数据成员的值是否相等。

默认构造函数

我们尝试创建类 Date 型的数组对象。下面的声明看似可行，其实会产生编译错误。

✗ `Date darray[3];`　　　// 编译错误：无法调用构造函数

这是因为没有赋给各个元素初始值，因而无法调用构造函数。要想避免错误，需要赋给各个元素对象初始值，如下所示。

```
✓ // OK：对所有元素赋予初始值并调用构造函数
Date darray[3] = {Date(2021, 1, 1), Date(2022, 2, 2), Date(2023, 3, 3)};
```

像这样只有 3 个元素还好，如果元素增多，则事实上不可能在声明时赋给所有元素初始值。

构造函数的目的是在创建对象时执行明确的初始化，因此只要做到"即使不赋予初始值也可以执行明确的初始化"就好了。

为此，类定义了**默认构造函数**（default constructor），即不赋予参数也可以调用的构造函数。

> **重要** 默认构造函数是不赋予参数也可以调用的构造函数。

默认构造函数的定义示例如右所示，这里将所有数据成员赋值为 1，日期为 1 年 1 月 1 日。

```
Date::Date()
{
    y = 1;
    m = 1;
    d = 1;
}
```

有了该构造函数，就可以在不赋予参数的情况下创建对象了。例如，像下面这样声明，则 someday、darray[0]、darray[1]、darray[2] 均被初始化为 1 年 1 月 1 日。

```
Date someday;          // 可以调用默认构造函数
Date darray[3];        // 对所有元素调用默认构造函数
```

▶ 一般不使用 1 年 1 月 1 日这样的日期。初始化为当天的日期（即运行程序的日期）更方便。我们将在代码清单 11-5 的第 2 版的程序中这样修改。

类的构造函数和成员函数可以重载。如果重载构造函数，则对于类的使用者来说，创建类对象的方法可以有更多。

> **重要** 必要时请重载构造函数，提供多种创建类对象的方法。

我们准备了下面两个构造函数。

① 不接收参数的默认构造函数：`Date::Date();`。
② 接收年、月、日 3 个整数的构造函数：`Date::Date(int, int, int);`。

我们在第 6 章学习了**默认实参**，包括构造函数在内的成员函数也可以被赋予默认实参。

我们把相当于月和日的第 2 个参数和第 3 个参数的默认实参的值设置为 1，如下修改类定义。

```
class Date {
    // …
public:
 ① Date();                                    // 默认构造函数（其定义详见上文）
 ② Date(int yy, int mm = 1, int dd = 1);      // 构造函数（代码清单 11-2）
    // …
};
```

默认实参只需添加到头文件的函数声明中即可，因此无须修改源文件（代码清单 11-2）的构造函数的定义。

这样就可以执行下面 4 个初始化了。

```
Date p;                    //    1 年 1 月 1 日
Date q(2021);              // 2021 年 1 月 1 日
Date r(2022, 2);           // 2022 年 2 月 1 日
Date s(2023, 3, 5);        // 2023 年 3 月 5 日
```

▶ 不可以对构造函数2的第一个参数 yy 指定默认实参,将其声明为:

　　3　Date(int yy = 1, int mm = 1, int dd = 1);

因为在不赋予参数的情况下调用构造函数时,

```
Date p;
```

无法判断应该调用构造函数1还是3。
如果定义了构造函数3,则需要删除构造函数1。
另外,此时3就是默认构造函数。默认构造函数不是不接收参数的构造函数,而是不赋予参数也可以调用的构造函数。

另外,不可以如下声明 Date 型的对象 p。

```
Date p();           // 不是构造函数的调用
```

这不是构造函数的调用,而是函数声明,表示函数 p 不接收参数并返回 Date 型。
只用一个实参就可以调用的构造函数不仅可以使用 ( ) 形式调用,还可以使用 = 形式调用。因此,q 也可以如下声明。

```
Date q = 2021;       // 与 Date q = Date(2021); 相同
```

▶ 这看上去像是用整数初始化了日期,所以大家可能会觉得这样的声明有点不合理。我们将在第 14 章学习限制这种初始化的方法。

const 成员函数

有些对象一旦被设定值就不再变化,而有些对象的值在程序运行过程中会变化。如果类对象设定的值不再变化,则应该在声明时添加 **const**,如下所示。

```
const Date birthday(1963, 11, 18);     // 不可以修改值
```

但是,对该对象 birthday 调用成员函数 birthday.year、birthday.month、birthday.day 会产生如下错误。

> 错误：对 **const** 对象调用非 **const** 成员函数。

除非检查清楚成员函数的内容,否则无法判断某个成员函数是否会修改所属对象的状态(数据成员的值)。如果在编译时或运行时执行这样的判断,则需要付出很高的成本。

因此，（原则上）不可以对 `const` 对象调用成员函数。

可以对 `const` 对象调用的成员函数需要声明为：

该成员函数不修改对象的值。

这样的成员函数称为 `const` 成员函数。

如图 11-6 所示，把成员函数变成 `const` 成员函数很简单，只需在函数头末尾添加 `const` 即可。

图 11-6**ⓐ**所示为在类定义中的函数定义，图 11-6**ⓑ**所示为在类定义之外的函数定义。

ⓐ 在类定义中的 `const` 成员函数

```
class Date {
    // …
    int year() const {    // 定义
        return y;
    }
};
```

ⓑ 在类定义之外的 `const` 成员函数

```
class Date {
    // …
    int year() const;    // 声明
};
int Date::year() const    // 定义
{
    return y;
}
```

图 11-6　`const` 成员函数的声明和定义

类的创建者不知道类的使用者是否创建 `const` 对象，因此我们要记住下面的规则。

> **重要**　所有不修改对象的状态（数据成员的值）的成员函数都应该定义为 `const` 成员函数。

专栏 11-2 │ mutable 成员

> `const` 成员函数不可以修改数据成员的值，但也有例外情况，比如，它可以修改声明为 `mutable` 的数据成员的值。
>
> 换言之，对数据成员指定 `mutable`，可以抵消对包含它的类对象使用的 `const` 限定符的效果。
>
> 代码清单 11C-1 所示为具有 `mutable` 成员的类 `Date` 的示例。`mutable` 成员 `counter` 表示成员函数 `year`、`month`、`day` 的调用次数，它的值由构造函数设定为 0，并在成员函数 `year`、`month`、`day` 中递增。

代码清单 11C-1   chap11/list11c01.cpp

```cpp
// 日期类 Date（添加成员函数调用次数）
#include <iostream>
using namespace std;
class Date {
    int y;              // 公历年
    int m;              // 月
    int d;              // 日
    mutable int counter;    // 成员函数的调用次数
public:
    Date(int yy, int mm, int dd) {                  // 构造函数
        y = yy;  m = mm;  d = dd;  counter = 0;
    }
    int year()  const { counter++; return y; }      // 返回年
    int month() const { counter++; return m; }      // 返回月
    int day()   const { counter++; return d; }      // 返回日
    int count() const { return counter; }           // 返回次数
};
int main()
{
    const Date birthday(1963, 11, 18);      // 生日
    cout << "birthday = " << birthday.year()  << "年"
                         << birthday.month() << "月"
                         << birthday.day()   << "日\n";
    cout << "birthday的成员函数被调用了" << birthday.count() <<
            "次。\n";
}
```

运行结果
birthday = 1963年11月18日
birthday的成员函数被调用了3次。

如果 counter 不是 **mutable**，则 **const** 成员函数 year、month、day 的定义会产生编译错误（因为它们修改了数据成员 counter 的值）。

对类 Date 的使用者来说，判断是否是常量的基准是年、月、日的值，（一般）与 counter 的值无关。不影响使用者判断"该对象在逻辑上是否是常量"的对象内部的成员，可以定义为 **mutable** 成员。

下面根据目前学习的内容修改日期类。代码清单 11-5 所示为第 2 版的日期类 Date 的头文件，代码清单 11-6 所示为源文件。

代码清单 11-5   Date02/Date.h

```cpp
// 日期类 Date（第 2 版：头文件）
#include <string>
#include <iostream>
class Date {
    int y;          // 公历年
    int m;          // 月
    int d;          // 日
public:
    Date();                                         // 默认构造函数
    Date(int yy, int mm = 1, int dd = 1);           // 构造函数

    int year()  const { return y; }                 // 返回年
    int month() const { return m; }                 // 返回月
    int day()   const { return d; }                 // 返回日
```

```cpp
    Date preceding_day() const;              // 返回前一天的日期（不支持闰年的处理）
    std::string to_string() const;           // 返回字符串表示
};
std::ostream& operator<<(std::ostream& s, const Date& x);    // 插入符
std::istream& operator>>(std::istream& s, Date& x);          // 提取符
```

代码清单 11-6[A]　　　　　　　　　　　　　　　　　　　　　　　　　　　　　Date02/Date.cpp

```cpp
// 日期类 Date（第 2 版：源文件）

#include <ctime>
#include <sstream>
#include <iostream>
#include "Date.h"

using namespace std;
//--- Date 的默认构造函数（设置为当前日期）---//
Date::Date()
{
    time_t current = time(NULL);             // 获取当前日历时间
    struct tm* local = localtime(&current);  // 转换为分解时间

    y = local->tm_year + 1900;    // 年：tm_year 为公历年 - 1900
    m = local->tm_mon + 1;        // 月：tm_mon 为 0 ~ 11
    d = local->tm_mday;           // 日
}

//--- Date 的构造函数（设置为指定的年、月、日）---//
Date::Date(int yy, int mm, int dd)
{
    y = yy;
    m = mm;
    d = dd;
}

//--- 返回前一天的日期（不支持闰年的处理）---//
Date Date::preceding_day() const
{
    int dmax[] = {31, 28, 31, 30, 31, 30, 31, 31, 30, 31, 30, 31};
    Date temp = *this;      // 同一日期

    if (temp.d > 1)
        temp.d--;
    else {
        if (--temp.m < 1) {
            temp.y--;
            temp.m = 12;
        }
        temp.d = dmax[temp.m - 1];
    }
    return temp;
}

//--- 返回字符串表示 ---//
string Date::to_string() const
{
    ostringstream s;
    s << y << "年" << m << "月" << d << "日";
    return s.str();
}
```

第 2 版与第 1 版的不同点如下所示。

▪ 增加了默认构造函数

默认构造函数设置为当前（程序运行时）的日期。

▶ 我们将在专栏 11-4 学习当前日期和时间的获取方法。

▪ 在构造函数声明中增加了默认实参

对接收 3 个 `int` 型参数的构造函数的第 2 个参数和第 3 个参数指定了默认值 1。

▪ 返回年、月、日的成员函数变为了 const 成员函数

把返回年、月、日的值的成员函数 `year`、`month`、`day` 修改为了 `const` 成员函数（分别是数据成员 `y`、`m`、`d` 的获取器）。

▪ 增加了计算前一天的日期的成员函数 preceding_day ※

增加了计算并返回前一天的日期的成员函数 `preceding_day`。

▶ 例如，日期为 2125 年 1 月 1 日，则 `day.preceding_day()` 返回的日期为 2124 年 12 月 31 日。

▪ 增加了返回字符串表示的成员函数 to_string ※

增加了生成并返回字符串表示的日期的成员函数 `to_string`。

▶ 例如，日期为 2125 年 12 月 18 日，则返回的字符串为 "2125 年 12 月 18 日"。

▪ 增加了插入符和提取符 ※

增加了插入符和提取符，可以使用 **<<** 对 cout 插入日期，并且可以使用 **>>** 从 cin 提取日期。

下面，我们来详细学习添加了 ※ 的项目。

■ this 指针和 *this

首先，我们来学习成员函数 `preceding_day`，它用来计算并返回前一天的日期，代码如右所示。

▶ 例如，日期为 2125 年 1 月 1 日，则调用的成员函数 `day.preceding_day()` 返回的日期为 2124 年 12 月 31 日。另外，由于程序不支持闰年的处理，所以无论闰年还是平年，3 月 1 日的前一天均为 2 月 28 日。

我们将在第 13 章修改成员函数 `preceding_day` 和日期类，使程序可以处理闰年。

首先，我们来看一下 ■1 处的 ***this**，这个表达式在这里是首次出现。

```
//--- 返回前一天的日期 ---//
Date Date::preceding_day() const
{
  int dmax[] = { /*-- 省略 --*/ };
  Date temp = *this;                    ←1
  if (temp.d > 1)
    temp.d--;
  else {
    if (--temp.m < 1) {
      temp.y--;
      temp.m = 12;
    }
    temp.d = dmax[temp.m - 1];          ←2
  }
  return temp;                          ←3
}
```

如图 11-7 所示，**this** 是指向成员函数所属对象的指针。一般来说，在类 C 的对象的成员函数中，**this** 的类型为 C*。

▶ 但是，**this** 的类型在 **const** 成员函数中为 **const** C*，在 **volatile** 成员函数中为 **volatile** C*，在 **const volatile** 成员函数中为 **const volatile** C*。

在代码清单 11-6[A] 的程序中，**this** 的类型为 **const Date***。

对指针使用了间接运算符（*）的表达式表示该指针所指的对象本身（详见第 7 章），因此表达式 ***this** 表示成员函数所属的对象本身。

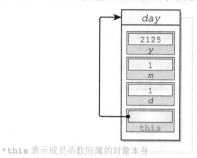

图 11-7　this 指针和 *this

> **重要** 类 C 的成员函数具有指向所属的对象的 C* 型的 **this** 指针。因此，***this** 表示所属的对象本身。

■1 是 Date 型对象 temp 的声明，它的初始值是 ***this**，因此变量 temp 被初始化为与所属的对象相同的日期。

▶ 由于初始值是同类型的对象，所以要通过复制构造函数复制所有数据成员来初始化。

■2 用来将 temp 的日期更新为前一天的日期。

▶ 当"日"的值大于 1 时，只需递减 temp.d；否则必须递减 temp.m，回到前一个月。

当递减后的"月"的值小于 1（递减前的日期为 1 月）时，必须递减 temp.y，并将 temp.m 设为 12，以回到前一年的 12 月。另外，将 temp.d 调整为前一个月的最后一天（根据月份不同，值为 28、30、31 中的一个）。

■ 类类型的返回

通过目前的处理，我们得到了调用成员函数 preceding_day 的 Date 型对象的日期的前一天的日期，并将其存放在了变量 temp 中。

最后执行的 ■3 使用 **return** 语句返回了 temp 的值。

请注意，成员函数 preceding_day 的返回值类型为 Date 类。

如第 7 章所述，数组中的元素类型相同，但数组不可以作为函数的返回值类型；类中的元素类型各异，但类可以作为函数的返回值类型。

> **重要** 函数不可以返回数组，但是可以返回类类型的值。

我们通过代码清单 11-7 的程序来确认 preceding_day 函数的作用。

代码清单 11-7   Date02/DateTest1.cpp

```cpp
// 日期类 Date (第2版) 的使用例程 (确认成员函数 preceding_day 的作用)
#include <iostream>
#include "Date.h"

using namespace std;

int main()
{
    Date today;         // 今天

    cout << "今天是" << today << "。\n";
    cout << "昨天是" << today.preceding_day() << "。\n";
}
```

```
运行示例
今天是2125年1月1日。
昨天是2124年12月31日。
```

▶ 结果显示的日期是程序运行时的日期及其前一天的日期。我们将在下文学习为什么可以通过对 cout 使用插入符来显示日期。

程序中声明了 Date 型对象 today，并使用默认构造函数把它初始化为了当前（程序运行时）的日期。

程序阴影部分调用了成员函数 preceding_day，从运行结果可知，它返回了前一天的日期。

通过 this 指针访问成员

如右所示的代码片段使用 this 而不是 *this 修改了成员函数 preceding_day。

■声明了3个变量，并使用如下形式的 this 指针赋给了它们初始值。

---
this-> 成员名

我们在上一章学习了指针 p 所指的类对象的成员 m 可以通过 p->m 来访问。

箭头运算符的左操作数 this 是指向自身对象的指针，因此 this->y 表示属于自身对象的数据成员 y。当然，this->m 和 this->d 也一样。

■声明的变量 y、m、d 的名称与数据成员 y、m、d 相同。

```cpp
//--- 返回前一天的日期 ---//
Date Date::preceding_day() const
{
    int dmax[] = { /*--省略--*/ };
    int y = this->y;
    int m = this->m;          ←■
    int d = this->d;
    if (d > 1)
        d--;
    else {
        if (--m < 1) {
            y--;              ←■
            m = 12;
        }
        d = dmax[m - 1];
    }
    return Date(y, m, d);     ←■
}
```

像这样在成员函数中声明与数据成员同名的变量后，数据成员的名称被隐藏，而声明的变量名称变得可见。

在成员函数 preceding_day 中需要这样区分使用：使用 y、m、d 访问在函数内声明的变量，使用 this->y、this->m、this->d 访问数据成员。

■用来计算前一天的日期，虽然变量名与第 368 页的代码片段不同，但是计算方式相同。

函数末尾的■用来返回日期，由 Date(y, m, d) 向 Date 型的构造函数传递 y、m、d 的值，因此函数会创建 y 年 m 月 d 日的 Date 型的临时对象并返回它的值。

> **重要** 返回类 C 型的值的函数通过显式调用构造函数创建 C 型的临时对象并返回它的值。
>
> ```
> return C(/*…省略…*/);
> ```

这个代码片段在函数中声明了与数据成员同名的变量，并通过 `this->` 来区分使用。最常用的方法是将函数接收的形参声明为与数据成员同名，并通过 `this->` 来区分使用。

如下所示，可以使用该方法修改类 Date 的构造函数。

```
Date::Date(int y, int m, int d)
{
    this->y = y;    this->m = m;    this->d = d;
}
```

当成员函数的形参与数据成员同名时，数据成员的名称被隐藏，而声明的变量名称变得可见。

因此，在这样的成员函数（构造函数）中，需要使用 y、m、d 访问形参，而使用 `this->y`、`this->m`、`this->d` 访问数据成员。

这种方法主要用于构造函数和获取器，这是因为有如下好处。

- 无须发愁如何命名形参。
- 容易区分参数设置的是哪个成员的值。

成员函数的形参及在函数体内声明的变量的名称有相同的处理方式，如下所示。

> **重要** 在构造函数或成员函数中声明与数据成员 m 同名的形参或局部变量，则数据成员的名称被隐藏，而形参或局部变量的名称可见，因此需要使用 `this->m` 访问数据成员，而使用 m 访问形参或局部变量。

另外，不要忘了写访问数据成员 m 的表达式 `this->m` 中的 `this->`。

▶ 当构造函数或成员函数的形参与数据成员同名时，还有一点需要注意。我们来思考如下声明的构造函数。第一个参数无论传递何值，都不会改变数据成员 height 的值。

```
class Human {
    int height, weight;      // 身高和体重
public:
    Human(int heigth, int weight) {
        this->height = height;
        this->weight = weight;
    }
};
```

大家注意到形参名是 heigth 而不是 height 了吗？在构造函数体中，把初始化为不确定值的 height（即 `this->height`）的值赋给 `this->height`，即对数据成员 height 赋予自身的值，如下所示。

```
this->height = this->height;
```

这里虽然声明了形参 heigth，但构造函数体内并没有使用它。

由于这样不会产生编译错误，所以我们很难发现错误原因。

字符串流

我们接下来学习代码清单 11-5 的第 2 版的程序中新增的成员函数 `to_string`,它用来以 "2125 年 12 月 18 日" 的形式返回字符串表示的日期。

```cpp
//--- 返回字符串表示 ---//
string Date::to_string() const
{
1   ostringstream s;
2   s << y << "年" << m << "月" << d << "日";
3   return s.str();
}
```

我们在第 1 章学习了通过如同流淌着字符的河一样的流来在画面上输出或从键盘输入。`to_string` 就很好地使用了流来创建字符串。

字符串流(string stream)是输入/输出的对象为字符串的流。`<sstream>` 头文件提供了如下所示的 3 种流。

- **ostringstream**:执行字符串流的输出。
- **istringstream**:执行字符串流的输入。
- **stringstream**:执行字符串流的输入/输出。

当然,它们均属于 `std` 命名空间,成员函数 `to_string` 使用的是 **ostringstream**。

专栏 11-3 | 从字符串流 *istringstream* 中提取

代码清单 11C-2 的程序使用 **istringstream** 从字符串中提取了内容。

代码清单 11C-2   chap11/list11c02.cpp

```cpp
// 从字符串中提取
#include <sstream>
#include <iostream>
using namespace std;
int main()
{
    string s = "2125/12/18";
    istringstream is(s);    // 与字符串 s 连接的字符串输入流
    int y, m, d;
    char ch;                          // 空读斜杠

    is >> y >> ch >> m >> ch >> d;
    cout << y << "年" << m << "月" << d << "日\n";
}
```

运行结果
2125年12月18日

程序将创建 **istringstream** 型的变量 `is`,把它与存放日期的字符串 `s` 相连,并使用提取符从中提取出年、月、日的整数值及分隔符。

11-1 日期类的创建

我们来看一下 `to_string` 函数的函数体进行的处理。

1是执行字符串流的输出的 **ostringstream** 型变量的声明。在声明后，变量 `s` 就变成了可以自由地插入字符串或整数值等的字符串输出流。

2向创建的流 `s` 插入日期，与向画面 `cout` 插入一样。

3是插入后的状态，流 `s` 中储存了字符串 "2125 年 12 月 18 日"。在流中储存的字符串可以通过 `str` 成员函数以 **string** 型的值的形式获取。最后，直接由 **return** 语句返回 `str` 成员函数返回的字符串。

这里的处理步骤可以总结如下。

> **重要** 对于字符串输出流 **ostringstream**，可以使用插入符自由地插入数组或字符串等。在流中储存的字符串可以通过调用 `str` 成员函数来获取。

我们通过代码清单 11-8 来确认一下成员函数 `to_string` 的作用。

代码清单 11-8　　　　　　　　　　　　　　　　　　　　　　　　　Date02/DateTest2.cpp

```cpp
// 日期类 Date（第 2 版）的使用例程（确认成员函数 to_string 的作用）

#include <iostream>
#include "Date.h"

using namespace std;

int main()
{
    const Date birthday(1963, 11, 18);      // 生日
    Date day[3];                            // 数组（今天的日期）

    cout << "birthday = " << birthday << '\n';
    cout << "birthday的字符串表示:\"" << birthday.to_string() << "\"\n";

    for (int i = 0; i < 3; i++)
        cout << "day[" << i << "]的字符串表示:\"" << day[i].to_string() << "\"\n";
}
```

运行示例
```
birthday = 1963年11月18日
birthday的字符串表示："1963年11月18日"
day[0]的字符串表示："2125年12月18日"
day[1]的字符串表示："2125年12月18日"
day[2]的字符串表示："2125年12月18日"
```

程序阴影部分调用了成员函数 `to_string`，以在画面上显示由它创建并返回的字符串。

▶ 数组 `day` 没有被赋予初始值，因此 `day[0]`、`day[1]`、`day[2]` 均由默认构造函数初始化为当前（程序运行时）的日期。

■ 插入符和提取符的重载

第 2 版的类 `Date` 可以通过对 `cout` 使用插入符来显示日期。例如，在代码清单 11-7 的程序中，如下输出 `Date` 型对象 `today` 的日期。

```cpp
cout << "今天是" << today << "。\n";         // 第 2 版的类 Date
```

当使用第 1 版的类 `Date` 时，实现相同功能的代码会变长，如下所示。

```cpp
cout << "今天是" << today.year()  << "年"    // 第 1 版的类 Date
              << today.month() << "月"
              << today.day()   << "日。\n";
```

第 2 版只用一行代码即可实现，其秘密就在于源文件中定义的 **operator<<** 函数。
这是通过重载 **<<** 运算符实现的函数。我们将在下一章学习运算符重载，目前暂且如下理解即可。

以图 11-8 的形式定义 **operator<<** 函数和 **operator>>** 函数，就可以使用插入符和提取符输入 / 输出 Type 型的值。

---

a 插入符的重载（**<<**的定义）

```
ostream& operator<<(ostream& s, const Type& x)
{
    s << ****;
    // 向输出流 s 输出 x 的值
    return s;
}
```

在 ******** 的地方写入要输出的表达式

b 提取符的重载（**>>**的定义）

```
istream& operator>>(istream& s, Type& x)
{
    s >> ****;
    // 根据从输入流 s 读入的值来设置和修改 x 的值
    return s;
}
```

在 ******** 的地方写入要输入的表达式

图 11-8　插入符和提取符的重载

示例程序如代码清单 11-6[B] 所示。

▶ 代码清单 11-6[B]　　　　　　　　　　　　　　　　　　　　　　　　　　　　　Date02/Date.cpp

```cpp
//--- 向输出流 s 插入 x ---//
ostream& operator<<(ostream& s, const Date& x)
{
    return s << x.to_string();
}

//--- 从输入流 s 提取日期并存放在 x 中 ---//
istream& operator>>(istream& s, Date& x)
{
    int yy, mm, dd;
    char ch;

    s >> yy >> ch >> mm >> ch >> dd;
    x = Date(yy, mm, dd);
    return s;
}
```

如图 11-8**a** 所示，**operator<<** 函数的第一个参数 s 是输出流 **ostream** 的引用，第二个参数 x 是输出对象的 **const** 引用。

▶ 原则上，类类型的参数传递使用引用传递而不是值传递。我们将在下一章详细学习其原因。

`operator<<` 函数的函数体对流 `s` 执行输出，并返回第一个参数接收到的 `s`。

▶ 类 `Date` 的插入符函数向流直接输出成员函数 `to_string` 返回的字符串。如果类 `Date` 没有成员函数 `to_string`，则插入符函数的定义如下所示。

```
//--- 向输出流 s 插入 x ---//
ostream& operator<<(ostream& s, const Date& x)
{
    return s << x.year() << "年" << x.month() << "月" << x.day() << "日";
}
```

这里也只用一行代码即可实现。

为了使用提取符，`operator>>` 函数的定义如图 11-8**b** 所示。

第一个参数 `s` 是输入流 `istream` 的引用，而第二个参数 `x` 是存放所读入的值的对象的引用。我们会根据所读入的值设置和修改 `x` 的值，因此 `x` **不是** `const` 引用（与插入符不同）。

在函数体中，根据从输入流 `s` 读入的值设置和修改 `x` 的值，然后返回第一个参数接收到的 `s`。

类 `Date` 的提取符从键盘读入年、月、日 3 个整数值，并把这些值赋给 `x.y`、`x.m`、`x.d`，最后返回 `s`。

专栏 11-4 | **获取当前日期和时间**

使用标准库可以很容易地获取当前（程序运行时）的日期和时间。我们通过代码清单 11C-3 的程序来学习这种方法。

代码清单 11C-3　　　　　　　　　　　　　　　　　　　　　　　　chap11/list11c03.cpp

```
// 显示当前日期和时间
#include <ctime>
#include <iostream>
using namespace std;

int main()
{
1   time_t current = time(NULL);                    // 当前日历时间
2   struct tm* timer = localtime(&current);         // 分解时间（当地时间）
    char* wday_name[] = {"星期日", "星期一", "星期二", "星期三", "星期四", "星期五", "星期六"};

    cout << "当前日期和时间是"
         << timer->tm_year + 1900   << "年"
         << timer->tm_mon + 1       << "月"
         << timer->tm_mday          << "日("
3        << wday_name[timer->tm_wday] << ")"
         << timer->tm_hour          << "时"
         << timer->tm_min           << "分"
         << timer->tm_sec           << "秒。\n";
}
```

运行示例
当前的日期和时间是2125年12月18日（星期二）12时23分21秒。

▪ **time_t 型：日历时间**

被称为**日历时间**（calendar time）的 **time_t** 型的实体是可以进行 **long** 型或 **double** 型等的加减乘除运算的算术型，具体类型因处理系统而不同，由 `<ctime>` 头文件定义，如下所示。

```
            typedef long time_t;                // 定义示例：因处理系统而不同
```

除了类型，日历时间的具体值也依赖于处理系统。

多数处理系统以 **unsigned int** 型或 **unsigned long** 型作为 **time_t** 型，以从 1970 年 1 月 1 日 0 时 0 分 0 秒开始经过的秒数作为具体值。

▪ time 函数：以日历时间获取当前时间

time 函数以日历时间获取当前时间，它会返回求得的日历时间，并将其存放在参数所指的对象中。

因此，如右所示的任意一种调用均可把当前时间存放在变量 *current* 中，代码清单 11C-3 使用的是 B 形式。

```
Ⓐ time(&current);
Ⓑ current = time(NULL);
Ⓒ current = time(&current);
```

▪ tm 结构体：分解时间

日历时间 **time_t** 型是方便计算机计算的算术型的数值，我们人类无法直观地理解。因此，人们又提出了另一种表示时间的方法，即被称为**分解时间**（broken-down time）的 **tm** 结构体类型。

▶ 结构体是类的缩小版（详见专栏 11-8）。

下面是 **tm** 结构体的一个定义示例，其成员为年、月、日、星期等与日期和时间相关的元素。注释记录了各成员表示的值。

tm 结构体类型
```
struct tm {                // 定义示例：因处理系统而不同
    int tm_sec;            // 秒（0 ~ 61）
    int tm_min;            // 分（0 ~ 59）
    int tm_hour;           // 时（0 ~ 23）
    int tm_mday;           // 日（1 ~ 31）
    int tm_mon;            // 从 1 月开始的月数（0 ~ 11）
    int tm_year;           // 从 1900 年开始的年数
    int tm_wday;           // 星期：星期日 ~ 星期六（0 ~ 6）
    int tm_yday;           // 从 1 月 1 日开始的天数（0 ~ 365）
    int tm_isdst;          // 夏令时标志
};
```

该定义只是一个示例，成员的声明顺序等细节依赖于处理系统。

- 成员 tm_sec 的值的范围是 0 ~ 61，而不是 0 ~ 59，这是因为考虑了最大 2 秒的闰秒。
- 成员 tm_isdst 的值在采用夏令时的情况下为正，在未采用的情况下为 0，在无法获取其信息的情况下为负（夏令时是指在夏季人为将时间调快 1 小时，现在中国没有采用夏令时）。

▪ localtime 函数：从日历时间转换为当地时间的分解时间

localtime 函数用来把日历时间的值转换为当地时间的分解时间（如果将运行环境设置为中国，则为北京时间）。

该函数的行为如图 11C-1 所示，即根据一个算术型的值计算并设置结构体的各成员的值。

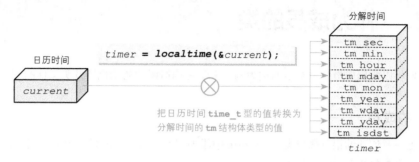

图 11C-1　使用 localtime 函数将日历时间转换为分解时间

接下来我们来看一下整个程序。

① 使用 `time` 函数以 `time_t` 型的日历时间获取当前时间。

② 把该值转换为作为分解时间的 `tm` 结构体。

③ 以公历显示分解的日历时间。在显示时，对 `tm_year` 加 1900，对 `tm_mon` 加 1。由于星期日～星期六对应 0~6，所以这里使用数组 `wday_name` 把表示星期的 `tm_wday` 转换为了字符串 " 星期日 "、" 星期一 " 等。

※ 该程序中有 `using namespace std;` 的 `using` 指令。如果要省略该指令，则需要在类型名和函数名之前添加 `std::`。

11-2 作为成员的类

本节我们将以数据成员是类类型的类为例,来学习构造函数初始化器及头文件的创建方法等。

■ 类类型的成员

我们在上一章创建的银行账户类 *Account* 中添加"开户日期"的日期数据。当然,开户日期使用本章创建的第 2 版的类 *Date* 来表示。

这样修改后的第 5 版的银行账户类 *Account* 的头文件如代码清单 11-9 所示,源文件如代码清单 11-10 所示。程序中增加了表示开户日期的数据成员 *open* 及返回 *open* 的值的成员函数 *opening_date*。

▶ 只返回数据成员的值但不进行修改的成员函数 *name*、*no*、*balance* 被修改为 **const** 成员函数。

另外,在编译程序时需要第 2 版的类 *Date* 的 Date.h 和 Date.cpp。一般来说,除非设置头文件搜索规则或指定链接位置,Date.h 和 Date.cpp 需要放入与 Account.h 和 Account.cpp 相同的目录中,但这也因处理系统而不同。

■ has-A 关系

银行账户类和日期类的关系如图 11-9 所示,该图表示:

> 类 *Account* 持有类 *Date* 作为其一部分。

像这样,一个类**持有**另一个类作为其一部分,称为 **has-A 关系**。

图 11-9 类 Account 和类 Date(has-A 关系)

除了类之外,由作为设计图的类创建的实体对象也有同样的关系。也就是说,银行账户类 *Account* 型对象包含日期类 *Date* 型对象。

作为其他类对象的一部分的对象称为**成员子对象**(member sub-object)。

▶ 例如,*liyang* 是 *Account* 型对象,而 *liyang.open* 是对象 *liyang* 的成员子对象。

对象内部持有其他对象的结构称为**组合**(composition)。has-A 是组合的一种实现方式。

代码清单 11-9 Account05/Account.h

```cpp
// 银行账户类（第 5 版：头文件）
#include <string>
#include "Date.h"                                    // 第 2 版的类 Date

class Account {
    std::string full_name;          // 账户名称
    std::string number;             // 账号
    long crnt_balance;              // 账户余额
    Date open;                      // 开户日期
public:
    // 构造函数
    Account(std::string name, std::string num, long amnt, int y, int m, int d);

    void deposit(long amnt);                         // 存钱
    void withdraw(long amnt);                        // 取钱

    std::string name() const { return full_name; }   // 返回账户名称
    std::string no()   const { return number; }     // 返回账号
    long balance()     const { return crnt_balance; } // 返回账户余额
    Date opening_date() const { return open; }       // 返回开户日期
};
```

代码清单 11-10 Account05/Account.cpp

```cpp
// 银行账户类（第 5 版：源文件）
#include <string>
#include <iostream>
#include "Account.h"

using namespace std;
//--- 构造函数 ---//
Account::Account(string name, string num, long amnt, int y, int m, int d)
                                                   : open(y, m, d)
{
    full_name = name;        // 账户名称
    number = num;            // 账号
    crnt_balance = amnt;     // 账户余额
}

//--- 存钱 ---//
void Account::deposit(long amnt)
{
    crnt_balance += amnt;
}

//--- 取钱 ---//
void Account::withdraw(long amnt)
{
    crnt_balance -= amnt;
}
```

■ 构造函数初始化器

随着开户日期的增加，构造函数也被修改了。

```cpp
//--- 构造函数A（代码清单 11-10）---//
Account::Account(string name, string num, long amnt, int y, int m, int d)
```

```
{
    full_name = name;        // 账户名称
    number = num;            // 账号
    crnt_balance = amnt;     // 账户余额
}
```

: open(y, m, d) ← **构造函数初始化器**
对象的创建和初始化

包含冒号的阴影部分称为**构造函数初始化器**（constructor initializer），它的作用是使用类 *Date* 的构造函数 *Date*(**int**, **int**, **int**) 初始化 *Date* 型成员 *open*。

当然，也可以如下在构造函数体中设置开户日期 *open* 的值，这样就不需要构造函数初始化器了。

```
//--- 构造函数B ---//
Account::Account(string name, string num, long amnt, int y, int m, int d)
{
    full_name = name;          // 账户名称
    number = num;              // 账号
    crnt_balance = amnt;       // 账户余额
    open = Date(y, m, d);      // 开户日期  ← 给已创建的对象赋值
}
```

从以下事实可知，A 比 B 更好。

> 在构造函数体中设置数据成员的值是赋值，而不是初始化。

因此，构造函数B 如下设置 *open* 的值。

① 在创建 *Account* 型对象时，创建其子对象 *Date* 型的 *open*。类 *Date* 的默认构造函数被调用，数据成员 *open* 被初始化为当前（程序运行时）的日期。

② 执行构造函数体，*open* = *Date*(*y*, *m*, *d*); 会把 *Date*(*y*, *m*, *d*) 创建的 *Date* 型的临时对象的值赋给 *open*。

也就是说，执行了两次值的设置，分别为初始化和赋值（另外，除了数据成员 *open*，还创建了一个 *Date* 型的临时对象）。对于类类型成员，像B 这样在构造函数体中赋值的方法存在下面的问题。

- 在创建子对象时，需要调用默认构造函数进行初始化。如果该类类型没有默认构造函数，就会产生编译错误。
- 给创建并初始化的子对象赋值。对数据成员设置值分为初始化和赋值两个阶段，增加了成本。

构造函数用来初始化类对象，但是考虑到类对象中包含的子对象，我们也可以像下面这样理解。

重要 在构造函数体中使用赋值运算符设置数据成员的值是给已创建的子对象赋值，而不是初始化。

表示账户名称的数据成员 *full_name* 和表示账号的数据成员 *number* 的类型均为类 **string** 型，因此如下设置两个成员的值。

① 创建 **string** 型的子对象 *full_name* 和 *number*，调用默认构造函数，将子对象初始化为空字符串。

② 执行构造函数体，把形参 *name* 和 *num* 接收的字符串赋给数据成员 *full_name* 和 *number*。

`string`型可以存放任意长度的字符串。因此，当被赋予不同长度的字符串时，为了存放新赋予的字符串，对象内部会通过`new`运算符（或者其他相同方法）分配存储空间。

在构造函数体中对类`string`型的数据成员赋值的成本高于日期类型。

由此我们可以总结出以下规则。

> **重要** 类类型的数据成员应该由构造函数初始化器来初始化，而不是在构造函数体中赋值。

构造函数初始化器也适用于`int`型或`double`型等内置类型的数据成员。如下所示，构造函数的实现可以修改为由构造函数初始化器来初始化银行账户类的所有数据成员。

```
//--- 构造函数C ---//
Account::Account(string name, string num, long amnt, int y, int m, int d)
    : full_name(name), number(num), crnt_balance(amnt), open(y, m, d)
{
}
```
                                                                    成员初始化器

构造函数初始化器中的各个成员的初始化器称为**成员初始化器**（member initializer）。成员初始化器以逗号分隔。

像构造函数C这样对所有数据成员赋予成员初始化器，则构造函数体将变为空。

▶ 数据成员的初始化顺序与构造函数初始化器中的成员初始化器的排列顺序无关，详见专栏11-5。

代码清单11-11所示为第5版的银行账户类的使用例程。

代码清单11-11   Account05/AccountTest.cpp

```cpp
// 银行账户类（第5版）的使用例程
#include <iostream>
#include "Account.h"

using namespace std;

int main()
{
    Account liyang("李阳", "12345678", 1000, 2125, 1, 24);   // 李阳的账户
    Account zhouyan("周燕", "87654321", 200, 2123, 7, 15);   // 周燕的账户

    liyang.withdraw(200);    // 李阳取出200元
    zhouyan.deposit(100);    // 周燕存入100元

    cout << "李阳的账户\n";
    cout << "账户名称=" << liyang.name() << '\n';
    cout << "账号=" << liyang.no() << '\n';
    cout << "账户余额=" << liyang.balance() << "元\n";
1   cout << "开户日期=" << liyang.opening_date() << '\n';

    cout << "\n周燕的账户\n";
    cout << "账户名称=" << zhouyan.name() << '\n';
    cout << "账号=" << zhouyan.no() << '\n';
    cout << "账户余额=" << zhouyan.balance() << "元\n";
    cout << "开户日期=" << zhouyan.opening_date().year() << "年"
2                     << zhouyan.opening_date().month() << "月"
                      << zhouyan.opening_date().day() << "日\n";
}
```

运行结果
```
李阳的账户
账户名称=李阳
账号=12345678
账户余额=800元
开户日期=2125年1月24日

周燕的账户
账户名称=周燕
账号=87654321
账户余额=300元
开户日期=2123年7月15日
```

该程序只显示李阳和周燕的账户信息。

1 显示李阳的开户日期，**2** 显示周燕的开户日期。

1 调用返回开户日期的成员函数 `opening_date`，其返回值类型为 `Date` 型。

通过 `operator<<` 函数向流插入 `Date` 型的日期，从而显示开户日期。

2 调用类 `Account` 的成员函数 `opening_date`，返回 `Date` 型的日期，再对它调用类 `Date` 的成员函数 `year`、`month`、`day`，因此使用了两次点运算符，分别获取并显示了公历年、月、日的 `int` 型的值。

> **重要** 类对象 `a` 的成员函数 `b` 返回的类类型的成员函数 `c` 可以使用 `a.b().c()` 来调用。

为了让大家理解点运算符和成员函数调用的原理，该程序分别获取并显示了周燕的开户日期的年、月、日。当然，我们也可以像显示李阳的开户日期那样用一条语句来输出，如下所示。

```
cout << "开户日期=" << zhouyan.opening_date() << '\n';
```

▶ 如果无法理解 **2**，可以如下分解开来理解。

```
Date temp = zhouyan.opening_date();
cout << "开户日期=" << temp.year()  << "年"
                  << temp.month() << "月"
                  << temp.day()   << "日\n";
```

专栏 11-5　数据成员的初始化顺序

数据成员的初始化是按数据成员在类定义中的声明顺序执行的，即与成员初始化器在构造函数初始化器中的排列顺序无关。

我们通过代码清单 11C-4 来确认这一点。

代码清单 11C-4　　　　　　　　　　　　　　　　　　　　　　　　　chap11/list11c04.cpp

```cpp
// 确认构造函数初始化器的调用顺序
#include <iostream>
using namespace std;
class Int {
    int v; // 值
public:
    Int(int val) : v(val) { cout << v << '\n'; }
};
class Abc {
    Int a;
    Int b;
    Int c;
public:
    Abc(int aa, int bb, int cc) : c(cc), b(bb), a(aa) { } // 构造函数
};
int main()
{
    Abc x(1, 2, 3);
}
```

运行结果：
```
1
2
3
```

√ 按声明顺序初始化

× 而不是按这个顺序初始化

类 `Int` 只具有数据成员 `v` 和构造函数。构造函数设置数据成员 `v` 的值，并在画面上显示该值。

类 `Abc` 具有 3 个数据成员 `a`、`b`、`c` 和构造函数。数据成员的类型均为 `Int` 型。构造函数初始化器按 `c`、`b`、`a` 的顺序排列。

程序运行后显示了 1、2、3，由此可以确认，调用构造函数并初始化的操作是按成员的声明顺序 `a`、`b`、`c` 执行的，而不是按成员初始化器在构造函数初始化器中的排列顺序 `c`、`b`、`a` 执行的。

■ 头文件的设计和引入保护

类 `Account` 具有类 `Date` 型的数据成员。因此，为了嵌入类 `Date` 的定义，在类 `Account` 的头文件 Account.h（代码清单 11-9）的阴影部分引入了 Date.h。

如果在使用类 `Account` 的程序中如下引入 Date.h 和 Account.h 两个头文件，结果会如何呢？

```
#include "Date.h"         // 直接引入 Date.h
#include "Account.h"      // 间接引入 Date.h
```

这段代码先引入了 Date.h，又从 Account.h 间接引入了 Date.h。由于类 `Date` 定义了两次，所以会产生如下编译错误。

> 错误：类 `Date` 重复定义。

包含类定义的头文件无论被引入多少次都不可以产生编译错误。因此，我们通常会使用被称为**引入保护**的手法，像图 11-10ⓐ 或图 11-10ⓑ 这样实现头文件。

▶ 在图 11-10ⓑ 的第一行中，可以省略包围 `___XXX` 的 `()`。

```
ⓐ  #ifndef ___XXX
    #define ___XXX

        // 类定义等

    #endif
```

```
ⓑ  #if !defined(___XXX)
    #define ___XXX

        // 类定义等

    #endif
```

只在第一次引入时有效
在第二次及之后引入时会被跳过

图 11-10　引入保护的头文件

首先，我们来看一下头文件第一行的 `#ifndef` 指令和 `#if` 指令。

在标识符由宏名定义（被事先定义，或者由 `#define` 指令定义且尚未由 `#undef` 指令取消定义）的情况下，`#ifndef` 标识符和 `#if !defined(`标识符`)` 均为 0，否则为 1。

当为 1 时，到 `#endif` 指令为止的代码行均有效；当为 0 时，程序是无效的（即由 `#ifndef` 或 `#if` 与 `#endif` 包围的行会被跳过并无视）。

我们来思考引入该头文件会如何。

- **当第一次引入时**

    由于没有定义宏 ___XXX，第一行的 `#ifndef` 或 `#if !defined` 指令为 1，所以阴影部分的程序是有效的。

    该阴影部分首先使用 `#define` 指令定义了宏 ___XXX，然后定义了类。

- **当第二次及之后引入时**

    由于在第一次引入时定义了宏 ___XXX，第一行的 `#ifndef` 或 `#if !defined` 为 0，所以阴影部分的程序是无效的，会被跳过。

    由于类定义等头文件的大部分内容被无视，所以不会产生重复定义的编译错误。

    我们已经了解了受到引入保护的头文件的创建方法。当然，各个头文件的宏名（___XXX）必须不同。

    ▶ 与其他头文件的宏同名会很麻烦，因此需要在宏名前添加下划线。另外，由于 C++ 保留了以两个下划线（__）开始的名称，所以这里使用三个连续的下划线（___）。

> **重要** 为了实现在多次引入头文件的情况下不产生编译错误，必须通过引入保护来实现头文件。

下面我们使用引入保护来修改日期类，修改后的第 3 版的日期类的头文件如代码清单 11-12 所示，源文件如代码清单 11-13 所示。

代码清单 11-12 Date03/Date.h

```cpp
// 日期类 Date（第 3 版：头文件）
#ifndef ___Class_Date
#define ___Class_Date

#include <string>
#include <iostream>

//===== 日期类 =====//
class Date {
    int y;          // 公历年
    int m;          // 月
    int d;          // 日
public:
    Date();                                     // 默认构造函数
    Date(int yy, int mm = 1, int dd = 1);       // 构造函数

    int year()  const { return y; }             // 返回年
    int month() const { return m; }             // 返回月
    int day()   const { return d; }             // 返回日

    Date preceding_day() const;                 // 返回前一天的日期（不支持闰年的处理）

    int day_of_week() const;                    // 返回星期

    std::string to_string() const;              // 返回字符串表示
};
std::ostream& operator<<(std::ostream& s, const Date& x);   // 插入符
std::istream& operator>>(std::istream& s, Date& x);         // 提取符

#endif
```

代码清单 11-13   Date03/Date.cpp

```cpp
// 日期类 Date（第 3 版：源文件）
// 省略了新增的成员函数以外的内容（第 2 版中增加了下面的成员函数）

//--- 返回星期（星期日 ～ 星期六对应 0 ～ 6）---//
int Date::day_of_week() const
{
    int yy = y;
    int mm = m;
    if (mm == 1 || mm == 2) {
        yy--;
        mm += 12;
    }
    return (yy + yy / 4 - yy / 100 + yy / 400 + (13 * mm + 8) / 5 + d) % 7;
}
```

▶ 源文件只展示了成员函数 day_of_week，其他内容与第 2 版的源文件相同（即相对于第 2 版的源文件，第 3 版只是增加了成员函数 day_of_week）。

第 3 版增加了成员函数 day_of_week，该函数以整数值返回星期。如果是星期日，就返回 0；如果是星期一，就返回 1……如果是星期六，就返回 6。

▶ 成员函数 day_of_week 是根据蔡勒（Zeller）公式进行计算的。由于以格里历（公历）为前提，所以从 1582 年 10 月 15 日开始才可以计算正确的星期。

专栏 11-6 | 预处理指令

第 1 章学习的 `#include` 指令及第 4 章学习的 `#define` 指令等以 `#` 开始的指令统称为**预处理指令**（preprocessing directive）。"预处理"这个名称源于早期的 C 语言处理系统在编译之前解释 `#...` 指令（现在人们认为解释指令的行为其实属于编译的最初阶段，而不是编译之前的阶段）。

C++ 有如下预处理指令。

| `#` | `#include` | `#define` | `#undef` | `#line` | `#error` | `#pragma` |
| `#if` | `#ifdef` | `#ifndef` | `#elif` | `#else` | `#endif` | |

第一个 `#` 是什么也不执行的**空指令**（null directive）（用来实现与其他指令在外观上的协调）。`#undef` 指令用来取消由 `#define` 指令定义的宏。

专栏 11-7 | 使用预处理指令实现注释

在如右所示的代码片段中，把 x 赋值给 a 的语句被完全注释掉了。

```
/*
    a = x;  /* 把 x 赋值给 a */
*/
```

然而，`/* */` 形式的注释不可以嵌套，因此到第二行的 `*/` 为止的内容会被视为注释，而最后的 `*/` 会导致编译错误。

注释原本是为了向程序阅读者传达信息，而不是为了把程序注释掉。

如右所示，更好的实现方法是使用 `#if` 指令。条件判断表达式的值为 0（假），因此在编译时阴影部分会被跳过并被无视。

```
#if 0
    a = x;  /* 把 x 赋值给 a */
#endif
```

另外，比如在进行调试的情况下，当需要频繁地切换程序中的一部分内容的注释开关时，可以像代码清单 11C-5 这样实现。

代码清单 11C-5　　　　　　　　　　　　　　　　　　　　　　　　　chap11/list11c05.cpp

```cpp
// #使用 #if 指令注释程序
#include <iostream>
using namespace std;
#define DEBUG 0             // 修改为 1

int main()
{
    int a = 5;
    int x = 7;
#if DEBUG == 1
    a = x;                  // 把 x 赋给 a
#endif

    cout << "a的值为" << a << "。\n";
}
```

运行示例 ❶
a的值为5。

运行示例 ❷
a的值为7。

由于程序一开始定义了 *DEBUG* 为 0，所以程序的阴影部分会被跳过并被无视。

如果不希望跳过该部分，则需要将 *DEBUG* 的定义修改为 1，这样会得到运行示例❷的结果。

■ 类类型的参数

代码清单 11-11 使用了第 5 版的银行账户类 *Account*，我们来看一下其中的构造函数的调用。

```
Account liyang("李阳", "12345678", 1000, 2125, 1, 24);   // 李阳的账户
Account zhouyan("周燕", "87654321", 200, 2123, 7, 15);   // 周燕的账户
```

账户名称和账号之后有 4 个整数值的参数，我们很难区分它们表示的是账户余额还是日期。

如果用 *Date* 型的参数作为开户日期，就可以使程序更容易阅读和使用。下面我们这样修改银行账户类。

修改后的第 6 版的类 *Account* 的头文件如代码清单 11-14 所示，源文件如代码清单 11-15 所示。

代码清单 11-14
Account06/Account.h

```cpp
// 银行账户类（第 6 版：头文件）
#ifndef ___Class_Account
#define ___Class_Account

#include <string>
#include "Date.h"                              // 第 3 版的类 Date

//===== 银行账户类 =====//
class Account {
    std::string full_name;    // 账户名称
    std::string number;       // 账号
    long crnt_balance;        // 账户余额
    Date open;                // 开户日期

public:
    // 构造函数
    Account(std::string name, std::string num, long amnt, const Date& op);

    void deposit(long amnt);                              // 存钱
    void withdraw(long amnt);                             // 取钱

    std::string name() const { return full_name; }        // 返回账户名称
    std::string no()   const { return number; }           // 返回账号
    long balance()     const { return crnt_balance; }     // 返回账户余额
    Date opening_date() const { return open; }            // 返回开户日期
};

#endif
```

代码清单 11-15
Account06/Account.cpp

```cpp
// 银行账户类（第 6 版：源文件）
#include <string>
#include <iostream>
#include "Account.h"

using namespace std;
//--- 构造函数 ---//
Account::Account(string name, string num, long amnt, const Date& op) :
                 full_name(name), number(num), crnt_balance(amnt), open(op)
{
}

//--- 存钱 ---//
void Account::deposit(long amnt)
{
    crnt_balance += amnt;
}

//--- 取钱 ---//
void Account::withdraw(long amnt)
{
    crnt_balance -= amnt;
}
```

构造函数的参数从 6 个减少到 4 个，程序变得清晰了。代码清单 11-16 所示为第 6 版的类 *Account* 的使用例程。

代码清单 11-16

Account06/AccountTest.cpp

```cpp
// 银行账户类（第 6 版）的使用例程

#include <iostream>
#include "Date.h"          ← 第 3 版的类 Date
#include "Account.h"

using namespace std;

int main()
{
    // 李阳的账户
    Account liyang("李阳", "12345678", 1000, Date(2125, 1, 24));
    string dw[] = {"星期日", "星期一", "星期二", "星期三", "星期四", "星期五", "星期六"};

    cout << "李阳的账户\n";
    cout << "账户名称=" << liyang.name() << '\n';
    cout << "账号=" << liyang.no() << '\n';
    cout << "账户余额=" << liyang.balance() << "元\n";
    cout << "开户日期=" << liyang.opening_date();
    cout << "(" << dw[liyang.opening_date().day_of_week()] << ")\n";
}
```

```
运行结果
李阳的账户
账户名称=李阳
账号=12345678
账户余额=1000元
开户日期=2125年1月24日（星期三）
```

类 Account 的构造函数的最后一个参数的类型为 **const** Date&，因此灰色阴影部分显式调用了类 Date 的构造函数。

该调用由 3 个 **int** 型创建了 Date 型的临时对象，并把它传递给了 Account 型的参数 op。

▶ 组合 3 个 **int** 型的值创建 Date 型的值，并把它作为参数传递给 Account。

蓝色阴影部分通过在第 3 版的类 Date（代码清单 11-13）中增加的成员函数 day_of_week 计算开户日期对应的星期。

专栏 11-8　C 语言的结构体和共用体

我们简单学习一下 C 语言的**结构体**（structure）和**共用体**（union）。

▪ 结构体

日期可以用 C 语言的结构体如下声明。

```c
struct date{
    int year;       /* 公历年 */
    int month;      /* 月 */
    int day;        /* 日 */
};
```

与 C++ 的类相比，C 语言的结构体有如下限制。

① 结构体名不会成为类型名

虽然如上声明了 date，但只是创建了"结构体 date 型"，而不是"date 型"。类型名是 **struct** date，而不是单独的结构体名 date。因此，"结构体 date 型"的对象 day 的定义如下。

```
    struct date day;        /* struct date 型的对象 day 的声明和定义 */
```
如果省略该声明的 `struct`，就会产生编译错误。

② **所有成员都是公有的**

结构体的所有成员都是公有的，即所有成员被声明在公有部分，不可以私有化成员，以从类的外部保护成员。

③ **不可以具有成员函数**

结构体只允许具有数据成员，不可以具有成员函数。当然，也不可以具有构造函数，因此无法进行明确的初始化。在初始化时，要像下面这样使用 `{}` 赋予初始值。

```
    struct date day = {2010, 11, 18};
```

与赋予数组初始值一样，要用逗号分隔各成员的初始值，并用 `{}` 包围。

这里只列举了几条限制，从下一章开始学习的类所特有的功能，结构体几乎都无法使用。

※ 实际上，与其说 C 语言的结构体对 C++ 的类添加了限制，不如说 C++ 的类是基于 C 语言的结构体大幅扩展而成的。

▪ **共用体**

结构体实现了简单罗列的数据结构，而共用体实现了并列的、可选择的数据结构，两者的对比如图 11C-2 所示。在存储空间上，结构体的数据成员按照声明顺序依次排列，而共用体的所有成员横向排列。

ⓐ 结构体

```
struct abc {
    int     a;
    long    b;
    double  c;
};

struct abc p;
```

ⓑ 共用体

```
union xyz {
    int     x;
    long    y;
    double  z;
};

union xyz q;
```

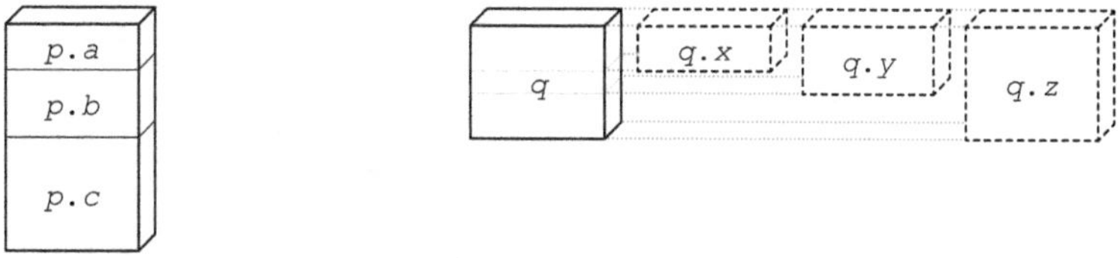

图 11C-2　结构体和共用体

`union` 是用来声明共用体的关键字。成员的声明方法与类和结构体一样。另外，也可以通过点运算符及箭头运算符来访问成员，这一点也与类和结构体一样。

与结构体一样，共用体不可以具有成员函数，也不可以私有化成员。

共用体的所有成员在同一地址上排列，也就是说，同一时刻只存在一个成员，而不是所有成员同时存在。

例如，像下面这样赋值之后，

    `q.x = 5;`　　　　　　　　/* 把 5 赋给 `int` 型的成员 `x` */

是无法使用下面的语句获取有意义的值的。

    `c = q.z;`　　　　　　　　/* 以 `double` 型的成员 `z` 获取值 */

因为我们使用共用体的出发点是"由于不会同时使用成员 x、y、z，所以把它们封装在一个空间里"。

另外，C++ 也大幅扩展了共用体的功能。

在 C++ 中，关键字 **class**、**struct**、**union** 与类、结构体、共用体的概念并非一一对应。关键字 **struct** 几乎与关键字 **class** 意义相同，它也可以用于声明类。二者唯一的区别在于，在由 **struct** 声明的类中，没有指定访问权限的成员为公有成员（而不是私有成员）。

另外，在 C++ 中，除了 **POD 结构体**，其他结构体的数据成员在存储空间上并不一定按声明顺序排列。

POD 是 Plain Old Data 的缩写，它是不具有如下成员的结构体。

- 指向成员的指针类型的非静态数据成员。
- 指向非 POD 结构体或非 POD 共用体（或它们的数组）的指针类型的非静态数据成员。
- 引用类型的非静态数据成员。
- 用户自定义的赋值运算符。
- 用户自定义的析构函数。

小结

- 在类对象被初始化为相同类型的类对象的值时，使用**复制构造函数**复制所有数据成员的值。复制构造函数是由编译器自动创建并提供的。

- 在类对象的值被赋给相同类型的类对象时，所有数据成员的值都会被复制。执行该操作的**赋值运算符**是由编译器自动创建并提供的。

- 在显式调用构造函数的上下文中，有时会创建**临时对象**。没有名称的临时对象在不需要时会被自动销毁。

- 可以**重载**包括构造函数在内的成员函数。

- 不赋予参数就可以调用的构造函数称为**默认构造函数**。

- 只用一个实参就可以调用的构造函数可以以 ( ) 形式或 = 形式调用。

- 不可以使用相等运算符判断相同类型的类对象的所有数据成员的值是否相等。

- 不可以在普通的成员函数中使用常量对象。需要使用常量对象的成员函数必须实现为 `const` 成员函数。

- 可以将与类的使用者的常量性无关的、表示对象内部状态的数据成员定义为 `mutable` 成员。

- **字符串流**是连接到字符串的流，可以由插入符和提取符插入和提取字符。

- 通过对类重载插入符和提取符，可以轻易地实现输入和输出。

- 当类的数据成员类型为其他类时，has-A **关系**成立。

- 作为对象中包含的成员的对象称为**成员子对象**。

- 成员函数具有指向自身所属的对象的 `this` 指针，因此可以用表达式 `*this` 表示所属的对象本身。

- 函数不可以返回数组，但是可以返回类类型的值。

- **构造函数初始化器**在构造函数体执行前初始化数据成员。

- 在构造函数体中设置数据成员的值是赋值而不是初始化。类类型的成员应该由构造函数初始化器来初始化，而不是在构造函数体中赋值。

- 为了使包含类定义的头文件无论被引入多少次都不会产生编译错误，必须进行**引入保护**。

```cpp
#ifndef ___Point2D                                              // chap11/Point2D.h
#define ___Point2D
//--- 二维坐标类 ---//
class Point2D {
    int xp, yp;        // X坐标和Y坐标
public:
    Point2D(int x = 0, int y = 0) : xp(x), yp(y) { }
    int x() const { return xp; }              // X坐标
    int y() const { return yp; }              // Y坐标
    void print() const { std::cout << "(" << xp << "," << yp << ")"; } // 显示
};
#endif
```

```cpp
#ifndef ___Circle                                               // chap11/Circle.h
#define ___Circle
#include "Point2D.h"
//--- 圆类 ---//
class Circle {
    Point2D center;        // 中心坐标
    int radius;            // 半径
public:
    Circle(const Point2D& c, int r) : center(c), radius(r) { }
    Point2D get_center() const { return center; }   // 中心坐标
    int get_radius() const { return radius; }       // 半径
    void print() const {                            // 显示
        std::cout << "半径[" << radius << "] 中心坐标"; center.print();
    }
};
#endif
```

```cpp
#include <iostream>                                             // chap11/CircleTest.cpp
#include "Point2D.h"
#include "Circle.h"
using namespace std;
int main()
{
    Point2D origin(0, 0);              // 原点
    Circle c1(Point2D(3, 5), 7);       // 中心坐标为 (3, 5)、半径为7的圆
    Circle c2(Point2D(), 8);           // 中心坐标为 (0, 0)、半径为8的圆
    Circle c3(origin, 9);              // 中心坐标为 (0, 0)、半径为9的圆
    cout << "c1 = ";  c1.print();  cout << '\n';
    cout << "c2 = ";  c2.print();  cout << '\n';
    cout << "c3 = ";  c3.print();  cout << '\n';
}
```

运行结果
```
c1 = 半径[7] 中心坐标(3,5)
c2 = 半径[8] 中心坐标(0,0)
c3 = 半径[9] 中心坐标(0,0)
```

第 12 章

转换函数和运算符函数

为了像内置类型一样操作类对象，我们可以自由地定义 +、= 和 ++ 等运算符的行为。我们将在本章学习运算符的重载，以定义运算符的行为。

- **operator** 关键字
- 转换函数
- 转换构造函数
- 用户自定义转换
- 运算符重载
- 运算符函数
- 递增运算符和递减运算符的重载
- 插入符的重载
- 运算符函数和操作数的类型
- 友元函数
- 以非成员函数实现运算符的重载
- 在头文件中定义的非成员函数的链接性
- 在类中定义的类型和类作用域
- 常量的引用
- 不同类型的对象的引用
- 值传递和引用传递的根本差异
- 使用 **const** 引用参数在函数之间传递类对象

12-1 计数器类

我们将在本节通过创建计数器类来学习转换函数和运算符重载的基础知识。

计数器类

本节将实现用来计数的类 Counter，对 Counter 对象可以进行以下 4 个操作。

① 初始化。在创建时将计数器初始化为 0。
② 向上计数（递增计数器）。
③ 向下计数（递减计数器）。
④ 返回计数器。

由于类 Counter 规模小，所以我们只在头文件中把所有成员函数实现为内联函数，如代码清单 12-1 所示。

代码清单 12-1   Counter01/Counter.h

```cpp
// 计数器类 Counter（第 1 版）

#ifndef ___Class_Counter
#define ___Class_Counter

#include <climits>

//===== 计数器类 =====//
class Counter {
    unsigned cnt;         // 计数器

public:
    //--- 构造函数 ---//
    Counter() : cnt(0) { }

    //--- 向上计数 ---//
    void increment() {
        if (cnt < UINT_MAX) cnt++;       // 计数器的上限为 UINT_MAX
    }

    //--- 向下计数 ---//
    void decrement() {
        if (cnt > 0) cnt--;              // 计数器的下限为 0
    }

    //--- 返回计数器 ---//
    unsigned value() {                   // cnt 的获取器
        return cnt;
    }
};

#endif
```

私有数据成员 cnt 用来存储计数器，其类型为 **unsigned**，因此计数器可以表示的值为

unsigned 型可以表示的范围，即从 0 到 **UINT_MAX**。

▶ 我们在第 4 章学习了表示 **unsigned** 型的最大值的宏 **UINT_MAX**（详见 4-1 节），该值依赖于处理系统，至少为 65535。

各成员函数的概要如下。

- *Counter*：构造函数

这是不接收参数的构造函数，用 0 初始化成员 *cnt*，从 0 开始计数。类 *Counter* 型对象的声明和定义示例如下。

```
Counter c;              // 用 0 初始化 c 的计数器
```

通过该声明，对象 *c* 的计数器的值变为 0。

因为默认构造函数不赋予参数就可以调用，所以在定义 *Counter* 型的数组对象时，也可以不赋予初始值，如下所示。

```
Counter a[10];          // 用 0 初始化数组 a 的所有元素的计数器
```

通过该声明，数组 *a* 的所有元素 *a*[0], *a*[1], ⋯, *a*[9] 的计数器的值变为 0。

- *increment*：向上计数

这是进行向上计数（递增计数器 *cnt* 的值）的构造函数，在不超过 **unsigned** 型的表示范围的上限值 **UINT_MAX** 的范围内进行递增。

▶ 即在调用该成员函数 *increment* 时，如果已经达到上限值 **UINT_MAX**，则不更新计数器。

- *decrement*：向下计数

这是进行向下计数（递减计数器 *cnt* 的值）的构造函数，使计数器的值不小于 **unsigned** 型的表示范围的下限值 0。

▶ 即在调用该成员函数 *decrement* 时，如果已经达到下限值 0，则不更新计数器。

- *value*：返回计数器

这是返回当前的计数器的值的构造函数，是数据成员 *cnt* 的获取器。

■ 类 *Counter* 的使用例程

代码清单 12-2 所示为类 *Counter* 的使用例程。

代码清单 12-2　　　　　　　　　　　　　　　　　　　　　　　　Counter01/CounterTest.cpp

```cpp
// 计数器类 Counter（第 1 版）的使用例程
#include <iostream>
#include "Counter.h"

using namespace std;

int main()
{
    int no;
    Counter x;

    cout << "当前的计数器:" << x.value() << '\n';

    cout << "向上计数次数:";
    cin >> no;

    for (int i = 0; i < no; i++) {
        x.increment();                   // 向上计数
        cout << x.value() << '\n';
    }

    cout << "向下计数次数:";
    cin >> no;

    for (int i = 0; i < no; i++) {
        x.decrement();                   // 向下计数
        cout << x.value() << '\n';
    }
}
```

```
运行示例
当前的计数器: 0
向上计数次数: 4⏎
1
2
3
4
向下计数次数: 2⏎
3
2
```

首先，创建类 Counter 的对象 x，并显示计数器的值。从运行示例可知，在创建对象时，计数器的值为 0。

然后，从键盘读入向上计数次数，并赋给 **int** 型变量 no，以循环调用相应次数的成员函数 increment，并显示计数器的值。接着，再次从键盘读入向下计数次数，并赋给 **int** 型变量 no，以进行向下计数，并显示计数器的值。

使用类实现计数器的好处如下所示。

- **ⓐ** 在创建对象时会通过构造函数进行明确的初始化，因此计数器的值一定为 0。由于进行了明确的初始化，所以可以防止发生忘记初始化的错误。
- **ⓑ** 通过封装隐藏信息，计数器的值受到保护，无法从成员函数的外部直接修改计数器。如果没有得到期望的运行结果或者产生某种错误，只需在类的内部调试错误原因即可。

■对计数器的操作

对类 Counter 的对象 x 进行向上计数和向下计数的表达式如下所示，它们均为成员函数的调用表达式。

```
x.increment()        // 向上计数
x.decrement()        // 向下计数
```

类 Counter

如果 x 为 **int** 型或 **long** 型等内置类型，则可以使用递增运算符和递减运算符简洁地实现，如下所示。

```
x++                    // 向上计数
x--                    // 向下计数
```
`int 型`

由此可知，与 `int` 型或 `long` 型等内置类型相比，用户自定义类 `Counter` 有如下缺点。

- 键入量增加　　→　发生键入错误的可能性更高。
- 程序变得冗长　→　程序的易读性下降。

如果可以对类对象使用递增运算符或递减运算符，就也可以像操作 `int` 型或 `long` 型等内置类型一样来操作它们。

另外，以下用于获取计数器的成员函数的调用表达式也一样。

```
x.value()              // 获取 x 的计数器
```
`类 Counter`

如果 x 为 `int` 型或 `long` 型等内置类型，则只用如下代码即可获取计数器。

```
x                      // 获取 x 的计数器
```
`int 型`

至此我们讨论了导入类的缺点，但是无须担心，因为 C++ 提供了可以像内置类型对象一样处理用户自定义的类对象的功能。

该功能通过对类定义如下所示的"特殊成员函数"来实现。

- 转换函数
- 运算符函数

下面，我们来详细学习它们的相关内容。

■ 转换函数

首先，我们来修改返回计数器的值的 `value` 函数。最适合实现该函数的是**转换函数**（conversion function）。

转换函数是创建并返回任意类型的值的成员函数。一般来说，Type 型的转换函数定义为如下名称的成员函数。

```
operator Type          ※ 转换函数的函数名
```

计数器类需要的是 `unsigned` 型的转换函数，其函数名为 `operator unsigned`，定义如下。

```
operator unsigned() const { return cnt; }    // unsigned 型的转换函数
```

函数名 `operator unsigned` 由两个单词构成。另外，函数名表示返回值类型，因此不可以指定返回值类型，并且不可以接收参数。

▶ 我们在上一章学习了用于指定成员函数的 `const`。转换函数原则上实现为 `const` 成员函数。

在创建了上面的转换函数 **operator unsigned** 之后，就可以进行从 *Counter* 到 **unsigned** 的显式或隐式类型转换了，示例如下。

```
unsigned x;
Counter cnt;
// …
x = unsigned(cnt);              // 显式类型转换：调用转换函数
x = (unsigned)cnt;              //     "      ：    "
x = static_cast<unsigned>(cnt); //     "      ：    "
x = cnt;                        // 隐式类型转换：    "
```

它们都会以 **unsigned** 型的整数值获取 *cnt* 的计数器的值。

▶ 上述示例的形式与对内置类型执行的类型转换相同。

```
int  i;
double z;
// …
z = double(i);              // 显式类型转换：函数风格的类型转换运算符
z = (double)i;              //     "      ：cast 风格的类型转换运算符
z = static_cast<double>(i); //     "      ：静态类型转换运算符
z = i;                      // 隐式类型转换
```

另外，由于转换函数 **operator unsigned** 是类 *Counter* 的成员函数，所以可以如下使用点运算符来显式调用。

```
x = cnt.operator unsigned();    // 用全名调用转换函数
```

但由于代码冗长，所以通常不使用该调用形式。

> **重要** 当类需要频繁地把对象转换为 Type 型的值时，请定义 Type 型的转换函数 **operator** Type。

通过转换函数，类的使用者就不需要牢记并熟练使用成员函数 *value* 的名称和规范了。

▶ 如第 4 章所述，类型名 **unsigned** 是 **unsigned int** 的省略形式。这里转换函数的名称或类型转换使用了 **unsigned**，其实也可以使用 **unsigned int**（此时，函数名 **operator unsigned int** 由 3 个单词构成）。

■ 运算符函数的定义

接下来我们学习**运算符函数**（operator function）。运算符函数的定义与转换函数一样简单。一般来说，☆运算符定义为如下名称的函数。

```
operator ☆        ※ 运算符函数的函数名
```

如果定义了运算符函数 **operator** ☆，就可以对类对象使用该☆运算符了。
下面我们对类 *Counter* 定义 3 个运算符。

■ 逻辑非运算符

首先我们来定义逻辑非运算符（!）。类 Counter 的逻辑非运算符用来判断计数器的值是否为 0。函数名为 **operator!**，定义如下。

```
bool operator!() const { return cnt == 0; }     // 逻辑非运算符
```

▶ operator 和 ! 运算符之间可以插入空格。

当计数器的值为 0 时，该函数返回 true，否则返回 false，即与 C++ 内置的 ! 运算符一样返回 true 或 false 的布尔值。

例如，可以如下使用该函数。

```
if (!cnt) 语句     // 当计数器 cnt 为 0 时执行语句
```

因此，我们无须重新学习它的使用方法。

> **重要** 请将运算符函数定义为与该运算符原本的规范尽可能相同或相似的规范。

■ 递增运算符和递减运算符

在对类定义递增运算符（++）或递减运算符（--）的运算符函数时，需要区分前置形式和后置形式，如下所示为典型的声明形式。

```
class C {
    // …
public:
    Type operator++();         // 前置递增运算符：没有参数
    Type operator++(int);      // 后置递增运算符：int 型参数
    // …
};
```

前置形式不接收参数，而后置形式接收 **int** 型参数。另外，各函数的返回值类型 Type 为任意类型，一般如下所示。

- 前置运算符：C& 型
- 后置运算符：C 型

这与对内置类型使用的递增运算符是相同的规范。使用两种形式的运算符的表达式有以下不同，请大家回忆一下（详见 3-2 节）。

- 使用前置运算符的表达式 ++x 为左值表达式（可以放在赋值的左边和右边的表达式）。
- 使用后置运算符的表达式 x++ 为右值表达式（只可以放在赋值的右边的表达式）。

▪ 前置运算符

类 `Counter` 的前置递增运算符的定义如下所示。

```
//--- 前置递增运算符 ---//
Counter& operator++() {
    if (cnt < UINT_MAX) cnt++;        // 计数器的上限为 UINT_MAX
    return *this;                      // 返回自身的引用
}
```

为了返回递增后的自身的引用，这里返回了 `*this`。

> **重要** 类 `C` 的前置递增或递减运算符定义为返回 `C&` 型的 `*this`，以使其调用表达式为左值表达式。

▪ 后置运算符

类 `Counter` 的后置递增运算符的定义如下所示。

```
//--- 后置递增运算符 ---//
Counter operator++(int) {
    Counter x = *this;                 // 保存递增前的值
    if (cnt < UINT_MAX) cnt++;         // 计数器的上限为 UINT_MAX
    return x;                          // 返回刚才保存的值
}
```

由于需要返回递增前的值，所以其处理步骤比前置版本更复杂。

① 把自身（即 `*this`）的副本保存在变量 `x` 中。
② 使计数器递增。
③ 在从函数返回时，返回刚才保存的递增前的值 `x`。

像这样，后置递增运算符需要先复制 `*this` 再返回其副本。

> **重要** 类 `C` 的后置递增或递减运算符定义为返回递增或递减前的自身的值。

因此，在一般情况下，下面的表述成立。

> **重要** 递增运算符（`++`）和递减运算符（`--`）的运算符函数的后置形式可能比前置形式的成本高。因此，在前置形式和后置形式均可以使用的上下文中，使用前置形式比较好。

▶ 我们将在专栏 12-1 中学习应该使用前置形式的其他原因。

另外，程序中不应该存在相似的代码（蓝色阴影部分），我们可以通过在后置递增运算符中调用前置递增运算符来消除重复代码。

因此，类 `Counter` 的后置递增运算符的定义如下所示。

```cpp
    //--- 后置递增运算符 ---//
    Counter operator++(int) {
        Counter x = *this;      // 保存递增前的值
        ++(*this);              // 由前置递增运算符执行递增
        return x;               // 返回刚才保存的值
    }
```

■ 运算符函数的调用

对类对象使用定义的运算符，意味着调用作为成员函数的运算符函数。各运算符可以如下解释。

```
++x   ➡   x.operator++()         // 前置递增运算符（没有参数）
x++   ➡   x.operator++(0)        // 后置递增运算符（传递哑参数）
```

按照规定，向后置运算符传递哑参数的值 0。也可以使用全名调用函数，只是程序会变得难以阅读，如下所示。

```
x.operator++()          // 调用前置递增运算符：与 ++x 相同
x.operator++(0)         // 调用后置递增运算符：与 x++ 相同
```

▶ 后置递增运算符的函数头为 Counter operator++(int)，声明的 int 型形参没有名称。

下面我们修改计数器类，增加转换函数和运算符函数，修改后的第 2 版的类 Counter 如代码清单 12-3 所示。

▶ 至此，我们以递增运算符为例学习了运算符函数的定义方法，递减运算符的定义方法与之基本相同。

代码清单 12-3   Counter02/Counter.h

```cpp
// 计数器类 Counter（第 2 版）
#ifndef ___Class_Counter
#define ___Class_Counter

#include <climits>

//===== 计数器类 =====//
class Counter {
    unsigned cnt;           // 计数器
public:
    //--- 构造函数 ---//
    Counter() : cnt(0) { }

    //--- unsigned 型的转换函数 ---//
    operator unsigned() const { return cnt; }

    //--- 逻辑非运算符 ---//
    bool operator!() const { return cnt == 0; }

    //--- 前置递增运算符 ---//
    Counter& operator++() {
        if (cnt < UINT_MAX) cnt++;      // 计数器的上限为 UINT_MAX
```

```cpp
        return *this;                    // 返回自身的引用
    }
    //--- 后置递增运算符 ---//
    Counter operator++(int) {
        Counter x = *this;               // 保存递增前的值
        ++(*this);                       // 由前置递增运算符执行递增
        return x;                        // 返回刚才保存的值
    }
    //--- 前置递减运算符 ---//
    Counter& operator--() {
        if (cnt > 0) cnt--;              // 计数器的下限为 0
        return *this;                    // 返回自身的引用
    }
    //--- 后置递减运算符 ---//
    Counter operator--(int) {
        Counter x = *this;               // 保存递减前的值
        --(*this);                       // 由前置递减运算符执行递减
        return x;                        // 返回刚才保存的值
    }
};
#endif
```

第 2 版的类 Counter 的使用例程如代码清单 12-4 所示。

代码清单 12-4   Counter02/CounterTest.cpp

```cpp
// 计数器类 Counter ( 第 2 版 ) 的使用例程
#include <iostream>
#include "Counter.h"

using namespace std;

int main()
{
    int no;
    Counter x;
    Counter y;

    cout << "向上计数次数:";
    cin >> no;
    for (int i = 0; i < no; i++)         // 向上计数 ( x 为后置而 y 为前置 )
        cout << x++ << ' ' << ++y << '\n';
    cout << "向下计数次数:";
    cin >> no;
    for (int i = 0; i < no; i++)         // 向下计数 ( x 为后置而 y 为前置 )
        cout << x-- << ' ' << --y << '\n';
    if (!x)                              // 由逻辑非运算符判断
        cout << "x为0。\n";
    else
        cout << "x不为0。\n";
}
```

运行示例
向上计数次数:4⏎
0 1
1 2
2 3
3 4
向下计数次数:2⏎
4 3
3 2
x不为0。

对计数器 x 使用后置形式的递增和递减运算符,对计数器 y 使用前置形式的递增和递减运算符。从运行结果可知,程序正确地区分使用了递增和递减运算符的前置形式和后置形式。

通过定义转换函数及运算符函数,我们可以像操作内置类型一样来操作类 Counter。

与第 1 版相比，第 2 版的类 *Counter* 不仅使用方便，而且提高了程序的简洁性和易读性。

专栏 12-1 | **前置运算符和后置运算符的区别**

C++ 可以分别定义递增运算符和递减运算符的前置版和后置版是从 Release 2.1 开始的。

在之前的版本中，只可以定义前置形式的函数（不接收参数的运算符函数）。另外，无论是 *x++* 还是 *++x*，都可以调用前置形式的函数。

如果使用的是无法区分前置运算符和后置运算符的旧 C++ 处理系统，则从长远考虑，在调用程序中最好只使用 *++x* 这种前置形式。

12-2 布尔值类

我们将在本节通过创建模拟 **bool** 型的类 *Boolean* 来学习用户自定义转换及插入符的重载。

■ 布尔值类

本节我们将基于以下设计方针创建模拟 **bool** 型的类 *Boolean*。

① 使用假为 **False**、真为 **True** 的枚举成员来表示，不具有其他的值。
② 在类的内部用 0 表示 **False**，用 1 表示 **True**。
③ 可以与 **int** 型的值相互转换。在获取 **int** 型的值时，**False** 为 0，**True** 为 1；在赋予 **int** 型的值时，0 为 **False**，0 之外的值（即使不为 1）为 **True**。
④ 可以获取字符串 "False" 或 "True"。
⑤ 可以使用插入符向输出流输出字符串 "False" 或 "True"。

代码清单 12-5 所示为类 *Boolean* 的程序，所有成员函数均在头文件中实现为了内联函数。

■ 类作用域

程序蓝色阴影部分为表示真和假的布尔值的枚举体 *boolean* 的声明。该枚举体 *boolean* 具有 *False* 和 *True* 两个枚举成员。

▶ 我们在 4-3 节学习了枚举体的相关内容。没有指定值的第一个枚举成员的值为 0，接下来的成员的值逐个加 1，因此 *False* 的值为 0，*True* 的值为 1。

枚举体 *boolean* 定义在类的内部，其名称在类 *Boolean* 的作用域之中。标识符的通用范围属于类的情况称为类作用域，这一点我们在前面已经学习过了。

boolean 不是简单的 *boolean*，而是属于类 *Boolean* 的 *boolean*，因此即使在类 *Boolean* 外部定义同名的枚举体 *boolean*，也不会发生名称冲突。

另外，该枚举体 *boolean* 由 **public**: 公开，因此从类 *Boolean* 外部也可以使用枚举成员 *False* 和 *True*。

代码清单 12-5　　　　　　　　　　　　　　　　　　　　　　Boolean01/Boolean.h

```cpp
// 布尔值类 Boolean

#ifndef ___Class_Boolean
#define ___Class_Boolean

#include <iostream>

//===== 布尔值类 =====//
class Boolean {
public:
    enum boolean {False, True};    // False 为假，True 为真
private:
    boolean v;                     // 布尔值

public:
    //--- 默认构造函数 ---//
❶   Boolean() : v(False) { }              // 初始化为假

    //--- 构造函数 ---//
❷   Boolean(int val) : v(val == 0 ? False : True) { }

    //--- int 型的转换函数 ---//
    operator int() const { return v; }

    //--- const char* 型的转换函数 ---//
    operator const char*() const { return v == False ? "False" : "True"; }
};
//--- 向输出流 s 插入 x ---//
inline std::ostream& operator<<(std::ostream& s, Boolean& x)
{
    return s << static_cast<const char*>(x);
}

#endif
```

但是，不可以从类的外部直接使用枚举成员的简单名称。

```
Boolean x = False;              // 错误
```

这样会产生编译错误，如下所示。

> 错误：未定义标识符 "False"。

在类的外部使用枚举体 `boolean` 时，需要指定其标识符在类 `Boolean` 的类作用域中，正确的代码如下所示。

```
Boolean x = Boolean::False;      // OK
```

▶ 在类 `Boolean` 的成员函数中不需要放置 `Boolean::`。

重要 在类 `C` 的内部定义的类型或枚举成员等的标识符 `id` 具有类作用域。在从类的外部访问时要使用 `C::id`。

转换构造函数

类 *Boolean* 重载了两个构造函数。

1 *Boolean*()

这是不赋予参数就可以调用的默认构造函数，数据成员 *v* 被初始化为 *False*。

2 *Boolean*(int *val*)

该构造函数接收 **int** 型的值，并将其赋给形参 *val*。当接收的 *val* 的值为 0 时，将数据成员 *v* 初始化为 *False*，否则初始化为 *True*。

像 2 这样，只用一个实参就可以调用的构造函数称为**转换构造函数**（conversion constructor），它可以把实参的类型转换为类的类型。

如图 12-1 a 所示，它执行从 **int** 型到 *Boolean* 型的类型转换。

> **重要** 只用一个 Type 型的实参就可以调用的类 C 的构造函数是执行从 Type 型到 C 型的类型转换的转换构造函数。

图 12-1　用户自定义转换

我们来看一下转换构造函数的使用示例。

```
A  Boolean x = 1;           // 初始化：Boolean x(1);
   Boolean y;
B  y = 0;                   // 赋值：y = Boolean(0);
```

A 的初始值为 1，而 B 的右操作数为 0，为了把 **int** 型的整数值转换为 *Boolean* 型，二者均调用了转换构造函数。虽然调用是隐式进行的，但是也可以像注释中写的那样显式调用。

▶ 上一章创建的第 2 版及其后的类 *Date* 的构造函数：

　　Date::Date(**int** *yy*, **int** *mm* = 1, **int** *dd* = 1);

也可以使用一个 **int** 型参数来调用，如下所示。

　　Date q = 2021;　　　　　// 与 *Date q*(2021); 相同

因此，这个构造函数也可以发挥转换构造函数的功能，根据 **int** 型整数值 2021 创建形如 "2021 年 1 月 1 日" 的 *Date* 型的日期。

■ 用户自定义转换

类 *Boolean* 定义了 **int** 型的转换函数。

```
operator int() const { return v; }
```

该转换函数直接返回数据成员 *v* 的值，它是 *v* 的获取器。如图 12-1**b**所示，它执行从 *Boolean* 型到 **int** 型的类型转换。这一操作恰好与图 12-1**a**的转换构造函数的操作相反。

转换构造函数和转换函数统称为**用户自定义转换**（user-defined conversion），它们可以实现两个类型之间的类型转换。

另外，除了 **int** 型的转换函数，类 *Boolean* 还定义了 **const char*** 型的转换函数。

```
operator const char*() const { return v == False ? "False" : "True"; }
```

因此，类的使用者可以方便地获取字符串 "False" 或 "True"。

■ 插入符的重载

我们在上一章以类 *Date* 为例学习了用于实现插入符的运算符函数 **opeartor<<** 的定义。

类 *Boolean* 的插入符的定义如下。程序调用 **const char*** 的转换函数获取字符串 "True" 或 "False"，并输出到 cout。

```
inline std::ostream& operator<<(std::ostream& s, Boolean& x)
{
    return s << static_cast<const char*>(x);
}
```

类型转换后的类型名 **const char*** 由多个单词和字符构成，此时不可以使用函数风格的类型转换。

```
static_cast<const char*>(x)          // OK：静态类型转换
(const char*)x;                      // OK：cast 风格

const char*(x);                      // 错误：函数风格
```

类 *Counter* 重载的所有运算符均为一元运算符，且定义为成员函数。而作为插入符的 **<<** 运算符为二元运算符。

一元运算符和二元运算符均可以实现为成员函数和非成员函数。

在代码清单 12-5 的程序中，**operator<<** 定义为非成员函数。

定义为非成员函数的二元运算符接收左操作数作为函数的第一个参数，接收右操作数作为第二个参数。

因此，输出类 *Boolean* 的对象 *z* 的 std::cout **<<** *z* 可以如下解释。

```
operator<<(std::cout, z)             // std::cout << z
```

另外，插入符函数 **operator<<** 直接返回第一个参数接收的 ***ostream*** 的引用，因此可以连续使用插入符。

例如，`std::cout << x << y` 可以如下解释。

```
operator<<(operator<<(std::cout, x), y)        // std::cout << x << y
```

第一次调用的内层的函数调用表达式（阴影部分）返回的 `std::cout` 被直接作为第二次调用的外侧的 **opeartor<<** 的第一个参数传递。

■ 在头文件中定义的非成员函数的链接性

运算符函数 **operator<<** 定义为 **inline**，因此该函数具有以下性质。

- 函数被内联展开，因而程序运行效率更高。
- 函数具有内部链接。

如果省略 **inline** 并赋给 **operator<<** 外部链接，结果会如何呢？

假设某程序由 a.cpp 和 b.cpp 两个源文件构成，并且两个源文件均引入了 Boolean.h。

此时，虽然各源程序均可以正常编译，但是会产生标识符重复定义的链接时错误。这是因为，在 a.cpp 和 b.cpp 中嵌入了同名的 **operator<<** 函数的定义，其名称被赋予外部链接，可以在各源程序的外部通用。

如果被赋予内部链接，那么即使同一个函数被嵌入多个源程序，其名称也只在源程序内部通用，因而不会发生链接时错误。

> **重要** 在头文件中定义插入符函数等非成员函数时，必须赋予该函数 **inline** 或 **static**，使其具有内部链接。

▶ 在类中定义的成员函数自动被视为 **inline** 且具有内部链接，因此不需要显式赋予 **inline** 或 **static**。

代码清单 12-6 所示为类 *Boolean* 的使用例程。

代码清单 12-6　　　　　　　　　　　　　　　　　　　　　　　　　Boolean01/BooleanTest.cpp

```cpp
// 布尔值类 Boolean 的使用例程
#include <iostream>
#include "Boolean.h"

using namespace std;
//--- 两个整数 x 和 y 是否相等 ---//
Boolean int_eq(int x, int y)                      //-1
{
    return x == y;
}
int main()
{
    int n;
    Boolean a;              // a ← False：默认构造函数        -2
    Boolean b = a;          // b ← False：复制构造函数        -3
    Boolean c = 100;        // c ← True：转换构造函数         -4
    Boolean x[8];           // x[0] ~ x[7] ← False：默认构造函数 -5

    cout << "整数值:";
    cin >> n;
    x[0] = int_eq(n, 5);             // x[0]
    x[1] = (n != 3);                 // x[1] ← Boolean(n != 3)
    x[2] = Boolean::False;           // x[2] ← False
    x[3] = 1000;                     // x[3] ← True：Boolean(1000)
    x[4] = c == Boolean::True;       // x[4] ← Boolean(c == True)
    cout << "a的值:" << int(a) << '\n';                                 //-6
    cout << "b的值:" << static_cast<const char*>(b) << '\n';            //-7

    for (int i = 0; i < 8; i++)
        cout << "x[" << i << "] = " << x[i] << '\n';
}
```

```
运行示例
整数值：4⏎
a的值：0
b的值：False
x[0] = False
x[1] = True
x[2] = False
x[3] = True
x[4] = True
x[5] = False
x[6] = False
x[7] = False
```

1️⃣的 `int_eq` 函数接收两个 `int` 型参数，并以 `Boolean` 型的值返回两个值是否相等的判断结果。

2️⃣、3️⃣、4️⃣分别调用默认构造函数、复制构造函数和转换构造函数。另外，5️⃣用默认构造函数初始化所有元素。

6️⃣和7️⃣通过类型转换运算符显式调用转换函数，并分别执行以下类型转换。

　　6️⃣ 使用函数风格 "Type (表达式)" 将类型转换为 `int`。
　　7️⃣ 使用静态类型转换运算符 "`static_cast`<Type>（表达式）" 将类型转换为 `const char*`。

如果增加一个运算符函数 !，当数据成员 v 为 False 时返回 `bool` 型的 `true`，为 True 时返回 `bool` 型的 `false`，则程序会更加实用（Boolean02/Boolean.h 及 Boolean02/BooleanTest.cpp）。

12-3 复数类

复数是用来加深对运算符重载的理解的一个很好的话题。除了运算符重载，本节我们还将学习函数之间的类的传递等内容。

■ 复数

这里我们来创建一个简单的类 `Complex`。

▶ 这里创建的是用于学习的只执行加减运算的简易版本。即使不是很了解复数也没关系，只要理解它是两个 **double** 型的值的组合就可以了。另外，C++ 的标准库提供了功能多且实用的复数类。

复数由实部和虚部的组合表示，因此复数类 `Complex` 的数据成员有两个。这里，实部和虚部的变量名分别为 `re` 和 `im`，并且还有一个构造函数。

```cpp
class Complex {
    double re;        // 实部
    double im;        // 虚部
public:
    Complex(double r = 0, double i = 0) : re(r), im(i) { }
};
```

构造函数用形参 `r` 和 `i` 接收的值初始化数据成员 `re` 和 `im`。另外，参数 `r` 和 `i` 被赋予了默认实参 0，因此可以使用如下所示的 3 种形式来创建对象。

```cpp
Complex x;              // 默认构造函数      (实部 0.0, 虚部 0.0)
Complex y(1.2);         // 转换构造函数      (实部 1.2, 虚部 0.0)
Complex z(1.2, 3.7);    // 构造函数          (实部 1.2, 虚部 3.7)
```

当然，也可以在不赋予初始值的情况下创建数组，如下所示。

```cpp
Complex a[10];          // 调用 10 次默认构造函数
```

▶ 要想在不赋予初始值的情况下定义类对象的数组，则该类必须提供默认构造函数（不赋予参数就可以调用的构造函数）。

类 `Complex` 的构造函数虽然有两个参数，但是不赋予参数或者只用一个参数就可以调用，因此可以作为默认构造函数或者转换构造函数使用。

■ 实部和虚部的获取器

接下来我们创建简单的成员函数，首先是返回实部值的成员函数及返回虚部值的成员函数，定义如下。

```
//--- 实部 re 和虚部 im 的获取器 ---//
double real() const { return re; }    // 返回实部
double imag() const { return im; }    // 返回虚部
```

这两个函数只返回数据成员的值而不进行修改,因此把它们实现为 **const** 成员函数。

成员函数 real 是数据成员 re 的获取器,成员函数 imag 是数据成员 im 的获取器。

■ 一元算术运算符

接下来我们创建**一元 + 运算符**和**一元 - 运算符**,这些运算符函数的定义如下。

```
//--- 一元算术运算符 ---//
Complex operator+() const { return *this; }              // 一元 + 运算符
Complex operator-() const { return Complex(-re, -im); }  // 一元 - 运算符
```

一元 + 运算符函数直接返回自身的值 *this,一元 - 运算符函数会创建 Complex 型对象并返回其值,Complex 型对象具有反转了两个数据成员 re 和 im 的符号之后的值。

▶ 一元 - 运算符函数通过显式调用构造函数创建临时对象并返回其值(这是我们在上一章学习的方法)。

专栏 12-2 | **关于复数**

我们在这里学习一下复数的基础知识。首先我们来考虑以下方程式的求解问题。

$$(x + 1)^2 = -1$$

这是 x 加 1 的和的平方为 -1 的方程式。我们知道,正值或负值的平方的结果都为正值。例如,2^2 为 $2 \times 2 = 4$,$(-2)^2$ 为 $(-2) \times (-2) = 4$。

平方的值不可能为负数。对方程式的两边开平方,将其变形如下。

$$x + 1 = \pm\sqrt{-1}$$
$$x = -1 \pm \sqrt{-1}$$

很显然这不是普通的实数。把 $\sqrt{-1}$ 记作 i,则具有以下形式的数为**复数**(complex number)。

$$a + b \times i$$

a 称为**实部**(real part),b 称为**虚部**(imaginary part),i 称为**虚数单位**(imaginary unit)。

类 Complex 使用数据成员 re 表示实部 a 的值,使用数据成员 im 表示虚部 b 的值。

另外,虚部不为 0 的复数称为**虚数**(imaginary number),实部为 0 的复数称为**纯虚数**(purely imaginary number)。

■ 运算符函数和操作数的类型

接下来我们创建执行两个复数的加法运算的**二元 + 运算符**。

运算符函数可以实现为成员函数和非成员函数,这里实现为**成员函数**。

另外,复数的加法比较简单,执行实部之间的加法运算和虚部之间的加法运算即可。因此,二元 + 运算符函数的定义如下。

```
class Complex {
    // …
    Complex operator+(const Complex& x) {
     return Complex(re + x.re, im + x.im);
    }
};
```

运算符函数 **operator+** 创建并返回具有"自身所属的对象和参数接收的 x 的和"的 Complex 型对象。返回的复数的实部和虚部如下。

- 实部：函数所属的对象的实部 re 和 x 的实部 x.re 的和。
- 虚部：函数所属的对象的虚部 im 和 x 的虚部 x.im 的和。

▶ 我们将在下文学习为什么形参 x 的类型不是简单的 Complex，而是 **const** Complex 的引用。

但是，有些情况可以使用这里定义的二元 + 运算符，有些则不可以，示例如下。

```
    Complex x, y, z;
    // …
1   z = x + y;              // OK
2   z = x + 7.5;            // OK
3   z = 7.5 + x;            // 编译错误
```

1 和 2 可以正常执行加法运算，而 3 会产生编译错误，我们来思考其原因。

1 z = x + y;

+ 运算符的实体是作为成员函数实现的运算符函数 **operator+**，因此使用 + 运算符意味着调用该运算符函数。

作为成员函数实现的二元运算符的左操作数为调用运算符函数的对象，右操作数为传递给运算符函数的参数，因此该赋值被解释如下。

```
    z = x.operator+(y);              // x 加 y
```

▶ 如果是 z = y + x，则解释为 z = y.operator+(x)。

成员函数的调用者对象为 x，作为参数传递的是 y，它们均为 Complex 型，与函数 **operator+** 的规范一致。

2 z = x + 7.5;

左操作数 x 为 Complex 型对象，右操作数 7.5 为浮点数字面量，因此该赋值被解释如下。

```
    z = x.operator+(7.5);            // x 加 double 型的值 7.5
```

向运算符函数 **operator+** 接收的 Complex 型形参传递的实参 7.5 为 **double** 型。
由于两者类型不一致，所以要隐式调用构造函数，把实参转换为 Complex 型。

也就是说，该赋值被解释如下。

```
z = x.operator+(Complex(7.5));        // x 加 Complex 型的值（7.5）
```

赋给类 Complex 的构造函数的参数是一个，因此这里调用的构造函数是作为从 **double** 型到 Complex 型的转换构造函数使用的。

▶ 向第二个参数传递默认实参 0.0，以 Complex(7.5, 0.0) 调用构造函数。更准确地说，该赋值被解释如下。

```
z = x.operator+(Complex(7.5, 0.0));   // x 加 Complex 型的值 (7.5, 0.0)
```

通过阴影部分的构造函数的调用，创建了实部为 7.5、虚部为 0.0 的临时对象。

3 z = 7.5 + x;

左操作数 7.5 为 **double** 型的浮点数字面量，右操作数 x 为 Complex 型对象。
该赋值被解释如下。

```
z = 7.5.operator+(x);                 // 编译错误
```

浮点数字面量 7.5 的类型为内置类型 **double**。(不是类的内置类型的) **double** 型没有成员函数，因而不可以调用成员函数。

我们现在知道了 **3** 产生编译错误的原因：虽然考虑到了使用成员函数实现二元 + 运算符，但是没能成功运行。

友元函数

如下所示为使用非成员函数实现的二元 + 运算符函数的定义。

```cpp
class Complex {
    // …
    friend Complex operator+(const Complex& x, const Complex& y) {
        return Complex(x.re + y.re, x.im + y.im);
    }
};
```

该 **operator+** 函数计算两个参数 x 与 y 的和，并以 Complex 型的值返回其结果。

函数开头被赋予了关键字 **friend**。像这样声明的函数不是成员函数，而是**友元函数**（friend function）。

如果在类定义中添加 **friend**，声明"该函数是我的朋友"，则该"朋友函数"即使不是成员函数，也会被赋予自由访问该类的私有成员的权限。

成员函数和友元函数完全不同，我们来明确它们的不同点。

▪ 成员函数

对象 x 的成员函数 mem 以使用了点运算符的 x.mem(...) 形式调用。

从类对象 x 调用的成员函数 mem 可以自由地访问私有成员，并且具有指向 x 的 **this** 指针。

成员函数属于类，因此一个成员函数不可能属于两个以上的类。

▪ 友元函数

在类的外部定义的普通函数，即非成员函数（我们在第 9 章之前学习的函数）或者属于其他类的成员函数均可成为友元函数。

一般来说，与（我们在第 9 章之前学习的）普通函数一样，类 C 的友元函数不是从 C 型的对象调用的。

因此，友元函数不可以通过使用了点运算符的 x.mem(...) 来调用，而且也不具有 **this** 指针。友元函数虽然不是成员函数，但是被赋予了可以"悄悄地"访问类内部的特殊权限。

> **重要** 友元函数虽然不是成员函数，但是被赋予了可以访问其所在类的私有部分的特权。

另外，一个函数可以是两个以上的类的友元函数。

"成员函数版"的 **+** 运算符的左操作数（第一个参数）必须为 Complex 型对象。

"非成员函数版"的 **+** 运算符的左操作数和右操作数（第一个参数和第二个参数）无须均为 Complex 型，这是因为在向运算符函数 **operator+** 传递参数时，会根据需要隐式调用转换构造函数，如下所示。

```
Complex x, y, z;
// ...
z = x + y;          // z = operator+(x, y);
z = x + 7.5;        // z = operator+(x, Complex(7.5));
z = 7.5 + x;        // z = operator+(Complex(7.5), x);
```

▶ 在作为非成员函数定义的二元运算符中，左操作数被作为第一个参数传递，右操作数被作为第二个参数传递（详见 12-2 节）。

我们在第 4 章学习了在浮点数和整数的加法运算，比如在 **int + double** 或 **double + int** 的运算中，要先把 **int** 型操作数的值隐式转换为 **double** 型再执行加法运算。二元 + 运算符对内置类型的操作数自动执行类型转换。

为了遵循这样的规范，Complex 型的运算符函数必须实现为非成员函数，而不是成员函数。

> **重要** 假设运算对象的左操作数不是类类型，则二元运算符函数必须实现为非成员函数，而不是类的成员函数。

这里我们在类定义中定义了友元函数。**在类定义中定义的友元函数自动成为内联函数**，因此基本上无须担心运行效率会降低。

▶ 在类定义中定义的友元函数在类的作用域中，而在类之外定义的友元函数不在类的作用域中，除非显式指定关键字 **inline**，否则它不会成为内联函数。

const 引用参数

二元 + 运算符函数接收的形参类型是 **const** `Complex&`，而不是 `Complex`。
作为参数接收的是"**const** `Complex` 的引用"，而不是 `Complex` 的值，原因有以下两点。

- 为了在传递参数时不调用复制构造函数。
- 为了接收 **int** 型或 **double** 型等常量值。

我们依次来看一下这两点内容。

对类类型参数进行引用传递的原因

在将类类型作为参数传递时，引用传递比值传递成本更低。这是因为两者有一个根本的不同：**值传递会调用构造函数，而引用传递不会调用构造函数。**

这与我们在第 1 章学习的初始化和赋值的不同有着密切的关联。我们通过代码清单 12-7 的示例程序来验证这一点。

代码清单 12-7   chap12/test.cpp

```cpp
// 初始化和赋值、值传递和引用传递的验证
#include <iostream>
using namespace std;
//===== 用于验证的类 =====//
class Test {
public:
    Test() {                             // 默认构造函数
        cout << "初始化:Test()\n";
    }
    Test(const Test& t) {                // 复制构造函数
        cout << "初始化:Test(const Test&)\n";
    }
    Test& operator=(const Test& t) {     // 赋值运算符
        cout << "赋  值:Test = Test\n";   return *this;
    }
};
//--- 值传递 ---//
void value(Test a) { }                   // 调用构造函数
//--- 引用传递 ---//
void reference(Test& a) { }              // 不调用构造函数
int main()
{
    ① Test x;              // 默认构造函数
    ② Test y = x;          // 复制构造函数
    ③ Test z(x);           // 复制构造函数
    ④ y = x;               // 赋值运算符
    ⑤ value(x);            // 函数调用（值传递）
    ⑥ reference(x);        // 函数调用（引用传递）
}
```

运行结果
```
①初始化: Test()
②初始化: Test(const Test&)
③初始化: Test(const Test&)
④赋  值: Test = Test
⑤初始化: Test(const Test&)
```

该程序定义的类 `Test` 具有如表 12-1 所示的 3 个成员函数（仅用于验证，没有实用性）。

表 12-1 类 Test 的成员函数

函数	功能
默认构造函数	不接收参数的构造函数。显示"初始化:Test()"
复制构造函数	使用相同类型的值初始化对象的构造函数。显示"初始化:Test(const Test&)"
赋值运算符	把 Test 型的值赋给 Test 型对象的运算符函数。显示"赋　值:Test = Test"

我们来看一下 **main** 函数。

1 定义 *Test* 型对象 *x*。默认构造函数被调用，运行结果显示为"初始化：Test()"。

2 定义 *Test* 型对象 *y*。由于初始值 *x* 为 *Test* 型，所以复制构造函数被调用，运行结果显示为"初始化:Test(const Test&)"。

3 定义 *Test* 型对象 *z*。与 **2** 相同，复制构造函数被调用，运行结果显示为"初始化：Test(const Test&)"。

4 使用赋值运算符把 *x* 赋给 *Test* 型对象 *y*。运算符函数 **operator=** 被调用，运行结果显示为"赋　值:Test = Test"。

5 调用 *value* 函数。这里参数传递为值传递，因此接收者的形参被初始化为调用者的实参的值。用实参 *x* 初始化形参 *a* 会调用复制构造函数，因此运行结果显示为"初始化:Test(const Test&)"。

6 调用 *reference* 函数。这里参数传递为引用传递。引用传递使得被调用者的形参成为调用者的实参的别名。因为只是将形参的名称 *a* 作为别名赋给实参 *x*，因此构造函数及赋值运算符均不会被调用。当然，画面上也不会显示任何内容。

5 的参数传递为值传递，因此会调用构造函数创建新对象。

而 **6** 的参数传递为引用传递，不会调用构造函数创建新对象。

在传递占用较大存储空间的类或者在第 14 章学习的动态分配存储空间的类时，值传递和引用传递的成本差距不容忽视。因此，原则上类类型的参数使用引用传递。

▶ 复制构造函数和赋值运算符的参数传递是引用传递（程序灰色阴影部分）。如果改为值传递，则在每次调用构造函数或赋值运算符时，都会为了参数初始化而调用复制构造函数创建新的临时对象。

从语法规范上来说，虽然不可以对复制构造函数接收的参数进行值传递，但是可以将赋值运算符的参数修改为值传递（删除形参 *t* 的声明中的 **const** 和 **&**）。

这样修改后，在每次赋值时，复制构造函数都会被调用。因此，**4** 的运行结果如右所示（在参数传递阶段调用复制构造函数，详见 chap12/test2.cpp）。

```
4 初始化: Test(const Test&)
  赋　值: Test = Test
```

■ 类类型的参数不是简单的引用而是 const 引用的原因

我们已经知道了为什么类类型的参数为引用传递。如果把该引用声明为 **const**，函数调用者就无须担心参数的值会被随意修改了。这是使用 **const** 引用的一个原因。

首先，我们通过代码清单 12-8 来加深对引用的理解。

12-3 复数类

代码清单 12-8   chap12/reference.cpp

```cpp
// 验证引用对象的引用目标

#include <iostream>
using namespace std;

int main()
{
    double      d = 1.0;            // d 为 double 型（值为 1.0）
    const int&  p = 5;              // p 引用常量？
    const int&  q = d;              // q 引用 double 型？

    const_cast<int&>(q) = 3.14;     // 把 3.14 赋给 int 还是 double？

    cout << "d = " << d << '\n';
    cout << "p = " << p << '\n';
    cout << "q = " << q << '\n';
}
```

运行结果
```
d = 1
p = 5
q = 3
```

引用 **int** 型常量 5 的 p 和引用 **double** 型对象 d 的 q 均声明为 **const** 引用，而不是简单的引用。这是因为常量的引用或不同类型对象的引用必须为 **const**。

也就是说，在删除 **const** 后，下面的声明均会产生编译错误。

✗　**int**& p = 5;   // 错误：不可以从 const int 转换为 int&
　　int& q = d;   // 错误：不可以从 double 转换为 int&

程序阴影部分把 3.14 赋给引用 d 的 q。由于 q 为 d 的别名，所以对 q 赋值应该会修改 d 的值。但是，由运行结果可知，d 的值并没有被修改，也就是说 q 引用的不是 d。

▶ 该程序通过 **const_cast** 运算符执行常量性类型转换，"强制"去除 **const** 属性并赋值（大多数编译器会输出警告信息）。
　如果不执行类型转换，则不可以给 **const** 的 q 赋值。

像这样，以常量或不同类型的对象作为初始值的 **const** 引用对象所引用的不是初始值本身，而是由编译器自动创建的临时对象。

d、p、q 的关系如图 12-2 所示。p 和 q 所引用的是在存储空间中自动创建的临时对象。

```
double      d = 1.0;
const int&  p = 5;     // p 引用的是临时对象
const int&  q = d;     // q 引用的是临时对象（※ 不是 d）
```

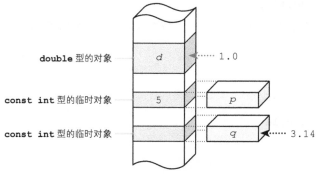

图 12-2　引用对象和临时对象

由于 q 引用的是 `const int` 型的临时对象，所以即使将其赋值为 3.14，其值也是 3。

▶ 在友好的处理系统中，编译时会显示下面的警告信息。

　　警告：为了初始化 q 而创建了临时对象。

另外，在早期的 C++ 中，非 `const` 引用的引用对象也可以为常量。因此，在一些处理系统中，在声明 p 或 q 时，即使不添加 `const`，也不会产生编译错误。

前面我们思考了为什么类 *Complex* 定义的运算符函数 `operator+` 的各参数不是简单的引用，而是 `const` 引用。

```
friend Complex operator+(const Complex& x, const Complex& y)
```

如果删除参数声明中的 `const` 会如何呢？如下所示，由于无法用常量初始化非 `const` 引用的引用，所以把常量 7.5 传递给参数会产生编译错误。

```
Complex x, y;
y = x + 7.5;       // 如果参数的引用不是 const，就会产生编译错误
```

由此可知，参数的类型为 `const Complex&` 是为了接收 `double` 型（或者 `int` 型、`float` 型等可以转换为 `double` 型的类型）的常量或变量的值。

▶ C++ 几乎不使用 C 语言中常用的"指针的值传递"。这是因为可能会传递空指针等非法值的指针作为参数。这种做法不仅危险，还需要花费成本来验证是否为空指针。

■ 加法运算符的重载

我们来思考一下执行复数 y 和整数 5 的加法运算的如下表达式。

```
y + 5                        // Complex + int
```

该表达式可以如下分解。

```
operator+Complex(y, Complex(double(5), 0.0))  // int ➡ double ➡ Complex
```

先把 `int` 型的 5 转换为 `double` 型（标准转换），然后为了将其作为参数传递，由转换构造函数转换为 *Complex* 型（用户自定义转换）。

每次执行加法运算都会调用构造函数，运行效率较低。如果重载如下所示的 3 种用于运算的函数，就可以避免调用构造函数。

1. *Complex* + *Complex*
2. **double** + *Complex*
3. *Complex* + **double**

各函数的定义如下。

```
1  friend Complex operator+(const Complex& x, const Complex& y) {
       return Complex(x.re + y.re, x.im + y.im);
   }
2  friend Complex operator+(double x, const Complex& y) {
       return Complex(x + y.re, y.im);
   }
3  friend Complex operator+(const Complex& x, double y) {
       return Complex(x.re + y, x.im);
   }
```

▶ 当然，不可以定义 **double** + **double** 的函数来改变语言内置的运算符的行为。二元运算符函数的操作数必须至少有一个是用户自定义类型。

另外，应该只在要求运行效率的情况下，才分别为各种参数类型定义专门的函数。假如程序中到处都是相似的代码，可维护性就会降低。

■ 复合赋值运算符的重载

现在我们已经完成了加法运算符的定义，下面来定义复合赋值运算符（+=）。以下规则虽然对 **int** 型或 **double** 型等内置类型成立，但是对用户自定义类型不会自动成立。

> 本质上 a = a + b 和 a += b 相同。

+= 运算符函数的定义如下所示。

```
Complex& operator+=(const Complex& x) {        // += 运算符
    re += x.re;
    im += x.im;
    return *this;
}
```

即让成员函数所属的对象（左操作数）re 和 im 与形参 x 接收的对象（右操作数）re 和 im 的值相加。

另外，该函数定义为成员函数，因此 a += b 被解释如下。

```
a.operator+=(b)                                // a += b
```

左操作数必须为 Complex 型，因此 7.5 += x 这样的表达式会产生编译错误。

▶ 顺便一提，虽然可以把 + 运算符和 += 运算符定义为完全不同的行为，但是这样就无法向程序阅读者传达意图了。

■ 相等运算符的重载

正如我们在上一章学习的那样，赋值运算符会复制所有的数据成员，它由编译器自动定义，而判断所有数据成员是否相等的相等运算符（== 和 !=）不会被隐式定义。

判断两个 Complex 类对象是否相等的相等运算符必须由类的开发者自行准备。

> **重要** 对类来说，相等运算符不会自动提供，必须在需要时由类的开发者定义。

相等运算符的运算符函数可以如下定义。

```cpp
friend bool operator==(const Complex& x, const Complex& y) {  // == 运算符
    return x.re == y.re && x.im == y.im;
}

friend bool operator!=(const Complex& x, const Complex& y) {  // != 运算符
    return !(x == y);
}
```

与二元 + 运算符的情况相同，以非成员函数来定义是为了接收 Complex 型以外的 **double** 型等的值作为左操作数。

▶ != 函数的判断调用了 == 函数（阴影部分）。大多数类的 != 运算符函数可以像这样定义，而且也应该像这样定义。

让我们基于目前学习的内容完成类 Complex，程序如代码清单 12-9 所示，。

代码清单 12-9　　　　　　　　　　　　　　　　　　　　　　　　　　　　Complex/Complex.h

```cpp
// 复数类 Complex

#ifndef ___Class_Complex
#define ___Class_Complex

#include <iostream>

//===== 复数类 =====//
class Complex {
    double re;       // 实部
    double im;       // 虚部

public:
    Complex(double r = 0, double i = 0) : re(r), im(i) { }     // 构造函数

    double real() const { return re; }       // 返回实部
    double imag() const { return im; }       // 返回虚部

    Complex operator+() const { return *this; }                  // 一元 + 运算符
    Complex operator-() const { return Complex(-re, -im); }      // 一元 - 运算符

    //--- 复合赋值运算符 ---//
    Complex& operator+=(const Complex& x) {
        re += x.re;
        im += x.im;
        return *this;
    }

    //--- 复合赋值运算符 ---//
    Complex& operator-=(const Complex& x) {
        re -= x.re;
        im -= x.im;
        return *this;
    }

    //--- 相等运算符 ---//
    friend bool operator==(const Complex& x, const Complex& y) {
        return x.re == y.re && x.im == y.im;
```

```cpp
    //--- 相等运算符 ---//
    friend bool operator!=(const Complex& x, const Complex& y) {
        return !(x == y);
    }

    //--- 二元 + 运算符（Complex + Complex）---//
    friend Complex operator+(const Complex& x, const Complex& y) {
        return Complex(x.re + y.re, x.im + y.im);
    }

    //--- 二元 + 运算符（double + Complex）---//
    friend Complex operator+(double x, const Complex& y) {
        return Complex(x + y.re, y.im);
    }

    //--- 二元 + 运算符（Complex + double）---//
    friend Complex operator+(const Complex& x, double y) {
        return Complex(x.re + y, x.im);
    }
};

//--- 向输出流 s 插入 x ---//
inline std::ostream& operator<<(std::ostream& s, const Complex& x)
{
    return s << '(' << x.real() << ", " << x.imag() << ')';
}

#endif
```

代码清单 12-10 所示为类 Complex 的使用例程。

代码清单 12-10   Complex/ComplexTest.cpp

```cpp
// 复数类 Complex 的使用例程

#include <iostream>
#include "Complex.h"

using namespace std;

int main()
{
    double re, im;

    cout << "a的实部:";   cin >> re;
    cout << "a的虚部:";   cin >> im;
    Complex a(re, im);

    cout << "b的实部:";   cin >> re;
    cout << "b的虚部:";   cin >> im;
    Complex b(re, im);

    Complex c = -a + b;

    b += 2.0;                              // b加上 (2.0, 0.0)
    c -= Complex(1.0, 1.0);                // c减去 (1.0, 1.0)
    Complex d(b.imag(), c.real());         // 赋予 d（b的实部，c的虚部）

    cout << "a = " << a << '\n';
    cout << "b = " << b << '\n';
    cout << "c = " << c << '\n';
    cout << "d = " << d << '\n';
}
```

```
运行示例
a 的实部：1.2
a 的虚部：3.5
b 的实部：4.6
b 的虚部：7.1
a = (1.2, 3.5)
b = (6.6, 7.1)
c = (2.4, 2.6)
d = (7.1, 2.4)
```

▶ 这里将类 `Complex` 中的 `+` 运算符和 `==` 运算符等都实现为了友元函数。如果实现为非友元函数，则需要注意以下两点。

- **不可以访问私有数据成员**
  要想访问私有数据成员，必须调用返回数据成员的值的函数（获取器）。
- **不会自动成为内联函数**
  如果在头文件中放置函数的定义，就必须使之成为内联函数，并赋予其内部链接。在声明时需要显式指定关键字 `inline`，使之成为内联函数。

运算符函数的相关规则

本章对 3 个类 `Counter`、`Boolean`、`Complex` 定义了许多运算符函数，接下来我们来学习运算符函数的相关规则。

一元运算符

一元运算符实现为不接收参数的成员函数或者只有一个参数的非成员函数。
一般而言，使用☆运算符的表达式☆ a 被解释如下。

- 没有参数的成员函数：a.**operator** ☆ ()
- 有一个参数的非成员函数：**operator** ☆ (a)

但是，后置形式的递增运算符和递减运算符需要额外接收一个 `int` 型的哑参数。

二元运算符

二元运算符实现为有一个参数的成员函数或者有两个参数的非成员函数。
一般而言，使用☆运算符的表达式 a ☆ b 被解释如下。

- 有一个参数的成员函数：a.**opeartor** ☆ (b)
- 有两个参数的非成员函数：**operator** ☆ (a, b)

不是所有运算符都可以重载，而有些运算符的"一元版"和"二元版"都可以重载。另外，有些运算符可以定义为非成员函数，而有些运算符不可以定义为非成员函数。图 12-3 汇总了这些规则。

专栏 12-3 逻辑运算符的重载和短路求值

正如我们在第 2 章学习的那样，在对内置类型使用逻辑运算符（`&&` 和 `||`）的逻辑运算中会执行短路求值。当 `&&` 运算符的左操作数为 `false` 时，省略对右操作数的求值；当 `||` 运算符的左操作数为 `true` 时，省略对右操作数的求值。
虽然可以对类类型定义 `&&` 运算符和 `||` 运算符，但是**无法定义这些运算的短路求值**。

因此，即使 `&&` 运算符的左操作数为 `false`，也一定会对右操作数进行求值，并且即使 `||` 运算符的左操作数为 `true`，也一定会对右操作数进行求值。

我们无法使内置类型的逻辑运算符的行为与类类型的逻辑运算符的行为一致，因此，**不推荐重载类类型的逻辑运算符**。

可以重载的运算符
`new` `delete`
`+` `-` `*` `/` `%` `^` `&` `|` `~`
`!` `=` `<` `>` `+=` `-=` `*=` `/=` `%=`
`^=` `&=` `|=` `<<` `>>` `>>=` `<<=` `==` `!=`
`<=` `>=` `&&` `||` `++` `--` `,` `->` `->*`
`()` `[]`

"一元版"和"二元版"都可以重载的运算符
`+` `-` `*` `&`

不可以定义为非成员函数的运算符
`=` `()` `[]` `->`

不可以重载的运算符
`.` `.*` `::` `?:`

图 12-3　运算符重载的可否和限制

大家不必记住所有规则，只需根据需要参考即可。但是，必须记住赋值运算符不可以定义为非成员函数。

▶ 我们将在专栏 14-2 学习赋值运算符不可以定义为非成员函数的原因。

另外，程序员不可以创建新的运算符。例如，不可以模仿 FORTRAN 定义进行幂运算的 `**` 运算符。

也不可以改变优先级和结合规则。例如，不可以使加法运算的二元 `+` 运算符的优先级高于乘法运算的二元 `*` 运算符。

小结

- 在类中定义的枚举等的标识符在该类的作用域中。在从外部使用该标识符时，必须使用**作用域解析运算符**显式指定作用域。

- **友元函数**被赋予了访问其所在类的私有成员的特权。

- 通过定义**转换函数**，可以把类对象的值转换为任意类型。用于转换为 Type 型的转换函数的名称为 `operator Type`。我们不仅可以根据需要对其进行隐式调用，还可以通过类型转换进行显式调用。

- 使用一个实参就可以调用的构造函数称为**转换构造函数**，它可以把参数类型转换为类类型。

- 使用转换函数进行的转换及使用转换构造函数进行的转换统称为**用户自定义转换**。

- 通过定义**运算符函数**，可以对类对象使用运算符。@ 运算符的函数名为 `operator @`。

- 原则上，运算符函数定义为与该运算符原本的规范尽可能相同或类似的规范。

- 递增运算符和递减运算符的定义要区分前置和后置。后置形式接收一个 `int` 型的哑参数。

- 实现为成员函数的二元运算符函数的左操作数的类型必须为该成员函数所属的类类型。对左操作数使用隐式类型转换的二元运算符应该实现为非成员函数。

- 即使定义 @ 运算符的运算符函数，编译器也不会自动定义与其对应的复合赋值运算符（@=）的运算符函数。

- 不应该重载逻辑运算符（`&&` 和 `||`），因为不会进行短路求值。

- 不同类型的对象的引用和常量的引用必须为 `const` 引用。该引用的引用对象是自动创建的临时对象。

- 相同类型的对象的值的初始化和赋值完全不同。前者由**复制构造函数**执行，后者由**赋值运算符**执行。

- 如果对作为函数参数的类对象执行值传递，则复制构造函数将创建该对象的副本；如果执行引用传递，则不会创建对象的副本。

- 在将类对象作为参数传递时，原则上采用**引用传递**。如果不能在函数中修改值，则使用 `const` 引用。

- 对于在头文件中定义的非成员函数，必须赋予内部链接。

```cpp
#ifndef ___TinyInt                                                              // chap12/TinyInt.h
#define ___TinyInt
#include <climits>
#include <iostream>
//--- 小整数类 ---//
class TinyInt {
    int v;              // 值
public:
    TinyInt(int value = 0) : v(value) { }          //--- 构造函数 ---//
    operator int() const { return v; }             //--- int 的转换函数 ---//
    bool operator!() const { return v == 0; }      //--- 逻辑非运算符 ---//
    TinyInt& operator++() {         //--- 前置递增运算符 ---//
        if (v < INT_MAX) v++;       // 值的上限为 INT_MAX
        return *this;               // 返回自身的引用
    }
    TinyInt operator++(int) {       //--- 后置递增运算符 ---//
        TinyInt x = *this;          // 保存递增前的值
        ++(*this);                  // 使用前置递增运算符执行递增
        return x;                   // 返回刚才保存的值
    }
    friend TinyInt operator+(const TinyInt& x, const TinyInt& y) { // x + y
        return TinyInt(x.v + y.v);
    }
    //--- 复合赋值运算符 ---//
    TinyInt& operator+=(const TinyInt& x) { v += x.v; return *this; }
    friend bool operator==(const TinyInt& x, const TinyInt& y) { return x.v == y.v; }
    friend bool operator!=(const TinyInt& x, const TinyInt& y) { return x.v != y.v; }
    friend bool operator> (const TinyInt& x, const TinyInt& y) { return x.v >  y.v; }
    friend bool operator>=(const TinyInt& x, const TinyInt& y) { return x.v >= y.v; }
    friend bool operator< (const TinyInt& x, const TinyInt& y) { return x.v <  y.v; }
    friend bool operator<=(const TinyInt& x, const TinyInt& y) { return x.v <= y.v; }
    friend std::ostream& operator<<(std::ostream& s, const TinyInt& x) {
        return s << x.v;
    }
};
#endif
```

```cpp
#include <iostream>                                                             // chap12/TinyIntTest.cpp
#include "TinyInt.h"
using namespace std;
int main()
{
    TinyInt a, b(3), c(6);
    TinyInt d = (++a) + (b++) + (c += 3);
    cout << "a = " << a << '\n';
    cout << "b = " << b << '\n';
    cout << "c = " << c << '\n';
    cout << "d = " << d << '\n';
}
```

运行结果
```
a = 1
b = 4
c = 9
d = 13
```

第 13 章

静态成员

静态数据成员和静态成员函数用于实现在整个类（而非各个对象）中通用的数据或行为。

- **static** 关键字
- 静态数据成员
- 静态成员函数
- 静态成员的声明和定义
- 使用作用域解析运算符访问静态成员
- 静态数据成员的初始化时机
- 访问静态数据成员的成员函数和源文件的构成
- 跨静态成员函数和非静态成员函数的重载

13-1 静态数据成员

目前的数据成员都是属于各个对象的数据。本节我们将学习表示同一个类的对象共有的信息的静态数据成员。

■ 静态数据成员

我们考虑赋予各个类对象标识号。类名为 `IdNo`，在每次创建该类类型的对象时，使用连续整数值 1，2，3，…赋予各对象标识号。

例如，在依次创建类 `IdNo` 型的对象 `a` 和 `b` 时，`a` 的标识号为 1，`b` 的标识号为 2，如图 13-1 所示。

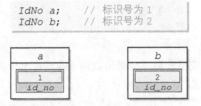

图 13-1 赋予类对象的标识号

类 `IdNo` 需要一个用于标识号的数据成员，这里我们让它具有一个类型为 **int** 型、名称为 `id_no` 的数据成员。

然而这还不够，它还需要一个表示以下信息的数据。

当前已经赋予多少个标识号了？

该数据既不属于 `a` 也不属于 `b`，它不是各个对象的信息，而应该是类 `IdNo` 的所有对象共有的信息。

最适合表示这类信息的数据是**静态数据成员**（static data member）。添加 **static** 声明的数据成员就是静态数据成员。

> **重要** 添加 **static** 声明的数据成员是该类类型的所有对象共有的静态数据成员。

▶ 根据上下文的不同，关键字 **static** 具有不同的含义（详见 9-3 节）。

导入静态数据成员后的类 `IdNo` 和对象如图 13-2 所示。

▶ 该图展示了根据图 13-1 的代码创建两个对象 `a` 和 `b` 之后的状态。

```
class IdNo {
    static int counter;        // 已经赋予的标识号数量
    int id_no;                 // 标识号
    // …
};
```

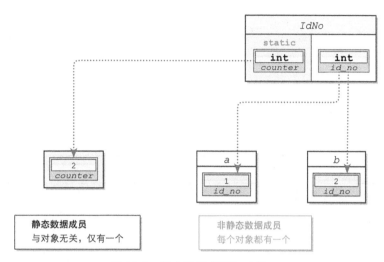

图 13-2　静态数据成员和对象

我们通过图 13-2 来理解两个数据成员 *counter* 和 *id_no* 的不同点。

▪ **静态数据成员 *counter*：当前已经赋予的标识号数量**

添加 **static** 声明的静态数据成员 *counter* 表示当前已经赋予的标识号数量。在类 *IdNo* 型的使用例程中，无论创建多少个 *IdNo* 型的对象（即使创建一个），**都只创建一个属于该类的静态数据成员的实体。**

▶ 图 13-2 中创建了两个对象，因此 *counter* 的值为 2。

▪ **非静态数据成员 *id_no*：每个对象的标识号**

不添加 **static** 声明的非静态数据成员 *id_no* 表示每个对象的标识号。该数据成员存在于每个对象中。

▶ 两个对象按 *a*、*b* 的顺序创建，因此它们的 *id_no* 分别为 1 和 2。

下面我们根据目前的设计来完成类 *IdNo* 的程序，该类的头文件如代码清单 13-1 所示，源文件如代码清单 13-2 所示。

第 13 章 静态成员

代码清单 13-1　　　　　　　　　　　　　　　　　　　　　　　　　　　　　　IdNo01/IdNo.h

```cpp
// 标识号类 IdNo（第 1 版：头文件）

#ifndef ___Class_IdNo
#define ___Class_IdNo

//===== 标识号类 =====//
class IdNo {
    static int counter;        // 已经赋予的标识号数量    ❶
    int id_no;                 // 标识号                   ❷

public:
    IdNo();                    // 构造函数

    int id() const;            // 返回标识号
};

#endif
```

声明 → 添加 static

代码清单 13-2　　　　　　　　　　　　　　　　　　　　　　　　　　　　　　IdNo01/IdNo.cpp

```cpp
// 标识号类 IdNo（第 1 版：源文件）

#include "IdNo.h"

int IdNo::counter = 0;         // 已经赋予的标识号数量    ❸

//--- 构造函数 ---//
IdNo::IdNo()
{
    id_no = ++counter;         // 赋予标识号              ❹
}

//--- 返回标识号 ---//
int IdNo::id() const
{
    return id_no;              // 返回标识号              ❺
}
```

定义 → 不添加 static

　　❶是类 IdNo 的所有对象共有的静态数据成员 counter 的声明。如果可以从外部修改该值，则无法赋予对象连续的标识号，因此它是私有的。

　　无论该类类型的对象有多少个，都只创建一个静态数据成员，但该声明不会创建实体。

　　静态数据成员的实体定义在与声明不同的文件作用域中（类定义或函数定义之外）。该类中的定义如❸所示。

　　❷是各个 IdNo 型对象具有的非静态数据成员 id_no 的声明，其值由构造函数设定。

　　❸是❶声明的静态数据成员 counter 的实体的定义，其初始值为 0。

　　静态数据成员的实体在类定义之外以 "类名::数据成员名" 的形式定义，而不是 "数据成员名" 的形式。

　　另外，在类定义中声明静态数据成员时需要添加 **static**，而在类定义之外定义时，如果添加 **static**，就会产生编译错误。

重要　静态数据成员的实体以 "类名::数据成员名" 的形式定义在类定义之外，不添加 **static**。

▶ 另外，如果修改 `counter` 的初始值，则标识号的起始值也会被修改。例如，把初始值修改为 100 后，在每次创建对象时，赋予的标识号将为 101, 102, …。

4 是在创建对象时调用的构造函数。把递增静态数据成员 `counter` 后的值赋给标识号 `id_no`，从而赋予对象连续的标识号。

▶ 在第一次调用构造函数时，`counter` 的值为 0，因此递增后的值 1 被赋给该对象的 `id_no`。另外，接下来创建的 `IdNo` 型对象的数据成员 `id_no` 的值会变成 2。

5 是返回各个对象的标识号的函数，它返回数据成员 `id_no` 的值。

代码清单 13-3 所示为标识号类 `IdNo` 的使用例程。

代码清单 13-3   IdNo01/IdNoTest.cpp

```cpp
// 标识号类 IdNo（第 1 版）的使用例程
#include <iostream>
#include "IdNo.h"
using namespace std;

int main()
{
    IdNo a;         // 第 1 个标识号
    IdNo b;         // 第 2 个标识号
    IdNo c[4];      // 第 3 ~ 6 个标识号

    cout << "a的标识号:" << a.id() << '\n';
    cout << "b的标识号:" << b.id() << '\n';
    for (int i = 0; i < 4; i++)
        cout << "c[" << i << "]的标识号:" << c[i].id() << '\n';
}
```

```
运行结果
a的标识号：1
b的标识号：2
c[0]的标识号：3
c[1]的标识号：4
c[2]的标识号：5
c[3]的标识号：6
```

从运行结果可知，对于包含数组元素的各对象，程序是按照其创建顺序赋予标识号的。

■ 静态数据成员的访问

静态数据成员属于类，而不属于各个对象，因此可以使用如下表达式从类的外部访问。

类名 :: 数据成员名   ※ 形式 A

不可以从外部访问私有数据成员 `counter`。

下面我们创建类 `VerID`，把该数据成员修改为公有成员，由此来验证静态数据成员的访问问题。类 `VerID` 的头文件如代码清单 13-4 所示，源文件如代码清单 13-5 所示。

代码清单 13-4　　　　　　　　　　　　　　　　　　　　　　　　　　　　　　　　　VerId/VerId.h

```cpp
// 用于验证的标识号类 VerId（头文件）
#ifndef ___Class_VerId
#define ___Class_VerId
//===== 标识号类 =====//
class VerId {
    int id_no;                  // 标识号
public:
    static int counter;         // 已经赋予的标识号数量

    VerId();                    // 构造函数

    int id() const;             // 返回标识号
};
#endif
```

代码清单 13-5　　　　　　　　　　　　　　　　　　　　　　　　　　　　　　　　　VerId/VerId.cpp

```cpp
// 用于验证的标识号类 VerId（源文件）
#include "VerId.h"

int VerId::counter = 0;         // 已经赋予的标识号数量

//--- 构造函数 ---//
VerId::VerId()
{
    id_no = ++counter;          // 赋予标识号
}

//--- 返回标识号 ---//
int VerId::id() const
{
    return id_no;               // 返回标识号
}
```

▪ **静态数据成员 *counter***

　　静态数据成员 *counter* 本应该为私有成员，但是为了验证，这里将其修改为了公有成员。

▪ **非静态数据成员 *id_no***

　　数据成员 *id_no* 是类 *VerId* 的各个对象具有的数据成员。与类 *IdNo* 一样，其值按照创建顺序依次为 1, 2, 3, …。

　　我们通过代码清单 13-6 来确认类 *VerId* 的行为。

| 代码清单 13-6 | VerId/VerIdTest.cpp |

```cpp
// 用于验证的标识号类 VerId 的使用例程

#include <iostream>
#include "VerId.h"

using namespace std;

int main()
{
    VerId a;        // 第 1 个标识号
    VerId b;        // 第 2 个标识号

    cout << "a的标识号:" << a.id() << '\n';
    cout << "b的标识号:" << b.id() << '\n';
1   cout << "创建的对象的个数:" << VerId::counter << '\n';
2   cout << "创建的对象的个数:" << a.counter << '\n';
    cout << "创建的对象的个数:" << b.counter << '\n';
}
```

运行结果
a的标识号:1
b的标识号:2
创建的对象的个数:2
创建的对象的个数:2
创建的对象的个数:2

1 使用表达式 `VerId::counter` 访问了静态数据成员 `counter`。
如 **2** 所示，也可以使用 `a.counter` 和 `b.counter` 访问该变量（即静态数据成员类）。
实际上，静态数据成员也可以使用下面的表达式访问。

> 对象名 . 数据成员名　　※ 形式 B

"大家的 `counter`" 当然既是 `a` 的 `counter`，也是 `b` 的 `counter`，因此上述形式也可以使用。
但是，形式 B 会使人混淆，因此不推荐使用，原则上应该使用形式 A。

> **重要** 静态数据成员虽然可以使用 "对象名 . 数据成员名" 访问，但是原则上应该使用 "类名 :: 数据成员名" 访问。

静态数据成员必须在类定义之外的数据成员定义中赋予初始值，类 `IdNo` 和类 `VerId` 的 `counter` 便是如此。
但是，仅当静态数据成员为 **const** 泛整型或者 **const** 枚举型时，可以在类定义中的数据成员声明中赋予泛整数常量表达式的初始值。

13-2 静态成员函数

上一节我们学习了不属于各个对象的静态数据成员。本节我们来学习同样不属于各个对象的静态成员函数。

■ 静态成员函数

我们考虑向第 11 章创建的日期类增加判断闰年的成员函数，如下所示。

❶ 判断任意年份

判断某年（例如 2017 年）是否为闰年。

❷ 判断任意日期所在的年份

判断日期类的对象（例如设定为 2017 年 10 月 15 日）所在的年份是否为闰年。

从对象调用的❷是属于各个对象的成员函数，可以使用从第 10 章开始学习的方法来定义。

而❶不是从特定的对象调用的函数。与静态数据成员一样，它不属于特定的对象。最适合实现这种处理的是**静态成员函数**（static member function）。

> **重要** 与整个类而不是特定的对象相关的处理，或者与属于该类的各个对象的状态无关的处理，使用静态成员函数来实现。

我们来创建两个成员函数。❶为静态成员函数，❷为通常的成员函数（非静态成员函数）。根据 6-4 节学习的重载，两个成员函数均命名为 `is_leap`。

之所以可以重载两个成员函数，是因为存在以下规则。

> **重要** 定义同名的成员函数的重载可以跨静态成员函数与非静态成员函数执行。

▶ 我们在专栏 11-1 学习了闰年的判断方法。

接下来我们创建这两个成员函数。

❶ 判断任意年份（静态成员函数）

"静态成员函数版"的 `is_leap` 用来返回某年是否为闰年。

它不是由日期类的对象调用的函数，因此我们把它看作接收 `int` 型的普通函数。也就是说，可以认为它与第 6 章~第 9 章创建的函数一样。

但是，它又是**类的成员**，这是它与普通函数根本的不同点。

这样的成员函数可以添加 `static` 声明为静态成员函数。如下所示为"静态成员函数版"的 `is_leap` 的定义。

```
//--- 静态成员函数：year 年是闰年吗 ---//
static Date::bool is_leap(int year) {
    return year % 4 == 0 && year % 100 != 0 || year % 400 == 0;
}
```

当参数接收的 *year* 年为闰年时，函数返回 **true**，否则返回 **false**。

2 判断任意日期所在的年份（非静态成员函数）

"非静态成员函数版"的 *is_leap* 用来返回类的对象的日期所在的年份（即数据成员 *y* 的年份）是否为闰年。

因为判断的是自身所属的对象的数据成员 *y*，所以无须接收参数，如下所示。

```
//--- 非静态成员函数：所属的对象的日期所在的年份是闰年吗 ---//
Date::bool is_leap() const {
    return y % 4 == 0 && y % 100 != 0 || y % 400 == 0;
}
```

▶ 非静态成员函数 *is_leap* 不修改所属的数据成员的值，因此要添加 **const**，声明为 **const** 成员函数。
而静态成员函数的声明没有添加 **const**。静态成员函数不可以声明为 **const**。

该函数执行的判断本质上与静态成员函数相同。如果程序中有很多相同的代码，将不利于维护。

既然我们已经创建了判断任意年份是否为闰年的静态成员函数，因此可以尝试像下面这样进行调用，使程序更简洁。

```
//--- 非静态成员函数：所属的对象的日期所在的年份是闰年吗 ---//
Date::bool is_leap() const {
    return is_leap(y);        // 调用"静态成员函数版"is_leap
}
```

这里把 *y* 年是否为闰年的判断委托给了"静态成员函数版"*is_leap*，并直接返回了判断结果。

■ 私有的静态成员函数

第 2 版和第 3 版的日期类具有返回前一天的日期的成员函数 *preceding_day*（详见 11-1 节），其定义如下。

```
//--- 返回前一天的日期（不支持对闰年的处理）---//
Date Date::preceding_day() const
{
    int dmax[] = {31, 28, 31, 30, 31, 30, 31, 31, 30, 31, 30, 31};
    Date temp = *this;        // 同一日期
    if (temp.d > 1)
        temp.d--;
    else {
        if (--temp.m < 1) {
            temp.y--;
            temp.m = 12;
        }
        temp.d = dmax[temp.m - 1];
    }
    return temp;
}
```

该函数不支持对闰年的处理（这里规定，无论是闰年还是平年，3月1日的前一天都是2月28日）。为了得到正确的日期，在计算任意年份的任意月份的天数（某年某月的天数是28天、29天、30天还是31天）时需要处理闰年。

在着手修改该函数之前，我们先考虑向类 Date 增加一个逆操作的函数，即返回后一天的日期的成员函数。当然，该函数也需要判断闰年，以及计算任意年份的任意月份的天数。

不仅如此，只要是与日期的运算相关的函数，例如计算 n 天后的日期的函数、计算两个日期的差（相隔多少天）的函数等，都需要计算任意年份的任意月份的天数。

如果在每个成员函数中进行该处理，则类中会堆满相同或类似的代码。因此，应该将计算任意年份的任意月份的天数的处理实现为单独的成员函数。当然，它不应该属于特定的日期对象，所以需要实现为**静态成员函数**。

另外，该成员函数所需的数据（相当于上述 `preceding_day` 函数中的数组 `dmax`）也不属于特定的日期类，需要定义为**静态数据成员**。

下面，我们根据上述内容修改日期类。修改后的第4版的日期类 Date 的头文件如代码清单13-7所示，源文件如代码清单13-8所示。灰色阴影部分为增加的静态成员，蓝色阴影部分为增加的非静态成员。

代码清单 13-7   Date04/Date.h

```cpp
// 日期类 Date (第 4 版: 头文件)
#ifndef ___Class_Date
#define ___Class_Date

#include <string>
#include <iostream>

//===== 日期类 =====//
class Date {
    int y;      // 公历年
    int m;      // 月
    int d;      // 日
    static int dmax[];                                        // ❶
    static int days_of_month(int y, int m);    // y 年 m 月的天数  // ❷
public:
    Date();                                    // 默认构造函数
    Date(int yy, int mm = 1, int dd = 1);      // 构造函数

    // year 年是闰年吗?
    static bool is_leap(int year) {
        return year % 4 == 0 && year % 100 != 0 || year % 400 == 0;  // ❸
    }
    int  year()  const { return y; }           // 返回年
    int  month() const { return m; }           // 返回月
    int  day()   const { return d; }           // 返回日
    bool is_leap() const { return is_leap(y); }          // 是闰年吗?        // ❹
    Date preceding_day() const;                // 返回前一天的日期           // ❺
    Date following_day() const;                // 返回后一天的日期           // ❻

    int  day_of_year() const;                  // 返回某年内的经过天数       // ❼
    int  day_of_week() const;                  // 返回星期

    std::string to_string() const;             // 返回字符串表示
};
std::ostream& operator<<(std::ostream& s, const Date& x);    // 插入符
std::istream& operator>>(std::istream& s, Date& x);          // 提取符

#endif
```

代码清单 13-8   Date04/Date.cpp

```cpp
// 日期类 Date（第 4 版：源文件）
#include <ctime>
#include <sstream>
#include <iostream>
#include "Date.h"

using namespace std;
// 平年的各月的天数
int Date::dmax[] = {31, 28, 31, 30, 31, 30, 31, 31, 30, 31, 30, 31};   // ← 静态数据成员

//--- 计算 y 年 m 月的天数 ---//
int Date::days_of_month(int y, int m)                                   // ← 静态成员函数
{
    return dmax[m - 1] + (is_leap(y) && m == 2);
}

//--- Date 的默认构造函数（设置为当前日期） ---//
Date::Date()
{
    time_t current = time(NULL);                  // 获取当前日历时间
    struct tm* local = localtime(&current);       // 转换为分解时间

    y = local->tm_year + 1900;    // 年：tm_year 为公历年 - 1900
    m = local->tm_mon + 1;        // 月：tm_mon 为 0 ~ 11
    d = local->tm_mday;
}

//--- Date 的构造函数（设置为指定的年、月、日） ---//
Date::Date(int yy, int mm, int dd)
{
    y = yy;
    m = mm;
    d = dd;
}

//--- 返回某年内的经过天数 ---//
int Date::day_of_year() const
{
    int days = d;            // 某年内的经过天数

    for (int i = 1; i < m; i++)              // 累加 1 月 ~ (m - 1) 月的天数
        days += days_of_month(y, i);
    return days;
}

//--- 返回前一天的日期 ---//
Date Date::preceding_day() const
{
    Date temp = *this;        // 同一日期

    if (temp.d > 1)
        temp.d--;
    else {
        if (--temp.m < 1) {
            temp.y--;
            temp.m = 12;
        }
        temp.d = days_of_month(temp.y, temp.m);
    }
    return temp;
}

//--- 返回后一天的日期 ---//
Date Date::following_day() const
{
    Date temp = *this;        // 同一日期
```

```cpp
        if (temp.d < days_of_month(temp.y, temp.m))
            temp.d++;
        else {
            if (++temp.m > 12) {
                temp.y++;
                temp.m = 1;
            }
            temp.d = 1;
        }
        return temp;
    }
    //--- 返回字符串表示 ---//
    string Date::to_string() const
    {
        ostringstream s;
        s << y << "年" << m << "月" << d << "日";
        return s.str();
    }
    //--- 返回星期（星期日～星期六对应 0～6）---//
    int Date::day_of_week() const
    {
        int yy = y;
        int mm = m;
        if (mm == 1 || mm == 2) {
            yy--;
            mm += 12;
        }
        return (yy + yy / 4 - yy / 100 + yy / 400 + (13 * mm + 8) / 5 + d) % 7;
    }
    //--- 向输出流 s 插入 x ---//
    ostream& operator<<(ostream& s, const Date& x)
    {
        return s << x.to_string();
    }
    //--- 从输入流 s 提取日期并存放入 x ---//
    istream& operator>>(istream& s, Date& x)
    {
        int yy, mm, dd;
        char ch;
        s >> yy >> ch >> mm >> ch >> dd;
        x = Date(yy, mm, dd);
        return s;
    }
```

首先，我们来看一下头文件。

▶ 5为修改后的成员函数，其他均为新增的函数。

1和2是计算任意年份的任意月份的天数的数组和成员函数的声明（定义在源文件中）。为了只在类内部使用，它们均声明为私有的**静态成员**。

3和4是判断是否为闰年的函数的定义。3为**静态成员函数**，4为非静态成员函数。

5是计算前一天的日期的成员函数的声明（定义在源文件中）。

6是计算后一天的日期的成员函数的声明（定义在源文件中）。

7是计算某年内的经过天数的成员函数的声明（定义在源文件中）。

▶ 例如，1月1日的经过天数为1，2月15日的经过天数为46。3月及之后的日期的经过天数因闰年或平年而不同。

13-2 静态成员函数

我们来看一下计算任意年份的任意月份的天数的静态成员函数 *days_of_month* 的定义。

类定义中的函数声明需要添加 **static**，而类定义之外的函数定义则不需要添加 **static**（这一点与静态数据成员一样）。

> **重要** 静态成员函数以"类名 :: 成员函数名"的形式定义在类定义之外，不添加 **static**。

该函数返回的是数组 *dmax* 的元素 *dmax[m - 1]* 的值。但是，在月份为闰年的 2 月时，返回对该值加 1 后的值。

计算前一天的日期的 *preceding_day* 函数在其内部调用 *days_of_month* 函数来处理闰年的情况。

▶ 计算后一天的日期的 *following_day* 函数也一样。

代码清单 13-9 所示为第 4 版的日期类的使用例程。首先我们来运行一下。

代码清单 13-9   Date04/DateTest.cpp

```cpp
// 日期类 Date（第 4 版）的使用例程

#include <iostream>
#include "Date.h"

using namespace std;

int main()
{
    Date today;              // 今天

    cout << "今天的日期:" << today << '\n';

    cout << "昨天的日期:" << today.preceding_day() << '\n';
    cout << "前天的日期:" << today.preceding_day().preceding_day() << '\n';

    cout << "明天的日期:" << today.following_day() << '\n';
    cout << "后天的日期:" << today.following_day().following_day() << '\n';

    cout << "从元旦开始经过了" << today.day_of_year() << "天。\n";

    cout << "今年"                                              // 1
         << (today.is_leap() ? "是闰年。" : "不是闰年。") << '\n';

    int y, m, d;

    cout << "公历年:";
    cin >> y;

    cout << "该年"                                              // 2
         << (Date::is_leap(y) ? "是闰年。" : "不是闰年。") << '\n';
}
```

运行示例
```
今天的日期：2021 年 9 月 2 日
昨天的日期：2021 年 9 月 1 日
前天的日期：2021 年 8 月 31 日
明天的日期：2021 年 9 月 3 日
后天的日期：2021 年 9 月 4 日
从元旦开始经过了 245 天。
今年不是闰年。
公历年：2124
该年是闰年。
```

首先显示的是今天（程序运行时）的日期以及昨天、前天、明天和后天的日期，然后显示了从元旦开始经过的天数。

程序中的两处阴影部分用来判断是否为闰年。

1 调用**非静态成员函数** *is_leap* 判断 *Date* 型对象 *today* 的日期所在的年份是否为闰年。这里对对象 *today* 使用了点运算符，以 *today.is_leap()* 形式进行了调用。

2 调用**静态成员函数** *is_leap* 判断从键盘读入的 *y* 年是否为闰年。由于不是调用特定的日期对象，所以这里使用作用域解析运算符，以 `Date::is_leap(y)` 形式进行了调用。

像这样，静态成员函数使用以下形式调用。

类名::成员函数名(...)   ※ 形式 A

"大家的 `is_leap`"当然也是 `today` 的 `is_leap`，因此使用下面的表达式替换表达式❷，也可以得到相同的结果。

`today.is_leap(y)`

也就是说，静态成员函数也可以使用以下形式调用。

对象名.成员函数名(...)   ※ 形式 B

然而，根据表达式 `today.is_leap(y)`，我们很难知道闰年的判断对象是日期 `today` 所在的年份还是 y 年。

▶ 运行示例中的 `today` 的年份为 2021 年，y 为 2124 年。表达式 `today.is_leap(y)` 虽然从 `today` 调用了成员函数，但是判断的是与 2021 年无关的 2124 年（y 年）是否为闰年。

原则上要使用形式 A 调用静态成员函数，不推荐使用形式 B。

> **重要** 静态成员函数虽然可以使用"对象名.成员函数名(...)"来调用，但是原则上应该使用"类名::成员函数名(...)"来调用。

在第 4 版的日期类 `Date` 中增加下面的运算符函数，可以使其更加实用。

- 判断两个日期是否相等的相等运算符（`==`）。
- 判断两个日期是否不相等的相等运算符（`!=`）。
- 判断两个日期的大小关系[1]的关系运算符（`>`、`>=`、`<`、`<=`）。
- 执行两个日期的减法运算（相隔多少天）的减法运算符（`-`）[2]。
- 将日期更新为后一天的日期的递增运算符（`++`）。
- 将日期更新为前一天的日期的递减运算符（`--`）。
- 将日期更新为后 n 天的日期的复合赋值运算符（`+=`）。
- 将日期更新为前 n 天的日期的复合赋值运算符（`-=`）。
- 计算某日期的后 n 天的日期的加法运算符（`+`）。
- 计算某日期的前 n 天的日期的减法运算符（`-`）。

第 5 版的日期类增加了这些函数（这里省略了程序，详见 Date05/Date.h 及 Date05/Date.cpp）。

---

[1] 靠后的日期为大。
[2] 左操作数减去右操作数。当两个操作数的日期相等时，返回 0；当左操作数更靠后时，以正值返回日期的差；当左操作数更靠前时，以负值返回日期的差。

■ 静态数据成员和静态成员函数

我们向本章开头创建的类 *IdNo* 增加用于返回标识号的最大值（即目前赋予了多少个标识号）的函数。该函数是返回静态数据成员 *counter* 的值的获取器，不属于各个对象，所以需要将其实现为**静态成员函数**。

第 2 版的类 *IdNo* 的头文件如代码清单 13-10 所示，源文件如代码清单 13-11 所示，程序中灰色阴影部分为新增的内容。

代码清单 13-10　　　　　　　　　　　　　　　　　　　　　　　　　　　　IdNo02/IdNo.h

```cpp
// 标识号类 IdNo（第 2 版：头文件）

#ifndef ___Class_IdNo
#define ___Class_IdNo

//===== 标识号类 =====//
class IdNo {
    static int counter;         // 已经赋予的标识号数量
    int id_no;                  // 标识号
public:
    IdNo();                     // 构造函数

    int id() const;             // 返回标识号
    static int get_max_id();    // 返回标识号的最大值
};

#endif
```

代码清单 13-11　　　　　　　　　　　　　　　　　　　　　　　　　　　　IdNo02/IdNo.cpp

```cpp
// 标识号类 IdNo（第 2 版：源文件）

#include "IdNo.h"

int IdNo::counter = 0;    ←   ┐ 必须在同一源文件中
                              │
//--- 构造函数 ---//           │
IdNo::IdNo()                  │
{                             │
    id_no = ++counter;        │     // 赋予标识号
}                             │
                              │
//--- 返回标识号 ---//          │
int IdNo::id() const          │
{                             │
    return id_no;             │     // 返回标识号
}                             │
                              │
//--- 返回标识号的最大值 ---//   │
int IdNo::get_max_id()        │
{                             │
    return counter;       ────┘     // 返回标识号的最大值
}
```

get_max_id 函数虽然实际上只有一行代码，但是也要在类定义之外定义。

之所以可以这样实现，是因为存在以下规则。

> **重要** 静态数据成员的初始化是在定义它的源文件中第一次使用时完成的。也就是说，在 **main** 函数执行之前并不一定会完成初始化。

静态数据成员 `counter` 被初始化为 0 的最晚时刻是在代码清单 13-11 中定义的成员函数中第一次访问 `counter` 之前。

- 假设成员函数 `get_max_id` 的定义在类定义（代码清单 13-10）中。如果在没有创建任何 `IdNo` 型对象的状态下调用 `IdNo::get_max_id()`，则不保证其返回值为 0。因为在另一个文件中定义的数据成员 `counter` 在程序开始运行后可能一次也没有被使用，其值还是未初始化的状态。

因此，我们可以得出以下规则。

> **重要** 静态数据成员的定义必须与访问它的所有成员函数的定义放在同一个源文件中。

- 非静态成员函数 `id` 没有使用静态数据成员 `counter`，因此即使把它定义在头文件中，也不会有问题。

代码清单 13-12 所示为第 2 版的类 `IdNo` 的使用例程，运行后可以得到期望的结果。

代码清单 13-12　　　　　　　　　　　　　　　　　　　　　　　IdNo02/IdNoTest.cpp

```cpp
// 标识号类 IdNo（第 2 版）的使用例程
#include <iostream>
#include "IdNo.h"

using namespace std;

int main()
{
    IdNo a;     // 第 1 个标识号
    IdNo b;     // 第 2 个标识号

    cout << "a的标识号:" << a.id() << '\n';
    cout << "b的标识号:" << b.id() << '\n';
    cout << "目前已经赋予的标识号的最大值:" << IdNo::get_max_id() << '\n';
}
```

```
运行结果
a的标识号: 1
b的标识号: 2
目前已经赋予的标识号的最大值: 2
```

另外，静态成员函数有如下限制。

- 不能访问同一个类的非静态数据成员。
- 不能以 `f(...)` 形式调用同一个类的非静态成员函数 `f`。
- 不具有 **this** 指针。

小结

- 在类定义中添加 **static** 声明的数据成员为**静态数据成员**。

- 类定义中的静态数据成员的声明不是实体的定义，实体的定义在类定义之外，不添加 **static**。

- 属于各个对象的**非静态数据成员**适合用于表示各个对象的状态，而**静态数据成员**适合用于表示属于该类的所有对象共有的数据。

- 无论类类型的对象有多少个（即使不存在对象），静态数据成员都只有一个。

- 静态数据成员的访问虽然也可以使用"对象名．数据成员名"实现，但是应该使用"类名::数据成员名"实现。

- 在类定义中添加 **static** 声明的成员函数为**静态成员函数**。

- 在类定义之外定义静态成员函数时，不可以添加 **static**。

- 属于各个对象的**非静态成员函数**适合用于表示各个对象的行为，而**静态成员函数**适合用于实现与整个类相关的处理或者与类对象的状态无关的处理。

- 静态成员函数的调用虽然也可以使用"对象名．成员函数名(...)"实现，但是应该使用"类名::成员函数名(...)"实现。

- 静态成员函数不属于特定的对象，因此不具有 **this** 指针。

- 静态数据成员的初始化在定义它的源文件中第一次使用之前完成，在 **main** 函数执行之前并不一定会完成初始化。

- 当第一次访问静态数据成员的地方在包含静态数据成员的定义的源文件以外的源文件中时，存在访问未初始化的静态数据成员的风险。

- 静态数据成员的定义应该与访问它的所有成员函数的定义放在同一个源文件中。

- 重载用于定义同名的成员函数，可以跨静态成员函数和非静态成员函数执行。

```cpp
#ifndef ___Point2D                                              chap13/Point2D.h
#define ___Point2D
#include <iostream>
//--- 带标识号的二维坐标类 ---//
class Point2D {
    int xp, yp;                   // X坐标和Y坐标
    int id_no;                    // 标识号
    static int counter;           // 已经赋予的标识号数量【声明】
public:
    Point2D(int x = 0, int y = 0);    // 构造函数【声明】
    int id() const { return id_no; }  // 标识号
    void print() const {              // 显示坐标
        std::cout << "(" << xp << "," << yp << ")";
    }
    static int get_max_id();          // 返回标识号的最大值【声明】
};
#endif
```

```cpp
#include "Point2D.h"                                            chap13/Point2D.cpp
int Point2D::counter = 0;        // 已经赋予的标识号数量【定义】
//--- 构造函数【定义】---//
Point2D::Point2D(int x, int y) : xp(x), yp(y) {
    id_no = ++counter;           // 赋予标识号
}
//--- 返回标识号的最大值【定义】---//
int Point2D::get_max_id() {
    return counter;              // 返回标识号的最大值
}
```

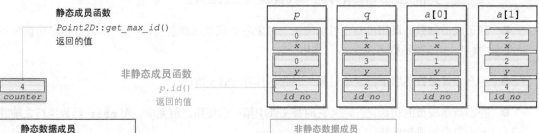

静态成员函数
Point2D::get_max_id()
返回的值

非静态成员函数
p.id()
返回的值

静态数据成员
与对象无关，仅有一个

非静态数据成员
每个对象都有一个

```cpp
#include <iostream>                                          chap13/Point2DTest.cpp
#include "Point2D.h"
using namespace std;
int main()
{
    Point2D p;
    Point2D q(1, 3);
    Point2D a[] = {Point2D(1, 1), Point2D(2, 2)};
    cout << "最后赋予的标识号:" << Point2D::get_max_id() << '\n';
    cout << "p = ";  p.print();  cout << "  标识号:" << p.id() << '\n';
    cout << "q = ";  q.print();  cout << "  标识号:" << q.id() << '\n';
    for (int i = 0; i < sizeof(a) / sizeof(a[0]); i++) {
        cout << "a[" << i << "] = ";  a[i].print();
        cout << "  标识号:" << a[i].id() << '\n';
    }
}
```

运行结果
最后赋予的标识号: 4
p   = (0,0)   标识号: 1
q   = (1,3)   标识号: 2
a[0] = (1,1)   标识号: 3
a[1] = (2,2)   标识号: 4

第 14 章

通过数组类学习类的设计

对于动态分配存储空间并在内部使用该空间的类,需要适当地定义构造函数、析构函数和赋值运算符等。我们将在本章通过创建数组类来学习这些内容。

- **explicit** 函数说明符
- 显式构造函数
- 使用 = 形式和 ( ) 形式调用构造函数
- 对象的生命周期
- 具有"指向动态存储对象的指针"的类
- 资源获取即初始化(RAII)
- 析构函数
- 默认析构函数
- 对象的销毁和析构函数的调用顺序
- 下标运算符的重载
- 赋值运算符的重载
- 自我赋值的判断
- 复制构造函数的重载
- 嵌套类
- 异常处理
- 由 **throw** 表达式抛出异常
- **try** 块和异常处理器对异常的捕获

14-1 构造函数和析构函数

我们将在本节深入学习构造函数，以及与之相对的析构函数的相关内容。

■ 整数数组类

本章将通过创建数组类来深入学习类的相关内容。代码清单 14-1 所示为实现整型数组的类 *IntArray*。

▶ 这里仅用头文件实现，从第 3 版开始将分为头文件和源文件来实现。

代码清单 14-1   IntArray01/IntArray.h

```cpp
// 整数数组类 IntArray（第1版）
#ifndef ___Class_IntArray
#define ___Class_IntArray

//===== 整数数组类 ======//
class IntArray {
    int  nelem;        // 数组的元素个数
    int* vec;          // 指向第一个元素的指针
public:
    //--- 构造函数 ---//
    IntArray(int size) : nelem(size) { vec = new int[nelem]; }

    //--- 返回元素个数 ---//
    int size() const { return nelem; }

    //--- 下标运算符 ---//
    int& operator[](int i) { return vec[i]; }
};

#endif
```

类 *IntArray* 有两个数据成员：表示元素个数的 *nelem* 和指向数组第一个元素的指针 *vec*。成员函数 *size* 返回元素个数 *nelem* 的值。

接下来我们具体看一下构造函数和下标运算符函数。

■ 构造函数

构造函数体分配存储空间并动态创建数组。创建的数组的元素个数为形参 *size* 接收的值。

我们来思考一下在如下定义对象时构造函数的行为。

```cpp
IntArray x(5);      // 元素个数为 5 的数组
```

首先，使用成员初始化器 *nelem(size)* 把数据成员 *nelem* 初始化为 5。然后，执行构造函数体，把指向由 **new** 运算符分配的 *nelem* 个元素的存储空间中的第一个元素的指针赋给 *vec*（图 14-1）。

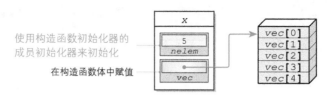

图 14-1　使用构造函数创建数组

在类 *IntArray* 内部可以使用表达式 *vec*[0], *vec*[1], …, *vec*[4] 从第一个元素开始依次访问所创建的数组的各个元素。

▶ 因为指向数组第一个元素的指针的行为就像它是数组本身那样。

■ 下标运算符

通过定义下标运算符，可以方便地访问数组的各个元素。运算符函数 **operator[]** 的返回值类型为 **int**&。这是因为，如果像下面这样只在赋值表达式的右边使用，则返回值类型也可以为 **int**。

```
a = x[2];        // 赋值运算符的右操作数：int 和 int& 均可以
```

但是如下所示，如果也想放在赋值表达式的左边，则返回值类型必须为 **int**&。

```
x[3] = 10;       // 赋值运算符的左操作数：int 不可以，但 int& 可以
```

代码清单 14-2 所示为类 *IntArray* 的使用例程。

代码清单 14-2　　　　　　　　　　　　　　　　　　　　　　　　IntArray01/IntArrayTest.cpp

```cpp
// 整数数组类 IntArray（第 1 版）的使用例程

#include <iostream>
#include "IntArray.h"

using namespace std;

int main()
{
    int n;

    cout << "请输入元素个数：";
    cin >> n;

    IntArray x(n);    // 元素个数为 n 的数组

    for (int i = 0; i < x.size(); i++)           // 对各个元素赋值
        x[i] = i;

    for (int i = 0; i < x.size(); i++)           // 显示各个元素的值
        cout << "x[" << i << "] = " << x[i] << '\n';
}
```

```
运行示例
请输入元素个数：5
x[0] = 0
x[1] = 1
x[2] = 2
x[3] = 3
x[4] = 4
```

这个程序会创建元素个数为 *n* 的数组，对所有元素赋予与下标相同的值并显示。

■ 类对象的生命周期

如下所示，我们来思考使用类 *IntArray* 的 *func* 函数。

第 14 章 通过数组类学习类的设计

```
void func()
{
    IntArray x(5);    // x是元素个数为 5 的数组
    // …
}
```

IntArray 型的对象 *x* 定义在函数中，因此被赋予自动存储期，如图 14-2 所示。

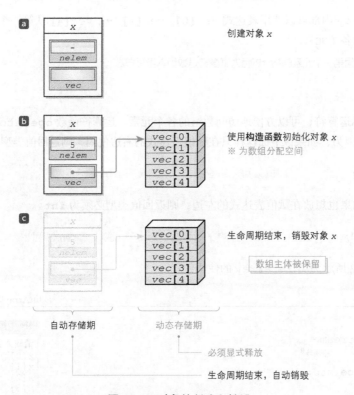

图 14-2 对象的创建和销毁

ⓐ 创建具有两个成员 *nelem* 和 *vec* 的对象 *x*。

ⓑ 调用构造函数并初始化 *x*。首先把数据成员 *nelem* 初始化为 5，然后使用 **new** 运算符为存放 5 个整数的数组分配存储空间，并把指向其第一个元素的指针赋给 *vec*。

ⓒ 是 *func* 函数执行结束时的状态。此时，具有自动存储期的对象 *x* 生命周期结束并被销毁，而由 **new** 运算符为具有动态存储期的数组主体分配的空间则没有被释放，仍被保留在存储空间上。

程序员可以自由地控制具有动态存储期的对象的生命周期，在任意时刻创建和销毁它，而正确进行这些处理也是程序员的责任。

重要 由构造函数分配的具有动态存储期的空间在对象销毁时不会被自动释放。

没有释放的数组主体的空间会变成不被任何指针指向的**悬空空间**，被保留在存储空间中。因此，如果多次调用 *func* 函数，则每次都会重新为数组分配空间，堆空间不断减少。

动态创建的对象必须根据程序的指示显式释放存储空间。因此，我们可以定义释放数组主体的空间的成员函数，示例如下。

```cpp
void IntArray::delete_vec()
{
    delete[] vec;           // 释放为数组主体分配的空间
}
```

如下修改 func 函数来调用该函数。

```cpp
void func()
{
    IntArray x(5);          // 为数组主体分配空间
    // …
    x.delete_vec();         // 释放数组主体的空间
}
```

这样就可以在对象 x 的生命周期结束前释放数组主体的空间了。

但是，该方法并不灵活，因为可能会发生以下情况。

① 忘记调用成员函数 delete_vec。
② 在对象尚未使用结束时误调用成员函数 delete_vec。

显式构造函数

第 2 版的数组类解决了这些问题，程序如代码清单 14-3 所示。

▶ 第 2 版复用了代码清单 14-2 的第 1 版的使用例程。

代码清单 14-3　　　　　　　　　　　　　　　　　　　　　　　　　　　　　IntArray02/IntArray.h

```cpp
// 整数数组类 IntArray（第 2 版）

#ifndef ___Class_IntArray
#define ___Class_IntArray

//===== 整数数组类 ======//
class IntArray {
    int nelem;          // 数组的元素个数
    int* vec;           // 指向第一个元素的指针

public:
    //--- 显式构造函数 ---//
    explicit IntArray(int size) : nelem(size) { vec = new int[nelem]; }

    //--- 析构函数 ---//
    ~IntArray() { delete[] vec; }

    //--- 返回元素个数 ---//
    int size() const { return nelem; }

    //--- 下标运算符 ---//
    int& operator[](int i) { return vec[i]; }
};

#endif
```

这次的构造函数的定义中增加了 **explicit**，它是一个用来声明**显式构造函数**（explicit constructor）的函数说明符。

该显式构造函数是可以防止隐式类型转换的构造函数。我们来看一个具体示例。

■ *IntArray a = 5;*　　　　　　// 第1版可以，但第2版不可以
② *IntArray b*(*5*)*;*　　　　　　// 第1版和第2版均可以

第1版的类 *IntArray* 的构造函数没有指定 **explicit**，■和②均可以实现初始化。而第2版的构造函数为显式构造函数，因此■会产生编译错误。

■的声明可能会被误解为使用整数初始化数组，因此，应该使用 **explicit** 来防止这样让人困惑的初始化形式。

> **重要** 为了防止使用 = 形式调用单一参数的构造函数，请对构造函数赋予 **explicit**，将其定义为显式构造函数。

■ 析构函数

接下来我们看一下第2版新增的阴影部分，这是被称为**析构函数**（destructor）的特殊的成员函数。

析构函数的名称由类名和类名前的波浪符构成。它是一个成员函数，在该类的对象的生命周期将要结束时自动被调用，与构造函数的作用恰好形成对照。

> **重要** 在创建对象时调用的成员函数为构造函数，在销毁对象时调用的成员函数为析构函数。

与构造函数一样，析构函数也不具有返回值。而与构造函数不同的是，析构函数是被自动调用的，不接收参数。

第2版的类 *IntArray* 的析构函数释放了指针 *vec* 所指的数组空间。

专栏 14-1 ｜ **显式构造函数**

在如下所示的上下文中，可以使用显式构造函数。

- 用 **()** 形式显式调用构造函数。
- 使用类型转换运算符间接调用构造函数。

另外，不赋予参数就可以调用的默认构造函数也可以成为显式构造函数（此时无须显式调用构造函数），示例程序如下。

```
class C {
public:
    explicit C()      { /* … 省略 … */ }   // 默认构造函数
    explicit C(int) { /* … 省略 … */ }   // 不是转换构造函数
    // …
};
// …
```

```
C a;                           // OK
C a1 = 1;                      // 错误：没有进行隐式类型转换
C a2 = C(1);                   // OK
C a3(1);                       // OK
C* p = new C(1);               // OK
C a4 = (C)1;                   // OK（类型转换）
C a5 = static_cast<C>(1);      // OK（类型转换）
```

如第 12 章所述，仅用一个实参就可以调用的构造函数为转换构造函数。但是如果在声明构造函数时添加了 **explicit**，那么仅用一个实参就可以调用的构造函数也不会成为转换构造函数。

另外，函数说明符 **explicit** 不可以用于构造函数以外的函数。

前面我们通过如下的 `func` 函数验证了对象 *x* 的行为。那么，在增加了析构函数的第 2 版的类 `IntArray` 中，情况又会如何呢？

```
void func()
{
    IntArray x(5);    // x是元素个数为 5 的数组
    // …
}
```

图 14-3 展示了第 2 版的 `func` 函数中的对象 *x* 的生存状态。图 14-3**ⓐ** 和图 14-3**ⓑ** 展示了构造函数的行为，这与第 1 版相同。

图 14-3**ⓒ** 展示了析构函数的行为。在对象的生命周期结束之前（自动）被调用的析构函数会释放 *vec* 所指的空间。

在图 14-3**ⓓ** 中，对象 *x* 的生命周期随着 *func* 函数的运行结束而结束，因而对象 *x* 被销毁。

由此可以确认，第 2 版的析构函数使得数组的存储空间没有残留。

> **重要** 请在析构函数中执行由构造函数分配的存储空间等资源的释放处理。

在创建对象时分配存储空间等所需的资源，在销毁对象时确保释放资源的方法称为**资源获取即初始化**（Resource Acquisition Is Initialization，RAII）。

> **重要** 当对象需要外部资源时，实施资源获取即初始化。

另外，与构造函数一样，不可以对析构函数添加 **static** 而使之成为静态成员。

对于没有定义析构函数的类，编译器会自动定义一个什么也不做的**默认析构函数**（default destructor）。

与构造函数一样，自动定义的析构函数为 **public** 且 **inline**。

> **重要** 对于没有定义析构函数的类，编译器会自动定义一个主体为空且不接收参数的 **public** 且 **inline** 的默认析构函数。

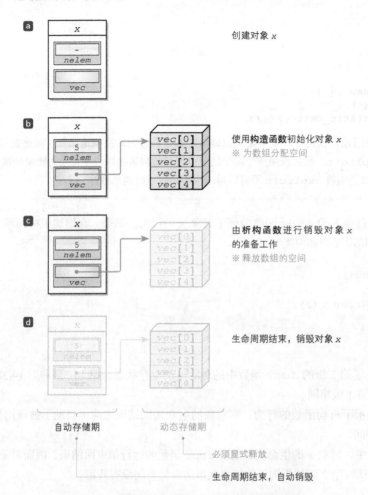

图 14-3　对象的创建和由析构函数进行的销毁

表 14-1 中对比了构造函数和析构函数。

▶ 本书在讲解时提到了"构造函数的名称与类名相同""析构函数的名称由类名和类名前的波浪符构成"，但是从语法定义上来说，构造函数和析构函数并没有名称。

表 14-1　构造函数和析构函数

	构造函数	析构函数
功能	在创建对象时被调用，用来初始化对象	在销毁对象时被调用，用来为对象善后
名称	类名	~类名
返回值	无	无
参数	可以接收任意参数	不可以接收参数

14-2 赋值运算符和复制构造函数

一般情况下，在由构造函数动态分配外部资源的类中，除了析构函数，还会定义赋值运算符和复制构造函数。

■ 赋值运算符的重载

我们来思考下面的代码。

```
IntArray a(2);    // a 是元素个数为 2 的数组
IntArray b(5);    // b 是元素个数为 5 的数组
a = b;
```

图 14-4 ⓐ 所示为创建两个 `IntArray` 型对象 a 和 b 后的状态，a 被分配了元素个数为 2 的数组空间 Ⓐ，b 被分配了元素个数为 5 的数组空间 Ⓑ。

在创建对象之后，把 b 赋给 a。

相同类型的类对象的赋值会复制所有数据成员，因此 `b.nelem` 的值被复制到 `a.nelem`，`b.vec` 的值被复制到 `a.vec`。

图 14-4 ⓑ 展示了赋值后的状态，指针 `a.vec` 和 `b.vec` 指向了相同的空间（原本分配给 b 的空间 Ⓑ）。

▶ 如果分配给 b 的空间地址为 214，则 `a.vec` 和 `b.vec` 的值均变为 214。

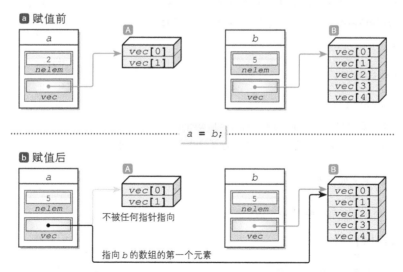

图 14-4　由赋值引起的对象的变化

对对象 a 使用下标运算符后的表达式 `a[i]` 会变成可以访问 Ⓑ 的数组元素 `vec[i]` 的表达式。另外，原本分配给 a 的数组 Ⓐ 会变成不被任何指针指向的悬空空间。

在这种状态下，当对象 a 和 b 的生命周期结束时，调用它们的析构函数会如何呢？

在调用 b 的析构函数后，程序会释放 B 的数组空间。如果之后再调用 a 的析构函数，则程序会尝试（再次）释放已经释放了 B 的空间。当然，A 的数组空间不会被释放，而会原样保留。

要想执行正确的赋值，需要进行赋值运算符的重载。

专栏 14-2 | **赋值运算符不可以定义为非成员函数的原因**

我们在第 12 章学习了赋值运算符不可以定义为非成员函数，只可以定义为成员函数。
让我们通过下面的类来思考这一语法规范的原因。

```cpp
class C {
    int x;
public:
    C(int z) : x(z) { }
};
```

假设该类的赋值运算符定义为非成员函数，如下所示。

```cpp
friend C& operator=(C& a, const C& b)
{
    a.x = b.x;
}
```

此时，下面的赋值就是合法的。

```cpp
C a(10);
int b;
b = a;        // 把类对象赋给 int 型整数（？）
```

这是因为，虽然赋值表达式的左操作数（赋值运算符函数的第一个参数）是简单的 int 型整数，但是会调用转换构造函数把它转换为 C 型。也就是说，赋值被解释如下。

```
b = a;
 ⇩
operator=(b, a);
 ⇩
operator=(C(b), a);
```

由此可知，赋值运算符只可以定义为成员函数，以防止这样的不正当的赋值。

不过，在早期的 C++ 处理系统中，赋值运算符也可以定义为非成员函数。

赋值运算符的定义如下所示。

```cpp
void IntArray::operator=(const IntArray& x)
{
    ❶ delete[] vec;                      // 释放原本分配的空间
    ❷ nelem = x.nelem;                   // 新的元素个数
    ❸ vec = new int[nelem];              // 重新分配空间
    ❹ for (int i = 0; i < nelem; i++)    // 复制所有元素
        vec[i] = x.vec[i];
}
```

在添加该赋值运算符后，赋值表达式 $a = b$ 被解释如下。

| `a.operator=(b)`　　　　// 调用对象 a 的成员函数

该表达式调用作为左操作数的对象 a 的成员函数 `operator=`，并将操作数 b 作为参数赋给成员函数。赋值的步骤如下所示（图 14-5）。

① 释放成员 `vec` 现在所指的数组空间 A 。
② 复制数组的元素个数（数据成员 `nelem` 的值由 2 变为 5）。
③ 重新为数组主体分配空间 C 。
④ 把数组 B 的所有元素的值复制到 C 。

这样似乎可以很好地执行赋值操作。

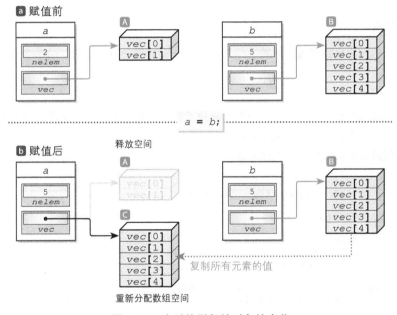

图 14-5　由赋值引起的对象的变化

然而，这样定义的赋值运算符存在以下 3 个问题。

- **进行了不必要的存储空间的释放和分配**

当复制源和复制目标的数组元素相同时，可以直接复用分配给复制目标 `vec` 的数组空间。如果先释放再重新分配，就会产生额外的成本。

存储空间的释放和再分配应该仅限于复制源和复制目标的数组元素不同的情况。

- **返回值类型为 void**

成员函数 `operator=` 的返回值类型为 `void`，不可以像内置类型的操作数那样使用赋值运算符。

例如，下面的赋值❹不会产生错误，而❺会产生编译错误。

```
❹ x = y;            // x.operator=(y);                        OK
❺ x = y = z;        // x.operator=(y.operator=(z));           错误
```

这两个赋值分别被解释为注释中的内容。

❺的注释中的阴影部分的类型为 **void**，不可以将其赋给接收 **const IntArray&** 的函数作为参数。

我们在第 2 章学习了对赋值表达式进行求值，可以得到赋值后的左操作数的类型和值。另外，我们在第 6 章学习了当函数的返回值为引用时，调用该函数的函数调用表达式就成为既可以放在赋值表达式的左边也可以放在右边的左值表达式。

一般来说，赋值运算符 **operator=** 的返回值类型为该类的引用类型。

另外，赋值运算符函数应该返回赋值后的左操作数（调用了赋值运算符的对象）的引用。

▪ **不支持自我赋值**

赋予自身的值称为**自我赋值**。如果执行 *IntArray* 型对象的自我赋值，结果会如何呢？

```
x = x;           // 在把左边的 x 的数组释放之后，复制右边的 x 的数组的元素（？）
```

该赋值无法正确执行，因为函数开头的❶释放了数组，并销毁了所有元素。❹的 **for** 语句将复制已经销毁的数组。当然，这是不可能实现的。

如下定义赋值运算符可以解决上述问题。

```
IntArray& IntArray::operator=(const IntArray& x)
{
    if (&x != this) {                       // 如果赋值源不是自己……
        if (nelem != x.nelem) {             // 如果赋值前后的元素个数不同……
❶  ❷      delete[] vec;                     // 释放原本分配的空间
           nelem = x.nelem;                  // 新的元素个数
           vec = new int[nelem];             // 重新分配空间
        }
        for (int i = 0; i < nelem; i++)     // 复制所有元素
            vec[i] = x.vec[i];
    }
❸  return *this;
}
```

这段代码接收作为赋值源的 *IntArray* 型对象作为 **const** 引用，并返回赋值目标的对象的引用。

我们来看一下函数的内容。

❶的 **if** 语句判断指向参数接收的对象的指针 **&x** 与指向自己的指针 **this** 是否相等。

当 **&x** 和 **this** 相等时为自我赋值，因此只有当它们不相等时，才进行实际的赋值处理。

❷的 **if** 语句判断自己的数组的元素个数与参数接收的数组 *x* 的元素个数是否相等。

只有当两者不相等时，才进行数组空间的释放和再分配。

❸处函数返回的是 `*this`，由此可以返回成员函数所属的对象的引用（详见 12-1 节）。
这些内容可以汇总如下。

重要 在使用同一个类的对象的值进行赋值时，对于不应该复制所有成员的类 C，可以以如下形式重载赋值运算符。

```
C& C::operator=(const C&)
{
    // …
    return *this;
}
```
返回的是成员函数所属的对象的引用。

▶ 如前所述，`x = y = z;` 被解释如下。

`x.operator=(y.operator=(z));`

这里定义的赋值运算符返回 `*this`，因此阴影部分为 y 的引用，该赋值可以顺利进行。

■ 复制构造函数的重载

我们已经讨论了相同类型的赋值。那么，相同类型的初始化会如何呢？让我们通过下面的代码来思考一下。

```
IntArray x(12);
IntArray y = x;              // 用 x 初始化 y
```

y 被初始化为 x，x 的数据成员 `nelem` 和 `vec` 的值被复制到 y 的成员 `nelem` 和 `vec`。这是因为编译器会隐式提供复制构造函数，以成员为单位复制所有数据成员。这样会产生与不显式重载赋值运算符相同的问题，即两个指针 `y.vec` 和 `x.vec` 指向同一空间。

要想使用 `IntArray` 型的值初始化类 `IntArray` 的对象，需要重载复制构造函数。
如下所示为类 `IntArray` 的复制构造函数的定义。

```
IntArray::IntArray(const IntArray& x)
{
    if (&x == this) {                        // 如果初始化器为自己……
        nelem = 0;
        vec = NULL;
    } else {
        nelem = x.nelem;                     // 使元素个数与 x 相同
        vec = new int[nelem];                // 为数组主体分配空间
        for (int i = 0; i < nelem; i++)      // 复制所有元素
            vec[i] = x.vec[i];
    }
}
```

请注意，该复制构造函数不是显式构造函数。参考以下声明，可以轻松理解其原因。

```
1  IntArray a(12);
2  IntArray b = a;
```

如果复制构造函数为显式构造函数，则 2 会产生编译错误（当然，如果不是显式构造函数，就不会产生编译错误）。

> **重要** 在使用同一个类的对象的值进行初始化时，对于不应该复制所有成员的类 C，可以定义如下形式的复制构造函数。
>
>   C::C(const C&);

显式重载复制构造函数，可以防止编译器隐式提供以成员为单位复制所有数据成员的复制构造函数。

下面我们增加赋值运算符和复制构造函数，来优化整数数组类。

修改后的第 3 版的类 IntArray 的头文件如代码清单 14-4 所示，源文件如代码清单 14-5 所示。

代码清单 14-4　　　　　　　　　　　　　　　　　　　　　　　　　IntArray03/IntArray.h

```cpp
// 整数数组类 IntArray（第 3 版：头文件）

#ifndef ___Class_IntArray
#define ___Class_IntArray

//===== 整数数组类 ======//
class IntArray {
    int  nelem;      // 数组的元素个数
    int* vec;        // 指向第一个元素的指针
public:
    //--- 显式构造函数 ---//
    explicit IntArray(int size) : nelem(size) { vec = new int[nelem]; }
    //--- 复制构造函数 ---//
    IntArray(const IntArray& x);
    //--- 析构函数 ---//
    ~IntArray() { delete[] vec; }
    //--- 返回元素个数 ---//
    int size() const { return nelem; }
    //--- 赋值运算符 ---//
    IntArray& operator=(const IntArray& x);
    //--- 下标运算符 ---//
    int& operator[](int i) { return vec[i]; }
    //--- const 版下标运算符 ---//
    const int& operator[](int i) const { return vec[i]; }
};
#endif
```

代码清单 14-5
IntArray03/IntArray.cpp

```cpp
// 整数数组类（第 3 版：源文件）
#include <cstddef>
#include "IntArray.h"

//--- 复制构造函数 ---//
IntArray::IntArray(const IntArray& x)
{
    if (&x == this) {                              // 如果初始化器为自己……
        nelem = 0;
        vec = NULL;
    } else {
        nelem = x.nelem;                           // 使元素个数与 x 相同
        vec = new int[nelem];                      // 为数组主体分配空间
        for (int i = 0; i < nelem; i++)            // 复制所有元素
            vec[i] = x.vec[i];
    }
}

//--- 赋值运算符 ---//
IntArray& IntArray::operator=(const IntArray& x)
{
    if (&x != this) {                              // 如果赋值源不是自己……
        if (nelem != x.nelem) {                    // 如果赋值前后的元素个数不同……
            delete[] vec;                          // 释放原本分配的空间
            nelem = x.nelem;                       // 新的元素个数
            vec = new int[nelem];                  // 重新分配空间
        }
        for (int i = 0; i < nelem; i++)            // 复制所有元素
            vec[i] = x.vec[i];
    }
    return *this;
}
```

代码清单 14-6 所示为第 3 版的类 *IntArray* 的使用例程。

代码清单 14-6
IntArray03/IntArrayTest.cpp

```cpp
// 整数数组类 IntArray（第 3 版）的使用例程
#include <iomanip>
#include <iostream>
#include "IntArray.h"

using namespace std;

int main()
{
    int n;
    cout << "a的元素个数:";
    cin >> n;

    IntArray a(n);              // 元素个数为 n 的数组
    for (int i = 0; i < a.size(); i++)
        a[i] = i;

    IntArray b(128);            // 元素个数为 128 的数组
    IntArray c(256);            // 元素个数为 256 的数组
    cout << "b和c的元素个数从" << b.size() << "和" << c.size();
    c = b = a;                                    // 赋值
    cout << "变为" << b.size() << "和" << c.size() << "。\n";

    IntArray d = b;             // 初始化
```

```
运行示例
a的元素个数：8⏎
b和c的元素个数从128和256变为
8和8。
  a    b    c    d
------------------
  0    0    0    0
  1    1    1    1
  2    2    2    2
  3    3    3    3
  4    4    4    4
  5    5    5    5
  6    6    6    6
  7    7    7    7
```

```
        cout << "      a    b    c    d\n";
        cout << "---------------------\n";
        for (int i = 0; i < n; i++) {
            cout << setw(5) << a[i] << setw(5) << b[i]
                 << setw(5) << c[i] << setw(5) << d[i] << '\n';
        }
}
```

该程序使用了 3 个 `IntArray` 型的数组 a、b、c。

程序从键盘读入数组 a 的元素个数 n，而数组 b 和 c 的元素个数为常量值 128 和 256。表达式 c = b = a 把数组 a 赋给 b，然后把赋值后的 b 赋给 c，因此数组 b 和 c 的元素个数从 128 和 256 变为了 n。可以看到，第 3 版定义的赋值运算符运行正常。

另外，数组 d 被初始化为 b。我们也可以看到，第 3 版定义的复制构造函数运行正常。

专栏 14-3 | 析构函数的调用顺序

数据成员的初始化与构造函数初始化器的顺序无关，是按照在类定义中的声明顺序执行的（详见专栏 11-5）。

析构函数的执行顺序则相反。也就是说，要按照与类定义中的数据成员的声明顺序相反的顺序调用析构函数并销毁。

14-3 异常处理

我们在第 7 章简单学习了异常处理，通过异常处理，可以轻松应对意料之外的状况。本节我们将详细学习异常处理的基础知识。

■ 对错误的处理

我们尝试对 *IntArray* 型的数组元素进行以下赋值。

```
IntArray x(15);        // x 是元素个数为 15 的数组
x[24] = 256;           // 运行时错误：下标溢出！
```

该赋值进行了超出数组空间的非法写入。在语法上可以正确编译的程序不一定在逻辑上也是正确的。

针对这样的错误，最简单的处理方法是采用以下方针：

不进行任何处理。

也就是说，类的开发者和使用者对运行时错误的发生都不在意。"普通数组"就是这样实现的。

```
int a[15];             // a 是元素个数为 15 的数组
a[24] = 256;           // 运行时错误：是程序员的错?!
```

但如果要这样实现，那就无法继续讨论了。

我们可以很容易地检查超出数组范围的访问，只需在运算符函数 **operator[]** 中加入 **if** 语句的条件判断即可。

```
int& IntArray::operator[](int i)
{
    if (i < 0 || i >= nelem)
        // 对错误的一些处理
    else
        return vec[i];
}
```

在发生错误时，具体执行什么处理呢？例如，我们可以考虑下面的策略。

① 强制结束程序。
② 在画面上显示"发生错误"并继续处理。
③ 把错误的内容写入文件并结束程序。
……

从这些策略中选择一种处理方法会如何呢？

比如，根据策略①，创建一个在检测到非法的下标访问时强制结束程序的类，这很简单（只需调用标准库的 **exit** 函数）。

然而，并不是所有的使用者都喜欢这样的解决方法。

不仅是数组，在开发函数或类等组件时，也会遇到下面的问题。

> 发现错误很容易，但是决定如何处理错误却很难，甚至无法做出决定。

因为对错误的处理方法往往应该由组件的使用者而非开发者决定。如果组件的使用者可以根据具体问题决定处理方法，则软件会变得更灵活。

■ 异常处理

我们在第 7 章简单学习过的**异常处理**（exception handling）就是一种打破上述困境的方法。

在为内置类型的数组分配存储空间失败时，相应的处理代码如下所示。

```
try {
    double* a = new double[30000]; // 创建
}

catch (bad_alloc) {
    cout << "数组创建失败,程序中断。\n";
    return 1;
}
```

当 **new** 运算符分配存储空间失败时，会抛出 **bad_alloc** 异常。

在程序的组件中，当遇到无法很好地处理的问题时，就将其作为异常**抛出**（throw）。

在 *IntArray* 类的下标运算符函数中，可以抛出下面的信息：

> 下标超出了数组的范围！

组件的使用者将决定对抛出的信息执行什么处理，因此可以灵活地应对错误。

ⓐ 无视信息。
ⓑ 积极**捕获**（catch）信息并执行自己希望的处理。
……

■ 异常的捕获

try 表示积极捕获信息。在 **try 块**中遇到异常时，会通过接下来的 **catch** 捕获该异常。

对捕获到的异常执行处理的 **catch** {} 部分是**异常处理器**（exception handler）。由于可以连续放置多个 **catch**，所以一般的结构如图 14-6 所示。

▶ 异常处理器必须放在 **try** 块之后。

```
                                                        积极监视并捕获异常
    try {
        // try 块：执行一些处理（捕获被抛出的异常）
    }
1 catch (ExpA) {
        // 针对异常 ExpA 的异常处理器
    }
2 catch (ExpB) {
        // 针对异常 ExpB 的异常处理器
    }
3 catch (...) {
        // 针对 ExpA 和 ExpB 以外的异常的异常处理器
    }
```

图 14-6　try 块和异常处理器的一般形式

第一个异常处理器捕获异常 `ExpA`，第二个异常处理器捕获异常 `ExpB`，最后的异常处理器是表示捕获尚未捕获的所有异常的符号。

如图 14-7 所示，我们把异常的抛出和捕获比喻为投球和接球。

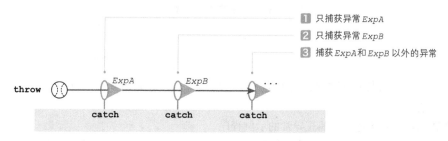

图 14-7　被抛出的异常的捕获

球从图 14-7 的左端被抛出，接下来依次是只捕获 `ExpA` 种类的球的捕获器、只捕获 `ExpB` 种类的球的捕获器，最后是捕获其他种类的球的捕获器。

上面展示了捕获被抛出的所有异常的例子。我们来思考包括没有捕获异常或漏捕获异常的一般情况。

当异常被抛出时，该异常的副本被传递给可以捕获该异常的距离最近的异常处理器。然后，程序流从异常发生的地方跳转至处理器。

"距离最近"不是指源程序上的距离，而是指程序流上的距离。

我们来看一下如右所示的示例。

该示例中的异常的抛出和捕获如图 14-8 所示。

假设在 `abc` 函数的执行过程中异常 `ErrA` 被抛出。该异常 `ErrA` 由异常处理器 1 捕获并处理，因此它不会被 `def` 函数中的异常处理器 2 捕获。

```
void abc(IntArray& x)
{
    try {
        g(x);
    }
1   catch (ErrA) {
        // 捕获异常 ErrA
    }
}

void def(IntArray& x)
{
    try {
        abc(x);
    }
2   catch (ErrA) {
        // 无法捕获异常 ErrA
    }
3   catch (ErrB) {
        // 可以捕获异常 ErrB
    }
}
```

但是，`ErrA` 以外的异常将全部跳过异常处理器❶。

因此，当异常 `ErrB` 被抛出时，它会被 `def` 函数中的异常处理器❸捕获。

当然，`ErrA` 和 `ErrB` 以外的异常会直接跳过。如果程序流跳转至 `xyz` 函数，并且那里有 `ErrC` 的异常处理器，则异常 `ErrC` 会被该处理器捕获。

▶ 另外，在异常处理器判定 "这里无法完全处理异常" 时，可以由 `throw` 再次抛出异常。

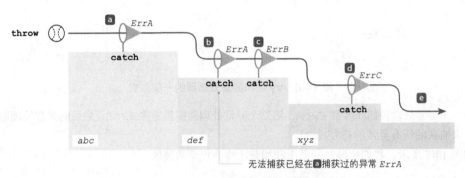

图 14-8　跨函数捕获异常

异常的抛出

目前我们学习了捕获并处理异常的方法。接下来我们来学习**抛出**异常的方法，异常的抛出由 **throw 表达式**进行。

代码清单 14-7 所示为抛出和捕获异常的示例程序。

$OverFlow$ 是表示异常的类。像这样只传达 "发生了异常" 的异常，可以定义为没有成员的空类。

函数 f 计算 x 的 2 倍的值，但是 x 的值限定在 0～30000。当 x 小于 0 时，抛出 **const char*** 型的异常；当 x 大于 30000 时，抛出 $OverFlow$ 型的异常。

函数 f 抛出的异常会在 **main** 函数中根据其类型被捕获。程序会根据 **throw** 抛出的对象的类型决定由哪个异常处理器接收异常。

代码清单 14-7	chap14/throw.cpp

```cpp
// 异常的抛出和捕获

#include <new>
#include <iostream>

using namespace std;

//=== 溢出类 ===//
class OverFlow { };

//--- 返回 x 的 2 倍 ---//
int f(int x)
{
    if (x < 0)
        throw "奇怪。值为负。\n";
    else if (x > 30000)
        throw OverFlow();
    else
        return 2 * x;
}

int main()
{
    int a;
    cout << "整数:";
    cin >> a;

    try {
        int b = f(a);
        cout << "该数的2倍为" << b << "。\n";
    }
    catch (const char* str) {      // 捕获字符串的异常
        cout << "发生异常:" << str;
    }
    catch (OverFlow) {              // 这里捕获 OverFlow 型的异常
        cout << "程序溢出,结束程序。\n";
        return 1;
    }
}
```

运行示例 ❶
整数: -1 ↵
发生异常：奇怪。值为负。

抛出 const char* 型的异常

抛出 OverFlow 型的异常

运行示例 ❷
整数: 32767 ↵
程序溢出,结束程序。

不抛出异常

运行示例 ❸
整数: 5 ↵
该数的2倍为10。

下面我们修改整数数组类，使其对非法的下标访问抛出异常。修改后的第 4 版的整数数组类 `IntArray` 的头文件如代码清单 14-8 所示。

▶ 源文件没有变更，因此省略。

代码清单 14-8   IntArray04/IntArray.h

```cpp
// 整数数组类 IntArray（第 4 版：头文件）
#ifndef ___Class_IntArray
#define ___Class_IntArray

//===== 整数数组类 ======//
class IntArray {
    int  nelem;          // 数组的元素个数
    int* vec;            // 指向第一个元素的指针
public:
    //----- 下标范围错误 -----//
    class IdxRngErr {
    private:
        const IntArray* ident;
        int idx;
    public:
        IdxRngErr(const IntArray* p, int i) : ident(p), idx(i) { }
        int index() const { return idx; }
    };

    //--- 显式构造函数 ---//
    explicit IntArray(int size) : nelem(size) { vec = new int[nelem]; }

    //--- 复制构造函数 ---//
    IntArray(const IntArray& x);

    //--- 析构函数 ---//
    ~IntArray() { delete[] vec; }

    //--- 返回元素个数 ---//
    int size() const { return nelem; }

    //---- 赋值运算符 = ---//
    IntArray& operator=(const IntArray& x);

    //---- 下标运算符 ---//
    int& operator[](int i) {
        if (i < 0 || i >= nelem)
            throw IdxRngErr(this, i);           // 抛出下标范围错误
        return vec[i];
    }

    //--- const 版下标运算符 ---//
    const int& operator[](int i) const {
        if (i < 0 || i >= nelem)
            throw IdxRngErr(this, i);           // 抛出下标范围错误
        return vec[i];
    }
};
#endif
```

（嵌套类）

下标运算符函数 `operator[]` 在接收到下标范围之外的值时会抛出 `IdxRngErr` 型的异常。该类只在类 `IntArray` 中使用，因此在类 `IntArray` 中定义。

像 `IdxRngErr` 类这样在其他类中定义的类称为**嵌套类**（nested class）。嵌套类的作用域在包围它的类的作用域之中。

`IdxRngErr` 类有两个数据成员。

- `ident`：指向抛出异常的对象的指针。
- `idx`：导致异常的下标的值。

构造函数把这两个数据成员设置为参数接收的值。

另外，成员函数 *index* 是数据成员 *idx* 的获取器，它可以返回导致异常的下标的值。

实际上抛出异常的是 *IntArray* 类的下标运算符函数 **operator[]**。

```
int& operator[](int i) {
    if (i < 0 || i >= nelem)
        throw IdxRngErr(this, i);
    return vec[i];
}
```

阴影部分调用 *IdxRngErr* 型的构造函数来创建 *IdxRngErr* 型的临时对象。

此时，临时对象的数据成员 *ident* 和 *idx* 中存储有指向下标运算符函数的调用者对象的指针 **this** 和下标 *i* 的值。

由于要抛出创建的临时对象，所以 *IdxRngErr* 型对象被作为异常抛出。

代码清单 14-9 所示为第 4 版的整数数组类 *IntArray* 的使用例程。该程序将创建元素个数为 *size* 的数组，并对前 *num* 个元素赋值。

因此，当 *num* 的值大于 *size* 时，程序会抛出"访问超出数组空间"的异常。

程序阴影部分捕获类 *IdxRngErr* 的对象的引用。

▶ 对于在类 *C* 中定义的具有类作用域的标识符 *id*，我们可以从类的外部使用 *C::id* 来访问，因此属于类 *IntArray* 的作用域的 *IdxRngErr* 可以从外部使用表达式 *IntArray::IdxRngErr* 来访问。

导致异常的下标被存放在 *x* 引用的对象中，通过调用成员函数 *index*，可以返回并显示其值。

代码清单 14-9　　　　　　　　　　　　　　　　　　　　　　　　IntArray04/IntArrayTest.cpp

```cpp
// 整数数组类 IntArray（第 4 版）的使用例程

#include <new>
#include <iostream>
#include "IntArray.h"

using namespace std;

//--- 对元素个数为 size 的数组的前 num 个数据赋值并显示 --//
void f(int size, int num)
{
    try {
        IntArray x(size);
        for (int i = 0; i < num; i++) {
            x[i] = i;
            cout << "x[" << i << "] = " << x[i] << '\n';
        }
    }

    catch (IntArray::IdxRngErr& x) {
        cout << "下标溢出:" << x.index() << '\n';
        return;
    }

    catch (bad_alloc) {
        cout << "内存分配失败。\n";
        exit(1);                       // 强制结束
    }
}

int main()
{
    int size, num;

    cout << "元素个数:";
    cin >> size;

    cout << "数据个数:";
    cin >> num;

    f(size, num);

    cout << "main函数结束。\n";
}
```

```
运行示例 ❶
元素个数: 5⏎
数据个数: 5⏎
x[0] = 0
x[1] = 1
x[2] = 2
x[3] = 3
x[4] = 4
main函数结束。
```

```
运行示例 ❷
元素个数: 5⏎
数据个数: 6⏎
x[0] = 0
x[1] = 1
x[2] = 2
x[3] = 3
x[4] = 4
下标溢出: 5
main函数结束。
```

小结

- 为了限定为以 `()` 形式使用一个实参创建和初始化对象，可以在构造函数的声明中添加 `explicit`，将其声明为**显式构造函数**。显式构造函数可以防止以 = 形式创建和初始化对象。

- 在构造函数或成员函数中由 `new` 运算符分配的具有动态存储期的空间不会在对象销毁时自动释放。

- **析构函数**是在对象的生命周期结束并销毁前被自动调用的函数。它不接收参数，也不具有返回值，而且也不可以重载。

- 在构造函数或成员函数中由 `new` 运算符分配的具有动态存储期的空间的释放等处理由析构函数执行比较好。

- 使用外部资源的类应该实现**资源获取即初始化**（RAII），在创建对象时分配必要的资源，在销毁对象时确保释放资源。

- 没有定义析构函数的类会由编译器自动定义一个主体为空且不接收参数的 `public` 且 `inline` 的**默认析构函数**。

- 在使用相同类型的类对象的值创建和初始化对象时，对于不应该复制所有数据成员的类，必须定义**复制构造函数**。

- 在相同类型的类对象之间进行赋值时，对于不应该简单地复制所有数据成员的类，必须以成员函数重载**赋值运算符**。

- 在定义赋值运算符时需要处理**自我赋值**。可以通过比较指向所属的对象的指针 `this` 和指向赋值源对象的指针是否相等来判断是否为自我赋值。

- 在函数或类等组件中，无法决定错误发生时的唯一处理方法。因为对错误的处理往往由组件的使用者决定。

- 通过导入**异常处理**机制，组件的使用者可以灵活地决定错误的处理方法。

- 当在函数或类等组件的执行过程中遇到无法处理的错误时，可以由 `throw` 表达式抛出异常，来告知组件调用者。

- 组件的使用者用 `try` 块和**异常处理器**捕获被抛出的异常。

- 在其他类中定义的类称为**嵌套类**。嵌套类的作用域属于包围它的类的作用域。

```cpp
#ifndef ___IntStack                                                chap14/IntStack.h
#define ___IntStack
#include <iostream>
//--- 整数栈类 ---//
class IntStack {
    int nelem;         // 栈的容量（数组的元素个数）
    int* stk;          // 指向第一个元素的指针
    int ptr;           // 栈指针（当前积压的数据个数）
public:
    //--- 显式构造函数 ---//
    explicit IntStack(int sz) : nelem(sz), ptr(0) { stk = new int[nelem]; }
    IntStack(const IntStack& x) {            //--- 复制构造函数 ---//
        nelem = x.nelem;                     // 使容量与 x 相同
        ptr = x.ptr;                         // 初始化栈指针
        stk = new int[nelem];                // 为数组主体分配空间
        for (int i = 0; i < nelem; i++)      // 复制所有元素
            stk[i] = x.stk[i];
    }
    ~IntStack() { delete[] stk; }            //--- 析构函数 ---//
    int size() const { return nelem; }       //--- 返回容量 ---//
    bool empty() const { return ptr == 0; }  //--- 栈为空？ ---//
    IntStack& operator=(const IntStack& x) { //--- 赋值运算符 ---//
        if (&x != this) {                    // 如果赋值源不是自己……
            if (nelem != x.nelem) {          // 如果赋值前后的元素个数不同……
                delete[] stk;                // 释放原本分配的空间
                nelem = x.nelem;             // 新的容量
                ptr = x.ptr;                 // 新的栈指针
                stk = new int[nelem];        // 重新分配空间
            }
            for (int i = 0; i < ptr; i++)    // 复制积压的元素
                stk[i] = x.stk[i];
        }
        return *this;
    }
    //--- 压栈：向末尾压入数据 ---//
    void push(int x) { if (ptr < nelem) stk[ptr++] = x; }
    //--- 出栈：从末尾取出积压的数据 ---//
    int pop() { if (ptr > 0) return stk[--ptr]; else throw 1; }
};
#endif
```

```cpp
#include <iostream>                                              chap14/IntStackTest.cpp
#include "IntStack.h"
using namespace std;
int main()
{
    IntStack s1(5);            // 容量为 5 的栈
    s1.push(15);               // s1 = {15}
    s1.push(31);               // s1 = {15, 31}

    IntStack s2(1);            // 容量为 1 的栈
    s2 = s1;                   // 把 s1 复制到 s2（s2 的容量变为 5）
    s2.push(88);               // s2 = {15, 31, 88}

    IntStack s3 = s2;          // s3 为 s2 的副本
    s3.push(99);               // s3 = {15, 31, 88, 99}

    cout << "取出栈s3积压的所有数据。\n";
    while (!s3.empty())        // 不为空期间
        cout << s3.pop() << '\n';   // 出栈并显示
}
```

运行结果
取出栈s3积压的所有数据。
99
88
31
15

后记

从第 1 章的 **main** 函数的程序开始，我们一步一步地学到了使用类的程序。大家感觉如何呢？

在各个阶段的学习过程中，大家一定有各种各样的发现，例如："作为固定语句记忆的 **main** 函数原来是这个意思啊！""如果使用这个功能，那么一开始创建的程序就可以更好了！""原来还有这样的功能啊！"

当然，像这样的情况不仅会出现在 C++ 的学习中，所有的学习过程都是这样的。无论学习什么，都不可能从一开始就知道将来的学习情况。

因此，我在讲解 C++ 时特别注意了让大家能从整体上把握编程语言 C++，并在此基础上逐步深入地介绍了 C++ 的具体知识。在最初阶段，我特意略去了一些较难的知识点或细节，把它们放到后面再去揭秘。例如，**main** 函数的主体和头文件的创建方法等，就是逐步为大家阐明的。

本书大约有 500 页，但是并没有涉及继承、抽象类、类模板和文件处理等话题，因此并不算完成了 C++ 的揭秘。

▶ 我将在其他书中讨论这些话题。

到目前为止，我已经教了许多学生和程序员，对他们进行编程和编程语言方面的指导。我觉得 100 个学生可能需要 100 种教材，因为每个人的学习目的、学习进度和理解能力都不相同。

例如，学习目的就有很多种：作为兴趣学习；虽然不是编程专业的，但是为了学分必须学习；作为信息工程专业的学生，不得不学；想成为编程高手……

考虑到如此广泛的读者层，我没有将本书内容设计得过于简单，或者过于深奥。但是，恐怕还是会有一些读者认为本书太简单，也会有一些人认为太难。

另外，我也没有"狡猾地"只讲解 C++ 的简单内容，使读者误以为自己已经理解了 C++。因为我见过很多人只学习那些简单内容后并无法自己创建程序，或者无法阅读和理解高手创建的高质量程序。

在阅读本书时，需要注意以下几点。

▪ 关于专业术语

本书中的专业术语原则上以 JIS C++ 和 JIS C 为基准。在学完本书后，在阅读其他 C++ 相关的图书等资料时，就应该不会为专业术语感到头疼了。

在介绍专业术语时，本书以**关键字**（keyword）的形式同时给出了对应的英文单词。如果读者是信息工程专业的学生，因为需要阅读英文文献，所以本书这种程度的专业术语应该全部掌握（如果是研究生，则应该掌握更多）。

▪ 关于语法图

信息工程专业的学生必须能够很快地读写本书这种程度的语法图。因为在掌握编程语言之后，需要继续学习与编译器等相关的课程，而学习这些课程必须理解语法图。

▪关于章节构成

在不使用类的前 9 章，本书投入了大量的笔墨，这是因为根据我以往的教学经验，在选择语句（第 2 章）和循环语句（第 3 章）上受挫的学生绝不是少数。

另外，虽然有些编程习题只需将已经讲过的程序稍微修改一下就可以完成，但仍然有不少学生完全不会做。因此，本书展示了很多类似的程序。

理解能力强的读者也许会感到焦急，觉得本书进展得太慢，并认为后半部分的内容不够充足。

如果想进一步学习更高级的内容，可以参考其他图书。

参考文献

[1] 日本工业标准
    JIS X0001：1994 情報処理用語——基本用語
[2] 中国国家标准
    GB/T 1526-1989《信息处理——数据流程图、程序流程图、系统流程图、程序网络图和系统资源图的文件编制符号及约定》
[3] 日本工业标准
    JIS X3010：1993 プログラミング言語 C
[4] 日本工业标准
    JIS X3010：2003 プログラミング言語 C
[5] 日本工业标准
    JIS X3014：2003 プログラミング言語 C++
[6] ISO/IEC
    Programming languages — C++ Second Edition，2003
[7] ISO/IEC
    Programming languages — C++ Third Edition，2011
[8] Bjarne Stroustrup. The C++ Programming Language：Third Edition [M]. Boston：Addison-Wesley Professional，1997.
[9] Bjarne Stroustrup. C++ 程序设计语言（第 4 版）[M]. 王刚，杨巨峰，译. 北京：机械工业出版社，2016.
[10] Marshall Cline，Greg Lomow，Mike Girou. C++ 经典问答（第二版）[M]. 周远成，译. 北京：中国电力出版社，2003.
[11] Ray Lischner. C++ in a Nutshell [M]. Sebastopol：O'Reilly Media，2004.
[12] Scott Meyers. Effective C++：改善程序与设计的 55 个具体做法（第 3 版）[M]. 侯捷，译. 北京：电子工业出版社，2011.
[13] 柴田望洋. 明解 C 语言（第 3 版）：入门篇 [M]. 管杰，罗勇，杜晓静，译. 北京：人民邮电出版社，2015.
[14] 柴田望洋. 明解 C 语言：中级篇 [M]. 丁灵，译. 北京：人民邮电出版社，2017.
[15] 柴田望洋. 明解 Java [M]. 侯振龙，译. 北京：人民邮电出版社，2018.
[16] 柴田望洋. 新・解きながら学ぶ Java [M]. 東京：SB クリエイティブ，2017.